高职高专"十二五"规划教材

冶金机械保养维修实务

主 编 张树海 戚翠芬
副主编 王丽芬

北 京
冶金工业出版社
2011

内 容 提 要

本书共分 6 章，主要内容包括：绪论，机械保养维修基础知识，润滑，机械修复技术，机械的拆卸、装配与安装，冶金机械保养维修，备件管理与零件检测。

本书可作为高职高专冶金机械设备、金属压力加工、机械类等专业教材或培训教材，也可作为相关专业人员的参考书。

图书在版编目（CIP）数据

冶金机械保养维修实务/张树海，戚翠芬主编. —北京：冶金工业出版社，2011.10
高职高专"十二五"规划教材
ISBN 978-7-5024-5743-3

Ⅰ.①冶⋯ Ⅱ.①张⋯ ②戚⋯ Ⅲ.①冶金设备—保养—高等职业教育—教材 ②冶金设备—维修—高等职业教育—教材 ③冶金设备—设备安装—高等职业教育—教材 Ⅳ.①TF3

中国版本图书馆 CIP 数据核字（2011）第 197266 号

出 版 人 曹胜利
地　　址 北京北河沿大街嵩祝院北巷 39 号，邮编 100009
电　　话 (010) 64027926 电子信箱 yjcbs@ cnmip. com. cn
责任编辑 俞跃春 美术编辑 李 新 版式设计 葛新霞
责任校对 王贺兰 责任印制 张祺鑫
ISBN 978-7-5024-5743-3
北京鑫正大印刷有限公司印刷；冶金工业出版社发行；各地新华书店经销
2011 年 10 月第 1 版，2011 年 10 月第 1 次印刷
787mm×1092mm　1/16；20.25 印张；484 千字；311 页
39.00 元

冶金工业出版社投稿电话：(010)64027932　投稿信箱：tougao@ cnmip. com. cn
冶金工业出版社发行部　电话：(010)64044283　传真：(010)64027893
冶金书店　地址：北京东四西大街 46 号(100010) 电话(010)65289081(兼传真)
（本书如有印装质量问题，本社发行部负责退换）

前　言

　　我国高等职业教育示范院校建设已经取得初步成效，骨干院校建设正在如火如荼地进行中，示范骨干院校建设最核心的建设是课程建设，而教科书是体现课程建设成果的重要载体，是将课程建设成果进行转化的纽带。

　　目前金属压力加工正朝着连续、高速、大型和自动化方向发展，设备安装与维护工作面临新的挑战。怎样才能在最短的时间，以最少的人力物力，有效地利用先进的科学技术来完成保养维修装配工作，已成为工作现场亟待解决的问题，也是冶金机械设备保养维护修理安装专业人才培养的需要。为实现这样的目标，我们编写了这本书。在编写中，广泛听取了冶金机械现场专家的建议，按照教育部相关文件要求，体现课程改革的最新成果，突出了理论与实践的结合。

　　本书具有以下特点：

　　(1) 职业性。以冶金行业实际生产中机械的典型维护与检修为重点内容，以典型工作任务为主线，培养学生解决工作中处理实际问题的能力，充分体现职业性。

　　(2) 实践性。注重解决生产实践中的实际难题，注重培养学生的素质和能力。针对冶金机械的实际需要，突出实践性。

　　(3) 新颖性。既介绍常用的、传统的技术、工艺、方法，又介绍新技术、新工艺、新方法。

　　(4) 注重素质教育。本书从高等职业教育的性质、特点、任务出发，注重素质教育。

　　本书是根据冶金机械维护保养与检修岗位群技能要求，以岗位技能要求为主线，理论与实践相结合的原则，由易到难，由简单到复杂，层层递进，确定教学内容。

　　本书由河北工业职业技术学院张树海、戚翠芬担任主编，王丽芬任副主编，参加编写的有：河北工业职业技术学院马宝振、李永刚、赵金玉、刘玉，山东工业职业学院刘清海，河北钢铁集团邯郸钢铁公司杨振东，河北钢铁集团石家庄钢铁公司邢毅品。全书由张树海统稿。在编写过程中得到天津冶金职业技术学院董琦老师、河北钢铁集团石家庄钢铁公司孙彦辉高级工程师的大力协助，在此表示感谢；在编写过程中参考了多种相关书籍、资料，对各书的作者一并表示由衷的谢意。

由于编者水平所限，书中不足之处，敬请读者批评指正。

编 者

2011 年 6 月

目　录

绪　　论

0.1　本书的性质和任务

本书是高等职业教育冶金机械设备专业、金属压力加工专业的一门主干专业课程教材，也适用于机械类专业。

其任务是：使学生具备高级技术应用型专门人才和高素质劳动者所必需的机械保养维护安装的基本知识和基本技能，培养学生解决冶金机械工作过程中出现的保养维护安装具体问题的能力，为今后从事专业工作打下基础。

0.2　本书的教学目标

本书的教学目标是：使学生掌握冶金机械保养维护安装的基本知识、基本方法和基本技能；掌握金属压力加工车间主要设备和主要辅助设备的安装与维护的常用方法和技术；培养学生分析、解决实际问题的能力，并注意渗透职业道德教育，逐步培养学生的辩证思维能力，并为终身学习打下基础。

0.2.1　知识教学目标

（1）能够运用机械保养维修基础知识，对冶金机械设备进行保养维护；熟悉机械保养维护装配的基本概念、基本知识和基本方法。熟悉常见机械故障分析的基本理论和基本方法。

（2）了解润滑机理、润滑材料与润滑方法。

（3）熟练运用常用的零件修复方法。

（4）熟练掌握机械的拆卸、装配与安装的原则方法程序。

（5）能熟练运用所学知识，对机械设备进行润滑、保养、维护、修理、装配和安装。

（6）掌握备件管理与零件检测。

0.2.2　能力培养目标

（1）能阅读机械设备的装配图、组装图、零件图。

（2）能正确选用各种安装、装配、维修器具。

（3）具有依靠装配图样使用相关工器具拆卸、装配金属压力加工机械设备的能力。

（4）具备对常用金属压力加工机械设备进行点检、润滑的能力。

（5）具有诊断常见机械故障、更换零部件及维护常用机械设备的能力。

（6）具有备件管理的能力。

0.2.3　思想教育目标

（1）具有热爱科学、实事求是的学风和勇于实践、勇于创新的意识和精神。

（2）具有良好的职业道德。

（3）逐步培养认真细致、敢于负责的作风。

0.3　本书的教学、学习方法

本书是一门实践性、应用性很强的教材，在教学、学习过程中要注意理论联系实际，有条件的学校要到专业教室授课，边学理论边进行实训，在实践中学习理论，通过理论学习指导实践。条件不具备的学校，要拿出足够的时间到相关冶金机械工作现场进行集中实习实训。

1 机械保养维修基础知识

1.1 机械故障

1.1.1 机械故障的概念

机器设备是工业生产的物质手段，是生产力的重要组成部分。机器设备能否安全、正常运行直接关系到一个企业乃至部门、国家的经济发展。由于机械是在各种不同的环境条件下运转的，承受着各种应力与能量的作用，这些作用会使机械的技术状态发生变化，亦使其性能劣化，最终导致发生故障。

机器故障的定义目前尚未有统一的说法，一般认为机械由于其性能的下降或丧失而停止运行，阻碍了正常生产的进行，或使生产中断，统称为机械故障。故障也可认为是机械劣化的极端表现形式。

1.1.2 机械故障的分类

按统计要求的不同，机械故障有多种分类方法，这里介绍常用的几种分类方法。

1.1.2.1 按对生产的影响程度分类

（1）主作业线停产故障。由于机械故障或异常，使该工厂或主要生产作业线全面停产，称为主作业线停产故障。

（2）停机故障。由于机械故障或异常，造成该机械或与其相关的机械停机，但该工厂或主要生产作业线未全面停产，这种故障称为停机故障。

1.1.2.2 按机械使用时间分类

（1）初期故障。它是指设备在投产初期发生的故障，主要以设备设计、制造、安装、调试方面的问题居多，使用环境不合适和操作不熟练也是造成这阶段设备故障的主要原因。

（2）突发故障。它是指设备在稳定期发生的故障，主要是一些难以预测的故障。

（3）后期故障。设备经长期使用，由于疲劳、磨损、老化等原因，造成设备故障，设备在使用后期的故障会明显增多，这种故障又称劣化故障。

1.1.2.3 按故障发生速度分类

（1）功能停止型故障。由于设备局部或全部功能丧失，造成整台设备停机的故障，称为功能停止型故障。

（2）功能下降型故障。设备未丧失其全部功能，但局部性能下降，导致生产速度下降，产品质量及收得率等降低，非周期的调整次数增加等，称为功能下降型故障。

1.1.2.4　按故障持续时间分类

（1）间隙故障。每隔一个短的时间周期，设备出现一次故障，在未更换部件的情况下，设备在短期内又能恢复到原有性能的故障。

（2）永久故障。设备中某部分的性能下降或丧失，必须更换与该性能有关的零部件后，才能使设备恢复其原有性能的故障。

1.1.2.5　按故障能否预测分类

（1）能预测的故障。通过日常点检、专业点检、设备测试、技术诊断等手段能预测出的故障，称为能预测的故障，这类故障通常具有持续的有代表性的特征和具体的表现形式。

（2）不能预测的故障。通过日常点检、专业点检、设备测试、技术诊断等手段，不能预测出的故障，称为不能预测的故障，这类故障通常比较隐蔽，症状无一定的规律并且难以再现。

1.1.2.6　按故障原因分类

（1）本质故障。因设备本身固有的弱点而引起的故障。即一般由于设计、制造上的缺陷而产生的故障。

（2）耗损故障。因设备正常长期使用形成的故障。这类故障是由于老化、摩擦、损耗、疲劳等原因引起的，通过事先检测可以预报。

（3）突发故障。由于偶然因素引起的故障。这类故障无事先征兆，不能通过事先检测进行预报。

（4）操作故障。即不按规定规程使用、维护设备而引起的故障。

1.1.2.7　按故障程度分类

（1）轻度故障。是指不致降低设备完成规定功能的故障。

（2）部分故障。是指机械设备的性能超过某种确定的界限，但没有完全丧失规定功能的故障。

（3）完全故障。是指设备的性能超过某种确定的界限，丧失规定功能的故障。

1.1.2.8　按故障所造成的损失分类

（1）设备故障。造成损失小的故障称为设备故障。

（2）设备事故。造成损失大的设备故障称为设备事故。设备事故按其损坏和影响程度，又分小事故、普通事故、重大事故、特大事故四级。

1.1.2.9　按机械零件的损坏程度分类

（1）过量变形。包括过量弹性变形和过量塑性变形。

（2）断裂。包括韧性断裂、脆性断裂和疲劳断裂。

（3）表面状态和尺寸损坏。包括表面烧损、粗糙度增大以及各种形式的磨损。

1.2 机械故障与诊断技术

1.2.1 故障的原因

机械设备越复杂，引起故障的原因便越多样化。一般认为故障受机械设备自身的缺陷和各种环境因素的影响。机械设备本身的缺陷是材料本身的缺陷和应力以及由于设计、制造、检验、维修、使用、操作不当等原因造成的。环境因素主要指灰尘、温度、有害介质等。环境因素和时间因素对各方面的影响，无论是对直接引起机械故障的原因，还是对间接影响因素，乃至故障的结果都同时起作用，这种作用可能是诱发因素，也可能是扩大因素。环境因素是产生应力的原因，因而也是故障原因之一。由于机械设备的状况每时每刻都在发生变化，故障原因自然随时间而变化，因而，时间因素对故障出现的可能性，对故障出现的时刻都有很大影响，况且时间和应力实际上是不能分开的。

另外，要重视故障的波及作用。因为某些零件、材料出现异常后，这种潜在故障将向整个零件扩展，并波及到其他零件或设备，使其发生故障。如果弄清了局部发生的异常和波及机理，并加以监测，控制波及作用，就可避免故障向其他层次扩展。可以把机械设备产生故障的原因可分为两大类。

非正常原因导致的故障。这类原因引起的故障，致使机械设备出现早期损坏或提前丧失应有的功能。其原因有设计不当，制造质量没有达到设计要求，运输和保管不当，使用、维护不当等几个方面。

正常原因造成的故障。这类原因引起的故障，是机械设备在保证设计要求的情况下正常运行，最终仍不可避免而产生的故障。它多与制造过程中的各个环节的质量有关。但由于经济性的考虑或目前工艺条件的制约而使故障不可避免，只能通过相应的措施来减轻或延缓这些故障。

1.2.1.1 磨损

机器故障最显著的特征是构成机器的各个组合机件或部件间配合的破坏，如活动连接的间隙、固定连接的过盈等的破坏。这些破坏主要是由于机件过早磨损的结果。机件的磨损是多种多样的。但是，为了便于研究，按其发生和发展的共同性，可分为自然磨损和事故磨损。

自然磨损是机件在正常的工作条件下，其配合表面不断受到摩擦力的作用，有时由于受周围环境温度或介质的作用，使机件的金属表面逐渐产生的磨损。机件由于有不同的结构、操作条件、维护修理质量等而产生不同程度的磨损，这种磨损是不可避免的正常现象。

事故磨损是由于机器设计和制造中的缺陷，以及不正确的使用、操作、维护、修理等人为的原因，而造成过早的、有时甚至是突然发生的剧烈磨损。

磨损可以造成零件表面形状和尺寸变化、重量损失直至完全损坏。保持良好的润滑和防止灰尘侵入是减少磨损的重要措施。

1.2.1.2 变形

机械在工作过程中，由于受力的作用，使机械的尺寸或形态改变的现象称为变形。机件的变形分弹性变形和塑性变形两种，其中塑性变形易使机件失效；机件变形后，破坏了组装机件的相互关系，因此其使用寿命也缩短很多。

引起零件变形的主要原因是：

（1）外载荷产生的应力超过材料的屈服强度时，零件产生过应力永久变形。

（2）温度升高，金属材料的原子热振动增大，临界切变抗力下降，容易产生滑移变形，使材料的屈服极限下降，或零件受热不均，各处温差较大，产生较大的热应力，引起零件变形。

（3）由于残存的内应力，影响零件的静强度和尺寸的稳定性，不仅使零件的弹性极限降低，还会产生塑性变形。

（4）由于材料内部存在缺陷等。引起零件变形，不一定是在单一因素作用下一次产生，往往是几种原因共同作用，多次变形累积的结果。

使用中的零件，变形是不可避免的，所以在机械大修时不能只检查配合面的磨损情况，对于相互位置精度也必须认真检查和修复。尤其对第一次大修机械的变形情况要注意检查、修复，因为零件在内应力作用下变形，通常在 12～20 个月内完成。

1.2.1.3　疲劳

在长期交变载荷下，零件产生表面剥落、起麻点、疲劳裂纹或整个折断。疲劳一般是由于重复、过大的载荷造成的，额外的振动造成的附加载荷可能造成小裂纹。磨损和腐蚀也会使零件的疲劳强度削弱。

1.2.1.4　断裂

机械零件的完全破断称为断裂。当金属材料在不同的情况下，局部破断（裂缝）发展到临界裂缝尺寸时，剩余截面所承受的外载荷即因超过其强度极限而导致完全破断。与磨损、变形相比，虽然零件因断裂而失效的概率较小，但是，零件的断裂往往会造成严重的机械事故，产生严重的后果。

A　断裂的类型

零件的断裂可以有不同的分类方法，下面介绍两种。

a　按宏观形态分类

按宏观形态可分为韧性断裂和脆性断裂。零件在外加载荷作用下，首先发生弹性变形，当载荷所引起的应力超出弹性极限时，材料发生塑性变形，载荷继续增加，应力超过强度极限时发生断裂，这样的断裂称之为韧性断裂；当载荷所引起的应力达到材料的弹性极限或屈服点以前的断裂称为脆性断裂，其特点是：断裂前几乎不产生明显的塑性变形，断裂突然发生。

b　按载荷性质分类

按载荷性质可分为一次加载断裂和疲劳断裂两种。一次加载断裂是指零件在一次静载下，或一次冲击载荷作用下发生的断裂。它包括静拉、压、弯、扭、剪、高温蠕变和冲击断裂。疲劳断裂是指零件在经历反复多次的应力后才发生的断裂。它包括拉、压、弯、扭、接触和振动疲劳等。

零件在使用过程中发生断裂，约有 60%～80% 属于疲劳断裂。其特点是断裂时的应力低于材料的抗拉强度或屈服极限。不论是脆性材料还是韧性材料，其疲劳断裂在宏观上均表现为脆性断裂。

B 几种断口形状

断口是指零件断裂后的自然表面。断口的结构与外貌直接记录了断裂的原因、过程和断裂瞬间矛盾诸方面的发展情况，是分析断裂原因的重要资料。

a 杯锥状断口

断裂前伴随大量大塑性变形的断口，断口呈杯锥状，断口的底部，裂纹不规则地穿过晶粒，因而呈灰暗色的纤维状或鹅绒状，边缘有剪切唇，断口附近有明显的塑性变形。

b 脆性断裂断口

其断口平齐光亮，且与正应力相垂直，断口上常有人字纹或放射花样，断口附近的截面的收缩很小，一般不超过3%。

c 疲劳断裂断口

疲劳断裂断口有3个区域：疲劳核心区、疲劳裂纹扩展区和瞬时破断区。

疲劳核心区（疲劳源区）是疲劳裂纹最初形成的地方，用肉眼或低倍放大镜就能大致判断其位置。它一般总是发生在零件的表面，但若材料表面进行了强化或内部有缺陷，也会在皮下或内部发生。在疲劳核心周围，往往存在着以疲劳源为焦点，非常光滑细洁、贝纹线不明显的狭小区域。疲劳破坏好像以它为中心，向外发射海滩状的疲劳弧带或贝纹线。

疲劳裂纹扩展区是疲劳断口上最重要的特征区域。它最明显的特征是常呈现宏观的疲劳弧带和微观的疲劳纹。疲劳弧带大致以疲劳源为核心，似水波形式向外扩展，形成许多同心圆或同心弧带，其方向与裂纹的扩展方向相垂直。

瞬时破断区是当疲劳裂纹扩展到临界尺寸时发生的快速破断区。其宏观特征与静载拉伸断口中快速破断的放射区及剪切唇相同。

1.2.1.5 腐蚀

腐蚀是金属受周围介质的作用而引起损坏的现象。金属的腐蚀损坏总是从金属表面开始，然后或快或慢地往里深入，同时常常发生金属表面的外形变化。首先在金属表面上出现不规则形状的凹洞、斑点、溃疡等破坏区域。其次，破坏的金属变为化合物（通常是氧化物和氢氧化物），形成腐蚀产物并部分地附着在金属表面上，例如铁生锈。

A 腐蚀的分类

金属的腐蚀按其机理可分为化学腐蚀和电化学腐蚀两种。

a 化学腐蚀

金属与介质直接发生化学作用而引起的蚀损称为化学腐蚀。腐蚀的产物在金属表面形成表面膜，如金属在高温干燥气体中的腐蚀，金属在非电解质溶液（如润滑油）中的腐蚀。

b 电化学腐蚀

金属表面与周围介质发生电化学作用的腐蚀称为电化学腐蚀，属于这类腐蚀的有：金属在酸、碱、盐溶液及海水、潮湿空气中的腐蚀，地下金属管线的腐蚀，埋在地下的机器底座腐蚀等。引起电化学腐蚀的原因是宏观电池作用（如金属与电解质接触或不同金属相接触）、微观电池作用（如同种金属中存在杂质）、氧浓差电池作用（如铁经过水插入沙中）和电解作用。电化学腐蚀的特点是腐蚀过程中有电流产生。

以上两种腐蚀，电化学腐蚀比化学腐蚀强烈得多，金属的蚀损大多数由电化学腐蚀所造成。

B　防止腐蚀的方法

防腐蚀的方法包括两个方面：首先是合理选材和设计；其次是选择合理的操作工艺规程。这两方面都不可忽视，目前生产中具体采用防腐措施如下。

a　合理选材

根据环境介质的情况，选择合适的材料。如选用含有镍、铬、铝、硅、钛等元素的合金钢，或在条件许可的情况下尽量选用尼龙、塑料、陶瓷等材料。

b　合理设计

通用的设计规范是避免不均匀和多相性，即力求避免形成腐蚀电池的作用。不同的金属、不同的气相空间、热和应力分布不均以及体系中各部位间的其他差别都会引起腐蚀破坏。因此，设计时应努力使整个体系的所有条件尽可能地均匀一致。

c　覆盖保护层

这种方法是在金属表面覆盖一层不同材料，改变零件表面结构，使金属与介质隔离开来以防止腐蚀。

（1）金属保护层。采用电镀、喷镀、熔镀、气相镀和化学镀等方法，在金属表面覆盖一层如镍、铬、锡、锌等金属或合金作为保护层。

（2）非金属保护层。这是设备防腐蚀的发展方向，常用的办法如下：

1）涂料。将油基漆（成膜物质如干性油类）或树脂基漆（成膜物质如合成脂）通过一定的方法将其涂覆在物体表面，经过固化而形成薄涂层，从而保护设备免受高温气体及酸碱等介质的腐蚀作用。常用的涂料品种有防腐漆、底漆、生漆、沥青漆、环氧树脂涂料、聚乙烯涂料、聚氯乙烯涂料以及工业凡士林等。

2）砖、板衬里。常用的是水玻璃胶泥衬辉绿岩板。辉绿岩板是由辉绿岩石熔铸而成，它的主要成分是二氧化硅，胶泥即是黏合剂。它的耐酸碱性及耐腐蚀性较好，但性脆不能受冲击，在有色冶炼厂用来做储酸槽壁，槽底侧衬瓷砖。

3）硬（软）聚氯乙烯。它具有良好的耐腐蚀性和一定的机械强度，加工成型方便，焊接性能良好，可做成储槽、电除尘器、文氏管、尾气烟囱、管道阀门和离心风机、离心泵的壳体及叶轮。它已逐步取代了不锈钢、铅等贵重金属材料。

4）玻璃钢。它是采用合成树脂为黏结材料，以玻璃纤维及其制品（如玻璃布、玻璃带、玻璃丝等）为增强材料，按照不同成型方法（如手糊法、模压法、缠绕法等）制成。具有良好的耐腐蚀性，比强度（强度与质量之比）高，但耐磨性差，有老化现象。实践证明，玻璃钢在中等浓度以下的硫酸、盐酸和温度在90℃以内作防腐衬里，使用情况是较理想的。

5）耐酸酚醛塑料。它是以热固性酚醛树脂作黏结剂，以耐酸材料（玻璃纤维、石棉等）作填料的一种热固性塑料，它易于成型和机械加工，但成本较高，目前主要用做各种管道和管件。

d　添加缓蚀剂

在腐蚀介质中加入少量缓蚀剂，能使金属的腐蚀速度大大降低。如在设备的冷却水系统采用磷酸盐、偏磷酸钠处理，可以防止系统腐蚀和锈垢存积。

e 电化学保护

电化学保护就是对被保护的金属机械设备通以直流电流进行极化，以消除电位差，使之达到某一电位时，被保护金属可以达到腐蚀很小甚至无腐蚀状态。它是一项较新的防腐蚀方法，但要求介质必须是导电的、连续的。电化学保护又可分为阴极保护、阳极保护两种。

f 改变环境条件

改变环境条件的方法是将环境中的腐蚀介质去掉，减轻其腐蚀作用，如采用通风、除湿及去掉二氧化硫气体等。对常用金属材料来说，把相对湿度控制在临界湿度（50% ~ 70%）以下，可以显著减缓大气腐蚀。在酸洗车间和电解车间里要合理设计地面坡度和排水沟，做好地面防腐蚀隔离层，以防酸液渗透地坪后，地面凸起而损坏储槽及机器基础。

1.2.1.6 蠕变损坏

零件在一定应力的连续作用下，随着温度的升高和作用时间的增加，将产生变形，而这种变形还要不断地发展，直到零件的破坏。温度越高，这种变形速度越迅速，有时应力不但小于常温下的强度极限，甚至小于材料比例极限，在高温下由于长时间变形的不断增加，也可能使零件破坏，这种破坏称为蠕变破坏。

金属发生蠕变的原因是由于高温的影响。为了防止蠕变损坏的产生，对于长期处于高温和应力作用下的机械零件，除了采用耐热合金外，还采用减小机件工作应力的方法，保证其在使用期限内不产生不允许的变形，或不超过允许的变形量。

1.2.2 故障规律

机械设备故障曲线，如图 1 - 1 所示。图 1 - 1 中曲线形态似浴盆，故称"浴盆曲线"。由曲线可以看出故障变化的过程分为 3 个阶段。

第一阶段为初期故障期，是新机械设备或机械设备修理后移交生产使用初期，由于设计、制造、运输、安装和操作不熟练等原因而造成故障，开始故障率较高，然后随时间的延长而减少，运转逐步正常。

第二阶段为偶发故障期。此时，设备进入正常运转期，不易发生故障，其偶发的故障是由于操作失误、维护保养不善、工作条件变化等原因造成。

第三阶段为故障多发期。由于零、部

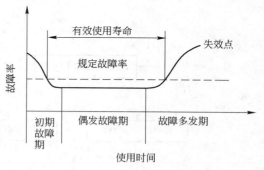

图 1 - 1 故障期与故障率

件磨损、老化、疲劳等原因而使设备丧失应有功能，设备故障率上升。针对设备在不同时期出现的问题，应采用相应的措施加以解决。例如，在初期故障期，找出设备可靠性低的原因，进行调整和改革，保持设备故障率稳定。在偶发故障期，应注意加强工人的技术教育，提高操作工人与维修工人的技术水平，并注意设备的维护保养。在故障多发期，应加强对设备的点检、检测，实现预知维修。

1.2.3 故障诊断技术

1.2.3.1 机械故障诊断的概念

在机械维修保养中，对故障分析的目的是要查明故障模式，追寻故障机理，探求减少故障发生的方法，提高机械设备的可靠程度和有效利用率。同时，把故障的影响和结果反映给设计和制造部门，以便采取对策。

故障诊断是指机械在不拆卸的情况下，用仪器仪表和测量工具，检测其现有状态参数，分析故障原因和异常情况，预报机械设备未来情况，并据此判断设备的损坏情况，机械设备诊断技术是设备综合工程学的一个组成部分。

机械设备出现故障后，使某些特性改变，产生能量、力、热及摩擦等各种物理和化学参数的变化，发出各种不同的信息。捕捉这些变化的征兆，检测变化的信号及规律，从而判定故障发生的部位、性质、大小，分析原因和异常情况，预报未来，判别损坏情况，做出决策，消除故障隐患，防止事故的发生，这就是故障诊断。

故障诊断是近年来发展起来的多学科交叉的实用性新技术，是以现代科学技术为先导的应用性科学。它对减少运动中的机械设备故障起到重要的作用。据统计，采用该项技术后，可减少75%以上的机械设备故障，维修费用能降低25%～50%。目前，故障诊断技术的重要性已提到维修技术的里程碑的高度来认识，并大力开展故障诊断技术的开发工作。

A 诊断技术的原理、任务和基本内容

在机械设备中，运用诊断手段获取各种信息，反映它的技术状况，当参数超过一定范围，就有故障的征兆。如机械运转一般都有噪声，当机械中的某些配合件因磨损等原因引起配合间隙增大时，就会出现冲击和振动，从而使噪声增大，在此种情况下，噪声反映了故障的征兆。技术状况参数有很多，如温度、压力、流量、电流、电压、功率、转速、噪声、振动等。机械设备故障诊断的技术原理，如图1－2所示。

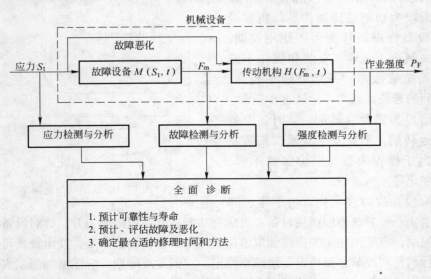

图1－2 机械设备故障诊断技术原理

机械设备故障诊断技术的任务是：

（1）弄清引起机械设备劣化或故障的主要原因——应力状况。

（2）掌握机械设备劣化、故障的部位、程度及原因。

（3）了解机械设备的性能、强度、效率。

（4）预测机械设备的可靠性和使用寿命。

机械设备故障诊断技术的基本内容是：

（1）机械设备运行状态的检测。其目的是为了早期发现设备故障的苗头。

（2）设备运行状态的趋势预报。其目的是为了预知设备劣化的速度以便为生产安排和维修计划提前做好准备。

（3）故障类型、程度、部位、原因确定。其目的是为最后的诊断决策和维护维修提供准确可靠的依据。

B　诊断技术的分类

机械故障诊断技术的分类方法很多，主要有以下几种。

a　功能和运行诊断

功能和运行诊断主要诊断目的是检测机械设备的功能状态和运行中的工况，以便据此采取相应的对策。

b　直接和间接诊断

直接诊断是对机械设备或零部件直接观察和测试；由于受结构和运行条件等因素的限制不能进行直接诊断，而需通过二次诊断信息间接地得到有关运行工况的诊断称间接诊断。

c　常规和特殊诊断

常规诊断属于机械设备正常运行条件下进行的诊断，一般情况下最常用；对正常运行条件下难以取得的诊断信息，通过创造一个非正常运行条件取得的信息和进行诊断称为特殊诊断。

d　简易和精密诊断

由一般维修人员对机械设备进行概括性的评价称为简易诊断；而精密诊断则是在简易诊断的基础上由专家对工况作精确的诊断。

e　定期诊断和在线监控

定期诊断是每隔一定的时间对机械设备的各规定部位进行一次检查和诊断，又叫巡回检查；通过一些仪器仪表及计算机处理系统对机械设备运行状态进行连续的跟踪和控制称为在线监控，它是现代化的检测手段。

1.2.3.2　诊断技术的环节

A　信号采集

a　直接观察

直接观察是根据决策人的知识和经验对机械设备的运行状态作出判断的方法，它是现场经常使用的方法。例如：通过声音高低、音色变化、振动强弱、温度高低、有无泄漏、气味异常等来判断故障。破损、磨损、变形、松动、泄漏、污秽、腐蚀、变色、异物和动作不正常等，也是直接观察的内容。

b　性能测定

通过对功能进行测定取得信息，主要有振动、声音、光、温度、压力、电参数、表面形貌、污染物和润滑情况等。

B　特征提取

特征提取是故障诊断过程的关键环节之一，直接关系到后续诊断的识别。主要有以下几种。

a　频域分析法

它是以振动信号为基础，依据能量在不同频率上的分布情况来判定机械设备的运行情况。

b　时序分析法

它是时域上以参数模型为基础的分析法，用相应的数学模型（差分方程）近似地描述一时动态序列。时序模型的建立过程，实质上也是特征信息的凝聚过程，状态特征集中表现在其模型的参数上，根据参数特征进行状态识别。

C　状态识别及趋势分析

在有效的状态特征提取后进行状态识别。它以模式识别为理论基础，有两种方法：统计模式识别；结构模式识别。它们都有各自的判别准则。此外，还有基于模糊数学的模糊诊断、基于灰色理论的灰色诊断等。

随着计算机技术的发展，建立了诊断的集成形式，即诊断的专家系统。它是集信号的采集、特征提取、状态识别与趋势分析于一体，是一个集成系统。专家系统采用模块结构，能方便地增加其功能。它的知识库是开放式的，便于修改和增删。专家系统还具有解释功能及良好的使用界面，综合利用各种信息与诊断方法，以灵活的诊断策略来解决实际问题。

随着科学技术的进一步发展，从故障诊断的全过程来看，今后将在下述几方面得到新的进展：

（1）不断研制和开发先进的多功能高效测试仪，有效地测取信号。

（2）开发以人工神经网络为基础的神经网络信号处理技术和相应的软硬件。

（3）研制开发以人工神经网络为支持系统，集信号测试、处理及识别诊断于一体的综合集成诊断专家系统。

（4）进一步开发以人工智能为基础的智能型识别诊断技术。

1.2.3.3　诊断技术的形式和方法

故障诊断主要有以下两种形式：机械设备运转中的检测；机械设备的停机检测。

A　机械设备运转中的检测

运转中的检测是根据外部现象推断内部原因的技术，它与拆卸检查和故障原因分析技术本质上是不同的。主要有以下几种方法。

a　凭五官进行外观检查

利用人体的感官，听其音、嗅其味、看其动、感其温，从而直接观察到故障信号，并以丰富的经验和维修技术判定故障可能出现的部位与原因，达到预测预报的目的。这些经验与技术对于小厂和普通机械设备是非常重要的，即使将来科学技术高度发展，也不可能完全被仪器设备监测诊断技术所取代。

　　b　振动测量

　　振动是一切作回转或往复运动的机械设备最普通的现象，状态特征凝结在振动信号中。振动的增强无一不是由故障引起的。振动测量就是利用机械设备运动时产生的信号，根据测得的幅值（位移、速度、加速度）、频率和相位等振动参数，对其进行分析处理，作出诊断。

　　产生振动的根本原因是机械设备本身及其周围环境介质受振源的激振。激振来源于两类因素：一是回转件或往复件的失衡，主要包括：回转件相对于回转轴线的质量分布不均，在运转时产生惯性力；制造质量不高，特别是零件或构件的形状位置精度不高造成质量失衡；另外回转体上的零件松动增加了质量分布不均、轴与孔的间隙因磨损加大也增加了失衡；转子弯曲变形和零件失落，造成质量分布不均等。二是机械设备的结构因素，主要包括：往复件的冲击，如以平面连杆机构原理作运动的机械设备，连杆往复运动产生的惯性力，其方向作周期性改变，形成了冲击作用，这在结构上很难避免；齿轮由于制造误差大，导致轮齿啮合不好，轮齿间的作用力在大小、方向上发生周期性变化，随着齿轮在运转中的磨损和点蚀等现象日益严重，这种周期性的激振也日趋恶化；联轴节和离合器的结构不合理带来失衡和冲击；滑动轴承的油膜涡动和振荡；滚动轴承中滚动体不平衡及径向游隙；基座扭曲；电源激励；压力脉动等。

　　此外，机械设备的拖动对象不稳定，使负载不平稳，若是周期性的也能成为振源。

　　典型的振动测量与分析系统由 4 个基本部分组成，即传感器、测量仪器、分析仪器和记录仪器。典型的振动测量系统，如图 1-3 所示，该系统实际由传感器和测量仪器两部分组成。传感器的种类很多，常用的有三种：即感受振动位移的位移传感器；感受振动速度的速度传感器；感受加速度的加速度传感器。目前应用最广的是压电式加速度计，其作用是将机械能信号（位移、速度、加速度、动力等）转换成电信号。信号调节器是一个前置放大器，有两个作用：放大加速度计的微弱输出信号；降低加速度计的输出阻抗。数据储存器是指磁带记录仪，它能将现场的振动信号快速而完整地记录下来、储存下来，然后在实验室内以电信号的形式，再把测量数据复制，重放出来。信号处理机由窄带或宽带滤波器、均方根检波器、峰值计或概率密度分析仪等组成。测量系统的最后一部分是显示或读数装置，它可以是表头、示波器或图像记录仪等。

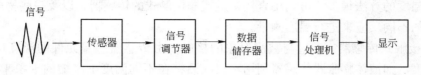

图 1-3　典型的振动测量系统

　　c　噪声测量

　　噪声也是机械设备故障的主要信息来源之一，还是减少和控制环境污染的重要内容。测声法是利用机械设备运转时发出的声音进行诊断。

　　机械设备噪声的声源主要有两类：一类是运动的零部件，如电动机、油泵、齿轮、轴、轴承等，其噪声频率与它们的运动频率或固有频率有关；另一类是不动的零部件，如箱体、盖板、机架等，其噪声是由于受其他声源或振源的诱发而产生共鸣引起的。

噪声测量主要是测量声压级。声级计是噪声测量中最常用、最简单的测试仪器,声级计由传感器、放大器、衰减器计权网络、均方根检波电路和电表组成。图 1 - 4 为其工作原理方框图。声压信号输入传声器后,被转换为电信号。当信号微小时,经过放大器放大,若信号较大时,则对信号加以衰减。输出衰减器和输出放大器的作用与输入衰减器和输入放大器相同,都是将信号衰减或放大。为提高信噪比,保持小的失真度和大的动态范围,将衰减器和放大器分成两组:输入(出)衰减器和输入(出)放大器,并将输出衰减器再分成两部分,以便匹配。为使所接受的声音按不同频率分别有不同程度的衰减,在声级计中相应设置了 3 个计权网络。通过计权网络可直接读出声级数值。经最后的输出放大器放大的信号输入到检波器中检波,并由表头以"分贝"指示出有效值。

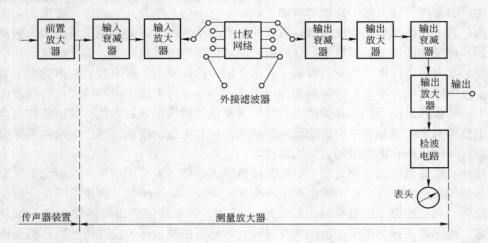

图 1 - 4　声级计工作原理框图

d　温度测量

温度是一种表象,它的升降状态反映了机械设备的热力过程,异常的温升或温降说明产生了热故障。例如:内燃机、加热炉燃烧不正常,温度分布不均匀;轴承损坏,发热量增加;冷却系统发生故障,零件表面温度上升等。凡利用热能或用热能与机械能之间的转换进行工作的机械设备,进行温度测量十分重要。

测量温度的方法很多,可利用直接接触或非接触式的传感器,以及一些物质材料在不同温度下的不同反应来进行温度测量。

(1) 接触式传感器。通过与被测对象的接触,由传感器感温元件的温度反映出测温对象的温度。如液体膨胀式传感器利用水银或酒精在不同温度下胀缩的现象来显示温度;双金属传感器和热电偶传感器依靠不同金属在受热时表现出不同的膨胀率和热电势,利用这种差别来测量温度;电阻传感器则是根据不同温度下电阻元件的电阻值发生变化的原理来工作。

(2) 非接触式传感器。这类仪器是利用热辐射与绝对温度的关系来显示温度。如光学高温计、辐射高温计、红外测量仪、红外热像仪等。用红外热像仪测温是 20 世纪 60 年代兴起的技术,它具有快速、灵敏直观、定量无损等特点,特别适用于高温、高压、带电、高速运转的目标测试,对故障诊断和预测维修非常有效。由红外热像仪形成的一幅简单的热图像提供的热信息相当于 3 万个热电偶同时测定的结果。这种仪器的测量范围一般为几十度到上千度，分辨率为 0.1℃，测试任何大小目标只需几秒钟，除在现场可实时观察外，还能用磁带录像机将热图像记录下来，由计算机标准软件进行热信息的分析和处理。整套仪器做成便携式，现场使用非常方便。

温度指示漆、粉笔、带和片。它们的工作原理是从漆、粉笔、带和片的颜色变化来反映温度变化。当然这种测温方法精度不高（因为颜色变化的程度还附加人的感官判别问题），但相当方便。

e 声发射检测

各种材料由于外加应力作用，在内部结构发生变化时都会以弹性波的方式释放应变能量，这种现象称声发射。如木材的断裂、金属材料内部晶格错位、晶界滑移或微观裂纹的出现和扩展等都会产生声发射。弹性波有的能被人耳感知，但多数金属，尤其是钢铁，其弹性波的释放是人耳不能感知的，属于超声范围。通过接受弹性波，用仪器检测、分析声发射信号和利用信号推断声发射源的技术称为声发射技术。

声发射检测具有下述特点：

（1）需对构件外加应力。

（2）它提供的是加载状态下缺陷活动的信息，是一种动态监测。而常规的无损检测是静态监测。声发射检测可客观地评价运行中机械设备的安全性和可靠性。

（3）灵敏度高、检查覆盖面积大、不会漏检，可远距离检测。

声发射检测现在已广泛用来监测机械设备和机件的裂纹和锈蚀情况。声发射的测量仪器主要有：

（1）单通道声发射仪，它只有一个通道，包括信号接收、信号处理、测量和显示。一般用于实验室。

（2）多通道声发射仪，它有两个以上通道，常需配置计算机，一般应用在现场评价大型构件。

f 油样分析

在机械设备的运转过程中，润滑油必不可少。由于在油中带有大量的零部件磨损状况的信息，所以通过对油样的分析可间接监测磨损的类型和程度，判断磨损的部位，找出磨损的原因，进而预测寿命，为维修提供依据。例如，在活塞式发动机中，当油液中锡的含量增高时，可能表明轴承处于磨损的早期阶段；铝的含量增高则表明活塞磨损。油样分析所能起到的作用，如同医学上的验血。

油样分析包括采样、检测、诊断、预测和处理等步骤。

常用的油样分析方法主要有三种。

磁塞分析法

磁塞分析法是最早的油样分析法，将磁塞插入所用油液中，收集分离出的铁磁性磨粒，然后将磁塞芯子取下洗去油液，置于读数显微镜下进行观察，若发现小颗粒子且数量较少，说明机器处于正常磨损阶段。一旦发现大颗粒子，必须引起重视，首先要缩短监督周期，并严密注视机器运转情况。若多次连续发现大颗粒，便是即将出现故障的前兆，要立即采取维护措施。

磁塞分析具有设备简单、成本低廉、分析技术简便，一般维修人员都能很快掌握，能比较准确获得零件严重磨损和即将发生故障的信息等优点，因此它是一种简便而行之有效的方法。但是它只适用于对带磁性的材料进行分析，其残渣尺寸大于 $50\mu m$。

图 1-5 为磁塞的应用图，为了控制和监测 4 个主轴承和增减速箱的磨损，在相应的通道上均安装有磁塞。在整个回路中还装有全流道残渣敏感器，一旦回路中产生较大较多的残渣，与敏感器连接的电气控制线路将立即开始动作，使主机停止运行。

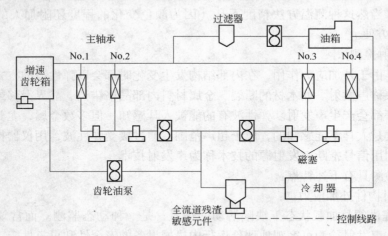

图 1-5 磁塞的应用

光谱分析法

光谱分析法是测定物质化学成分的基本方法，它能检测出铅、铁、铬、银、铜、锡、镁、铝和镍等金属元素，定量地判断磨损程度。在实际运用中分原子发射光谱分析和原子吸收光谱分析两种方法。

（1）原子发射光谱分析法。油样在高温状态下用带电粒子撞击（一般用电火花），使之发射出代表各元素特征的各种波长的辐射线，并用一个适当的分光仪分离出所要求的辐射线，通过把所测的辐射线与事先准备的校准器相比较来确定磨损碎屑的材料种类和含量。

（2）原子吸收光谱分析法。是利用处于基态的原子可以吸收相同原子发射的相同波长的光子能量而受激的原理。采用具有波长连续分布的光透过油中的磨损磨粒，某些波长的光被磨粒吸收而形成吸收光谱。在通常情况下，物质吸收光谱的波长与该物质发射光谱波长相等，同样可确定金属的种类和含量。发射光谱一般必须在高温下获得，而高温下的分子或晶体往往易于分解，因此原子吸收光谱还适宜于研究金属的结构。

由于光谱分析法本身的限制，不能给出磨损残渣的形貌细节，而分析的残渣一般只能小于 $2\mu m$。

铁谱分析法

铁谱分析法是近年来发展起来的一种磨损分析法。它从润滑油试样中分离和分析磨损微粒或碎片，借助于各种光学或电子显微镜等检测和分析，方便地确定磨损微粒或碎片的形状、尺寸、数量以及材料成分，从而判别磨损类型和程度。

铁谱分析法的程序如下：

（1）分离磨损微粒制成铁谱片。采用铁谱仪分离磨损微粒制成铁谱片。它由三部分组成：抽取样油的泵，使磨损微粒磁化沉积的强磁铁，形成铁谱的透明底片。其装置如图1－6所示。

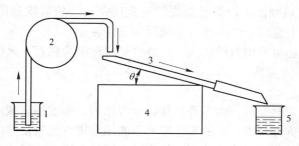

图1－6 铁谱仪装置
1—样油容器；2—泵；3—底片；4—强磁铁；5—废油容器

样油由泵2抽出送到透明显微镜底片3上，底片下装有强磁铁4，底片安装成与水平面有一倾斜角度，使出口端的磁场比入口端强。样油沿倾斜底片向下流动时，受磁场力作用，磨损微粒被磁化，最后使微粒按照其大小，全部均匀地沉积在底片上，用清洗液冲洗底片上残余油液，用固定液使微粒牢固贴附在底片上，从而制成铁谱片。

（2）检测和分析铁谱片。检测和分析铁谱片的方法很多，有各种光学或电子显微镜、有化学或物理方法。目前一般使用的有：用铁谱光密度计（或称铁谱片读数仪）来测量铁谱片上不同位置上微粒沉积物的光密度，从而求得磨损微粒的尺寸、大小分布及总量；用铁谱显微镜（又称双色显微镜）研究微粒、鉴别材料成分、确定磨粒来源、判断磨损部位、研究磨损机理；用扫描电镜观察磨损微粒形态和构造特征，确定磨损类型；对铁谱片进行加热处理，根据其回火颜色，鉴别各种磨粒的材料和成分。

光谱和铁谱分析法能获得较多的磨损信息，有很好的检测效果。但均需使用价格昂贵的仪器，并需熟练人员进行操作，推广应用受到一定限制。

g 频闪观察法

它是通过一个能产生极短促闪光的频闪观测仪，利用人眼具有视觉停留的特点，对准所要观察的运动零部件，使闪光的次数与机件的转速或往复次数一致，对能看到的部位产生了停止不动的印象，以观测零部件在运转中的磨损、位移等现象。

h 泄漏检测

在机械设备运行中，气态、液态和粉尘状的介质从其裂缝、孔眼和空隙中逸出或进入，造成泄漏、能源浪费、工况劣化、环境污染、损坏加速，这是企业中力图防止的现象，特别是对于蒸汽系统、压缩空气系统、输油系统及一切带压系统，防泄漏是个重要问题。

泄漏检测的方法很多，主要有以下几种：

（1）皂液检测法。将皂液涂抹在检测部位上，通过观察皂泡的生成速度、大小和位置进行检测，这是一种使用十分普通而又价廉的方法。但受环境温度和泄漏部位能否便于检测的制约。

（2）声学法。当气体或液体从裂缝或孔眼中逸出时，收集这种过程中发出的声音信号，将它放大用仪表显示。这种检测方法的缺点是难以滤除环境噪声的干扰，使灵敏度降低，限制了仪器的使用范围。

（3）触媒燃烧器。用通电加热的白金丝与逸出的可燃气体或蒸汽接触，产生燃烧而使温度升高，把温升转化为电桥电阻的变化由仪表显示。

（4）压力真空衰减测试法。将容器或管道充压密封，然后检测压力或真空的衰减情况，判断泄漏程度。但这种方法不易查出泄漏的部位。

除以上方法外，还可采用氨质谱仪、红外分光仪泄漏检测器、火焰电离仪、光华电离检测器等进行检漏。

i　厚度检测

机械设备运行一定时期后，由于磨损和腐蚀等原因，厚度逐渐减小。因它们已经安装就位，不能随意停机拆卸检查；有的零件根本不能用常规方法测量厚度。

现在应用较广的是超声波测厚技术。超声波在固体介质中传播的速度随材料而异。若将超声波向被测物体发射，它将穿越该物体的厚度，到达空气时又被反射回来。通过测定发射和返回的时间，就可计算被测物体的厚度。用超声波测厚仪定期、定点地监测易磨损、易腐蚀和侵蚀的管道、容器或零件的壁厚是十分方便的。

j　性能指标的测定

通过测量机械设备的输入、输出之间的关系及其主要性能指标，来判断其运行状态的变化和工作是否正常，从而进行故障诊断，得到重要信息。

B　机械设备的停机检测

机械设备停机检测是故障诊断的主要辅助手段，它经常与检修配合进行。但是，在分析一些故障原因或查清一些故障隐患时，停机检测却是主要诊断措施。例如，重要部件的窜动及其位置变化、裂纹、变形或其他内部缺陷的检查；啮合关系、配合间隙出现异常时的检测等。

停机检测的主要方法与内容有以下几点：

（1）主要精度的检测。包括主要几何精度、位置精度、接触精度、配合精度等的检测，这是一些异常故障的主要诊断途径之一。主要精度的检测经常要解体，并借助于相应检测量具、仪器及一些专用装置。

（2）内部缺陷的检测。机械设备及其主要零部件的内部缺陷的检测，经常是诊断或排除故障的重要方法之一，例如对变形、裂纹、应力变化、材料组织缺陷等故障的检测。其主要检测器具有超声波探伤仪、磁力探伤器等。

1.2.4　故障管理

现代化的大型金属压力加工联合企业具有设备投资大，自动化水平高，连续生产，以及生产效率高等突出的特点。也有其另一面，就是在设备发生故障时，造成设备损失及停产损失十分巨大。

而通过故障管理，及时取得设备状态的情报，分析、探索设备故障及事故发生的规律，制定有效的预防对策，把维修工作做在设备发生故障之前，就能达到设备稳定运行的目的。由于设备故障状态又是点检工作的客观反映，因而通过故障管理又可反过来推进点检工作的进一步深化。

1.2.4.1　故障事故处理

为保证生产的安全、持续、顺行，除切实搞好设备的点检维护外，在设备发生事故时，要迅速组织抢修，尽快恢复生产。在处理上，要坚持"三不放过"的原则，即事故原因和责任不清不放过，事故责任者及应受教育者没有受到教育不放过，整改措施没有落实不放过；设备管理工作以防止发生设备事故为重点，也就是以预防为主的原则。但是，防止发生并不等于完全避免，问题是要把发生的突然性事故的损失减到最小。因此，设备事故发生后的管理工作也很重要。

设备事故造成的损失，包括修理费（修复所需的材料、人工、备件及管理费用等）和减产损失费等，可按下式计算：

设备事故损失费 = 受影响的生产时间（h）× 小时计划产量 ×（减产产品的价格 - 原材料费）+ 原样修复费

由此可见，要减小事故损失。应该做到以下几点：

（1）由于事故而造成的减产损失要比照原样修复的费用高得多，因此，要千方百计地减少事故发生后的停产时间。

（2）事故发生后，要根据重大事故和一般事故的划分，分别由公司、车间领导主持对事故进行认真分析。对恶性重大事故应由公司或部（局）召开有关人员参加的现场分析会。不断总结经验教训，减少和杜绝事故发生。

（3）贯彻既防患于未然，又改进于事后的事故管理原则，克服在事故发生后只照原样修复，不加改进的消极想法和做法。

（4）不能过分强调防止事故，而采取过激的检查和修理手段，提高维修率，而造成停产时间和维修费用的增加。

（5）按规定要求填写报表，并将有关资料归档。对部（局）控重要设备发生重大事故或性质恶劣、情节严重的其他重大设备事故，应立即报告主管部门。

（6）严格执行事故奖惩制度。

1.2.4.2 事故考核

为了对设备事故造成的损失进行统计，以便考核设备管理工作的效果，通常采用以下考核办法：

（1）过去普遍采用的一种简单的办法是考核企业或厂、矿重大设备事故次数、一般设备事故次数、事故的停产时间、事故造成的损失价值等。这种考核办法的缺点是没有可比性。所以，用事故次数、停产时间、损失价值三项指针还不能评定企业设备管理工作的效果和实际水平。

（2）近期，许多企业都在探讨考核事故率的办法；一种办法是考核台时事故率，用主要设备台数乘以年日历时间与事故积累时间之比，即：

$$K_p = \frac{\sum t}{N_p T_0} \times 100\% \tag{1-1}$$

式中 K_p——台时事故率；

$\sum t$——年累计设备事故影响生产时间，h；

N_p——主要设备台数；

T_0——年日历时间，h。

这种考核办法，由于设备台数的划分比较复杂，台与台之间差别很大，又不可能把全部设备台数都计算在内，以年日历时间为基础，与企业的实际生产效率、作业率不一致，因此，以台时为计算基础的设备事故率只适用于单机组的考核，而不适用于整个企业。

另一种办法是考核资金事故率，即"千元产值事故损失率"，参照安全工作所用的千人负伤率的办法，以事故损失金额与产值比较，作为考核设备事故的指针。

$$K_b = \frac{1000 \sum \Delta E}{E} \times 100\% \qquad\qquad (1-2)$$

式中　K_b——千元产值事故损失率，%；

　　$\sum \Delta E$——年全部事故损失，元；

　　E——年总产值，元。

这种考核办法，考虑了生产水平，在企业之间、企业内部各年度之间都可进行比较。

1.3　机械保养维护

1.3.1　机械保养维护的概念

机械保养维护是指为了保持设备的正常技术状态，最大可能地延长其使用寿命所采取的各项技术措施，包括机械设备的日常保养（预防故障）和及时的修理（排除故障）。具体地讲就是通过认真执行设备维护规程，加强机械预防检查，采取清洁、润滑、调整、紧固等预防措施，检查诊断主要部件的技术状况，并作出一些工作量不大的修理。如简单故障排除、易损零件的修复和更换，以保证设备的正常运行。良好的机械维护是保持机械功能的基础，对提高机械可靠性，减少停工损失和维修费用、降低产品成本、提高生产效率具有重要的意义，并为确定修理项目提供有力的依据。

1.3.2　常用机械保养维护方法

常用机械设备的保养、维护主要包括以下几种。

1.3.2.1　润滑

随着现代工业的发展，机械设备正向着高精度、高效率、高速、重载、大型和超小型、无需维修、节能等方向发展，为使机械设备经常保持良好状态，必须重点考虑与润滑状态密切相关的机械磨损问题，机械设备性能能否得以充分发挥，在很大程度上取决于润滑是否适当。加强设备的润滑和管理，是设备维护工作中极其重要的组成部分和关键环节。及时、正确、合理地润滑能够减少机械运行过程中的摩擦阻力、降低机械摩擦产生的磨损、提高机器使用寿命，充分发挥设备效能，并有助于安全运行。据资料统计，由于润滑不良和方法不当造成的设备故障次数占故障总次数的30%～40%，因此造成的设备停机时间占总停机时间的30%～70%；冶金企业设备事故中的30%是由于润滑不良造成的。例如，中板四辊轧机十字万向联轴节滑块如果润滑不良将会造成与之连接传动的扁头温度升高，磨损加剧，甚至出现冒烟，铜滑块掉小铜片、铜末等现象，造成被迫停车检修。

在发生润滑故障时，开始往往看不到设备有明显的异常现象，而会出现一些不引人注意和不易察觉的细微迹象。然而这种异常迹象却很容易发展成重大故障，应给予足够的重视。为了能分辨、发现这些细微的劣化，在机械正常转动时就要十分注意测量有关的参数并记录其状态，如噪声、振动、温度、动力消耗等。

润滑故障的一个特征是，其发生的原因很少是单一的，而往往是诸多因素共同作用的结果。因此要对促使故障形成和发展的有关原因，广泛地进行分析、调查。此外，由于较难作出完整的理论分析，在很大程度上还只能依赖于经验，因此要求点检维护人员必须注意经验的积累，这样才能灵活应用从实践中获得数据，从而提高润滑技术。

为更好地保养设备，润滑工作应该做到"五定"，防止发生缺油、漏油等问题。

（1）定点。确定设备的润滑部位、润滑点，明确规定加油方法。

（2）定质。确定设备各润滑部位、润滑点所加润滑剂的品种、牌号，油品应有检验合格证，如系掺配代用的油品，必须符合有关规定，润滑装置、油路及器具必须保持清洁完好。

（3）定量。确定各润滑部位的加油数量及消耗定额，做到计划用油、合理用油、节约用油。

（4）定期。确定设备各润滑部位及润滑点的加油间隔期，同时应根据设备实际运行情况及油质情况，合理地调整加（换）油周期，保证正常润滑。

（5）定人。确定设备各润滑部位、润滑点的负责人，明确责任。对定期换油等应做好记录。

1.3.2.2　紧固

机械设备在正常运行一定时间以后，其紧固部件或零件，如螺纹连接等可能会发生松动，造成机件、机体的振动，使其运行不平衡甚至内部发生部件的不均匀磨损、撞击、损坏等故障。为此，在日常机械检查维护过程中应注意发现紧固问题，做到紧固方法得当，注意受力的均匀对称，及时排除紧固故障。

1.3.2.3　调整

机械设备在初始安装质量满足规范的情况下，随着设备运行时间的延长，设备的各种配合间隙会发生变化，必须进行调整，否则会引起载荷在机器上不正确的分布或产生附加载荷，可以用增减垫片或调整螺钉的方法来弥补因零件磨损而引起的配合间隙增大。例如，圆锥滚子轴承和各种摩擦片的磨损而引起游动间隙的增大，可通过调整法恢复正常状况。间隙调整应注意其大小，间隙过小时，不易形成液体摩擦，发热快，容易产生黏着磨损和摩擦副咬死现象；间隙过大时，易产生冲击载荷。

1.3.2.4　改善工作环境

机械设备的工作环境，对机械设备使用有较大的影响，如温度升高，氧化、磨损加剧；过高的湿度和空气中腐蚀介质的存在，会造成腐蚀和腐蚀磨损；空气中含灰尘量越多，液压元件越易堵塞等。但工作环境在某些情况下可人为地采取措施加以改善，如为减轻轧钢车间板坯旋转辊道的磨损、降低其表面温度可加外冷却水；为减轻湿度对设备带来的不利影响可增设风机，改善通风条件；为防止机件腐蚀可采取镀锌、镀铬或使用涂料涂层等防护方法。此外，还要做好设备清洁工作，由机械设备的操作者进行班前检验、班后清扫，保证机械设备处于良好的技术状态。

1.3.2.5 操作维护

科学的对机械设备进行操作就是对设备的最好维护，这一观点现在已得到广泛的认同，这就要求操作工在使用设备时要遵守技术规程，严格控制载荷，减少操作失误。一般来讲载荷愈大，机件磨损愈剧烈。在规定的使用条件下，零件的磨损在单位时间内与载荷的大小成直线关系。除了载荷大小之外，载荷特性对磨损也有直接影响，如交变、冲击载荷对零件的破坏程度比静载荷大，零件的疲劳损坏往往是在交变载荷下发生，并随其增大而加剧。

1.3.3 设备机械点检维护技能

现场机械设备的运行情况千变万化，纷繁复杂，专业点检维护人员必须凭借自己所具有的知识、技术、经验以及逻辑思维，在现场发现机械设备所存在的问题并切实解决这些问题，点检维护人员所具备的这种能力称为点检维护技能。它由两方面组成：第一，前兆技术，就是通过设备点检，从稳定中找出不稳定因素，从正常运转的设备中找出异常的萌芽，发现设备的劣化，防止其发展为设备故障；第二，故障的快速处理技术，就是在设备故障发生后，迅速分析和判断故障发生的部位，制定排除故障的方案并组织实施，或采取紧急应变措施让设备恢复工作。

机械设备点检技能的前兆技术，是利用机械设备在点检时所获得的一切有用的信息，经过分析处理，以获得最能识别机械设备状态的特征参数，并得出正确的判断，作为维修的依据。前兆技术包括信息的采集、信息分析处理、状态识别判断和预报。

利用人的感官检查设备的技能。机械设备在运行中都会产生一定的声响、温度和振动。这也是机械设备在运行时的一种特征表现。通过检测，可发现声音的高低、音色的变化，温度的升高和振动的强弱等。将收集到的这些信息数据与判断标准进行比较，就可以判断机械设备的劣化状况。结构相对简单的机械设备的检测可以依靠眼看、手摸、耳听、鼻嗅等人体感官的感觉，还可采用听音棒、检查锤、温度计等一些简单辅助器具。对重要的精度高的设备，在此基础上使用仪器仪表进行进一步定量检测和数据分析，可准确掌握其劣化趋势，在事故发生前得到恰当维修。

任何一种检测方法，都是根据采集到的声响、温度或不规则的振动与机械设备正常运行时的声音、温度和振动进行比较来进行判断的。因此，熟悉掌握机械设备的正常运行状态和特征，对于鉴别设备是否异常、判断劣化程度有着非常重要的意义。

1.3.4 拉丝、制绳各生产工序设备的维护实例

1.3.4.1 钢丝热处理工序

（1）仪表不准随便移动，由仪表员负责保管维护。热电偶仪表一般每星期校对一次。各仪表建立使用制度。注明检修日期，核对日期，测量误差。

（2）每隔一个半月左右时间要彻底清除铅锅中的铅灰、铅渣，然后将铅补满，并用炭末封闭好。

（3）停机后要彻底清除炉孔内的氧化物，以保证热处理时炉孔中的钢丝运行畅通无阻。

（4）下线设备——倒立式收线机卷筒的轴承、导线轮的轴承、架线辊的轴承、压线辊等处要定期润滑。

（5）对于闭式齿轮箱传动装置，要定期更换润滑油；对于开式齿轮箱传动装置，要加防护罩，以提高齿轮的使用寿命。

（6）定期检查轴承，观察轴承圈有无麻点及滚动体有无破损现象，如有问题及时更换，或按照轴承设计使用寿命定期更换。

（7）收线卷筒表面出现明显磨痕应及时修复。

（8）对于热处理炉的保养和维护，可延长炉子的使用寿命，节约能源。日常生产中应尽量减少停炉次数，严禁向炉子喷水，严禁高温操作。保持所有炉门完好，炉门应经常处于关闭状态。烧嘴、喷嘴的中心线和燃烧中心线在一条直线上并经常清除其中的结焦、油烟及其他杂物，作好定期检查。

1.3.4.2 拉丝工序

（1）拉丝模盒要保持清洁，经常清除盒内的氧化物及其脏物，肥皂粉焦化结块应及时更换，使用时要经常搅拌并保持肥皂粉面高度，使肥皂粉有效均匀地附着在钢丝表面，以保证良好润滑。

（2）模子、模架、卷筒三者必须对正，即模孔中心线与卷筒成水平相切（在一条直线上），否则应进行调整，校正后紧固模架位置，防止其摆动。若误差量大，由维修工解决，以免出现"∞"字线或将钢丝表面划伤，把模子磨损成椭圆形。

（3）拉丝设备一周检查一次，发现设备故障或严重影响钢丝质量的情况及时反映，请设备维修人员及时排除。需要定期检查的主要部位有：拉拔卷筒（外表面的磨损情况，内部的水垢清理，跳动检查），传动机构的磨损情况，导向轮、活套轮的调整。每班要有专人负责给拉丝机主轴加油。

（4）塔轮是水箱拉丝机的心脏部件，为减少塔轮的磨损，应严格按照配模规定执行拉拔工艺，限制过分的打滑。定期清理水箱池底的焦化物及氧化铁皮，肥皂液应循环过滤并冷却。

为了便于塔轮的修复，可将塔轮制成组合装配形式，塔轮出现磨损后，卸下套圈进行修理或调换。

（5）须经常检查电器开关与手柄控制系统是否失灵，安全保护装置是否有效，传动系统是否异常。

（6）卷筒出现磨损应及时修复，可采用堆焊法，喷涂法等。

（7）拉丝机冷却系统：卷筒水冷、风冷装置，模子水冷装置，钢丝水冷装置应完善，冷却效果良好。

1.3.4.3 捻股、合绳工序

（1）开车前检查工字轮筐架托轮、转筒的主要部件等有无问题，需加油的部位加油。

（2）分线盘随筒体转动过程中不能摆动，分线盘中心线与筒体轴线重合且垂直于筒体轴线，并安装牢固，避免甩出伤人。分线盘上的分线模孔孔径合适，孔内表面光滑，没有勒痕，不许刮伤钢丝或出现刮锌现象，否则应及时修理或更换分线盘。

（3）工字轮筐架不许有裂纹，紧固螺丝不得松动，工字轮的锁紧销应完好，销子的弹簧能发挥其作用。工字轮涩带装置完好且灵敏可靠，以保证工字轮放线的张力适中，即钢丝、钢丝股绳放线时松紧适当。

（4）捻股过程中，操作人员应随时检查预变形器、后变形器的工作情况，各部分应转动灵活，辊轮轮面应光滑、平整，发现刮锌或损坏时应及时修理或更换，不能勉强使用。

（5）牵引轮的推线装置工作正常，工作时不能出现股绳交叉现象，牵引轮不得出现松动和来回窜动现象。

（6）传动装置。齿轮传动：齿轮啮合应正常，有可调闸把的齿轮变速箱，应将闸把旋到规定位置；皮带传动：皮带松紧适宜，皮带卡子完好且连接牢靠；链传动。链条不得有拔节、跳节现象。

（7）收线工字轮在收线架上安装牢固。有轴式收线工字轮，防止工字轮窜动的卡箍不得松动；无轴式收线工字轮，两端顶头的锁紧手把不得松动。

（8）制动装置不得失灵，安全防护装置应齐全且完好，打开筒体上的防护罩应能自动断电。

（9）沿股绳捻制方向转动机身，转动时没有明显阻力；试开机时，观察机身支撑装置是否正常，工字轮筐架不应随机体一起转动或左右窜动，应运转平稳，无异常声响。否则应立即停车修理。

1.4 机械维修制度

1.4.1 概述

机械的维修是机械设备维护和修理两类作业的总称。包括两方面内容：一是机械的维护保养和机械的检查；二是机械的修理。

机械设备在使用中，由于零部件发生各种磨损、腐蚀、疲劳、变形或老化等劣化现象，导致精度下降，性能降低，影响产品加工质量，情况严重时，会造成设备停机而使企业蒙受巨大经济损失。机械维护是指对机械进行预防检查，采取预防措施（清洁、润滑、调整、紧固），检查诊断主要部件的技术状况，并作出一些工作量不大的修理，如简单故障排除、易损零件的修理和更换等，通过这种维护和修理，降低机械设备的劣化速度，延长其使用寿命，为保持或恢复机械设备规定功能而采取的一种技术活动。具体包括日常维护、设备检查、检修和大修理等作业。此外，因为机械设备的各零、部件总是会有一定的故障率，因此必须按要求进行间隔期内的维护。机械的维护是保持机械功能和确定修理项目的必不可少的措施和基础。

机械的修理是指机械经过使用之后，由于自然磨损、材料性能恶化，丧失了工作能力一般需要进行解体、停产对损伤零、部件修理或更换，并调整各部件的配合关系，恢复机械应有的功能。

机械维修制度是指在一定方针下，按机械的维护、检查和修理类别之间的互相衔接配合的关系，为保证取得最优的技术经济效果而采取的一系列组织技术措施的总称。

目前采用的机械维修制度主要有以下几种：计划维修制、生产维修制、预知维修制和全员生产维修制。它们都是以预防为主作为指导方针的预防维修制度，过去国内金属压力加工企业中基本上是采用巡回检查计划修理制。这种维修体制比较落后，亟待改进。1985年以来，正在积极推广点检定修制，这是一项实现机械设备管理维修现代化极为重要的措施。但是，在短期内，点检定修制不可能普遍取代巡检计修制，因此，这两种维修制度都应该很好学习掌握。

随着近代工业的不断发展，生产对维修的要求更加严格，设备的结构也日趋复杂，工业发达国家对维修理论与实践的研究愈为深入。可靠性理论与故障物理以及质量保证等先进科学技术的问世，使维修领域通过努力探索，出现了以可靠性为中心的维修（RCM）和质量维修（QM）等新的维修方式。

以可靠性为中心的维修（RCM），即通过选择机械设备的重要功能项目及功能故障与故障影响度的整理分析，找出故障原因，并应用逻辑决策图对大量资料进行分析，具体问题具体分析，对不同的故障采取不同的维修作业。

质量维修（QM）是通过对保证产品质量的重要因素如人、设备、材料、工艺方法、信息进行分析和管理，从而发现和消除因设备造成的产品缺陷，使产品质量特性全部保持最佳状态，易于防止不合格产品的发生。

1.4.2　机械设备的巡回检查计划修理

巡回检查是我国工业企业在 20 世纪 50 年代从苏联引进的，沿用至今。它虽然有缺点，但在现阶段国内应用依然较广。

1.4.2.1　巡回检查

仔细阅读机械设备说明书和出厂检验记录，熟悉机械设备的结构、性能、精度及其技术特点。按机械设备的具体技术要求，区别轻重缓急，定出不同的检查周期，把应该检查的部位按顺序编成计划图表，周而复始地依次进行检查，这就是所谓的"巡回检查"制度。具体检查方法是：

（1）对应每天检查一次的检查点，如应清扫的部位、各润滑点、紧固件、湿度、温度、压力、振动、电流、电压等，可由早、中、晚三个作业班的检查人员各承担三分之一，并根据本班负责检查的项目确定检查路线，依次进行检查，且做好交接班记录。这种检查不停产，不列入生产计划，依靠感觉器官等原始方法。另外，对一台设备要制定某一作业班负全面责任。

（2）对每周一次或每月一至二次的定期检查（结合小修），其内容包括按周期应进行检查的项目和处理巡回检查发现的问题，可由本车间的生产人员和设备人员进行。这类检查要停产，列入生产计划，并作好小修记录。

（3）对一至几年一次的定期检查（包括中、大修），可由本车间人员及安检部门对隐蔽部位、基础、房架、烟道、烟囱、吊车轨道等进行检查。这种检查是在停产、列入生产计划的情况下进行，并做好中、大修总结。

每日正常生产所进行的巡回检查，绝大部分是"不解体检查"。对电气、动力设备指示仪表（例如：电流表、频率表、压力表、流量表、温度表等）的读数确定是否符合规定，这类检查比较准确。此外，还应注意管道、网路上有无泄漏现象。对于机械设备的检查，则应注意紧固部件是否松动，机件、机体是否震动，音响是否异常，摩擦部件的温度以及关键部件有无裂纹等。这类检查往往没有专用仪表，而是靠手摸、锤敲、耳听、鼻嗅、放大镜观察等原始方法。

随着检查技术的发展，机电设备故障的在线检测技术近年来有了很大的进步，这将改变单纯依靠人的感觉器官和经验判断的方法。利用科学仪器进行监测，从而避免不必要的解体检查，减少浪费。

检查时发现缺陷，有些可以及时处理，有些可以到交接班时停车处理，有些可以在每周或每月的定期检修时处理。如发现危险紧急情况必须停车处理，应立即向有关部门反映，如已接近事故边缘，则应当机立断，立即停车处理。

凡不需解体检查，不需更换备件，而能及时处理的，都属于维护工作范畴。反之，需解体检查，而在处理时又需更换备件或进行加工的，需在停产后处理的，都属于检修范围。

设备检查的目的在于及时发现异常现象，以便采取措施进行处理。对各种异常现象及处理的经过和结果，都应详细记录，并注意整理、分析、研究，从中找出规律，用以指导以后的维修工作。

对原始记录分析的重点是：

（1）备件使用周期；

（2）经常发生故障的部位；

（3）发生故障原因；

（4）造成的经济损失；

（5）设备作业率；

（6）其他。

1.4.2.2　计划修理

计划修理既可做到防患于未然，又可节省维修时间，有利于提高机械利用率和经济效益。但是，它的优越程度与其修理时机的选择有很大关系。比较传统的选择原则是以机械的有效使用时间作为指标，当机械达到规定的使用期限时，即对其进行维修。因此，确定修理周期成为首要问题。

A　确定修理周期

a　修理工作的种类

根据设备的使用寿命、修复工作量和工期，传统地将修理分为小修、中修、大修三类。

小修

机械设备小修是由维护过渡到修理的初级阶段，根据日常维护工作中巡回检查发现的设备缺陷记录，针对一些在交接班时不能处理的问题制定小修计划。修理项目包括能在小修计划时间内修复的缺陷，更换零部件、润滑油脂、调整间隙等。此外还应包括某些比较复杂的检查项目。小修次数比较频繁。对于每个月的小修时间可以灵活运用，以不超过原定小修计划为限。例如，原定每月小修三次，总修理时32h，如在一个月内安排每次8h的小修两次，16h的小修一次，总修理时间未超过32h，而在16h的那次小修中却能处理一些难度较大、费时较多的修理项目，这是有利的安排。由于小修的计划时间较短，因此，小修只是维护简单再生产的一种手段。小修费用由生产费用开支，计入当月生产成本。

中修

由于机械设备小修的时间较短，一些需要较长时间才能处理的设备缺陷和隐患，不可能在小修时间内得到解决，但又不能拖到下一次大修时解决，这就有必要在两次大修之间安排一次或几次中修。中修范围较大，项目较多，一般是恢复性的修理。但由于中修时间毕竟较长，一些规模较小的设备改革项目也可安排在中修期间一并进行。关键生产厂矿的主要生产设备中修将影响本企业的生产计划，因此，中修项目要在企业内部平衡。中修经费一般计入企业生产成本。

大修

设备经过较长时间使用，某些关键部位（例如主要设备的基础、吊车轨道、轧机、主电动机、加热炉炉墙等）受到损坏，不能在短时间内修复，则必须安排较长的停产时间进行修理，这类修理称为大修。根据生产实践经验和有关统计资料，可估计某种主要生产设备在正常情况下的大修周期。例如，初轧机大修周期一般为3~5年。大修周期的长短取决于设备维护和检修工作质量的高低。其关键问题，一是遵章使用，不得超负荷使用设备；二是保证大修施工质量。根据"修改结合"的原则，应充分利用设备大修的停产时间，尽量安排一些重大改革项目。但是，由于大修经费并不直接计入企业的生产成本，而由大修基金专项支付，为了避免所安排的改造项目过多占用大修基金，在过去的大修管理办法中规定，只有照设备原样修复的项目，即"恢复性大修"，才能在大修费内开支，而把改革项目中的某些项目列为技术组织措施或列为安全措施等，由其他专项拨款。这是由于大修提成过低，大修基金过少，而在财务上采取的一种做法。实际上，在大修时安排改造项目在经济上是合理的，也是符合"挖潜改造"方针的。

由于在大修施工中需处理的工程项目多，修理工作量大，人员密集，工地窄小，分层作业，立体交叉，调度管理极为复杂，安全事故时有发生。因此，有人提出"分段修理"的建议，即某些工作可放在中修时处理，使大修时的工程项目尽量减少。不过这种办法只能减少大修时的人员密集程度，而不能缩短大修工期。因为大修工期一般都是根据工期最长的大修项目确定的。

b　修理周期结构

修理周期是指机械设备到达大修理的时间，通常用运转时数来表示。

修理周期的结构是指一个修理周期的修理次数、类别和排列方式。对于各种不同类型的机械设备，虽然修理周期的结构不同，但遵循共同的构成规律，都反映整机的可靠性指标与构成机械的各零、部件潜在寿命之间的关系。图1-7为某一机械设备在一个修理周期内，

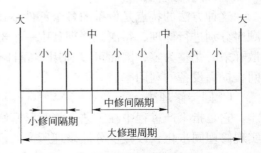

图1-7　修理周期结构示意图

大修、中修、小修（有时也包括定期维修）的次数和排列顺序。修理间隔期是指相邻两

次同级修理之间机械设备的工作时间。可分为大修间隔期、中修间隔期和小修间隔期。

c　确定修理周期

在正常生产和遵章使用的前提下，设备各部件的受力状态符合原设计的要求，所产生的自然磨损和材料疲劳现象都有一定的规律，因此可找出一定的周期，这种周期一般是根据实践经验制定的，主要的依据是定期检查中的原始记录。设备各部位的损耗程度不同，使用周期各异，因而修复工作量也不一样，有的需要停产时间长些，有的则短些。根据设备使用寿命、修复工作量和工期，构成修理周期结构。例如，初轧机每月要进行 2 ~ 3 次小修，每次 8 ~ 16h；每年进行 1 次中修，工期一般不超过 10d；每 3 ~ 5 年进行一次大修，工期为 12 ~ 15d。各厂矿对各类主要生产设备的检修周期都作了规定，并在一定时间内予以固定。但是，这种固定的检修周期是相对的，要随着生产操作的熟练程度、维护工作质量的提高，备品备件使用寿命的延长，可以增长。

B　计划修理的技术组织方法

a　强制修理法

强制修理法是对设备的修理日期、类别和内容预先制定具体计划，并严格按计划进行，而不管设备的技术状况如何。其优点是，便于在修理前作好充分准备，并且能够最有效地保证设备正常运转。这种方法一般用于那些必须严格保证安全运转和特别重要、复杂的设备，如重要的动力设备、自动流水线的设备等。

b　定期修理法

定期修理法是根据设备实际使用情况，参考有关检修周期，制定设备修理工作的计划日期和大致的修理工作量。确切的修理日期和工作内容，是根据每次修理前的检查而规定的。这种方法有利于作好修理前的准备，缩短修理时间。目前，我国设备修理工作基础比较好的企业，大都采用这种方法。

c　检查后修理法

检查后修理法是指事先规定设备的检查计划，根据检查结果和以前的修理资料，确定修理的日期和内容。这种方法简便易行，但掌握不好，就会影响修理前的准备工作。

d　部件修理法

是将需要修理的设备部件拆卸下来，换上事先准备好的同样部件，也就是用简单的方法更换部件。这种方法的优点是可以节省部件拆卸、装配的时间，缩短修理停歇时间；其缺点是需要一定数量的部件作周转，占用资金较多。

e　部分修理法

这种方法的特点是设备的各个部件不在同一时间内修理，而是按照设备独立部分，按顺序分别进行修理，每次只修理其中一个部分；这种方法的优点是，由于把修理工作量分散开来，化整为零，因而可以利用节假日或非生产时间进行修理，可增加设备的生产时间，提高设备的利用率。

f　同步修理法

它是指生产过程中在工艺上相互紧密联系的数台设备，安排在同一时间内进行修理，实现修理同步化，以减少分散修理所占的停机时间。

以上六种方法，前三种是由高级到低级，在同一厂矿中，可以针对不同设备采取不同的修复方法。后面三种是比较先进的组织方法，各厂矿可根据自己的实际情况选择使用。

C 修理计划的编制

设备修理计划包括大、中、小修计划。编制设备修理计划要符合国家的政策、方针，要有充分的设备运行资料，可靠的资金来源，还要综合考虑生产、设计以及施工等条件。具体编制时，要注意以下几个问题：

（1）计划的形成要有牢固的实践基础，即由生产厂（车间）根据设备检查记录，列出设备缺陷表，提出大修项目申请表并报主管领导审查，最后形成计划。

（2）严格区分设备大、中、小修理的界限，分别编制计划，并逐步制定设备的检修规程和通用修理规范。

（3）编制修理计划时要做到年度修理计划与长远计划相结合；设备检修计划与革新改造计划相结合；设备长远规划与生产发展规划相结合。

（4）在编制设备修理计划时，应做好与设计、施工、制造、物质供应等部门的协调平衡。设备修理计划的实施，必须依靠这些部门的配合，这是实现设备修理计划的技术物质基础。

（5）编制计划要以科学的、先进的基础工作为依据，如检修周期、施工定额、修理复杂系数、备件更换和检修质量标准等。

1.4.2.3 运用网络计划技术编制检修计划

A 概述

机械设备修理是一项复杂的工作，必须统筹安排。运用网络计划技术编制修理计划可以统筹全局，最优安排工作秩序，找出关键工序，从而达到缩短工期，节约人力、财力，减少投资的目的。工程负责人、施工技术人员和工人都应该掌握这种方法，应用它来指导检修工作。所谓网络计划技术，简单地说，就是应用网络理论制订计划，并对计划进行评价和审定的技术。这是一种关于生产组织和管理的科学方法。网络计划技术有以下优点：

（1）它不仅表达了每一工序的进度，而且表达了每个工序的先后顺序和相互关系。

（2）它能指出生产任务的关键工序和关键路线，便于在实施计划过程中抓住关键。因此，它是组织与控制生产任务的有效方法。

（3）它能用时间差表示不影响计划完工期的机动时间和资源。

（4）编制网络计划时，不但是安排进度、平衡能力的过程，而且是优化计划的过程。

目前，我国工矿企业在大型、复杂、成套设备的大修或安装工程中已日渐广泛应用这种计划技术。实践证明，它对资源（人力、物力、设备、资金等）的合理使用，缩短修理或安装工期，提高经济效益都有较显著的效果。

B 网络图

网络图由作业、事项、路线三要素组成。

a 作业

作业也称活动，它是泛指一项需要人力、物力、时间的具体活动的过程。在网络中用箭线"→"表示作业，箭尾表示工序开始，箭头表示工序完成，从箭尾到箭头表示一道工序过程。通常在"→"的上方注明作业的名称或代号，如图1-8的"拆卸、清洗、检查"等；同时还应注明时间，如"拆卸2"中的"2"代表2天；而有的作业不消耗人力、物力，只消耗时间，也是一种作业；如地面基础的修复中混凝土的凝固工序；还有一种虚作业，它不消耗人力、物力、时间，只表示前后两个作业的逻辑关系，用虚箭线"－－－→"表示。

b　事项

事项也称结点，表示前一项工作的结束和后一项工作的开始，是连接网络图上两条以上的箭线的交接点。节点不消耗资源，也不占用时间，只是表示某一项作业的开始或结束的瞬时。用圆圈"○"表示。

c　路线

路线是指从起点事项开始，顺着箭头所示方向，通过一系列事项和作业，达到终点事项所经过的通路。在一个网络图中，可以有很多条路线，其中总作业时间最长的一条路线称为关键路线。关键路线用粗箭线或红箭线表示。

d　网络图

一项工程总是包含多个作业，依照各作业间的衔接关系，用箭头表示其先后次序，画出一个各项任务相互关系的箭头图，注上时间，算出并标明关键路线，这个箭头图称为网络图。下面举例说明网络图的组成及绘制方法。

如大修一台机床包括十道工序：拆卸、清洗、检查、零件加工、床身与工作台拼合、变速箱组装、部件组装、电器修理和安装、装配和试车等，其网络图如图 1－8 所示。

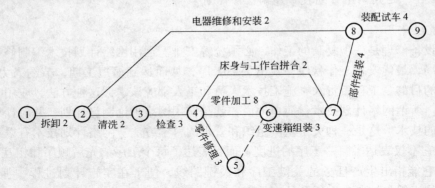

图 1－8　网络图

连接各个节点

用箭线把各个节点连接起来，并表明各作业之间的先后顺序和相互关系：

①$\xrightarrow{2}$②：代表拆卸，需时 2d；

②$\xrightarrow{2}$③：代表清洗，需时 2d；

③$\xrightarrow{3}$④：代表检查，需时 3d；

④$\xrightarrow{3}$⑤：代表零件修复，需时 3d；

④$\xrightarrow{8}$⑥：代表零件加工，需时 8d；

⑥$\xrightarrow{3}$⑦：代表变速箱组装，需时 3d；

④$\xrightarrow{2}$⑦：代表床身与工作台拼合，需时 2d；

⑦ —4→ ⑧：代表部件组装，需时 4d；

② —2→ ⑧：代表电器修理和安装，需时 2d；

⑧ —4→ ⑨：代表装配试车，需时 4d。

找出关键路线

找出关键路线是绘制网络图的核心。关键路线是消耗时间最长的一条路线，代表着整个工程的主要矛盾；处于关键路线上的作业是关键作业，它的工期提前与否，决定着整个工程工期提前完成或推迟完成。这样，工程指挥者和处在关键路线上的工人，就可以紧紧抓住主要矛盾，合理调整，缩短关键作业的时间，促使关键路线转到别的线路上去，形成各条战线、各个工程之间互相促进的局面。

确定关键路线的方法有三种：

最长路线法。找关键路线的方法是图画好后，算出每条线路的总工期，其中工期最长的路线就是关键路线。例如，运用图 1 - 8 资料找关键路线：

第一条线路① —2→ ② —2→ ⑧ —4→ ⑨

$2 + 2 + 4 = 8d$

第二条线路① —2→ ② —2→ ③ —3→ ④ —2→ ⑦ —4→ ⑧ —4→ ⑨

$2 + 2 + 3 + 2 + 4 + 4 = 17d$

第三条线路① —2→ ② —2→ ③ —3→ ④ —8→ ⑥ —3→ ⑦ —4→ ⑧ —4→ ⑨

$2 + 2 + 3 + 8 + 3 + 4 + 4 = 26d$

第四条线路

① —2→ ② —2→ ③ —3→ ④ —3→ ⑤ —0→ ⑥ —3→ ⑦ —4→ ⑧ —4→ ⑨

$2 + 2 + 3 + 3 + 0 + 3 + 4 + 4 = 21d$

第三条线路是关键路线，26d 就是机床大修所需时间。

时差法。计算每个作业的总时差，在网络图中，总时差等于零的作业为关键作业，这些关键作业连接起来的可行路线，就是关键路线。

破圈法。从零开始，按编号从小到大的顺序逐步考察节点，设一个有两根以上箭头流进的节点，把其中一根较短路线的箭头去掉，便把较短路线断开，即破掉两根路线所构成的图，以此类推，当破圈过程结束，能从始点顺箭头到终点的路线即为关键路线。

值得注意的是：关键路线可能不止一条，对次关键路线也可用其他颜色标出；关键路线代表的主要矛盾可以转化，转化之后需要重新画图；从非关键路线上抽调人员支持关键路线后，必须重新画图。

计算时差

找出关键路线后，可以看到非关键路线上的项目是有潜力可挖的。潜力到底有多大，要靠计算时差来解决。

计算最早可能开工时间以"口"表示。计算方法是：从第一道作业开始，自左向右顺箭头方向，逐步计算，直至流程图最后一道作业为止。第一道作业最早可能开工时间是零。

其余作业最早可能开工时间 = 紧前作业最早可能开工时间 + 紧前作业时间。

若紧前作业不是一个，而是多个，则取其最大值，如图 1 - 9 所示。如①→⑥有 2 + 7 = 9，4 + 8 = 12，则⑥→⑦的最早可能开工时间是 12d。按公式计算出的各作业最早可能开工时间用"□"写在该作业线下。

计算各作业的最迟必须开工时间用△表示，计算方法是从终止点开始，逆箭头方向逐步进行计算，计算公式是：到某道作业的最迟必须开工时间△ = 关键路线时间的总和 - 末作业时间。若有多条线路，这些线路的时间总和中也有一个最大值，由关键路线上的时间总和减去这个最大值，就是这一作业的最迟必须开工时间。如从终止点⑦到③共有两条线路，各需 8 + 0 = 8 及 7 + 6 = 13，而关键路线时间总和为 4 + 8 + 6 = 18，因此在③→⑥作业最迟必须开工时间是 5 天，并写在此线下的"△"内，见图 1 - 9。

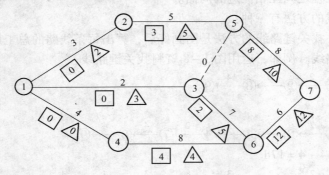

图 1 - 9　网络图

计算时差：时差 = 最迟必须开工时间 - 最早开工时间。有时差的作业：也就是有支持其他任务的潜力。关键路线的作业时差必等于零；否则就会延误整个任务完成期限。凡是时差为零的作业连接起来，就是关键路线，这是要特别重视的线路，要加强控制，加强调度。

C　编制网络图的步骤

（1）做好调查研究，搞清楚本工程有哪些作业。

（2）按照客观规律分析作业与作业之间的衔接关系。如该作业开始前，有哪些作业必须先期完成；该作业进行过程中，有哪些作业可以与之平行进行；该作业完成后，有哪些作业应紧接着开始。

（3）确定完成各作业所需的时间，有两种方法：单一时间估计法（肯定型），就是对作业只估计一个可能性最大的时间。在估算各项作业时间时，不可知因素较少且已有定额资料可供参考，或有先例可循，这时只需要确定一个时间值。三种时间估计法（非肯定型），如果该项工作以前没有做过，或做的次数很少，估计一个时间定额难以估准，此时即可先预计 3 个时间值，然后再求可能完成时间的平均值，这 3 个时间值是：

1）最乐观时间——是指在最顺利情况下完成某作业可能出现的最短时间，用 a 表示。

2）最保守时间——是指在最不利情况下，完成某作业可能出现的最长时间，用 b 表示。

3）最可能时间——是指在正常情况下，完成某作业最可能出现的时间，以 m 表示。

然后，按式（1-3）求出平均值 t_E：

$$t_E = (a + 4m + b)/6 \tag{1-3}$$

用式（1-4）计算作业时间概率的离散程度 σ，σ 的数值越小，表示 t_E 的代表性越大。

$$\sigma = (b - a)/6 \tag{1-4}$$

这样就可以把非肯定型化为肯定型。

（4）把施工任务分配到各施工单位，做好人力、设备和原材料的安排。

（5）订好施工方案。

（6）绘网络图。

（7）计算每项作业最早开工时间，最迟必须开工时间和时差，确定关键路线并用红线（次关键路线用其他颜色）标明。

（8）根据关键路线的长度和时差，对箭头图加以调整。

1.4.3 机械设备的点检定修制

1.4.3.1 设备点检

A 设备点检的定义

金属压力加工企业中的设备，大致可分为生产设备和附属设备二大类。生产设备由建筑物开始，包括基础设施、机械设备、电气设备、仪表及计算机设备、各种加热炉设备等；附属设备包括环境监测、供应水、气、蒸汽、动力等设备。生产设备和附属设备直接或间接地参与了工厂产品的生产。另外，还有完成产品生产所必需的，不可缺少的设备，如通讯及运输设备等。这些设备各自都有其特点，而且所涉及的技术领域也各不相同，大体上可分成机械、电气、仪表、计算机、窑炉、土木建筑 6 个大类。

为了管理好这些设备，使其运转正常，以满足生产的需要，就必须对设备进行必要的维护、检查和修理，确保设备始终处于良好的工作状态。采用定点、定法、定标、定期、定人的"五定"的方法，实施对设备的检查，通过定点来检查设备的轴瓦是否过热，给油脂、供水等是否正确及时，噪声是否超过标准，是否有漏油、漏水、漏气点，设备及其环境是否整洁等，从这些检查的结果，可以大致判断设备运转是否正常，加上定期对设备进行全面、定量的检查，用一些精密仪器对设备作进一步的诊断，所有这一切措施，都是为了尽早地发现设备的不良部分，分析、判断其产生原因，确定应维修的范围、时间及内容，编制施工计划、备品备件供应计划等精确合理的维修计划，及时排除不良因素，防止故障发生，确保设备运转正常。这就是设备点检，也是现代设备维修管理最基本的工作内容。

简而言之，设备点检可定义为：按照"五定"的方法对设备实施全面的管理。其实质是按预先设定的部位（包括结构、零部件、电气仪表等），对设备进行检查、测定，了解和掌握设备劣化的程度和发展趋势，提出防范措施并及时加以处理，确保设备性能稳定，延长零部件寿命，达到以最经济的维修费用来完成设备维修的目的。

B 点检的分类

点检的分类方法很多，但常用的分类方法可归纳为以下三种：

（1）按点检种类：

1）良否点检。通常用于性能下降型设备的点检，顾名思义，良否点检是检查设备的好坏。即对设备劣化的程度进行检查，以判断设备的维修时间。

2）倾向点检。通常用于突发故障型设备的点检，对这些设备的劣化倾向进行检查，并进行倾向管理，预测维修时间或更换周期。

（2）按点检方法，通常可分为解体点检和非解体点检。

（3）按点检周期，可分为日常点检、定期点检和精密点检。

1）日常点检。主要是依靠五官对设备的运转状态进行检查，包括设备清扫、螺栓紧固、给油脂、良否检查等项工作。这些工作通常大部分由操作人员承担。点检周期一般在一周以下。

2）定期点检。这是由专业点检员承担的工作。包括周期在一个月之内和一个月以上的点检。周期在一个月以内的点检，通常对重要设备的重点部位实施，在设备运转过程中或运转前后，依靠五官判断及简单仪器进行检测，判断设备状态的良否，周期在一个月以上的点检，以检查设备性能变化劣化倾向为主，对设备进行较为详细的检查和测试。

3）精密点检。精密点检是用精密仪器、仪表对设备进行综合检查测试，或在不解体的情况下，运用诊断技术或特殊方法，测定设备的振动、应力、扭矩、温升、裂纹、变形、电流等物理量，确定材料及油脂等的成分及夹杂物。然后，通过对测得的数据进行分析比较，定量地确定设备的技术状况和劣化倾向的程度。以判断修理或更换零部件的最佳时机。

C　点检作业的要求

在进行设备点检之前，首先要对设备做好"五定"工作，建立一套科学的标准体系，然后实施点检作业进行实绩管理。通常点检员半天实施点检作业，半天进行点检管理和业务协调。因此，要为点检员创造一定的工作条件，如办公桌、必要的交通工具、常用的工器具和必要的检测仪器以及通讯联络手段。

a　点检作业实施前的基础工作

在点检作业实施前，应认真做好下列各项基础工作：

（1）对设备的"五定"工作：

1）定点。要详细设定设备应检查的部位、项目及内容，做到有目的、有方向地实施点检作业。

2）定法。就是对各个检查项目制定明确的检查方法，即规定进行设备点检时的具体做法，如实施某一项目的点检时，是采用五官判别，还是使用某种工具、仪器进行检测。

3）定标。即制订标准。这是衡量或判别所检查的部位是否正常的依据，也是判别某一检查部位劣化程度的尺度，以及维修后应达到的要求。另外，为降低设备磨损而规定给油脂种类和给油脂量，以及在维修作业标准中规定维修步骤、工种、工时标准等。

4）定期。对设备应检查的各个部位、项目内容，都要有一个明确的预先设定的检查周期，这就是制订点检周期。按设备重要程度不同，检查部位是否重点等，对不同的项目规定不同的点检周期。

5）定人。首先要确定哪些点检项目应该由操作人员实施，哪些项目由专业点检员承担。对专业点检员所承担的项目，按要求不同，其中一部分可由专业点检员委托专业技术人员实施，如设备技术诊断项目；也可委托维修人员实施，如解体点检，油箱润滑油补充、更换等项目。

做好对设备的"五定"工作，也就是按上述订出的"五定"要求，对设备订出"四大标准"，即点检标准、维修技术标准、维修作业标准及给油脂标准。这是点检管理的重要基础工作之一。

（2）制定点检计划。由于专业点检员承担着多台设备、多个系统的点检工作，为了做到工作量均衡，避免点检项目的遗漏，必须制订点检计划表（或作业卡），也就是实施点检作业的任务书。另外，还要编制由操作人员执行的点检计划表，要求操作人员按计划认真实施操作点检。

（3）编制点检路线。由于专业点检员负责点检的区域范围较大，为避免所经过途径的重复，应预先设计好实施点检时的路线，以节约点检时花费在路途上的时间。

（4）编制点检检查表。为便于点检结果的记录，在实施点检作业时应编制点检检查表，这也是编制维修计划等的重要依据。

b 点检的实施

在实施点检作业时，每个点检员应做到认真点检，一丝不苟，不轻易放过任何异常的迹象，认真进行分析处理，并做好记录。

c 点检实绩管理

按点检结果，做好各种报表，对点检结果进行分析，切实掌握设备状态及劣化发展趋向，在编制维修计划、备件计划时，要充分反映点检结果。

总之，点检作业同样要采用 PDCA 循环的工作方法。通过 PDCA 循环，在点检员不断积累经验和提高自身素质的同时，使点检工作不断完善，更加科学和合理。从而不断推动点检工作质量的提高。

1.4.3.2 点检制

A 设备点检制

设备点检制，是一种以点检为核心的设备维修管理体制，是实现设备可靠性、维护性、经济性，并使这三方面达到最佳化、实行全员设备维修管理（TMP）的一种综合性的基本制度。

在这种体制下，设备的专业点检员既负责设备点检，又从事设备管理。操作、点检、维修三方之间，点检是管理方，处于核心地位，是设备维修的责任者、组织者和管理者。这种核心地位是由现代设备维修管理体制所决定的，这一体制要求，点检员对其管区的设备负全权责任。点检人员应严格按标准实施点检业务，并承担制定和修改维修标准，编制和修订点检计划，编制和组织实施检修计划，做好检修工程管理，编制备品备件及材料计划，编制维修费用预算等设备管理业务。以最低的费用、高质量地管理好设备，确保设备安全运行，保证生产活动正常开展，这是每个专业点检员的重要职责。

B 点检制的特点

（1）日常点检、定期点检、专业精密点检和精度测试、设备技术诊断、设备维修结合在一起，构成了设备完整的防护体系。

（2）生产工人（操作工）参加日常设备点检、维护，是全员设备维修管理中的不可缺少的一个方面。日常点检以生产部门为主体，由操作工具体实施。

（3）专业点检员的专业点检、精密点检和精度测试、设备技术诊断是设备维修管理的核心。

1.4.3.3　定修

A　定修的概念

在预防维修活动中，经历抑制劣化——日常点检、生产维护、保养。测定劣化——专业检点、精密点检，对设备上的各个可能出现故障的装置和零部件进行状态监视，掌握劣化程度的发展情况，需制订有效的维修对策，对设备有计划地进行调整、维修，以使设备故障、事故消除在发生之前。通过抑制、测定劣化，做到了解和掌握主要零部件劣化发展达到极限的周期，从而使设备始终处在最佳状态。为实现预防修理创立了先决条件，使维修活动掌握了充分的主动权，解决了预防维修的核心问题，即设备什么时候修，需要什么样的维修？点检的精华在于通过对设备的检查、测定、诊断，从中发现设备劣化倾向，来预测设备零部件的使用寿命周期，确定检修的内容及备件、资料的需要计划，并提出改善措施。要实现维修活动中的消除劣化，要确保设备能及时正确地得到恰当的维修，同时要在满足生产要求的条件下与生产计划充分地协调，就必须要建立与其相适应的一套检修方式，这样就在点检的基础上派生出了定修。

定修是企业根据设备预防维修的原则，在推行点检制掌握设备的实际技术状态，预定设备零部件使用寿命周期的基础上，按照严格的定期检修周期、规定的检修时间，并以最精干的基本人数的检修力量，安排连续生产系统的设备在停机时间最短、生产物流损失最小、能源介质损失最少、修理负荷最均衡、检修效率最高的一种最经济的检修方式，是现代化设备实现预防维修的最佳形式。

定修不仅在维修活动的消除劣化阶段，起着积极作用，在定修的管理过程中，对设备在修理中点检测定，判断设备劣化状况和程度，进一步掌握设备的实际技术状态，推算设备使用寿命周期等方面，也起着积极的作用。

根据现代化设备的特点，把生产设备分成两大类：主作业线设备和普通作业线设备，主作业线设备是指工厂内生产主要产品的工艺线设备，它的停机将直接对工厂生产计划的完成造成影响，或间接对生产有重大影响。如钢铁厂的炼铁、炼钢、连铸、轧钢等生产工艺设备。普通作业线设备是指主作业线设备以外的设备，它的停机对工厂生产计划的完成在一定的时间范围内没有影响。如运输设备、机修设备等。

简单地说，所谓定修，就是在点检的基础上，必须在主作业线设备停机或对主作业生产有重大影响的设备停机条件下，按定修模型进行计划检修。可以理解为定期的系统性检修，是对主要生产工艺线设备在生产物料协调和能源平衡的前提下所进行的规定时间停产修理。连续检修时间较长的系统性定修称为年修，年修实质上是定修时间的延长，是定修的一种特例。

B　推行定修的条件

为了确保定修的顺利实行，力求减少或避免机会损失和能源损失，充分提高检修人员的工时利用率，开展定修应具备下述条件：

（1）要有科学的定修模型和合理精确的定修计划。以保证定修能在与生产计划充分协调的前提下，按修理周期、时间以最精干的检修力量完成维修活动。

（2）要有推行以作业长制为中心的现代化基层管理方式。以确保定修管理、组织流程的畅通。

（3）点检、检修与生产三方要建立明确积极的业务分工协议，以保证定修在组织管理、定修进度、定修质量、定修协调和验收、试运转等方面顺利推行。

（4）要有一套严格、具体的安全检修制度，以确保检修中人身和设备的安全。

（5）要有一套完善、有效的定修工程标准化管理方式，在定修的委托、接受、实施、验收、记录等顺序中有一套标准化程序，以保证定修活动顺利、有条不紊地展开。

（6）定修管理上采用 PDCA 工作方法，使定修管理不断得到修正、提高、完善。

（7）要有相应的检修管理体制和组织机构，以及高效率、高质量、高技术的检修部门积极配合。

C 定修的特点

（1）点检定修制所推行的定（年）修、日修的修理模式，不同于我国现行修理方式的大修、中修、小修的修理周期结构和修理制度。基本不同点如表1－1所示。

表1－1 定修与大中小修的不同

修 理 模 式	大、中、小修	定 修
修理目的	对有缺陷的设备维修	预防设备劣化形成事故
修理类型	检修型	管理＋检修型
修理手段	修复	修复＋改善、改造
修理项目依据	良否判断，缺陷检查	状态点检、倾向检查、周期管理

（2）定修充分体现了以点检为核心的设备维修管理体制，定修的全过程反映了点检人员（或称设备管理方）的维修管理的全部活动过程。如根据设备状况情报进行设备技术状态管理；确立维修对策，设定检修项目；落实检修备件、资材，制定检修计划；进行工程委托，组织施工和工程管理；汇总、整理分析检修实绩；修正、完善标准及计划，健全点检自身设备管理工作等。

（3）点检定修制所开展的定修是以设备实际技术状态作为基础的预防维修制度，是采用对设备进行劣化检测后，根据设备状态为主的项目修理和设备主要零部件使用寿命周期的周期管理项目，二者相结合对设备进行预防维修。其总停机时间最少。保证主作业线设备主动态的维修。修理时间和修理内容针对性强，较切合生产实际需要，可实现在最少维修费用下，达到设备最高有效利用率，使企业提高产量和质量，从而获得最高利润。

（4）定修的检修力量可外协实现检修社会化。除了企业配置技术精干，一定数量的中央区维修和极少的地区检修外，很大程度上可以充分依靠社会上协作单位的检修力量，对这些外协检修力量也可以逐步实现预测，使检修负荷准确、均衡。

（5）定修的停机时间，追求计划的准确，既不允许超过规定的计划停机时间，也不可以提前于计划时间完成。忠实地推行"计划值"管理方式。修理的直接检修时间与技术关系密切，而等候的准备时间却与管理有关且可压缩性较大。因而修理效率的提高一方面依靠点检的科学管理；另一方面还需依靠点检、检修与生产三方人员的配合。

（6）定修工程项目的完成率，即项目"命中率"也追求100%准确，在定修中减项或增项同样不好。检修"计划值"是企业计划值体系的重要组成部分。

（7）定修的周期、时间和每次定修可以占用的检修力量，都受定修模型严格控制实行定量管理。定修计划的制订、调整、实施和管理都是按照定修模型的模式来执行。定修计划一旦确立便纳入生产计划，一般情况下不得随意变动。定修计划的准确可靠来自点检方（包括生产工人的日常点检），修理的质量、工程的进度则决定于检修方。

（8）完成定修计划的达标率很高，这样既保证了生产计划的正常执行，又保证了设备需要的检修工作量能得到充分的满足，从而体现了定修与生产的协调统一，减少计划外的停机损失。

（9）定修检修良机获得率很高，不产生过修与欠修，同时在定修的实施过程中，除完成对设备进行排除劣化和设备的改善外，还对设备的技术状态进行深化点检，这也是预测设备使用寿命的重要方面。

（10）定修实行修理信息反馈和实绩分析，有利于强化设备的修理管理，寿命周期管理，有助于设备的改善、改造、有利于修理方案的研究，有助于新技术的开发。

1.4.3.4　定修制

A　概述

定修制的核心内容是定修模型（即全厂设备定修的周期、时间及检修负荷人数等计划值的设定表）。在定修模型的指导下，按照工程委托→工程接受→工程实施→工程记录，四个步骤构成一套科学而严密的检修管理制度。这是一套以设备的实际技术状况为基础而制定出来的一种检修管理制度。是与点检制互为因果关系的维修管理制度。

B　定修制的主要内容

a　根据生产要求和设备需要，统筹安排计划检修

（1）以作业线上的设备按检修方式和检修条件划分定（年）修、日修。定（年）修计划的制订与全厂生产计划关系重大，故定修计划也是全厂生产计划的重要内容。

（2）设备管理部门从全厂全局利益出发，根据设备劣化状况发展的需要，按定修管理的制度内容，统一设定各生产作业线与设备的定修模型和制定设备的定修计划（确定实施定修的日期和时间），在此过程中，均有生产计划部门参加意见，从而确实地保证主要生产设备能在适当的时间里获得恰当的维修。

b　对检修工程实行标准化程序管理

定修制对检修工程管理流程的立项、调整、确认、委托、接收、准备、实施、验收、记录、实绩研讨和安全管理等每一个环节的管理都有一套标准化工作方法以及相应的会议制度。

年修工程的进行程序基本上是与定修工程相似的标准化管理程序，只是立项工程准备更充分。

定修管理制度的目的，是为了能安全、优质、高效率地进行设备计划检修，防止定修的实施超过计划值而影响生产计划的正常执行。

C　定修管理的目标及实绩管理

a　定修管理目标

合理、精确地制订定（年）修计划，采用先进的修理技术、标准化的管理方式，逐步做到在适当的时间里，使设备得到恰当的检修。尽量减少设备非计划停机修理而保证生产计划的正常执行，并且力求减少或避免机会损失和能源损失。

通过对定修的科学、标准化程序管理，充分提高实际检修工时利用率。尽力减少修理工程的辅助工时和无效工时，提高劳动效率。以规定的基本人数检修人力在规定的定修时间内完成最大的检修工作量。

b 定修实绩管理

定修实绩管理是定修管理全体业务中不可缺少的一个主要部分，是定修管理 PDCA 工作方法中的一个重要环节。通过定修的实绩管理不断总结实绩，积累设备检修数据资料，经汇总整理综合分析，作为改进完善定修管理方式，提高定修管理水平，提高管理效率的根据。

定修实绩数据来源于基层点检方的汇总和检修部门正确的信息反馈，提供经过点检作业长所主持召开的检修方、生产方参加的定修实绩会上对实绩数据整理和综合研讨。然后再上升到设备管理部门及技术部门对实绩研讨的结果和综合积累的资料进行分析判断。

通过定（年）修的检修时间，可以依照设备的使用寿命周期的变化，设备实际技术状况的变化，修正或编定定修模型即定修计划，并为维修方针、管理制度、计划值的制订提供第一手资料。同时也为维修技术标准、点检标准、给油脂标准及修理作业标准的修订、完善提供实际的根据。为了加强对定修实绩的管理，可建立定修旬报、月报及考核制度。

认真进行定修实绩总结，对检修部门不断改进检修管理，提高检修技术水平，避免和减少检修故障，提高检修效率起着积极作用。对下一次定修的安全活动有较现实的指导作用。

思 考 题

1-1 机械故障的概念是什么，机械故障分为几类？
1-2 机械故障的原因有哪些？
1-3 简述机械设备的故障规律。
1-4 简述故障诊断的原理、内容和方法及其应用场合。
1-5 机械维修包括哪些内容？
1-6 机械维修制度的含义是什么，目前采用的维修制度有哪几种？
1-7 运用网络计划技术编制修理计划有什么优点，具体步骤是怎样的？
1-8 什么叫点检制，点检通常分为几种？
1-9 什么叫定修制？
1-10 点检定修制与巡回检查计划修理相比有何不同？

2 润 滑

一般来说，在摩擦副之间加入润滑介质，使接触面间形成一层润滑膜，用来控制摩擦、降低磨损，以达到延长使用寿命的措施称为润滑。

润滑是人们向摩擦、磨损作斗争的一种手段。摩擦造成大量的能源浪费，磨损增加了金属等原材料的消耗，降低了机械及其零部件的使用寿命。德国福格尔波尔（Vogelpohl）教授估算：世界上所用能源的 1/3～1/2 消耗在摩擦损失上。

金属压力加工车间的机械设备大都在高温及恶劣的条件下工作，润滑更显得极其重要，现代金属压力加工车间日益向大型、高速、连续、自动化方向发展，润滑不仅影响设备的寿命，而且关系到设备能否安全、连续的运转。因此，必须根据摩擦机件的特点及工作条件，周密考虑和正确选择所需的润滑材料、润滑方法、润滑装置和系统，严格按照规程所规定的部位、周期、润滑材料的质量和数量进行润滑。

2.1 润滑原理及材料

2.1.1 润滑概述

2.1.1.1 润滑的作用

润滑对机械设备的正常运转起着十分重要的作用。

A 降低摩擦系数、减少磨损

在两个相对摩擦的表面之间加入润滑材料（润滑剂），使相对运动的机件摩擦表面不发生或尽量少接触，就可以降低摩擦系数，减少摩擦阻力，降低功率损耗。在良好的液体摩擦条件下，其摩擦系数可以降至 0.001 甚至更低，此时的摩擦阻力主要是液体润滑膜内部分子间相互滑移的低剪切阻力。

润滑材料在摩擦表面之间，还可以减少由于硬粒磨损、表面锈蚀、金属表面间的咬焊与撕裂等造成的磨损。因此，在摩擦表面间供应足够的润滑剂，就能形成良好的润滑条件，保持零件配合精度，大大减少磨损。

降低摩擦、减少磨损是机械润滑最主要的作用。

B 降温冷却

润滑材料能够降低摩擦系数，减少摩擦热量的产生。机械克服摩擦所做的功，全部转变成热量，这些热量，一部分由机体向外扩散，一部分使机械温度不断升高。采用液体润滑材料的集中循环润滑系统就可以带走摩擦产生的热量，起到降温冷却的作用，使机械控制在所要求的温度范围内运转。

C 防腐防锈

机械表面在与周围介质（如空气、水汽、腐蚀性气体、液体、腐蚀性物体等）接触时，就会因生锈、腐蚀而损坏。在金属表面涂上一层加防锈、防腐添加剂的润滑材料，就可起到防锈、防腐的目的。

D 冲洗清洁

摩擦副在运动时产生的磨损颗粒或外来微粒等，都会加速摩擦表面的磨损。利用液体润滑剂的流动性，可以把摩擦表面间的磨粒带走，从而减少磨粒磨损。在压力循环润滑系统中，冲洗作用更为显著。在热轧、冷轧、切削、磨削等加工工艺中所采用的工艺润滑剂，除有降温冷却作用外，还有良好的冲洗作用，防止被加工表面被固体颗粒磨损划伤。

E 密封作用

润滑油、润滑脂不仅能起润滑减摩作用，还能增强密封效果，减少泄漏，提高工作效率。

此外，润滑油还有减少振动和噪声的效能。

2.1.1.2 润滑的分类

A 根据润滑剂的物质形态分类

a 气体润滑

采用空气、蒸汽、氮气、某些惰性气体为润滑剂，将摩擦表面用高压气体分隔开，减少摩擦，从而实现的润滑。如重型机械中垂直透平机的推力轴承；航海用的惯性陀螺仪；大型天文望远镜的大型转动支承轴承；高速磨头的轴承等都可用气体润滑。气体润滑的最大优点是摩擦系数极小，接近于零。另外，气体的黏度不受温度的限制。

b 液体润滑

采用动植物油、矿物油、合成油、乳化油、水等液体为润滑剂进行的润滑。如轧钢机的油膜轴承用矿物类润滑油润滑；冷轧带材时用乳化油做冷却润滑液；初轧机胶木瓦轴承用水做润滑剂润滑。

c 半固体润滑

以润滑脂为润滑剂进行的润滑。润滑脂是一种介于液体和固体之间的一种塑性状态或膏脂状态的半固体物质，包括各种矿物润滑脂、合成润滑脂、动植物脂等。此种润滑广泛用于各种类型的滚动轴承和垂直安装的平面导轨上。

d 固体润滑

利用具有特殊润滑性能的固体做润滑剂进行的润滑。常用的固体润滑剂有石墨、二硫化钼、二硫化钨、氮化硼、四氟乙烯等。拉拔高强度丝材时表面所镀的铜；以及拉拔生产中广泛使用的石蜡、脂肪酸钠、脂肪酸钙等固体皂粉；都属于固体润滑剂。固体润滑材料是一种新型的很有发展前途的润滑材料，既可单独使用，也可做润滑油脂的添加剂。

B 根据润滑膜在摩擦表面的分布状态分类

a 全膜润滑

摩擦面之间有润滑剂，并能生成一层完整的润滑膜，把摩擦表面完全隔开。摩擦副运动时，摩擦是润滑膜分子之间的内摩擦，而不是摩擦面直接接触的外摩擦，这种状态称为全膜润滑。这是一种理想的润滑状态。

全膜润滑的形态很多，其中之一就是人们所熟知的液体润滑。它是用液体作为润滑剂而获得的一种理想润滑状态。此外，还可以用气体、固体、半固体的润滑剂，形成一层完整的润滑膜。在边界摩擦和极压摩擦状态下，只要润滑剂选用得当，在一定条件下同样也能获得一层完整的边界润滑膜和极压润滑膜。

　　b　非全膜润滑

　　摩擦表面由于粗糙不平或因载荷过大、速度变化等因素的影响，使润滑膜遭到破坏，一部分有润滑膜，另一部分为干摩擦，这种状态称为非全膜润滑。一般由于运动速度变化（启动、制动、反转），受载性质变化（突加、冲击、局部集中、变载荷等）以及润滑不良时，设备经常出现这种状态，其磨损较快。应当力求减少和避免这种状态。

2.1.2　润滑原理

　　摩擦副理想的工作状况是在全膜润滑下运行。但是，如何创造条件，采取措施来形成和满足全膜润滑状态则是比较复杂的工作。人们在长期的生产实践中对润滑原理进行了不断地探索和研究，形成了一些较成熟的理论，现对常见的动压润滑原理、静压润滑原理、动静压润滑原理、边界润滑原理、固体润滑原理、自润滑作简单介绍。

2.1.2.1　流体动压润滑原理

　　A　曲面接触

　　图 2 - 1 为滑动轴承摩擦副建立流体动压润滑的过程。图 2 - 1 （a）是轴承静止状态时轴与轴承的接触状况。轴的下部正中与轴承接触，轴的两侧形成了楔形间隙。开始启动时，轴滚向一侧如图 2 - 1 （b）所示，具有一定黏度的润滑油黏附在轴颈表面，随着轴的转动被不断带入楔形间隙，油在楔形间隙中只能沿轴向溢出，但轴颈有一定长度，而油的黏度使其沿轴向的流动受到阻力而流动不畅，这样，油就聚积在楔形间隙的尖端互相挤压，从而使油的压力升高，随着轴的转速不断上升，楔形间隙尖端处的油压也愈升愈高，形成一个压力油楔逐渐把轴抬起，如图 2 - 1 （c）所示。此时轴处于一种不稳定状态，轴心位置随着轴被抬起的过程而逐渐向轴承中心另一侧移动，当达到一定转速后，轴就趋于稳定状态，如图 2 - 1 （d）所示。此时油楔作用于轴上的压力总和与轴上的负载（包括轴的自重）相平衡，轴与轴承的表面完全被一层油膜隔开，实现了液体润滑。这就是动压流体润滑的油楔效应。由于动压流体润滑的油膜是借助于轴的运动而建立的，一旦轴的转速降低（如启动和制动的过程中）油膜就不足以把轴和轴承隔开。而且，可以看出，如载荷过重或轴的转速较低都有可能建立不起足够厚度的油膜，从而不能实现动压润滑。

　　如图 2 - 1 （d）所示，在楔形间隙出口处油膜厚度最小。油膜最小厚度用 h_{min} 表示，

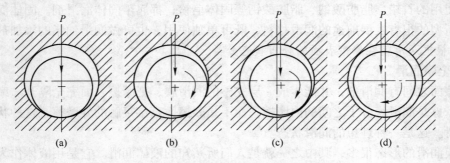

图 2 - 1　滑动轴承动压润滑油膜建立过程
（a）静止状态；（b）开始转动；（c）不稳定状态；（d）平衡状态

实现动压润滑的条件是油膜必须将两摩擦表面可靠地隔开，即：

$$h_{\min} > \delta_1 + \delta_2 \tag{2-1}$$

式中　δ_1，δ_2——轴颈与轴承表面的最大粗糙度，mm。

　　B　平面接触

　　a　两平行平面间的滑动

　　如图2-2（a）所示，AB、CD为平行平面，设CD不动，AB沿箭头指示的方向运动。在未受载时，由于油的黏性，紧贴AB面的油获得AB面的运动速度v。以上各层油由于油的内摩擦力使速度逐层递减，故呈三角形分布。图2-2（b）为不考虑相对运动时，在载荷P作用下油从两平面间被挤出的流动速度分布。图2-2（c）是图2-2（a）和图2-2（b）叠加后在进口和出口处的油液流速分布。如用单位时间的流量来代替流速，则可以看出：对平行平面来说，在载荷和相对运动的联合作用下，单位时间流入两平面间的流量低于流出的流量。根据曲面接触动压润滑的原理可知，这种情况不可能出现油楔效应，也就不可能实现流体动压润滑。

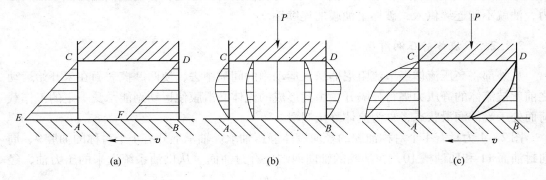

(a)　　　　　　　　　　(b)　　　　　　　　　　(c)

图2-2　两平行平面间油液的流动

　　b　两倾斜平面间的滑动

　　如果将上述情况中的一个平面CD相对于平面AB倾斜一个角度，如图2-3所示，则可以看出，这时入口截面的流量将大于出口截面的流量，类似于曲面接触的情况，因而可以实现流体动压润滑。

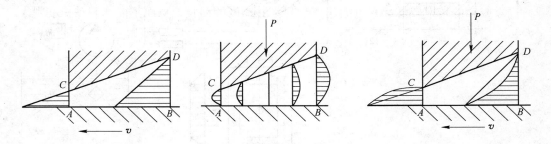

图2-3　两倾斜平面间油液的流动情况

　　应当注意的是，如果CD倾斜的方向与图2-3中的方向相反，就不可能出现动压润滑。这说明倾斜方向与相对运动方向有关。

　　将这一原理用于推力滑动轴承，将轴承制作成若干扇形块，将每个扇形块倾斜一定角

・44・　　　　　　　　　　　　　2 润　滑

度形成楔形间隙，在推力滑动轴承上就可实现动压润滑。

　　c　流体动压润滑形成条件及影响因素

　　由上面的分析可知，实现流体动压润滑必须具备以下条件：

　　(1) 两相对运动的摩擦表面，必须沿运动的方向形成收敛的楔形间隙。

　　(2) 两摩擦面必须具有一定的相对速度。

　　(3) 润滑油必须具有适当的黏度，并且供油充足。

　　(4) 外载荷必须小于油膜所能承受的极限值。

　　(5) 摩擦表面的加工精度应较高，使表面具有较小的粗糙度，这样可以在较小的油膜厚度下实现流体动压润滑。

　　各种因素对流体动压润滑形成有着不同的影响，如油的黏度和两摩擦表面相对运动速度增加，则最小油膜厚度增加；当外负荷增加时则最小油膜厚度减小；温度的影响是通过引起油的黏度变化从而影响最小油膜厚度的。

　　还应注意，流体动压轴承的进油口不能开在油膜的高压区，否则进油压力低于油膜压力，油就不能连续供入，破坏了油膜的连续性。

2.1.2.2　流体静压润滑原理

　　从外部将高压流体经节流阻尼器送入运动副的间隙中去，使两摩擦表面在未开始运动之前就被流体的静压力强行分隔开，由此形成的流体润滑膜使运动副能承受一定的工作载荷而处于流体润滑状态，称为流体静压润滑。

　　图 2-4 为具有 4 个对称油腔的径向流体静压轴承。轴承上开有 4 个对称的油腔 9、周向封油面 11 和回油槽 10，在油腔的轴向两端也有封油面。从供油系统送来的压力油，经

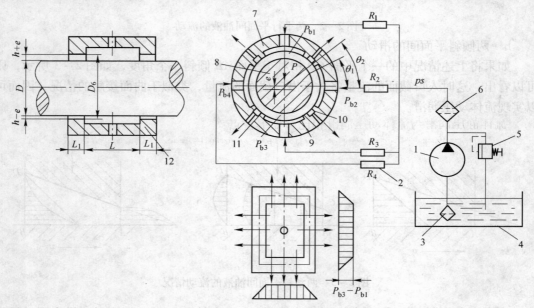

图 2-4　静压轴承原理

1—油泵；2—节流阻尼器；3—粗过滤器；4—油箱；5—溢流阀；6—精过滤器；7—轴承套；
8—轴颈；9—油腔；10—回油槽；11—周向封油面；12—轴向封油面

4 个节流阻尼器 2 后分别供给相应的油腔。从各封油面与轴颈间的泄油间隙流出的油液经回油槽返回油箱。

轴未受载时，由于各油腔的静压力相等，轴浮在轴承中央（忽略轴的自重），此时各泄油间隙相等。

轴颈受外载 P 作用后，沿 P 力作用方向产生一个位移，下部泄油间隙减小上部泄油间隙增大，使下部泄油阻力增大上部泄油阻力减小，导致下部泄油量减小上部泄油量增大。由于节流阻尼器的作用，使上部油腔压力 P_{b1} 减小而下部油腔压力 P_{b3} 增大，在轴颈上下两压力面出现了压力差：$P_{b3} - P_{b1}$，正是这个差与外载荷 P 产生的压力相平衡而保持轴承的流体润滑状态。

如图 2-5 所示，是流体静压导轨的三种形式。其中图 2-5（a）为单一平面油垫，图 2-5（b）为双面油垫，图 2-5（c）为斜面油垫。

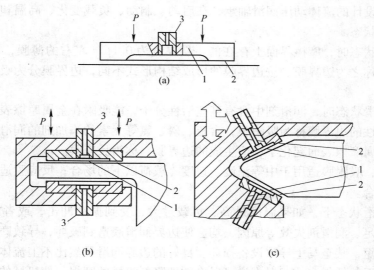

图 2-5　静压润滑导轨的三种形式
1—油腔；2—封油面；3—供油嘴

流体静压润滑与流体动压润滑相比有如下特点：

（1）应用范围广、承载能力高。因流体膜的形成与摩擦面的相对速度无关，故可用于各种速度的摩擦副。承载能力决定于供油压力，故可有较高的承载能力。

（2）摩擦系数比其他形式的轴承都低并且稳定。

（3）几乎没有磨损，所以寿命极长。

（4）由于不直接接触，所以对轴承材料要求不高，只需比轴颈稍软即可。

缺点是需要一整套昂贵的供油系统，油泵一直工作增加了能耗。

2.1.2.3　流体动、静压润滑原理

流体静压润滑的优点很多，但是油泵一直工作要耗费大量能源，流体动压润滑在启动、制动过程中，由于速度低不能形成足够厚度的流体动压油膜，使轴承的磨损增大，严重影响轴承的使用寿命。如果在启动、制动时采用流体静压润滑，而在达到额定转速后，

靠流体动压润滑。这样就能充分发挥动压润滑和静压润滑二者的优点，又可克服二者的不足。据此产生了流体动、静压润滑理论，其主要工作原理是：当摩擦副在启动或制动过程中，采用流体静压润滑的办法，把高压润滑流体压入承载区，将摩擦副强行分开，从而避免了在启、制动过程中因速度变化不能形成动压油膜而使摩擦副直接接触产生摩擦与磨损；当摩擦副进入全速稳定运转时，可将静压供油系统停止，靠动压润滑供油形成动压油膜来润滑。这种动、静压润滑近年来在工业上已经得到应用，如武钢二十辊森吉米尔轧机的前后张力卷取机电动机的轴承副就采用了这种动、静压润滑系统。

2.1.2.4 边界润滑原理

从摩擦副间流体润滑过渡到摩擦副表面直接接触之前的临界状态称为边界润滑。几乎各种摩擦副在相对运动时都存在着边界润滑状态。可见边界润滑是一种极为普遍的润滑状态。即使精心设计的流体动压润滑轴承，在启动、制动、负载变化、高温和反转时也都会出现边界润滑状态。

边界润滑状态时，摩擦界面上存在的一层厚度为 $0.1\mu m$ 左右的薄膜，具有一定的润滑性能，通常称之为边界膜。按边界膜的形成结构形式不同，边界膜分为吸附膜和反应膜两大类。

在边界润滑状态时，润滑剂中含有某些活性分子，能吸附在金属摩擦表面上而形成的具有一定润滑性的边界膜称为吸附膜；含硫、磷、氯等元素的添加剂的润滑油，进入摩擦副之间，与金属摩擦表面起化学反应生成的边界膜，称为反应膜。

一般说来，吸附膜适用于中等温度、速度、载荷以下的场合；反应膜适用于高温、高速、重载的场合。

在边界润滑状态下，如果温度过高、负载过大、受到振动冲击，或者润滑剂选用不当、加入量不足、润滑剂失效等原因，均会使边界润滑膜遭到破坏，导致磨损加剧，使机械寿命大大缩短，甚至马上导致设备损坏。良好的边界润滑虽然比不上流体润滑，但是比干摩擦的摩擦系数低得多，相对来说可以有效地降低机械的磨损，使机械的使用寿命大大提高。一般来说，机械的许多故障多是由于边界润滑解决不当引起的。

改善边界润滑的措施是：

（1）减小表面粗糙度。金属表面各处边界膜承受的真实压力的大小与金属表面状态有关：摩擦副表面粗糙度越大，则真实接触面积越小，同样的载荷作用下，接触处的压力就越大，边界膜就易被压破。减小粗糙度可以增加真实接触面积，降低负载对油膜的压力，使边界膜不易被压破。

（2）合理选用润滑剂。根据边界油膜工作温度高低、负载大小和是否工作在极压状态，应选择合适的润滑油品种和添加剂，以改善边界膜的润滑特性。

（3）改变润滑方式。改用固体润滑材料等新型润滑材料，改变润滑方式。如对某些振动冲击大的重载低速的摩擦副，可考虑采用添加固体润滑剂的新型半固体润滑脂进行干油喷溅润滑（有关这方面的问题后面有专门的介绍）。

2.1.2.5 固体润滑原理

在摩擦副之间放入固体粉状物质的润滑剂，同样也能起到良好的润滑效果。如图2-6

所示，为两摩擦面之间存在固体润滑剂，固体润滑
剂的剪切阻力很小，稍有外力，分子间就会产生滑
移。这样就把两摩擦面之间的外摩擦转变为固体润
滑剂分子间的内摩擦。固体润滑有两个必要条件，
首先是固体润滑剂分子间应具有低的剪切强度，很
容易产生滑移；其次是固体润滑剂要能与摩擦面有
较强的亲和力，在摩擦过程中，使摩擦面上始终保

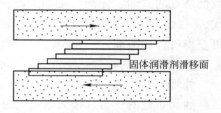
固体润滑剂滑移面

图2-6 固体润滑剂的滑移模型

持着一层固体润滑剂（一般在金属表面上是机械附着，但也有形成化学结合的），而且这
一层固体润滑剂不腐蚀摩擦表面。具有上述性质的固体物质很多，例如石墨、二硫化钼，
滑石粉等。

对于层状结构的固体润滑剂，分子层之间的结合力很弱，分子层间表面即为低剪切应
力表面，当分子层间受到一定的切应力作用时，分子层间就产生滑移；对于非层状结构固
体润滑剂或软金属来说，主要是以其剪切力低，起到润滑作用，然后使它附着在摩擦表面
形成润滑膜。

对于已经形成的固体润滑膜的润滑机理，与边界润滑机理近似。

2.1.2.6 自润滑简介

以上所讲的几种润滑，在摩擦运动过程中，都需要向摩擦表面间加入润滑剂。而自润
滑则是将具有润滑性能的固体润滑剂粉末与其他固体材料相混合并经压制、烧结成材，或
是在多孔性材料中浸入固体润滑剂；或是用固体润滑剂直接压制成材，作为摩擦表面。这
样在整个摩擦过程中，不需要再加入润滑剂，仍能具有良好的润滑作用。自润滑的机理包
括固体润滑、边界润滑，或两者皆有的情况。例如用聚四氟乙烯制品做成的压缩机活塞
环、轴瓦、轴套等都属自润滑，因此在这类零件的工作过程中，不需再加任何润滑剂也能
保持良好的润滑作用。

2.1.3 润滑材料

凡是在摩擦副之间加入的能起抑制摩擦、减少磨损的介质，都可称为润滑材料（润
滑剂）。如前所述，按润滑材料的物质形态，可分为：气体润滑材料、液体润滑材料、半
固态润滑材料、固态润滑材料四类。

虽然，润滑材料的物质形态不同，品种更是多种多样，但都应能满足对润滑的一些基
本要求：降低摩擦系数；具有良好的吸附及楔入能力；有一定的黏度；具有较高的抗氧化
安定性和机械安定性；具有良好的防护性能和抗磨性能等。

本节重点介绍金属压力加工厂常用的液体、半固体、固体润滑材料及添加剂。

2.1.3.1 润滑油

A 概述

金属压力加工厂常用的液体润滑材料为润滑油。

a 润滑油的制取过程

润滑油是从原油中提炼出来经过精制而成的石油产品。原油经过初馏和常压蒸馏，提

取低沸点的汽油、煤油、柴油后，再经过减压蒸馏，按沸点范围不同而切取的一线、二线、三线、四线馏分油以及减压渣油，都是制取润滑油的原料。然后通过精制和调和，即可获得各种润滑油。

　　b　润滑油的物理化学性能及主要质量指标

外观

油品质量的优劣，很大程度上可以从外观察觉，特别是进入商品市场，油品的外观就显得更为重要。

（1）颜色。油品的精制程度越高，颜色越浅。黏度低的油，颜色也较浅。润滑油在使用过程中，由于杂质污染及氧化变质都会逐渐使颜色变深甚至发黑，因此从油品的颜色变化情况可以大致判断油品的变质程度。

（2）透明度。质量良好的油品应当有较高的透明度。油中含有水分、气体杂质及其他外来成分，都会影响透明度。

（3）气味。优良的油品在使用过程中不应当散发出刺激性或使人不愉快的臭气。

流动性能

流动性能是润滑油最重要的技术性能，它直接影响润滑系统的工作，常用指标有：

（1）黏度。润滑油在外力作用下流动时，分子间会产生内摩擦力，这一特性称为黏性，其大小用黏度来表示。常用的黏度有动力黏度、运动黏度和相对黏度。润滑油在单位速度梯度下流动时，液层间单位面积上产生的内摩擦力，称为动力黏度；动力黏度与润滑油密度之比称为运动黏度。工程上常用运动黏度作为润滑油黏度的标志。除此以外，还有相对黏度（或条件黏度），我国采用的为恩氏黏度。

（2）黏度指数。润滑油的黏度与温度有着密切的关系，黏度随着温度的变化而变化，然而黏度变化的幅度，各种油品不完全相同。在国际上目前广泛采用黏度指数 VI（Viscosity Index）这一指标，用它来评价油品的黏度受温度变化影响的程度，即黏温特性的优劣。黏度指数就是试验油黏温变化程度与标准油相比较时的相对数值。

（3）凝固点。凝固点是指油品丧失流动时的最高温度，从使用部门出发，总希望凝固点尽量的低，但是凝固点越低炼制就越困难，所花的成本会成倍地提高，为了经济效益，要适当地控制凝固点。

（4）流动性。参照联邦德国国家标准 DIN51568—1974，润滑油流动性测定法，我国制定了 GB/T 12578—1990 润滑油的流动性测定（U 形管法）。

氧化安定性

润滑油在工作中总是要与空气中的氧接触，发生氧化反应，生成酸类、胶泥物，使油的颜色加深变暗，黏度增加，酸性增加，产生沉淀物，最终限制了油品的使用性能。优质润滑油应具有防止氧化减缓变质的能力。润滑油的抗氧化安定性，是很重要的一项技术指标。

机械安定性

含有高分子聚合物的油品，在使用过程中，黏度有降低的现象，这种现象特别是稠化油表现最严重，必须控制黏度下降的幅度，应做剪切试验。

抗水性

钢铁设备生产过程中要使用大量的冷却水，少量的水分混入润滑系统中，是很难避免的，有时候进入油中的水是大量的，这就要求润滑油具有良好的抗乳化性能，当水分进入油中时应能很快地从油中分离出来，不与油混合形成稳定的乳化液；对水基润滑液无法要求它的抗水性能，但无论是进水或失水对其性能都有较大影响。

抗泡沫性能

润滑油在使用过程中，受到强烈的机械搅拌，以及流速太快，都会产生泡沫，泡沫存在于油中会严重阻碍润滑系统的工作，最严重的时候，泡沫会从油箱上盖溢出。润滑油产生泡沫并不可怕，可怕的是泡沫久久不消失，越积越多。良好的油品应消泡迅速。润滑油中常常加入硅油或醚类消泡剂。

防护性能

润滑油对摩擦元件必须有良好的保护性能，要防止金属锈蚀，更不得腐蚀金属。

抗磨性能

这是润滑油最重要的性能，油品的质量如何很大程度上决定于它的抗磨性能。极压齿轮油和抗磨液压油对抗磨性能都有特殊的要求。

与密封材料的适应性

润滑油与密封材料的适应性是十分重要的，它直接影响整个系统的泄漏。

杂质含量

润滑油中的杂质是一种磨粒磨料，能加速摩擦面的磨损，也是一种催化剂，加速油的老化。因此，必须通过努力把油中杂质含量降低到允许的范围。

其他性能

（1）密度。润滑油的密度是一个很重要的参数，它影响到泵的吸入阻力和压力损失，在管路阻力计算中很重要。密度随油的种类、黏度不同而有差异，矿物油的密度为$(0.85 \sim 0.94) \times 10^3 \text{kg/m}^3$，水基乳化液的密度为$1 \times 10^3 \text{kg/m}^3$，水乙二醇和磷酯的密度大于$1 \times 10^3 \text{kg/m}^3$。

（2）闪点。大部分润滑油都用开口杯测定闪点，按 GB/T3536 测定，矿物油的闪点在 $150 \sim 300℃$，闪点随黏度的增高而增高。使用中的油品闪点一般不易发生变化，但有时操作不慎，局部受高温的影响而发生热裂化，就有大量挥发性物质产生，或者油中混入汽油、煤油等都会使闪点降低，若闪点降低 $10℃$，就要考虑换油。

（3）酸值。又叫中和值，使用中的油品，因老化而使酸值增高，所以要定期检测酸值。当酸值增加 0.5 时，即表明油品已经老化，应当考虑换油。

（4）灰分。按 GB/T 508 检测灰分，新油的灰分是很少的，一般都少于 0.005%，含有金属盐类的添加剂，对灰分含量有影响，但是油中进入金属微粒及尘埃就会使灰分大量增加，所以测定灰分的含量可以知道油品中有害杂质的含量。

（5）表面张力。液体表面有力图缩小表面积而形成球面的趋势，这个收缩力就是表面张力，润滑油受到污染后表面张力有所降低，测定润滑油的表面张力与新油对比，可知受污染的程度。

（6）元素含量。凡是要求润滑油具有抗磨性能，清净分散性能，以及防锈性能都加有添加剂，添加剂中含有硫、磷、钡、钙、锌、镁等元素，新油对这些元素，含量都有一定的要求。在使用中这些元素逐渐消耗，因此测定油中元素含量可以掌握油品的变化情况。

B　金属压力加工厂常用润滑油简介

根据用途通常可以把润滑油分为十大类。现代化金属压力加工联合企业每年消耗的润滑油种大致为：齿轮油 22%，轴承油 22%，液压油 20%，工艺油 30%，其余油品 6%。

a　齿轮油

按国家标准 GB/T 7631.7—1995 将工业齿轮油分为两大类，即闭式齿轮润滑油和开式齿轮润滑油。

闭式齿轮油

其黏度等级按 GB/T 3141—1994 分级。质量分级如下：

（1）CKB 齿轮油。是精制矿油，加有抗氧防腐和抗泡添加剂，用于轻负荷运转的齿轮。

（2）CKC 齿轮油。是在 CKB 油中加有极压抗磨添加剂，用于保持在正常或中等恒定油温和重负荷下运转的齿轮。

（3）CKD 齿轮油。是在 CKC 油中加有提高热氧化安定性的添加剂，能用于较高的温度和重负荷下运转的齿轮。

（4）CKE 齿轮油。是具有低摩擦系数的用于蜗轮蜗杆的油。

开式齿轮油

质量分级如下：

（1）CKH 齿轮油。含有沥青的抗腐蚀性产品，用于中等环境温度和轻负荷下运转的齿轮。

（2）CKJ 齿轮油。是在 CKH 油中加有极压抗磨剂，用于重负荷下运转的齿轮。

（3）CKL 齿轮润滑剂。是具有极压抗磨、抗腐并且耐温性好的润滑脂，用于更高环境温度和重负荷下运转的齿轮。

（4）CKM 齿轮润滑剂。是加有改善抗擦伤性的添加剂，允许在极压条件下使用，用于特殊重负荷下运转的齿轮。间断涂抹。

我国已制订出工业闭式齿轮油的质量标准（国家标准 GB/T 7631.7—1995），普通开式齿轮油的质量标准（行业标准 SH/T 0363—1992）。普通开式齿轮油是由矿物油馏分油为基础油，加有防锈剂及适量的沥青质制成的非稀释型开式齿轮油。其质量指标见表 2-1。

表 2-1　普通开式齿轮油质量指标

黏度（等级 100℃）/mm²·s⁻¹	68	100	150	220	320	试验方法
相近的旧牌号	1 号	2 号	3 号	3 号	4 号	
运动黏度 100℃/mm²·s⁻¹	60~75	90~110	135~165	200~245	290~350	
闪点（开口）/℃	200	200	200	210	210	GB/T 267
钢片腐蚀 100℃，3h	合　格					SH/T 0195
液相腐蚀　蒸馏水	无　锈					GB/T 11143
最大无卡咬负荷 P/N	不小于 686					GB/T 3142
清洁性	必须无沙子和磨料					

最近 20 年以来，技术进步很快，过去轧钢厂齿轮润滑使用的轧钢机油是一种高精制的残渣油，但其性能差，使用不到一星期，抗乳化性就大幅度降低，抗磨性能随着降低，

现在已被 CKC 中负荷齿轮油代替。国外在 20 世纪 70 年代就开始出 CKD 极压齿轮油,目前,在现代化的机械设备中已广泛使用。

b 轴承油

主要用于滑动轴承,这类油要求黏度稳定,长期运行有一定的防腐性能。它是用高度精制的矿物油为基础油,黏度指数 90 以上,添加有抗氧,抗泡剂以及适量的油性剂。

轴承油

轴承油质量指标 SH/T0017—90,FC 为抗氧防锈型,FD 加有抗磨添加剂,可以用于机床的主轴轴承,2~5 号常用于高速磨头。

汽轮机油

汽轮机油主要用于透平机的轴承润滑系统又叫透平油,是用高精制的矿物作基础油,添加抗氧防锈剂调配而成,我国已制订出国家标准 GB11120—1989,TSA 汽轮机油,有 4 个黏度,68 号及 46 号汽轮机油常用于高速线材轧机的油膜轴承。46 号常用于大型电机轴承。

油膜轴承油

这是一种精制程度很高的较高黏度的矿物油,加有抗氧,防锈,抗泡添加剂,主要用于轧钢机油膜轴承,所以还要有较好的抗乳化性能。最具代表性的产品是 Mobil 公司的 Vacuoline100 系列和 500 系列。

我国有些厂家试制油膜轴承油,已初获成效,例如上海海联生产的 HIRI 121 - 100A 高线精轧机油膜轴承油已用于首钢、水钢的高线轧机油膜轴承,代替 Mobil 公司的 500 系列油膜轴承油,取得良好效果。鞍山海华油脂化学厂生产的 FD/T 560 油膜轴承油已用于鞍钢新轧公司厚板厂轧机油膜轴承。

c 液压油

液压设备在金属压力加工企业中应用广泛,要求具有不同性能的液压油来满足各种液压系统在不同操作条件下的使用要求。液压油的品种很多,主要分为三大类型:矿油型、乳化型和合成型。

液压油的主要品种及其特性和用途见表 2-2。

表 2-2 液压油的主要品种及其特性和用途

类别	名 称	ISO 代号	特性和用途
矿油型	普通液压油	L - HL	精制矿油加抗氧防锈添加剂,提高抗氧化和防锈性能,适用于室内一般设备的中低压系统,有较长的使用寿命,黏度等级从 15~100
	抗磨液压油	L - HM	L - HL 油加添加剂,改善抗磨性能,工作压力大于 14MPa 时,必须使用该液压油,特别是叶片泵系统,黏度等级从 15~100
	低温液压油	L - HV	L - HM 油加添加剂,改善黏温特性,适用于环境温度变化较大(-20~40℃)的高压液压系统,黏度等级从 15~100
	高黏度指数液压油	L - HR	L - HL 油加添加剂,改善黏温特性,适用于环境温度变化较大(-20~40℃)及对黏温有特殊要求的低压系统,黏度等级只有 15、32、46 三种
	液压导轨油	L - HG	L - HM 油加添加剂,改善黏-滑性能,适用于机床中液压和导轨润滑合用的系统,黏度等级只有 32、46 两种
	全损耗系统用油	L - HH	浅度精制矿油,抗氧化性、抗泡沫性较差,用于要求不高的低压系统,黏度等级从 15~100
	汽轮机油	L - TSA	深度精制矿油加添加剂,改善抗氧化性、抗泡沫性能,用于一般液压系统

类别	名　称	ISO 代号	特性和用途
乳化型	水包油乳化液	L－HFA	含水量 80% 以上,黏度很低,易泄漏,难燃、黏温特性好,有一定的抗锈能力,润滑性差,适用于有抗燃要求、油液用量大且泄漏严重的系统
	油包水乳化液	L－HFB	含水量 40% 左右,黏度不稳定,经过乳化处理,润滑性较好,既具有矿油型液压油的抗磨、防锈性能,又具有抗燃性,适用于有抗燃要求的中压系统
合成型	水－乙二醇液	L－HFC	含水量 40% 左右,性能较稳定,难燃,黏温特性和抗蚀性好,能在 －30 ~60℃ 温度下使用,适用于有抗燃要求的中低压系统
	磷酸酯液	L－HFDR	难燃,润滑抗磨性能和抗氧化性能良好,能在 －54~135℃ 温度范围内使用,适用于有抗燃要求的高压精密液压系统。缺点是有毒;当含水量超过 0.2% 时,易发生水解反应,无法正常工作

　　矿油型液压油润滑性和防锈性好,黏度等级范围较宽,因而在液压系统中应用很广。目前有 90% 以上的液压系统采用矿油型液压油作为工作介质。

　　矿油型液压油的主要品种有普通液压油、抗磨液压油、低温液压油、高黏度指数液压油、液压导轨油及其他专用液压油(如航空液压油、舵机液压油等),它们都是以全损耗系统用油为基础原料,精炼后按需要加入适当的添加剂制得的。

　　目前,我国液压传动采用全损耗系统用油和汽轮机油的情况仍很普遍。全损耗系统用油是一种机械润滑油,价格虽较低廉,但精制过程精度较浅,抗氧化稳定性较差,使用过程中易生成黏稠胶块,阻塞元件小孔,影响液压系统性能。系统压力越高,问题越严重。因此,只有在低压系统且要求不高时才可用全损耗系统用油作为液压代用油。至于汽轮机油,虽经深度精制并加有抗氧化、抗泡沫等添加剂,其性能优于全损耗系统用油,但它是汽轮机专用油,并不充分具备液压传动用油的各种特性,只能作为一种代用油,用于一般液压传动系统。

　　普通液压油是以精制的石油润滑油馏分,加有抗氧化、防锈和抗泡沫等添加剂制成的,其性能可满足液压传动系统的一般要求,广泛适用于在 0~40℃ 工作的中低压系统。

　　矿油型液压油中的其他油品,包括抗磨液压油、低温液压油、高黏度指数液压油、液压导轨油等,都是经过深度精制并加有各种不同的添加剂制成的,对相应的液压系统具有优越的性能。

　　矿油型液压油有很多优点,但其主要缺点是可燃。在一些高温、易燃、易爆的工作场合,为了安全起见,应该在液压系统中使用难燃性液体,如水包油、油包水等乳化液,或水－乙二醇、磷酸酯等合成液。

　　液压油的选择,首先是油液品种的选择。选择油液品种时,可根据是否液压专用、有无起火危险、工作压力及工作温度范围等因素进行考虑。

　　液压油的品种确定之后,接着就是选择油的黏度等级。黏度等级的选择是十分重要的,因为黏度对液压系统工作的稳定性、可靠性、效率、温升以及磨损都有显著的影响。在选择黏度时应注意液压系统在以下几方面的情况:工作压力较高的系统宜选用黏度较大的液压油,以减少泄漏;运动速度较高时,宜选用黏度较小的液压油,以减轻液流的摩擦损失；环境温度较高时宜选用黏度较大的液压油。

d　工艺润滑油

这类油是生产工艺过程中所使用的润滑油，例如切削刀具，各种模具、在生产产品时所必需的润滑剂。

（1）切削液。它是一种乳化液，80%以上是水，用于金属切削机床，润滑冷却加工刀具，使加工精度提高，延长刀具寿命。随加工的种类不同而需要不同的切削液，它的种类很多。在机械加工中用量非常大。

（2）切削油。它是一种含有减摩剂的矿物油，用以冷却润滑切削机床及加工刀具。

（3）冷加工油。它是一种用于冷加工，无切削加工的润滑剂，如冷拉、冷拔、冷镦等。

（4）轧制液。它是冷轧薄板用的一种乳化液，它应符合冷轧工艺要求，使轧件表面粗糙度降低，延长轧辊寿命，提高产品质量。冷轧薄板的种类很多，所要求的轧制液技术性能也各有不同，但其使用量都是十分庞大的。

（5）轧制油。冷轧薄板的厚度在 0.3mm 以下，称为极薄板，作镀锡板用（马口铁）。对轧制润滑有特殊的要求，必须使用棕榈油，在常温下棕榈油是固体，使用时必须加热熔化，轧制完毕要立即用热水冲洗管路和轧机，操作十分麻烦。现在研究开发出了轧制油，只需改变浓度就可满足任何一种厚度的轧制技术要求，这大大简化了操作工艺。

2.1.3.2　润滑脂

A　概述

润滑脂（俗称干油）简单地说就是稠化了的润滑油。它是由稠化剂分散在润滑油中而得到的半固体状的膏状物质。润滑脂是一种胶体分散体系。润滑油和稠化剂，不是简单的溶解，也不是简单的混合，而是由稠化剂胶团均匀地分散在油中。所谓分散体系是指一种物质（稠化剂）以微粒状态分散到另一种物质（润滑油）中形成的一种稳定体系。

润滑脂在使用上有着很多为润滑油所无法相比的优点，如附着力强，密封性能好，可以抗水冲淋，防锈，不易漏失，加入特殊添加剂可赋予特殊性质，补给周期可以很长，甚至可以一次性终身润滑等。

润滑脂的品种很多，金属压力加工厂所需的润滑脂，按用途可分为集中润滑系统用脂，灌注式润滑用脂，传动机构用脂及特殊用脂。

B　润滑脂的质量指标

a　耐温性

金属压力加工设备用润滑脂，大都在高温环境中工作，它必须具有良好的耐温性能，其评价的方法有以下几种：

（1）滴点。国家标准 GB/T 4929，是测定润滑脂滴点的方法，即润滑脂在测定器中受到加热后，滴下第一滴时的温度，滴点越高耐温性越好。灌注式润滑的轴承所使用的润滑脂，其滴点应高于轴承工作温度 40℃，才能确保不流失；集中供脂，一次性润滑的部位所使用的润滑脂，其滴点应高于工作环境温度。

（2）蒸发量。国家标准 GB/T 7325 是测定蒸发量的方法，通过蒸发量可以评定润滑脂在高温下基础油的挥发损失情况，蒸发量较大的脂在使用过程中容易干枯，使用寿命也

· 54 ·

就降低了。电机轴承以及难于补充给脂而检修周期又较长的轴承，所使用的润滑脂要求具有较小的蒸发损失。一些连续生产的热处理炉炉底轴承用脂，其蒸发损失要求极为严格，例如硅钢片厂的连续退火炉内气氛保持要求很高，如果炉底辊轴承用脂挥发出的气体进入炉内，会破坏炉内气氛，直接影响到高磁感硅钢片的生产质量，它对润滑脂蒸发量有极为严格的要求，即在 105℃ 下保持 8 小时，脂的蒸发损失不得大于 1%。

　　b　抗水性

　　金属压力加工厂的设备必须与冷却水接触，水不可避免地要进入轴承，特别是热轧轧制线上的设备，进水量是相当大的，因此要求润滑脂必须具有良好的抗水性能。该性能一般用水淋流失量、喷淋冲失试验、加水剪切等来测定。

　　c　压送性

　　现代钢铁联合企业绝大部分设备都采用集中给润滑脂，因此润滑脂的压送性极为重要，评价压送性有锥入度（过去称针入度）、相似黏度、强度极限、润滑脂流动性、润滑脂泵送性能试验等。

　　d　胶体安定性

　　润滑脂中大部分成分是润滑油，润滑油从脂中析出的倾向即是胶体安定性。任何润滑脂都有析油现象，但是析油过多的润滑脂容易干涸，析油流失也会造成污染，良好的润滑脂析油量是有一定限度的。评价方法有钢网分油、压力分油、漏斗分油等。

　　e　含皂量

　　润滑脂的皂分对其性能起着决定性的因素。皂分含量对脂的内摩擦阻力有影响，从减少摩擦阻力，便于压送这一点，希望含皂量越少越好，但又不能过分减少含皂量，否则就会影响脂的其他性能。我国行业标准 SH/T 0391 用于测定含皂量。

　　另外，还有抗磨性、机械安定性、氧化安定性、防护性、灰分、水分、机械杂质等其他指标。

　　C　金属压力加工厂常用的润滑脂

　　一个大型金属压力加工厂每年的耗脂量是很大的，所用润滑脂的品种也很多，按用途可归纳为四大类。

　　a　集中给脂系统用脂

　　用于集中自动或手动给脂系统，其消耗量最大，我国目前使用的脂型有以下几种：

　　（1）钙基润滑脂。我国制订了国家标准 GB491—1987，是以动植物脂肪钙皂稠化矿物油而制得的普通钙基脂，适用温度范围 -10~60℃，钙基脂含有结合水，当温度达到滴点温度时，结合水损失，钙基脂的结构就破坏了，丧失其润滑性能。所以钙基脂的使用温度只能限制在其滴点以下 20℃。钙基脂的抗水性、压送性很好。1 号、2 号钙基脂广泛用于轻型设备的手动集中给脂系统。

　　（2）压延机润滑脂。压延机润滑脂由钙钠混合皂添加硫化棉籽油稠化 11 号汽缸油制成，有良好的压送性，一定的抗水性和一定的抗磨性能，广泛用于轧钢设备的自动集中给脂系统及冶炼设备的集中给脂系统。其缺点是滴点不高、不耐温、遇水容易乳化、黏附性差、抗磨能力不理想。

　　（3）极压锂基润滑脂。极压锂基润滑脂由十二羟基硬脂酸锂皂稠化中等黏度矿油，加极压添加剂制成。其压送性较好，滴点较高，耐水性也较好。目前，绝大部分钢铁设备在集中给脂系统中使用极压锂基润滑脂。武钢 1700 轧机自 20 世纪 80 年代起就使用极压锂基润滑脂，已经历三代技术进步，技术性能不断提高，使用效果良好。

（4）极压复合铝基润滑脂。复合铝基润滑脂除耐水、耐温外，最大的优点是恢复性好。当脂受到高温甚至超过滴点时，脂会溶化，但温度下降后脂又能恢复原来的状态，结构并不破坏，照样恢复原来的润滑性能。但其贮存安定性不好，容易凝胶，现在经过改造，凝胶现象基本得到解决。

（5）极压聚脲基润滑脂。极压聚脲基润滑脂是有机非皂基润滑脂，用芳基聚四脲稠化的润滑脂，其滴点高、耐水性好、抗氧化安定性好、耐用寿命长、在钢铁表面上的附着力强，是高温部件理想的润滑脂，虽然价格较高，但总体经济效益较好。

b 灌注式润滑用脂

主要应用于滚动轴承的灌注式润滑，用量最大的是中小型电机的滚动轴承，以及行走机构的车轮轴承，加脂周期一般都很长，至少一个月，长的达 3 年，因此消耗量不大。这种脂要求良好的机械安定性、氧化安定性；高温环境使用时要求耐温性好；潮湿环境使用时要求抗水性好。金属压力加工厂使用的主要脂型有以下几种：

（1）滚珠轴承润滑脂。滚珠轴承润滑脂是用蓖麻油钙钠混合皂稠化中等黏度矿油（46～68 号）制成的润滑脂。其机械安定性较好，适用于一般电机轴承。我国制订了行业标准 SH/T 0386—1992。

（2）通用锂基润滑脂。这种脂的抗氧化安定性、耐温性、耐水性都比较好。如果用十二羟基硬脂酸锂基皂作稠化剂，制脂工艺掌握恰当，其机械安定性是很理想的。它的基础油是中等黏度矿油，一般不用于重负荷的部件。通用锂基润滑脂的技术指标可参看国标 GB 7324—1994。

（3）轧辊轴承润滑脂。由复合锂皂稠化高黏度的矿油制成，加有适当的极压剂，主要用于轧钢机轧辊辊颈四列圆锥滚子轴承。承受冲击载荷，要求该脂耐温、耐水、抗磨；用于冷轧机的还要求耐乳化轧制液冲淋。目前尚未建立统一的技术标准。

（4）齿轮箱润滑脂。用铝基脂或锂基脂制 0 号或 00 号润滑脂，再加入 2% 左右的 MoS_2 粉调配制成均匀的半固体状。主要用于齿轮箱、减速机，使用效果很好。一般要求主动轴转速在 1450r/min 以下。目前尚未建立统一的技术标准。

c 传动机构用脂

用于传动机构，如开式齿轮、联轴节、链条、钢丝绳等部件，这些机构一般都很粗糙，要求不严，采用一次性全损式润滑，定期涂抹补给，总消耗量不大。目前在这方面用脂很混乱，大部分用脂未达到技术要求。因此，在这里特别强调指出，传动机构用脂应当满足的质量要求，即具有良好的抗水淋性、耐磨性、耐温性、防锈性、黏附性，另外要求便于涂抹，通用性好，价格便宜。

d 特殊用脂

一些高精度的仪表、电子计算机超级轴承、阀门等部件使用的润滑脂，都属于特殊润滑脂，这些脂具有独特的技术性能，质量要求严格，品种不少，但其消耗量极微小。

2.1.3.3 添加剂

为了提高油品的质量和使用性能，在油品中掺配少量某些物质（加入量从百分之几到百万分之几)，就能够显著地改善油品的某些性能，这种物质就叫做添加剂。润滑油中使用添加剂的品种很多，而且还在继续不断地发展，性能也逐渐提高。目前常用的主要添加剂有以下几种。

A　清净分散剂

它是用来中和油品氧化后产生的酸性化合物，防止酸性化合物进一步氧化，并能吸附氧化物的颗粒，使之分散在油中。因此就可以抑制漆膜的生成，将已生成的积炭和漆状物从金属表面上洗涤下来，不至于结垢或沉积在金属表面上。清净分散剂主要有四种：烷基酚盐、磺酸盐、硫磷化聚异丁烯钡盐和无灰清净分散剂。这类添加剂加入油品时，油温需在 100℃ 以下。添加量在 1.5% ~5% 之间。

B　抗氧剂

抗氧化添加剂可防止油品氧化变质。抗氧剂加入油品中，可以减少油品吸取的氧气量，从而使油品与氧作用发生酸性化合物的生成率大大降低或减缓，阻止氧化反应，延长了油品的使用寿命。

抗氧剂多用在中低温度下运行的润滑油，如变压器油、汽轮机油、液压油、仪表油等。一般润滑脂使用的抗氧化添加剂为二苯胺或 α 萘胺，添加量约为 0.5%。

C　增黏剂

增黏剂加入油品中能影响油品的黏度。当温度升高时，增黏剂的分子便"舒展"开来，防止了润滑油的黏度降低。在温度低时，增黏剂溶解度减小，分子又开始"卷缩"成紧密的小团，所以对黏度的影响小，不至于使润滑油在低温时黏度过于变大。

常用的有聚正丁基乙烯醚、聚异丁烯、聚甲基丙烯酸酯等，添加量为 0.2% ~2.0%。

D　油性添加剂

油性添加剂是用来改善油品在边界摩擦时的润滑性能，保持最小的磨损和低的摩擦系数。这类添加剂都是极性分子，定向地吸附在金属摩擦表面，形成牢固的油膜。这类油品在承受较高的压力时油膜不易破坏，加强了边界润滑的效果。

油性添加剂一般在边界润滑时起作用，但不能起极压润滑作用。常用的油性添加剂有硫化鲸鱼油、硫化油酸、硫化棉籽油等。例如导轨油中加入 2% ~10% 的硫化鲸鱼油，主轴油中加入 2% 硫化鲸鱼油，液压油及汽轮机油中加入硫化油酸 0.02% ~0.2% 都能促进摩擦副在边界摩擦状态下的润滑效果。

E　极压添加剂

极压添加剂主要是含硫、磷、氯的有机极性化合物，这类化合物在常温时不起润滑作用，在高压高温下能与金属表面形成比较牢固的化合物膜。它比金属的熔点低，当金属面因摩擦而温度升高时，这层化合物膜就熔化了，生成光滑的表面，能减少摩擦和磨损。

常用的极压添加剂有氯化石蜡、亚磷酸二正丁酯、二硫化苄、硫化烯烃、硫化酮等，一般在温度为 200℃ 以上时才能起作用。

二硫化钼也是一种极压添加剂。把它加入润滑脂中使用效果很好，一般加入量为 3% ~5%。

F　防锈添加剂

防锈添加剂的作用原理与油性添加剂的原理相同，它能在金属表面生成吸附膜，隔绝氧气与金属的接触，从而达到防锈的目的。

目前使用的防锈添加剂种类很多，如金属皂脂肪族胺、磺酸盐、羟酸盐和硝酸盐等。最常用的是石油磺酸钡，添加量为 1% 左右。

G 抗泡剂

抗泡剂的作用是降低泡沫表面张力和泡沫吸附膜的稳定性，缩短泡沫存在的时间，但不能预防润滑油的生泡倾向。

常用的抗泡剂是二甲基硅油。由于二甲基硅油的黏度大，加入量又很微小，使用时需先用煤油进行稀释（煤油与二甲基硅油的比例为 9:1），然后倒入润滑油中进行强烈搅拌。一般加入量为 0.0005% ~ 0.001%。

2.1.3.4 固体润滑材料

A 概述

固体润滑材料就是加在摩擦副间用以降低摩擦和磨损的固体状态的物质。固体润滑材料包括金属材料、无机非金属材料和有机材料等。通常可分为固体粉末润滑材料、黏结或喷涂固体润滑膜、自润滑复合材料三大类。

随着工业技术的发展，固体润滑材料得到迅速的发展。固体润滑材料的适应范围比较广，在原子能工业、宇航和国防工业、电子工业、化学工业、机械工业、交通运输、食品工业、纺织印染等工业部门都已经得到了应用。我国是从 20 世纪 60 年代开始在冶金机械设备中应用固体润滑技术的。

a 固体润滑材料的优点

（1）免除了油脂的污染及滴漏。

（2）取消了供油脂所用的润滑油站及油路系统，节省了投资、降低了维修费用。

（3）适应比较广泛的温度范围。它可用于特殊的工况条件（如在具有放射性条件下能抗辐射、耐高真空、抗腐蚀）以及不适宜使用润滑油脂的场合。

（4）增强了防锈蚀能力，这对于潮湿气候的地区具有重要意义。

b 固体润滑材料的缺点

（1）固体润滑膜的寿命较短，保膜时不仅增加工作量，有时还要停车检查。

（2）其导入性不好，不易补充到摩擦表面。

c 对固体润滑剂的要求

理想的固体润滑材料应满足以下性能要求：

（1）较低的摩擦系数，在滑动方向要有低的剪切强度，而在受载方向则要有高的屈服极限。同时还要具有防止摩擦表面凸峰穿透的能力（即材料的物理性能是各向异性的）。

（2）附着力要强，要求附着力要大于滑动时的剪切力，以免固体润滑剂（或膜）从底材上或金属表面被挤刷（或撕离）掉。

（3）固体润滑材料粒子间要有足够的内聚力，以建立足够厚的润滑膜，以防止摩擦表面的凸峰穿透并能贮存润滑剂。

（4）润滑材料粒子的尺寸在低剪切强度方向应最大，这样才能保证粒子在滑动表面间能很好地定向。

（5）在较宽的温度范围内，能保持性能稳定而不起化学反应。

实际上要完全满足上述要求是不容易的。不同的固体润滑材料，具有不同的特殊性能，一般情况只能满足或达到上述要求的某一项或几项。因此，要根据摩擦副的不同工况，选用相宜的固体润滑材料。

B　固体润滑材料的种类

固体润滑材料的种类很多，但是理想而又优良的并不多。目前专用的较多，通用的较少。常见的有石墨及其化合物、金属的硫化物（二硫化钼 MoS_2、二硫化钨 WS_2）、金属的氧化物（四氧化三铁 Fe_3O_4、氧化铝 AlO、氧化铅 PbO）、金属的卤化物（氯化铁 $FeCl$、氯化镉 $CdCl$、碘化镉 CdI、碘化铅 PbI、碘化汞 HgI）、金属的硒化物（二硒化铌 $NbSe_2$、二硒化钨 WSe_2）、软金属（铅 Pb、锡 Sn、铟 In、锌 Zn、银 Ag）、塑料（聚四氟乙烯、聚苯、聚乙烯、尼龙 -6 等）、滑石、云母、玻璃粉、氮化硼等。下面介绍常用的几种。

a　石墨

石墨是碳的同素异形体，外观呈黑色，有脂肪质滑腻感，分子结构为六方晶系的层状结晶构造，成鳞片状，层内的原子结合较强，层间的结合较弱，所以容易滑移；熔点 $3527℃$，耐热性在大气中是 $454℃$，对金属及橡胶均不起反应，在高温 $538℃$ 下具有良好的润滑性能。石墨的劈开面在常温下，具有吸附气体的能力，这种气体吸附层，促进了石墨的润滑性。

b　氟化石墨

新发展的氟化石墨的摩擦系数在 $27\sim344℃$ 的温度范围内比石墨低；耐磨寿命比 MoS_2、石墨长；作为塑料基自润滑材料的固体润滑剂填入组分，用氟化石墨也比用石墨或 MoS_2 的效果更好，耐磨寿命更长。几种润滑膜的摩擦系数对比见表 $2-3$。

表 2 - 3　几种润滑膜的摩擦系数对比

温度/℃	石墨擦涂膜	氟化石墨擦涂膜	润滑脂膜	润滑脂 +2% 石墨	润滑脂 +2% 氟化石墨
27	0.19	0.12	0.14	0.15	0.13
93	0.19	0.13	0.12	0.17	0.13
215	0.11	0.11	黏—滑，测不出来	黏—滑，测不出来	0.13
260	0.48	0.10	黏—滑，测不出来	黏—滑，测不出来	0.12
320	0.53	0.10			0.15
344		0.11			0.08

c　二硫化钼（MoS_2）

外观呈黑灰略带蓝色，有滑腻感，分子结构为六方晶系的层状结晶构造，容易劈开成鳞片状，这种劈开是由于硫原子与硫原子相互结合面的滑移所产生的，其熔点为 $1185℃$，在大气中，在 $349℃$ 以下可长期使用，在 $399℃$ 开始氧化，仍可短期使用，$423℃$ 为快速氧化温度，氧化产物为三氧化钼 MoO_3 和二氧化硫 SO_2，这时已失去润滑作用。在 $1098℃$ 真空中，在 $1427℃$ 氩气中仍能润滑，在 $-184℃$ 低温或更低时也可润滑。二硫化钼能被浓硝酸、浓硫酸，沸腾浓盐酸、纯氧、氟、氯侵蚀。在其他的酸、碱、药品、溶剂、水、石油、合成润滑剂中不溶解，对周围的气体也是安定的。一般条件下，与金属表面不产生化学反应，也不侵蚀橡胶材料。MoS_2 中的硫原子与金属表面的附着、结合能力是相当强的，并能生成一层牢固的膜，这层膜应小于 $2.5\mu m$ 以下，能够耐 $2800MPa$ 以上的接触压力，能耐 40m/s 的摩擦速度。当接触压力高达 3200MPa 时，不会使金属接触表面发生粘着，摩擦系数根据使用条件不同，一般为 0.03 ~ 0.15。

  d 聚四氟乙烯（PTFE）

  聚四氟乙烯是一种工程塑料，也是全氟化乙烯的聚合物，它本身具有自润滑性，被誉为"塑料之王"，耐温性能（可达 250℃）和自润滑性在目前一般塑料中是最好的一种。因此可以代替金属制成某些机械零件或密封材料。也可以用各种金属或金属的氧化物或硫化物等作为填料掺入到聚四氟乙烯中用以改善其机械性能、导热率和线膨胀系数等指标。例如它与铜粉、石墨、二硫化钼混合制成的活塞环，用在空气压缩机上，可以不需另外再加入润滑剂，实现了无油润滑。经过试运转，情况良好，可以连续运行 8000h。

  现在已大量地采用聚四氟乙烯来做密封材料，它对于难燃液压油磷酸酯有良好的耐蚀性能。

  e 浇铸尼龙 -6

  浇铸尼龙 -6 又称 MC 尼龙 -6，它是一种很普通的工程塑料，具有一定的自润滑性。它是由聚内酰胺单体在催化剂的作用下经聚合而成的，可以浇铸成多种机械零件。它具有良好的抗拉强度和冲击韧性，但耐热性较差，一般只能在低于 100℃ 以下使用。大型轧钢厂的 1200 矫正机的大铜套，采用尼龙套后效果极佳，某厂钢板轧机的主联轴节的半圆瓦，采用尼龙瓦后，效果较好。

  f 氮化硼（BN）

  氮化硼是新型润滑材料之一，问世以来受到各国普遍重视。它近似于石墨的结晶和性质，因而有"白石墨"之称，在许多方面比石墨有更特殊的优越性，如石墨是导电体，而氮化硼是良好的绝缘体，这作为润滑材料来讲是很重要的；石墨在大气中只能用于温度在 500℃ 以下的地方，而氮化硼则可用在 900℃ 左右的高温；石墨易与许多金属反应而生成碳化物，氮化硼在一般温度条件下不与任何金属反应。总之，氮化硼不仅具有石墨的一些优点，而且在高温时还具有石墨所无法比拟的优越性能，如良好的加工性、耐腐蚀性、良好的热传导性、良好的润滑性及电绝缘性等。

  高温时氮化硼仍保持良好的润滑性能，因此，氮化硼被认为是唯一耐高温的润滑材料。

  氮化硼的晶体结构与石墨相似，属于六方晶系层状结构，但每层之间的硼与氮是交错地重叠着，呈白色薄片状，其结晶层间的结合力比层内的结合力弱得多，所以层与层之间容易滑移，故反映出良好的润滑性。

  g 自润滑复合材料

  自润滑复合材料与黏结固体润滑膜不同，它是两种或多种材料经过一定的工艺合成的整体材料，具有一定的机械强度、又具有减摩、耐磨和自润滑作用。用这种自润滑复合材料加工制成的机械零件，代替原来需要加入润滑剂的金属机械零件，这样在运行中就不需要再加入任何润滑剂，实现了自润滑或无油润滑。

  常见的自润滑复合材料有金属基、石墨基和塑料基三大类。

  金属基自润滑复合材料至少是含有一种以金属或合金为骨架的连续相和以润滑剂为分散相的材料。研究和发展这种材料的目的就是把金属材料与润滑材料结合起来，以便发挥这两种材料的优点。金属基自润滑复合材料品种很多、性能各有不同，常见的有银基、铜基、镍基和铁基等。

石墨基自润滑复合材料有很多缺点，如强度较低、显脆性、导热性低、干燥气氛及高真空中不能使用；塑料基自润滑复合材料我国正在研制阶段。这里就不作详述了。

　　h　其他固体润滑剂

　　（1）玻璃粉。玻璃粉在 450～2200℃ 温度范围内都具有润滑性能。作为高温润滑剂，在 1200～2000℃ 挤压难熔金属时，特别受到重视。玻璃的润滑原理与 MoS_2、石墨不同，它不是由于低剪切阻力的层状结构的内部滑移起润滑作用，而是由于玻璃粉剂在高温下熔融软化，且牢固地固着在金属表面，呈现良好的流体润滑性。再者玻璃在较大的温度范围内化学性能稳定，不与锻压或拉拔时的模具和坯料起化学反应，不与钢管穿孔机的顶杆顶头和管坯料起化学反应，并且隔热性良好。因此，用来作为热锻压的模具、热轧金属的穿孔机芯棒顶头、热拉拔模具等的润滑剂受到普遍重视和应用。

由于玻璃的成分不同，其耐热程度也不同。以磷酸盐为基的玻璃，超过 400℃ 就熔融，并且固着在金属表面，可均匀延展；氧化铝/氧化硼基的玻璃，则在 480～610℃ 范围内显示良好的润滑性；硅酸盐基的玻璃一般应用在 1100℃ 以上的高温润滑。

玻璃润滑剂的使用方法有两种：一种是把玻璃润滑剂附着在坯料上，可以在坯料上涂以玻璃悬浮液、在熔融玻璃浴中加热、喷涂熔融玻璃或绕上玻璃纤维。为了确保模具和坯料间的润滑，在锻压或拉拔前，仍然还要对模具润滑。另一种方法是将玻璃润滑剂填入模具上，或在模具的表面喷涂上水玻璃、玻璃悬浮液等。当在锻压或热拔、热轧金属时，还应考虑金属坯料的高温氧化问题。

　　（2）氧化铅（PbO）。为了解决高温轴承润滑的问题，采用 PbO 为基料并与某些固体润滑剂配成一定比例，按一定工艺条件制成的氧化铅基膜，便可以满足高温轴承的润滑问题。

2.1.3.5　金属压力加工机械设备和部件润滑材料的选用

金属压力加工的各种机械设备都具有一定的工作特性、摩擦表面的结构形状和环境条件等，在选择润滑材料时，必须适应这些特性和条件，才能保证机械设备处于良好的润滑状态，在机械设备的运转过程中，正确选择润滑材料，是有效组织润滑工作的重要环节。

　　A　润滑材料选择的一般原则

　　a　负荷大小

各种润滑材料都具有一定的承载能力，负荷较小时，可以选取黏度较小的润滑油；负荷愈大，润滑油的黏度也应该愈大。另外，重负荷时，还应该考虑润滑油的极压性能。如果在重负荷下润滑油膜不易形成，则选用锥入度（Cone Penetration）较小的润滑脂。

　　b　运动速度

机构转动或滑动的速度较高时，应选用黏度较小的润滑油或锥入度较大的润滑脂；机构转动或滑动的速度较低时，应选用黏度较大的润滑油或锥入度较小的润滑脂。

　　c　运动状态

当承受冲击负荷、交变负荷、振动、往复、间歇运动时，不利于油膜的形成，应选用黏度较大的润滑油。有时也可以选用润滑脂或固体润滑材料。

　　d　工作温度

工作温度较高时，应选用黏度较大、闪点较高、油性和氧化安定性较好的润滑油或滴点较高的润滑脂；工作温度较低时，则应选用黏度较小和凝点较低的润滑油或锥入度较大的润滑脂；当温度的变化较大时，应选用黏温性能较好的润滑油。

e 摩擦部件的间隙、加工精度和润滑装置的特点

摩擦部件的间隙越小，选用润滑油的黏度应越低；摩擦表面的精度越高，润滑油的黏度应该越低；循环润滑系统要求采用精制、杂质少和具有良好氧化安定性的润滑油；在飞溅和油雾润滑中多选用有抗氧化添加剂的润滑油；在干油集中润滑系统中，要求采用机械安定性和压送性好的润滑脂；对垂直润滑面、导轨、丝杠、开式齿轮、钢丝绳等不易密封的表面，应该采用黏度较大的润滑油或润滑脂，以减少流失，保证润滑。

f 环境条件

在潮湿环境下，应采用抗乳化和防锈性能良好的润滑油，或采用抗水性较好的润滑脂；在尘土较多和密封困难时，多采用润滑脂润滑；有腐蚀气体时，应选用非皂基润滑脂；环境温度很高时，则要考虑选择耐高温的润滑脂。

总之，由于润滑油内摩擦较小，形成油膜均匀，兼有冷却和冲洗作用，清洗、换油和补充加油都比较方便，所以除了部分滚动轴承、由于机器的结构特点和特殊工作条件要求必须采用润滑脂外，一般多采用润滑油。在稀油循环润滑系统和干油集中润滑系统中，应根据主要机构的需要来选择润滑材料的品种，以保证机器或机组最主要的性能。

各种机械的润滑点很多，加以综合归纳，主要是滑动轴承、滚动轴承、齿轮和蜗轮传动装置等典型摩擦副的润滑。此外还有各种机构和装置的润滑。下面分别叙述其对润滑的要求和润滑材料品种的选择。

B 滑动轴承润滑材料的选择

滑动轴承的润滑关系到轴承的工作条件（速度、负荷、工作温度）、轴承的结构和周围环境情况等许多因素。当滑动轴承采用稀油润滑时，如果轴承设计正确，在处于液体摩擦的条件下，轴承磨损很微小。但轴承在实际工作过程中，不可避免地要产生启、制动，高速转动中发生的大量摩擦热量使油温上升、黏度下降、同时使轴受热膨胀引起间隙变小而造成油膜的破裂，以及润滑油中由污染而存在的机械杂质等，均会使轴承产生磨损。因此在选择滑动轴承的润滑油品种时，要考虑上述因素，合理选择润滑油。

选择润滑油的关键是确定润滑油的黏度。确定润滑油的黏度有公式计算法和试验法两种。用计算的方法来确定润滑油必需的黏度，比较困难，目前还缺乏甚为有实效的计算公式。而用试验法确定滑动轴承润滑油必需的黏度，与被试验油是否在相同的工况下进行试验以及试验的正确性有关。

在现场，选用滑动轴承润滑油时，一般根据实践经验进行选择。表2-4～表2-6列出了在不同速度、不同载荷、工作温度及润滑方式下可用滑动轴承润滑油的黏度、品种和牌号。

滑动轴承一般多采用润滑油润滑，当工作条件困难（负荷高、速度低、环境温度高、潮湿、多尘）以及结构特点不宜使用润滑油时，才采用润滑脂润滑。滑动轴承在负荷大、转速低时，选用锥入度小的润滑脂。润滑脂的滴点一般选用高于工作温度20～30℃，在水淋或潮湿环境下，选用钙基、铝基或锂基润滑脂。在高温下选用钙钠基润滑脂。表2-7列出了在不同负荷、速度、工作温度和环境条件下，选用滑动轴承润滑脂的品种。

表 2 – 4　轻、中载荷时滑动轴承润滑油的选择

轴承轴颈的线速度 /m·s⁻¹	工作条件：温度 10～60℃，轻、中载荷（轴颈压力 <3MPa）		
	润滑方式	适用黏度（50℃）/mm²·s⁻¹	适用润滑油的品种与牌号
>9	强制、油浴	4～15	10 号、15 号、75 号轴承油
9～5	强制、油杯、油枪	10～20	15 号、32 号轴承油，32 号汽轮机油
	滴油	25～30	32 号、46 号轴承油，32 号、46 号汽轮机
5～2.5	强制、油浴、油环	25～35	32 号、46 号轴承油，46 号汽轮机
	滴油	30～35	46 号轴承油，46 号汽轮机
2.5～1.0	强制、油浴、油环	25～40	46 号、64 号轴承油，46 号汽轮机
	滴油、手浇	25～45	46 号、68 号轴承油，46 号汽轮机
1.0～0.3	强制、油浴、油环	30～45	46 号、68 号、100 号轴承油，46 号汽轮机油
	滴油、手浇	35～45	68 号、100 号轴承油
0.3～0.1	循环、油浴、油环	40～70	68 号、100 号、150 号轴承油
	滴油、手浇	40～75	
<0.1	循环、油浴、油环	50～90	100 号、150 号轴承油
	油链	8～10（100℃）	
	滴油、手浇	65～100	150 号轴承油
		10～20（100℃）	100 号、150 号轴承油

表 2 – 5　中、重负荷时滑动轴承润滑油的选择

轴承轴颈的线速度 /m·s⁻¹	工作条件：温度 10～60℃，中、重载荷（轴颈压力 3～7.5MPa）		
	润滑方式	适用黏度（50℃）/mm²·s⁻¹	适用润滑油的品种与牌号
2.0～1.2	循环、油浴、油环	40～50	68 号、100 号轴承油
	滴油	45～55	
1.2～0.6	循环、油浴、油环	40～70	68 号、100 号、150 号轴承油
	滴油	45～75	
0.6～0.3	循环、油浴、油环	65～75	150 号轴承油或工业齿轮油
	滴油、手浇	11～13（100℃）	100 号轴承油
0.3～0.1	循环、油浴、油环、油链	70～90	150 号轴承油
	滴油、手浇	75～100；12～14（100℃）	150 号轴承油
<0.1	循环、油浴、油环	85～120	150 号轴承油，150 号齿轮油
	油链	13～15（100℃）	150 号轴承油
	滴油、手浇	15～20（100℃）	150 号轴承油，220 号齿轮油

表2-6 重、特重负荷时滑动轴承润滑油的选择

轴承轴颈的线速度 /m·s⁻¹	工作条件：温度20～80℃，中、重载荷（轴颈压力7.5～30MPa）		
	润滑方式	适用黏度（100℃） /mm²·s⁻¹	适用润滑油的品种与牌号
1.2～0.6	循环、油浴	10～15	150号轴承油
	滴油、手浇	12～18	
0.6～0.3	循环、油浴	15～20	150号汽轮机油
	滴油、手浇	20～25	220号齿轮油
0.3～0.1	循环、油浴	20～30	220号齿轮油
	滴油、手浇	25～35	220号齿轮油
<0.1	循环、油浴	30～40	460号齿轮油
	滴油、手浇	40～50	680号齿轮油

表2-7 滑动轴承润滑脂的选择

单位载荷 /MPa	轴的圆周速度 /m·s⁻¹	最高工作温度 /℃	选用的润滑脂	备 注
≤1.0	≤1.0	75	3号钙基润滑脂	①在潮湿、环境温度在75～120℃的条件下，应考虑用钙钠基润滑脂；
1～6.5	0.5～5	55	2号钙基润滑脂	②在水淋、潮湿和工作温度75℃以下，可用铝基润滑脂；
≥6.5	≤0.5	75	3号、4号钙基润滑脂	③工作温度在110～120℃时，也可用锂基或钡基润滑脂；
1～6.5	0.5～5	120	1号、2号钠基润滑脂	④干油集中润滑系统给脂时，应选用锥入度较大的润滑脂；
≥6.5	≤0.5	110	1号钙钠基润滑脂	⑤压延机润滑脂冬夏规格可通用
1～6.5	≤1.0	50～100	2号锂基润滑脂	
≥6.5	约0.5	60	2号压延机润滑脂	

C 滚动轴承润滑材料的选择

根据滚动轴承的工作条件，可以采用润滑油或润滑脂进行润滑，可以比较两者所具有的优缺点加以选择。润滑油在高速和高温下具有良好的稳定性（在长期运转中保持其润滑性能），摩擦系数小，使用条件方便（全部更换润滑油时可以不拆卸部件），具有一定的冷却能力，能够循环供油进行润滑。缺点是必须采用复杂的密封装置，经常加油，需增设输油装置。润滑脂能够可靠地填充于滚动体间的间隙，不需要特殊的密封装置，工作的持续时间较长，一般在较长的周期内不需要更换和添加润滑脂。缺点是内摩擦较高，不宜用于高速条件，更换润滑脂时必须拆卸部件。所以在选择滚动轴承的润滑材料时，采用润滑油润滑有较好的润滑效果，但是对一般长期低速（小于4～5m/s）工作、经常停止工作和环境条件恶劣的滚动轴承，多采用润滑脂润滑。

可以根据负荷、工作温度和速度指数（轴承转速和内径的乘积），按黏度选择滚动轴承用的润滑油。表2-8给出了滚动轴承润滑油的选择。根据工作温度、速度指数和环境条件可按表2-9选择滚动轴承用润滑脂。

表 2 - 8　滚动轴承润滑油的选择

轴承工作温度/℃	速度因数/mm·r·min⁻¹	轻、中负荷		重负荷或冲击负荷	
		适用黏度（50℃）/mm²·s⁻¹	适用润滑油的品种和规格	适用黏度（50℃）/mm²·s⁻¹	适用润滑油的品种和规格
-30 ~ 0	—	10 ~ 20	32 号轴承油	12 ~ 25	32 号抗磨液压油
0 ~ 60	<15000	25 ~ 40	46 号轴承油，46 号汽轮机油	40 ~ 95	46 号抗磨液压油
	15000 ~ 75000	12 ~ 20	32 号轴承油，32 号汽轮机油	25 ~ 50	32 号 HM 油
	75000 ~ 150000	12 ~ 20	32 号轴承油，32 号汽轮机油	20 ~ 25	32 号 HM 油
	150000 ~ 300000	5 ~ 9	7 ~ 10 号轴承油	10 ~ 20	10 号轴承油
60 ~ 100	<15000	60 ~ 95	100 号轴承油	100 ~ 150 15 ~ 24（100℃）	100 号齿轮油
	15000 ~ 75000	40 ~ 65	68 ~ 100 号轴承油	60 ~ 95	68 ~ 100 号齿轮油
	75000 ~ 150000	30 ~ 50	46 号轴承油	40 ~ 65	46 ~ 68 号齿轮油
	150000 ~ 300000	20 ~ 40	32 号轴承油，22 号、30 号汽轮	30 ~ 50	46 号齿轮油
100 ~ 150	—	13 ~ 16（100℃）	150 号轴承油	15 ~ 25（100℃）	220 号齿轮油

表 2 - 9　滚动轴承润滑脂的选择

轴承工作温度/℃	速度因数/mm·r·min⁻¹	干燥环境	潮湿环境
0 ~ 40	≤80000	2 号、3 号钠基润滑脂 2 号、3 号钙基润滑脂	2 号、3 号钙基润滑脂
	>80000	1 号、2 号钠基润滑脂 1 号、2 号钙基润滑脂	1 号、2 号钙基润滑脂
40 ~ 80	≤80000	3 号钠基润滑脂	3 号锂基润滑脂、钡基润滑脂
	>80000	2 号钠基润滑脂	2 号合成复合铝基润滑脂
>80，<0	—	锂基润滑脂 合成锂基润滑脂	锂基润滑脂 合成锂基润滑脂

注：1. 滚动轴承在正常工作条件（温度不超过 50℃、有良好密封装置、环境没有灰尘和水）下，3 ~ 6 月换油一次，在繁重工作条件（温度超过 50℃、环境有尘土和水）下，要求定期添油，1 ~ 3 月换油一次；

　　2. 滚动轴承转速在 1500r/min 以内时，用正常填充量，装入润滑脂占轴承壳体容积 2/3，转速超过 1500r/min 时，用小填充量，占 1/3 ~ 1/2。

　　D　齿轮和蜗轮蜗杆传动润滑材料的选择

　　金属压力加工设备中齿轮传动的类型多、数量大，润滑材料的消耗量很大。金属压力加工设备齿轮传动装置的工作特点是传动功率大、冲击性负荷大、工作速度低、环境恶劣（高温、多尘、潮湿等），因此，要求润滑油具有良好的抗磨性能、氧化安定性、抗乳化性、防泡沫性和防锈性等。在选择齿轮传动用润滑油时，应充分考虑载荷、速度、润滑方式等因素。如轻负荷时可选用非极压型齿轮润滑油，中等负荷和一般冲击时可选用中等极压型齿轮润滑油，而重负荷和强烈冲击时（如轧钢机齿轮座）则应考虑选用全极压齿轮油；齿轮速度高时选用低黏度的润滑油，速度低时选用高黏度的润滑油；循环润滑时选用流动性好的润滑油，油浴润滑可选用流动性较差的润滑油等。然后再根据负荷、速度和温度等的具体数值按黏度选择润滑油的品种和规格。可见表 2-10 闭式齿轮传动装置润滑油的选择。

表 2-10 闭式齿轮传动装置润滑油的选择

主轴转速 /r·min^{-1}	传递功率 /kW	润滑方法	减速比 10:1 以下		减速比 10:1 以上	
			适用黏度 (50℃) /mm^2·s^{-1}	适用润滑油	适用黏度 (50℃) /mm^2·s^{-1}	适用润滑油
1000~2000	<7.5	飞溅或循环	30~45	49 号机械油，50 号工业齿轮油	40~60	50 号机械油，50 号工业齿轮油
	7.5~25		40~70	50 号机械油，50 号工业齿轮油	50~80	50 号、70 号机械油，50 号、70 号工业齿轮油
	25~40		60~80	70 号机械油，11 号汽缸油 70 号工业齿轮油	80~120	90 号机械油，90 号、120 号工业齿轮油
	>40		75~95	70 号、90 号机械油，11 号汽缸油，70 号、90 号工业齿轮油	100~150	120 号号、150 号工业齿轮油
300~1000	<15	飞溅	65~70	70 号机械油，11 号汽缸油 70 号工业齿轮油	70~80	70 号机械油，11 号汽缸油，70 号工业齿轮油
		循环	40~50	40 号、50 号机械油，50 号工业齿轮油	45~60	50 号机械油，50 号工业齿轮油
	15~40	飞溅	70~90	70 号、90 号机械油，11 号汽缸油，70 号、90 号工业齿轮油	80~110	90 号机械油，90 号工业齿轮油
		循环	50~70	50 号、70 号机械油，50 号、70 号工业齿轮油	60~90	70 号、90 号机械油，11 号汽缸油，70 号、90 号齿轮油
	40~55	飞溅	80~140	90 号机械油，90 号、120 号工业齿轮油	110~200	20 号齿轮油，24 号汽缸油，150 号、200 号工业齿轮油
		循环	70~90	70 号、90 号机械油，11 号汽缸油，70 号、90 号工业齿轮油	90~130	90 号机械油，90 号、120 号工业齿轮油
	>55	飞溅	140~170	24 号汽缸油，20 号齿轮油 150 号工业齿轮油	200~260	30 号齿轮油，28 号轧钢机油，200 号、250 号工业齿轮油
		循环	90~130	90 号机械油，120 号工业齿轮油	130~160	20 号齿轮油，150 号工业齿轮油
<300	<22	飞溅	90~110	90 号机械油，90 号、120 号工业齿轮油	150~180	20 号齿轮油，24 号汽缸油，150 号工业齿轮油
		循环	65~80	70 号机械油，70 号工业齿轮油	120~140	20 号齿轮油，120 号、150 号工业齿轮油

主轴转速 /r·min⁻¹	传递功率 /kW	润滑方法	减速比 10:1 以下		减速比 10:1 以上	
			适用黏度 (50℃) /mm²·s⁻¹	适用润滑油	适用黏度 (50℃) /mm²·s⁻¹	适用润滑油
<300	22 ~ 55	飞溅	110 ~ 180	24 号汽缸油, 20 号齿轮油, 150 号工业齿轮油	180 ~ 260	30 号齿轮油, 28 号轧钢机油, 200 号、250 号工业齿轮油
		循环	80 ~ 130	90 号机械油, 90 号、120 号工业齿轮油	140 ~ 200	30 号齿轮油, 24 号汽缸油, 28 号轧钢机油, 200 号、250 号工业齿轮油
	55 ~ 90	飞溅	180 ~ 210	24 号汽缸油, 28 号轧钢机油, 30 号齿轮油, 200 号工业齿轮油	270 ~ 320	28 号过热汽缸油, 250 号工业齿轮油
		循环	130 ~ 160	20 号齿轮油, 150 号工业齿轮油	220 ~ 250	30 号齿轮油, 28 号轧钢机油, 200 号、250 号工业齿轮油
	>90	飞溅	210 ~ 260	28 号轧钢机油, 30 号齿轮油, 38 号过热汽缸油, 200 号、250 号工业齿轮油	340 ~ 430	52 号过热汽缸油, 350 号工业齿轮油
		循环	170 ~ 200	24 号汽缸油, 30 号齿轮油, 28 号轧钢机油, 200 号工业齿轮油	260 ~ 300	38 号过热汽缸油, 250 号、300 号工业齿轮油

开式齿轮润滑应选用易于黏附的高黏度润滑油, 或采用润滑脂。低速低负荷的开式齿轮也可用经过过滤的旧油, 负荷较大的可选用二硫化钼 9 号油膏, 也可用 60% 的过滤油加 40% 的石油沥青混合制成的齿轮油脂润滑, 可见表 2 – 11。

表 2 – 11　开式齿轮润滑油、脂的选择

工作温度/℃	滴油润滑时适用润滑油	涂抹润滑时适用润滑脂
0 ~ 30	40 号、50 号机械油	1 号、2 号、3 号钙基润滑脂, 2 号铝基润滑脂
30 ~ 60	50 号机械油, 50 号工业齿轮油	3 号、4 号钙基润滑脂, 2 号铝基润滑脂, 石墨钙基润滑脂
>60	90 号机械油, 90 号工业齿轮油, 11 号汽缸油	4 号、5 号钙基润滑脂, 2 号铝基润滑脂, 石墨钙基润滑脂

根据蜗轮蜗杆传动的特点可知, 普通蜗轮的啮合滑动面上不能形成动压油膜, 因此应根据传递的功率和速度, 选择具有适当抗磨性能的高黏度润滑油或润滑脂。

低速低功率的蜗轮, 应选用汽缸油、齿轮油或润滑脂, 如 680 号汽缸油; 中速中功率的蜗轮, 应选用蜗轮蜗杆油, 如 460 号、680 号 CKE 蜗轮蜗杆油; 高速高功率的蜗轮, 应选用蜗轮蜗杆油, 如 460 号、680 号 CKE/P 蜗轮蜗杆油。

E　专门机器和机构润滑材料的选择

金属压力加工厂大量的主机和辅机以及其他各种类型的专门机器, 必须按其工作特点

和要求来选择润滑材料。在润滑油产品中，有许多专门用途的润滑油品，因此，选择金属压力加工机械润滑材料时应该尽量采用专门的品种，或根据运动副的结构特点和工作条件，选用用途接近的润滑材料。

a 轧钢设备润滑材料的选择

轧钢设备的工作特点是高温、高压、环境条件恶劣，表 2 – 12 列出了轧钢设备各系统润滑材料的选择。

表 2 – 12 轧钢设备各系统润滑材料的选择

轧钢设备各系统	适用润滑材料
循环润滑系统	28 号轧钢机油
干油集中润滑系统	压延机润滑脂、1 号合成复合铝基脂
液压系统	20 号、30 号机械油，20 号、30 号液压油
主电机轴承循环润滑系统	30 号汽轮机油
开式齿轮	石墨钙基脂
油膜轴承	460 号以上油膜轴承油

b 起重运输设备润滑材料的选择

金属压力加工厂的起重运输设备种类繁多，大都常在重载、冲击、多尘的环境下间歇工作，因此应选用黏度稍大、油性较好的润滑材料。表 2 – 13 给出了起重运输设备润滑材料的选择。

表 2 – 13 起重运输设备润滑材料的选择

设 备 名 称		适 用 润 滑 材 料
桥式起重机的大车小车（蜗轮减速机除外）	减速机	40 号、50 号机械油，50 号工业齿轮油
	起重量 <10t（<50℃）	70 号机械油，70 号工业齿轮油，11 号汽缸油
	10 ~ 15t（<50℃）	70 号、90 号机械油，70 号、90 号工业齿轮油，24 号汽缸油
	>15t（<50℃）	
	各种起重量（<0℃）	50 号机械油，车辆油
	各种起重量（>50℃）	38 号、52 号过热汽缸油
	滚动轴承 正常温度下	2 号、3 号钙基润滑脂
	高温下	锂基润滑脂，二硫化钼润滑脂
电动、手动起重机，链式起重机，提升机	人工润滑	40 号、50 号机械油
	滚动轴承	2 号、3 号钙基润滑脂
带式、链式、斗式等各种运输机	人工润滑	40 号、50 号机械油
	滚动轴承	2 号、3 号钙基润滑脂
	链 索	40 号、50 号机械油
	开式齿轮	石墨钙基润滑脂
卷扬机	滚动轴承	2 号、3 号钙基润滑脂
	滑动轴承	30 号 ~70 号机械油

c 锻压设备润滑材料的选择

锻压设备包括锻锤、压力机以及冲剪和剪板机等。这类设备的冲击较大，通常选用黏度较大的润滑油。锻压设备润滑材料的选择见表 2 – 14。

表 2 – 14　锻压设备润滑材料的选择

设备名称			适用润滑材料
锻锤	空气锤	汽缸	50 号机械油，11 号汽缸油
		轴承	1 号钙钠基润滑脂
	蒸汽锤、蒸空两用锤	汽缸	11 号、24 号汽缸油
		轴承	3 号、4 号钙基润滑脂
	弹簧锤、杠杆锤 模锻锤 平锻锤		40 号、50 号机械油 11 号、24 号、38 号汽缸油 50 号机械油，2 号钙基润滑脂
压力机	机械锻压机 水压机 油压机		50 号机械油，2 号钙基润滑脂 40 号、50 号机械油，30 号汽轮机油 30 号汽轮机油，20 号、30 号、40 号机械油，2 号钠基润滑脂
	摩擦压力机 曲轴压力机、偏心压力机		20 号、30 号机械油，2 号钙基润滑脂 30 号机械油，2 号钙基润滑脂
其他	剪板机、冲剪机 冲床 冷锻机		40 号、50 号机械油 40 号、50 号、70 号机械油，2 号钠基润滑脂 20 号、30 号、40 号机械油

d　钢丝绳润滑的选择

为了提高钢绳的使用寿命，必须选用适用钢丝绳的润滑材料。见表 2 – 15。

表 2 – 15　钢丝绳润滑材料的选择

工作条件	使用设备	适用润滑材料
低速、重负荷钢绳	起重机、电铲等	38 号过热汽缸油，钢丝绳油
高速起重钢绳	卷扬机、电梯	11 号、24 号汽缸油
高速、重负荷牵引钢绳	矿山提升斗车、锅炉运煤车	38 号过热汽缸油，钢丝绳油
中高速、轻中负荷牵引钢绳	牵引机、吊货车	11 号、24 号汽缸油
无运动、工作在潮湿或化学气体环境中的钢绳	支承或悬挂用钢绳	钢丝绳润滑脂

2.2　稀油润滑

在工程习惯上，通常称润滑油润滑为稀油润滑。

根据润滑材料供往润滑点的方式，可划分为分散润滑和集中润滑。如果在润滑点附近设置独立的润滑装置对摩擦副进行润滑，称为分散润滑；由一个润滑装置同时供给几个或许多润滑点进行润滑，称为集中润滑。

根据对摩擦副供油的性质，又可分为无压润滑和压力润滑、间歇润滑和连续润滑；根据对润滑剂的利用方式可分为流出润滑和循环润滑。无压润滑时，润滑油的进给是靠润滑油自身的重力或毛细管的作用来实现的；而压力润滑则利用压注或油泵实现润滑油的进给。经过一定的时间间隔才进行一次的润滑称为间歇润滑；在机器整个工作期间连续供应润滑油，或按预先调整好的一定的和相同的时间间隔供应润滑油，称为连续供油。如果供给的润滑油进行润滑后即排出消耗，称为流出润滑；如供给的润滑油可以反复循环使用，则称为循环润滑。

各种机器、机构摩擦部件的润滑，都是依靠专门的润滑装置来完成的，凡实现润滑材料的进给、分配和引向润滑点的机械和装置都称为润滑装置。

2.2.1 常用单体润滑装置

2.2.1.1 油环

油环用于滑动轴承润滑。油环套在旋转的轴颈上，随轴而转动，将盛在轴承贮油槽内的润滑油带到轴颈顶部后，进入轴承间隙，然后从轴承中流出，又流回贮油槽。

按带动油环的方法，油环润滑装置可分为自由式和固定式；按油环结构形式可分为整体式和可分式。

（1）自由式。油环自由地悬挂在轴上，靠摩擦力带动而旋转，如图2－7所示。

（2）固定式。油环固定在轴上，随轴一起转动。通常也称为油轮润滑，如图2－8所示。

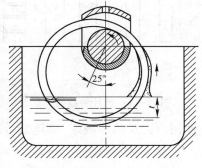

图2－7　油环润滑

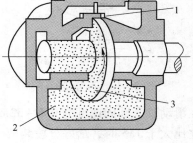

图2－8　油轮润滑
1—刮油器；2—油池；3—油轮

当轴转速较低，油黏度较大，使用自由式油环不易带起油，此时可以采用油链润滑。如图2－9所示。

油环润滑的优点是油环润滑装置制造简单，工作可靠，不必经常观察使用情况，油是循环使用，所以耗油量小，而且轴颈一开始转动就能自动给油。固定式即油轮润滑，其优点是在低转速和使用高黏度油的情况下给油可靠。

油环润滑的缺点是这种润滑方式只能用来润滑轴颈直径为10mm以上的水平放置的滑动轴承，机械做摆动运动时不能采用。由于冷凝作用，轴承的贮油槽可能会积聚潮气或冷凝水混入油中，对润滑

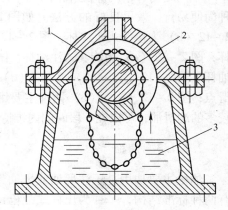

图2－9　油链润滑
1—油链；2—旋转油泵；3—油池

不利。可分式油环，见图 2 – 10，在工作时有分开的危险，在油环两个半环的接合处有可能要发生跳动，这种情况会使润滑装置受到损伤。

油轮润滑的缺点是轴承的轴向尺寸大，轴瓦被油轮分隔为两部分。

油链润滑的缺点是由于油链在轴颈上的接触角大，所以不得不削去一部分下轴瓦；因为链条可能与轴发生撞击，所以对轴有磨损；当轴的转速高时，因链条对油的搅动，油会起泡沫。

油环的截面形状有各种形状，如图 2 – 11 所示。油环内表面开有纵向环形沟槽。矩形截面油环的带油效果最好，其中以矩形截面光滑油环用得最广泛。由于半圆形和梯形截面的油环，在储油槽中与油的接触面比较小，所以可在高转速下使用。圆形截面的油环带油量最小。当采用高黏度油时，则应用在环圈的内表面开轴向沟槽的油环，以增大轴与油环的摩擦力，便于多带油。

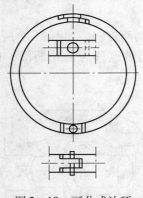

图 2 – 10　可分式油环

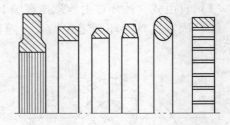

图 2 – 11　油环的截面形状

在滑动轴承圆周速度为 0.5 ~ 32m/s 的范围内，使用自由式油环较好。当轴承长度与直径之比大于 1.5 时，最好分段装两个油环。

2.2.1.2　油杯

不同结构、不同部位、不同工作特点的润滑点，应采用相适应的油杯进行润滑，这是一种简便易行，效果良好的方法。如图 2 – 12 所示，图 2 – 12（a）为直通式压注油杯，图 2 – 12（b）为接头式压注杯，图 2 – 12（c）为旋盖式油杯，图 2 – 12（d）为压配式压注杯，图 2 – 12（e）为旋套式注油杯，图 2 – 12（f）为弹簧盖油杯，图 2 – 12（g）为针阀式油杯。图 2 – 12（a）、（b）、（c）、（d）、（e）几种一般用于低速轻载和间歇工作的机械或润滑点；图 2 – 12（a）、（b）两种主要用于干油润滑；图 2 – 12（f）、（g）；两种一次可注入较多的润滑油，可以在一段时间内维持连续供油，可以用于转速稍高、负载稍大的机械。

2.2.1.3　油枪

油枪主要功用是压注稀油或干油到油杯或润滑部位。根据油枪的结构不同，我国油枪有两种标准结构，一种为压杆式油枪，如图 2 – 13 所示。另一种为供油量 100cm³ 的手推式油枪，如图 2 – 14 所示。油枪的注油嘴有两种形式，一种是 A 型用以压注干油，另一种是 B 型用来压注稀油。压杆式油枪的技术性能见表 2 – 16。

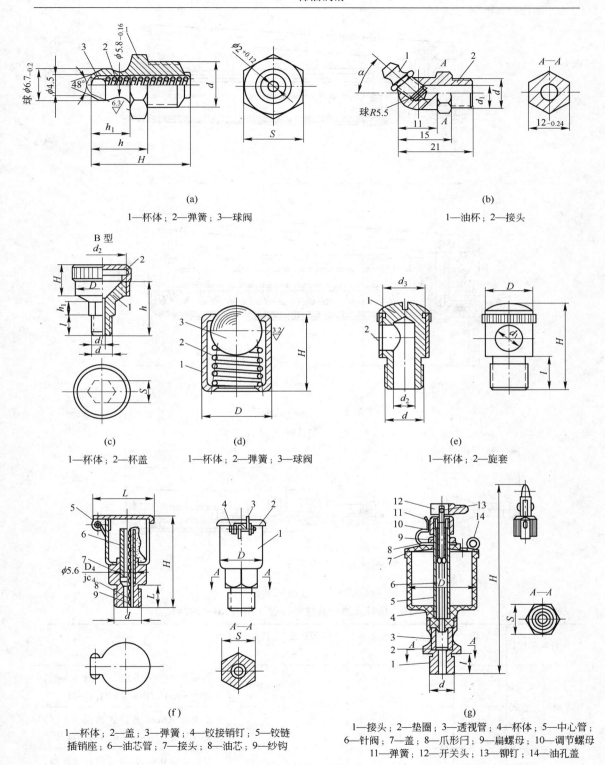

(a)

1—杯体；2—弹簧；3—球阀

(b)

1—油杯；2—接头

(c)

(d)

1—杯体；2—杯盖

1—杯体；2—弹簧；3—球阀

(e)

1—杯体；2—旋套

(f)

1—杯体；2—盖；3—弹簧；4—铰接销钉；5—铰链
插销座；6—油芯管；7—接头；8—油芯；9—纱钩

(g)

1—接头；2—垫圈；3—透视管；4—杯体；5—中心管；
6—针阀；7—盖；8—爪形闩；9—扁螺母；10—调节螺母
11—弹簧；12—开关头；13—铆钉；14—油孔盖

图 2-12 油杯

（a）直通式压注油杯；（b）接头式压注杯；（c）旋盖式油杯；（d）压配式压注杯；
（e）旋套式注油杯；（f）弹簧盖油杯；（g）针阀式油杯

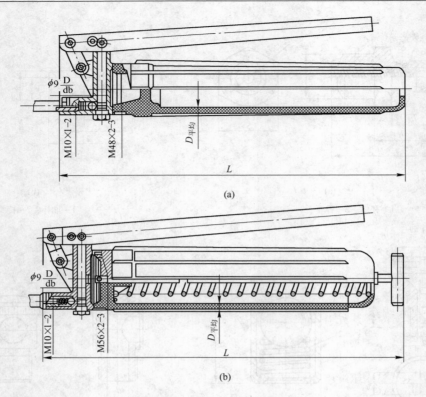

图 2 – 13 压杆式油枪

（a）A 型；（b）B 型

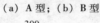

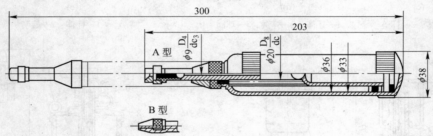

图 2 – 14 手推式油枪

表 2 – 16 压杆式油枪的技术性能（GB 1164—1974）

压杆式油杆		容积 /cm³	压力 /MPa	出油量 /cm³	出油筒直径 $D_{平均}$/mm	长度 L /mm	标记示例
A 型	真空式	200	14	0.8	40	280	供油量 200cm³ 压杆式油枪（A 型） 油枪（A 型）200cm³ GB 1164—74
		300	14			330	供油量 300cm³ 压杆式油枪（A 型） 油枪（A 型）300cm³ GB 1164—74
B 型	弹簧式	300	14		50	350	供油量 300cm³ 压杆式油枪（B 型） 油枪（B 型）300cm³ GB 1164—74

注：表中尺寸符号可参见图 2 – 13。

2.2.2 稀油集中润滑系统

2.2.2.1 概述

随着机械化、自动化程度的不断提高，润滑技术由简单到复杂，不断更新发展，形成了集中润滑系统。集中润滑系统具有明显的优点：可保证数量众多、分布较广的润滑点及时得到润滑，同时将摩擦副产生的摩擦热带走；油的流动和循环将摩擦表面的金属磨粒等机械杂质带走并冲洗干净；能达到润滑良好、减轻摩擦、降低磨损和减少易损件的消耗、减少功率消耗、延长设备使用寿命的目的。但是集中润滑系统的维护管理比较复杂，调整也比较困难。每一环节出现问题都可能造成整个润滑系统的失灵，甚至停产。所以还要在今后的生产实践中不断加以改进。

在整个润滑系统中，安装了各种润滑设备及装置，各种控制装置和仪表，以调节和控制润滑系统中的流量、压力、温度、杂质滤清等，使设备润滑更为合理。为了使整个系统的工作安全可靠，应有以下的自动控制和信号装置。

A 主机启动控制

在主机启动前必须先开动润滑油泵，向主机供油。当油压正常后才能启动主机。如果润滑油泵开动后，油压波动很大或油压上不去，则说明润滑系统不正常。这时，即使按下操作电钮主机也不能转动，这是必要的安全保护措施。控制连锁的方法很多，一般常采用在压油管路上安装油压继电器，控制主机操作的电气回路。

B 自动启动油泵

在润滑系统中，如果系统油压下降到低于工作压力（0.05MPa），这时备用油泵启动，并在启动的同时发出示警信号，红灯亮、电笛鸣，值班人员应根据示警信号立即进行检查并采取措施消除故障。待系统油压正常后，备用泵即停止工作。

C 强迫停止主机运行

当备用油泵启动后，如果系统油压仍继续下降（低于工作压力）（0.08~1.2MPa），则油泵自动停止运行并发出信号；强迫主机也停止运行，同时发出事故警报信号。

D 高压信号

当系统的工作压力超过正常的工作压力0.05MPa时，就要发出高压信号，值班人员应立即检查并消除故障。

启动备用油泵、强迫主机停转等，常采用电接触压力计及压力继电器来进行控制。

E 油箱的油位控制

油箱的油位控制常采用带舌簧管浮子式液位控制器。当油箱油位面降到最低允许油位时，液位控制器触点闭合，发出低液位示警信号，同时强迫油泵和主机停止运行。当油箱油位面不断升高（可能是水或其他介质进入油箱内），达到最高油液位面时，则发出高液位示警信号，工作人员应立即检查，采取措施，消除故障。

F 油箱加热控制

在寒冷地区或冬季作业时，应加热油箱中的润滑油，润滑油温度一般维持在40℃左右，以保持油的流动性。为控制加热温度应装有自动调节温度的装置。

G 系统自动测温装置

系统中有关部位的温度在运行中都要进行定时测量，以便掌握运行情况。如油箱、排油管、进、出冷却器的油温和水温，都要随时测量。为此，采用了温度自动测量装置。常用的测量装置是热敏元件和电桥温度计，只需扭动操作盘上的转换开关，就可测出各部位的温度。

H　过滤器自动启动

当油流进出过滤器的压差大于 0.05~0.06MPa 时，过滤器被阻塞。应自动启动过滤器，以清除圆盘式过滤器内滤筒周围的杂质。通常用点接触差式压力计来控制，当压差减小（或恢复到允许压差范围）后，就切断电源自动停止滤筒清刮。

稀油集中润滑系统根据不同的供油制度分为灌注式，即润滑油通过油泵把油送到摩擦部件的油池（槽），一次灌至足够量，油泵即停止工作。当润滑油消耗需要添补、更新时，则再启动油泵供给或人工灌注，例如油环润滑，密封式减速箱的齿轮润滑等。自动循环式，即油泵以一定压力向摩擦副压送润滑油，润滑后，沿回油管回到润滑站的油箱内，这样润滑油不断循环使用。

由于润滑系统采用的动力装置（油泵装置）形式不同，目前各厂实际使用的有回转活塞油泵、齿轮油泵、螺杆油泵、叶片油泵等装置供油的稀油集中润滑站。

根据组成稀油站各元件布置形式的不同，基本上分两种形式：

一种是整体式结构，各润滑元件都统一安装在油箱顶上，其特点是体积小，安装布置比较紧凑，适用于分散的单机润滑。在出厂前已整体装配并包装好，用户提货后，不用再一件件组装。只要直接固紧在地脚螺丝上，接好管路，清洗后即可使用。但这种油站能力较小，一般在 125L/min 以下。因为各元件组装较紧凑，所以在检修、拆卸时稍有不便。

另一种是分散布置形式，根据设计要求，油站各组成元件分别布置在地下油库的地基基础上。其优点是检查、维修方便，供油能力较大，一般 250L/min 以上供油量的油站都采用这种分散布置形式。

耗油量不大的单体设备润滑系统，通常安装在该设备旁或附近的地坑中；重要的润滑系统如主电机轴承的集中润滑系统、轧钢设备主机及其机组用的集中润滑系统，则安装在车间地平面以下的地下油库内。也有将数个润滑系统的油站，集中放在一个较大的地下油库内便于统一管理和检查维护。

2.2.2.2　齿轮油泵供油的循环润滑系统

钢铁企业的许多机组、机械制造业的某些金属切削机床，普遍采用齿轮泵供油的循环润滑系统。目前这套系统已经逐步标准化、系列化。

图 2-15 是带齿轮泵的，供油能力较小（16~125L/min）、整体组装式的标准稀油站系统图。如果稀油站和所润滑的机组供油管路和回油管路相连接，就组成了稀油集中循环润滑系统。图 2-16 是供油能力较大（250~1000L/min）、分散安装式的标准稀油站（XYZ-250~XYZ-1000 型）系统图。

这类带齿轮油泵的稀油润滑站，其供油能力不同，规格也不同。它的技术性能如表 2-17 所示。各种规格的稀油站工作原理都是一样的，由齿轮泵把润滑油从油箱吸出，经单向阀、双筒网式过滤器及冷却器（或板式换热器）送到机械设备的各润滑点（如果不带板式换热器，则经过滤器后，就直接送往润滑点）。油泵的公称压力为 0.6MPa，稀油站的公称压力为 0.4MPa（出口压力）。当稀油站的公称压力超过 0.4MPa 时，安全阀自动开启，多余的润滑油经安全阀流回油箱。

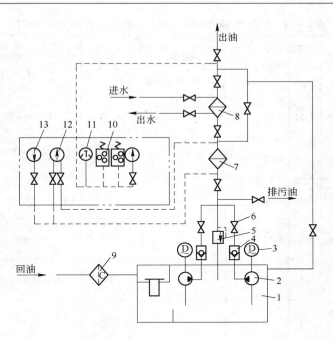

图 2-15 XYZ-16~XYZ-125 型稀油站系统图
1—油箱；2—齿轮泵；3—电动机；4—单向阀；5—安全阀；6—截断阀；7—网式过滤器；
8—板式冷却器；9—磁性过滤器；10—压力调节器；11—接触式温度计；
12—差式压力计；13—压力计

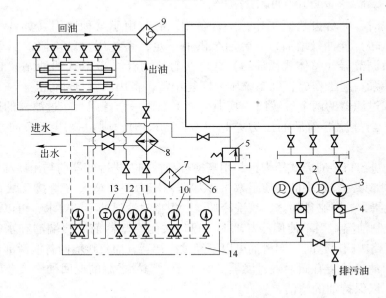

图 2-16 XYZ-250~XYZ1000 型稀油站系统图
1—油箱；2—电动机；3—齿轮泵；4—单向阀；5—安全阀；6—截断阀；7—网式过滤器；8—板式冷却器；
9—磁过滤器；10—差式压力计；11—压力计；12—电接触式压力计；13—电接触温度计；14—仪表盘

润滑油为汽轮机油、32~68 号轴承油、工业齿轮油等，一般 50℃ 时的运动黏度为
20~350mm^2/s。

表 2 - 17　**XYZ 型标准稀油站技术性能表**（Q/ZB355—1977）

型号	公称油量 /L·min⁻¹	油箱容积 /m³	过滤面积 /m²	换热面积 /m²	冷却水耗量 /m³·h⁻¹	电热器功率 /kW	蒸汽耗量 /kg·h⁻¹	电动机 型号	电动机 功率/kW 转速/r·min⁻¹	质量 /kg
XYZ - 16	16	0.63	0.08	3	1.2	18		JO₂ - 12 - 4 - T₂	$\dfrac{0.8}{1380}$	880
XYZ - 25	25									
XYZ - 40	40	1	0.08	5	3	18		JO₂ - 22 - 4 - T₂	$\dfrac{1.5}{1410}$	1130
XYZ - 63	63									
XYZ - 100	100	1.6	0.2	7	6	36		JO₂ - 32 - 4 - T₂	$\dfrac{3}{1430}$	1507
XYZ - 125	125									1600
XYZ - 250	250	6.3	0.52	24	12		100	JO₂ - 42 - 4	$\dfrac{5.5}{1440}$	4143
XYZ - 250A										3296
XYZ - 400	400	10	0.83	35	20		160	JO₂ - 51 - 4	$\dfrac{7.5}{1450}$	5736
XYZ - 400A										4393
XYZ - 630	630	16	1.26	30 ×2	30		250	JO₂ - 61 - 4	$\dfrac{13}{1460}$	9592
XYZ - 630A										7121
XYZ - 1000	1000	25	1.93	35 ×2	50		400	JO₂ - 71 - 4	$\dfrac{22}{1470}$	12155
XYZ - 1000A										9338

　　注：1. A 为不带冷却器的稀油站；
　　　　2. 本标准稀油站不带压力箱，用户自行设计。

　　正常工作时，一台齿轮泵工作，一台备用。有时由于某种原因（如各机组设备都在最大能力下运转）耗油量增加，一台油泵供油不足，系统压力就下降。当下降到一定值时，通过压力调节器（整体式稀油站）或电接触压力计（分散式稀油站）自动开启备用泵，与工作油泵一起工作，直到系统压力恢复正常，备用泵就自动停止。

　　双筒网式过滤器的两个过滤筒，其中一个工作，一个备用。在过滤器的进出口处接有差式压力计，当过滤器前后的压力差超过 0.05MPa 时，则由操纵工换向、更换清洗过滤筒。

　　冷却器的进出口装有差式压力计，用来检查与控制在进冷却器前与出冷却器后的冷却水的压差变化。如果冷却水中的杂质阻塞了冷却器，压力差将增大（直接反映在压差表上），降低了冷却效果，这时必须检修、清洗冷却器。根据对油温的不同要求，可以用调整冷却水流量方法来控制油温。当不使用冷却器时，可以关闭冷却器前后两端油和水的进、出口阀门，并打开旁路阀门。这时，润滑油可以不经过冷却器，而直接输向各润滑部位。

　　在油箱回油口处装有回油磁过滤器。它用于对润滑之后的返回油中夹杂的细小铁末进行磁性过滤，以保持油的清洁。

　　综上所述，XYZ 型稀油站有如下特点：

　　（1）设有备用油泵，一台工作，一台备用。在正常情况下，一台油泵运行。遇有意外情况时，备用油泵投入工作，可对主机连续不断地供送润滑油。

　　（2）过滤器放在冷却器之前。油通过过滤器的能力与油的黏度有关，黏度大，通过能力差，反之通过能力好。温度高，则黏度下降，通过能力好，过滤效果也较佳。

（3）采用双筒网式过滤器。一个筒工作，一个筒备用，轮换使用，换向不需停车，清洗方便，不影响过滤工作，结构紧凑，接管简单，不设旁路。

（4）采用板式换热器。结构简单，体积小，效率比列管式冷却器提高一倍左右。

（5）回油口设有磁过滤器。可将回油中的细小铁末吸附过滤，保证油的清净。

（6）设有站内回油管路。为保持润滑油清净，可以进行站内循环过滤；当所润滑的机组需要停车检修时，则可借站内回油管路，把系统压油管道中的油引回油箱。

（7）配有仪表盘和电控箱。所有显示仪表均装在仪表盘上，两只普通压力表用来直接观察油泵及油站出口油压；两个压力调节器（或电接点压力表）实现油压自控；两个差式压力表分别测量双筒网式过滤器的油压降及冷却器的油压降；一个电接点温度计用来观察和控制油温。

2.3 干油润滑

在工程习惯上，通常称润滑脂润滑为干油润滑。干油润滑密封简单，不易泄漏和流失，在稀油容易泄漏和不宜稀油润滑的地方，特别具有优越性。金属压力加工机械设备许多摩擦副中采用了干油润滑。例如：轧钢厂轧机轴承座与机架窗口的平面摩擦副；矫直机矫直辊轴承，剪切机组的某些摩擦副；辊道组的轴承；各种冶金起重机上的某些润滑点等。按润滑方式干油润滑可分为分散润滑和集中润滑。分散润滑主要是利用油杯进行人工加脂，本节重点叙述干油集中润滑系统。

2.3.1 干油集中润滑系统的分类

干油集中润滑系统就是以润滑脂作为摩擦副的润滑介质，通过干油站向润滑点供送润滑脂的一整套设备。其分类方法不尽相同，目前一般的分类方法是：

（1）根据往润滑点供脂的管线数量分为：

1）单管线（单线）供脂的干油集中润滑系统；

2）双管线（双线）供脂的干油集中润滑系统。

（2）根据供脂的驱动方式分为：

1）手动干油集中润滑系统；

2）自动干油集中润滑系统。由于动力源不同，又可分为：电动与风动两类。

（3）根据双线供脂管路布置形式分为：

1）流出（端流）式干油集中润滑系统；

2）环式（回路式）干油集中润滑系统。

（4）根据单线供脂时压脂到润滑点的动作顺序分为：

1）单线顺序式；

2）单线非顺序式；

3）单线循环式。

2.3.2 干油集中润滑系统

2.3.2.1 手动干油集中润滑系统

A 手动干油集中润滑系统

手动干油集中润滑系统如图 2-17 所示，由手动干油站、干油过滤器、给油器、输油脂主管和支管等组成。从干油站用手动压出的润滑脂经过过滤器过滤后，经主管输至给油器，由给油器依次供给各摩擦副。手动干油润滑系统，适用于润滑点数量较少、不需经常加油或较分散的润滑点处，也常用于不需经常加油的单台设备的润滑。

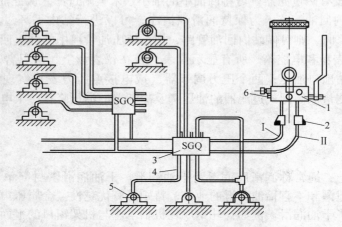

图 2 - 17　手动干油集中润滑系统
1—手动干油泵站；2—干油过滤器；3—双线给油器；4—输油脂支管；
5—轴承副；6—换向阀；Ⅰ，Ⅱ—输油脂主管

当人工摇动手柄时（见图 2 - 17），油站 1 内的干油，经干油过滤器 2，沿输脂主管 Ⅰ 送到给油器 3，各给油器在压力油脂的作用下，根据预先调整好的量，把润滑脂经输油支管分别送到各润滑点。继续摇动手柄，所有给油器供脂动作完毕，此时润滑脂在输油主管 Ⅰ 内受到挤压，压力就要升高，当压力计压力达到一定值时（一般为 7MPa），说明润滑系统供送润滑脂的所有给油器都已工作完毕，可以保证润滑脂定量地送到各润滑点了，然后停止手柄的摇动，并放回到原来位置上。在压送油脂的过程中，压力润滑脂是建立在输脂主管 Ⅰ 内。而输脂主管 Ⅱ 则经过换向阀内的通路和贮油器连通，也就是说管 Ⅱ 内的压力已卸除，管 Ⅱ 内的润滑脂可沿管 Ⅱ 往回挤到贮油筒。最后，干油站的换向阀 6 从左边移向右边换向。换向后，输脂主管 Ⅰ 经换向阀的通路和贮油筒相连，这时原来管 Ⅰ 内的高压就消除了。经过一定时间后（即摩擦副的加脂周期），人工继续摇动干油站的手柄，第二次向摩擦副供给润滑脂，此时，因换向阀 6 已经换向，所以压送出的润滑脂这次又由输脂主管 Ⅱ 输送，经各给油器仍按定量供到各润滑点。在这个过程中，输脂主管 Ⅰ（因与贮油筒相通）内没有压力，在管 Ⅰ 内的多余的润滑脂则被挤回到贮油筒。当输脂管 Ⅱ 中的压力升高到一定数值（一般为 7MPa）时，说明所有给油器已按定量供脂到各润滑点了，于是停止摇动手柄，进行换向（即把换向阀 6 从右端移到左端极限位置），这就是手动干油集中润滑系统的整个供脂工作过程。

　　B　手动干油集中润滑装置

　　a　手动干油站

　　手动干油站是一种单机集中润滑供脂装置。图 2 - 18 为 SGZ - 8 型手动干油站外形。

　　如图 2 - 19 所示，储油器中的脂是注油阀 4 注入的，在活塞 8 自重的压力作用下迫使储油器中的脂充满柱塞油泵的油缸空腔。手摇动压油手柄，压油手柄轴上的齿轮 1 随手柄

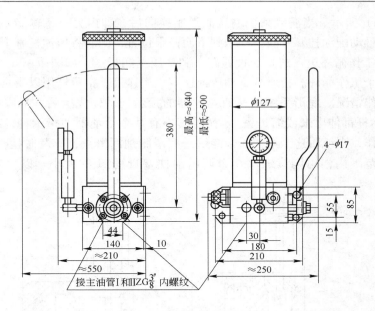

图 2 - 18 SGZ - 8 型手动干油站外形图

转动，通过齿轮和齿条传动带动压油柱塞 2 左右往复运动。油缸中的润滑脂在柱塞压力推动下，顶开单向阀 3 经换向阀的通道进入主油管 II（图上换向阀在右极端位置），当给油器已依次向各润滑点供脂完毕，油管中油压上升，达到某一额定值（一般为 7MPa）时，说明全部给油器均以工作完毕，停止压油。下一次给油时，先将手动换向阀压到左极端位置，使换向阀换向，则主油管 I 与压油回路相通，而主油管 II 与储油器相通，主油管 II 泄压，主油管 I 供油。摇动手柄重复上述过程。

b 给油器

给油器是干油集中润滑系统的一个重要元件，它的作用是保证每个需要润滑的摩擦副得到定量供脂。给油器按供送油脂的管线数分为单线供脂和双线供脂；按供脂时给油器的动作顺序分为循序式和非顺序式。目前应用最多的是双线非顺序式给油器，其工作原理如图 2 - 20 所示。当输脂主管压送来的润滑脂经过下面的油孔 11 至

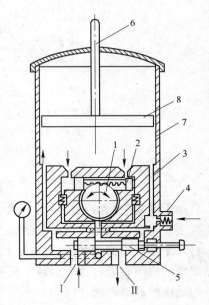

图 2 - 19 SGZ - 8 型手动干油站工作原理图
1—齿轮；2—柱塞；3—单向阀；4—注油阀；
5—换向阀；6—油位指示杆；7—贮油器；
8—活塞；I，II—主油管

油腔 10 时，润滑脂将推动配油柱塞 8 向上移动，直到上端极限位置，即经过通路 2 流入油腔 1 中，同时推动压油柱塞 3 上移到上部极限位置。当压油柱塞向上移动时，就将油腔上部的润滑脂（由上一次工作循环时压进来的）经过通路 4 和 9 送至润滑点。这是一个工作循环。于是从输油主管送进来的压力润滑脂经通路 11 送到下一组给油器的柱塞腔，

如图 2 – 20（a）所示。当润滑系统输送润滑脂换向后，即由另一条输脂主管经过通路 7 压入润滑脂，推动配油柱塞 8 向下移动到下面极限位置，同时将压油柱塞下腔 1 内的润滑脂（由上一次工作循环送入的）经过通路 2 和 9 压至润滑点，如图 2 – 20（b）所示。这时，又完成一个工作循环。指示杆 5 和压油柱塞 3 相连接。指示杆用以指示出压油柱塞压送润滑脂的动作情况。润滑系统的所有给油器的指示杆动作完毕后，都应在同一位置上（即所有的指示杆都伸出来或缩进去）。倘若其中有某个给油器的指示杆，在输脂管换向之后还没有动作，则说明这个给油器未能供送润滑脂到润滑点，应及时检查并排除故障。给油器在供脂范围内，用调节螺丝 6 微调压油柱塞行程 H 的大小，以得到合适的供油脂量。

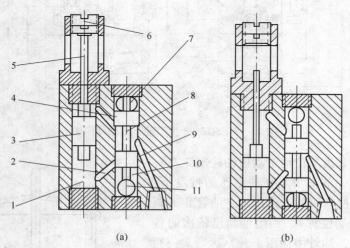

图 2 – 20　SJQ 型双线单点给油器的构造及工作原理

1，10—油腔；2，4—通路；3—压油柱塞；5—指示杆；6—调节螺钉；

7，11—输油管通路；8—配油柱塞；9—至润滑点通路

2.3.2.2　自动干油集中润滑系统

自动干油集中润滑系统是由自动干油润滑站、两条输脂主管、通到各润滑点的输脂支管、在主管与支管之间相连的给油器、有关的电器装置、控制测量仪表等组成。

自动干油集中润滑系统，按供脂管路布置分为流出式（端流）与环式（回路）两种。根据润滑的机组布置特点、运转工艺要求、润滑点分布及数量等不同的具体情况，可分别选择相适应的润滑系统，以满足不同机组工作时对润滑提出的要求。

A　流出式自动干油集中润滑系统

流出式自动干油集中润滑系统，可供给较多的润滑点和润滑点分布区域较大的范围。尤其是面积长条形（如轧钢设备中的辊道组）的机器（见图 2 – 21）。

如图 2 – 21 所示，由电动干油站 1 供送的压力润滑脂经换向阀 2，通过干油过滤器 3 沿输脂主管 Ⅰ 经给油器 4 从输脂支管 5 送到润滑点（轴承副）6。当所有给油器工作完毕后，输脂主管 Ⅰ 内的压力迅速提高，这时装在输油主管末端的压力操纵阀，在润滑脂液压力的作用下，克服了弹簧力，使滑阀移动，推动极限开关接通电信号，使电磁换向阀换向，转换输脂通路，由原来的输脂主管 Ⅰ 供脂改变为输脂主管 Ⅱ 供脂。与此同时，操作盘

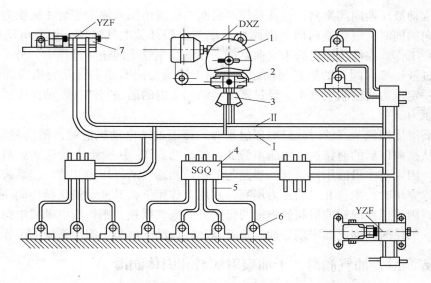

图 2 - 21　流出式干油集中润滑系统
1—电动干油站；2—电磁换向阀；3—干油过滤器；4—给油器；
5—输油脂主管；6—轴承副；7—压力操纵阀；Ⅰ，Ⅱ—输油脂主管

上的磁力启动器的电路断开，电动干油站的电机停止工作，干油柱塞泵停止往系统内供
脂。按照加脂周期，经过预先规定的间隔时间后，在电气仪表盘上的电力气动控制器使电
动机启动，油站的柱塞泵即按照电磁换向阀已经换向的通路向输脂主管Ⅱ压送润滑脂。当
润滑脂沿主管Ⅱ输送时，另一条主管Ⅰ中的润滑脂的压力卸荷，多余的润滑脂，经过电磁
换向阀返回到贮油筒内。电磁换向阀的作用是使油站输送的压力润滑脂由一条输脂主管自
动转换到另一条输脂主管。

　　B　环式自动干油集中润滑系统

　　环式自动干油集中润滑系统，如图 2 - 22 所示。是由带有液压换向阀的电动干油站、
输脂主管及给油器等组成。它属于双线供脂。这种环式布置的干油集中润滑系统，一般多
用在机器比较密集，润滑点数量较多的地
方。其工作原理是以一定的间隔时间（按
润滑周期而定），由电动机 6 经蜗轮蜗杆减
速机 5 带动柱塞泵 7，将润滑脂由贮油筒 1
吸出，并压到液压换向阀 2，从换向阀 2
出来经干油过滤器，压入输脂主管Ⅰ或Ⅱ
内，压力润滑脂由输脂主管Ⅰ压入给油器，
使给油器 3 在压力润滑脂作用下开始工作，
向各润滑点供给定量的润滑脂。当系统中
所有给油器都工作完毕时，油站的油泵仍
继续往输脂主管Ⅰ内供脂，输脂主管Ⅰ的
润滑脂不断地得到补充，只进不出，相互

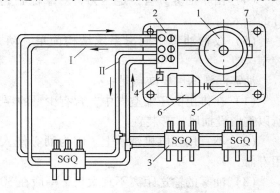

图 2 - 22　环式干油集中润滑系统
1—贮油筒；2—液压换向阀；3—给油器；4—极限开关；
5—减速机；6—电动机；7—柱塞泵；Ⅰ，Ⅱ—输脂主管

挤压，使管内油脂压力逐渐增高，整个系统的输脂路线形成一个闭合的回路。在油脂压力

作用下，推动液压换向阀换向，也就是使润滑脂的输送由原来输脂主管Ⅰ转换为输脂主管Ⅱ。在换向的同时，液压换向阀的滑阀伸出端与极限开关电气连锁，切断电动机6的电源，泵停止工作。在液压换向阀未换向之前，在输脂主管Ⅰ的输脂过程中，另一条输脂主管Ⅱ则经过液压换向阀2的通路与油站贮油筒1连通，使输脂主管Ⅱ的压力卸荷。换向后，具有一定压力的输脂主管Ⅰ，经过液压换向阀2内的通路与油站贮油筒连通，则输脂主管Ⅰ的压力卸荷。

当按润滑周期调节好的时间继电器启动时，接通油站电动机电源，带动柱塞泵工作，使润滑脂从换向以后的通路送入输脂主管Ⅱ，经给油器3，从输脂支管送到润滑点。在供脂过程中，因主管Ⅰ沿液压换向阀的通路与贮油筒相通，所以压力卸荷。当系统中所有给油器都工作完毕时，主管Ⅱ中的压力增高，在压力作用下，又推动液压换向阀换向，在换向的同时，因液压换向阀的滑阀伸出端与极限开关电气联锁，则切断电动机电源，干油站停止供脂。油站时间继电器定期启动，这就是环式自动干油集中润滑系统的工作原理。

2.4　油雾润滑、油气润滑、干油喷射润滑和固体润滑

2.4.1　油雾润滑

2.4.1.1　概述

油雾润滑是最近发展起来的一种新型高效的润滑方式。适用于封闭的齿轮、蜗轮、链条、滑板、导轨以及各种轴承的润滑。目前，在冶金企业中，油雾润滑装置大多用于大型、高速、重载的滚动轴承等的润滑，如偏八辊冷轧机的支撑辊轴承。

油雾润滑的优点是：

(1) 油雾能弥散到所有需要润滑的部位，可以获得良好而均匀的润滑效果。

(2) 压缩空气质量热容小、流速高，很容易带走摩擦产生的热量，对摩擦副的散热效果好，因而可以提高高速滚动轴承的极限转速，延长其使用寿命。

(3) 大幅度降低润滑油的消耗。

(4) 由于油雾具有一定压力，对摩擦副起到良好的密封作用，避免了外界杂质、水分的侵入。

(5) 较稀油集中润滑系统结构简单，动力消耗低，维护管理方便，易于实现自动控制。

油雾润滑的主要缺点是：

(1) 在排出的压缩空气中，含有少量的浮悬油粒，污染环境，对操作人员健康不利。所以需增设抽风排雾装置。

(2) 不宜用在电机轴承上。因为油雾侵入电机绕组将会降低绝缘性能，缩短电机使用寿命。

(3) 油雾的输送距离不宜太长，一般在30m以内较为可靠，最长不得超过80m。

(4) 必须具备一套压缩空气系统。

由于油雾润滑的上述缺点，在一定程度上限制了它的使用范围。但它的独特优点，则是其他润滑方式所无法比拟的。所以在金属压力加工设备上，将会获得越来越广泛的应用。

我国已试制成功了油雾润滑装置，并已形成系列。图 2 – 23 为 WHZ – 12、WHZ – 40 型油雾润滑装置的外形图。

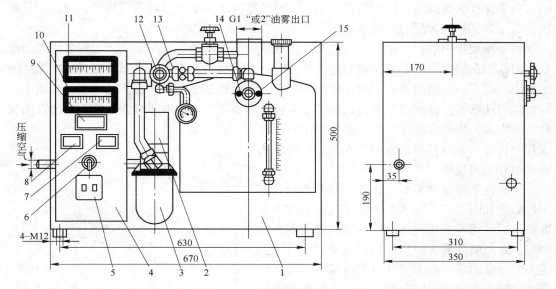

图 2 – 23　WHZ – 12、WHZ – 40 型油雾润滑装置（打开前箱盖板）

1—油雾发生器；2—电磁阀；3—分水滤气器；4—电气仪表盘；5—主令开关；6—操纵开关；
7，9—红灯；8—绿灯；10—温度指示调节仪；11—膜合式微压计；12—减压阀；
13—空气压力表；14—油量调节针阀；15—油雾压力调节针阀

2.4.1.2　油雾润滑系统的组成及工作原理

如图 2 – 24 所示，一个完整的油雾润滑系统应包括：分水滤气器 1、电磁阀 2、调压阀 3、油雾发生器 4、油雾输送管道 5、凝缩嘴 6 以及控制检测仪表等。分水滤气器用来过

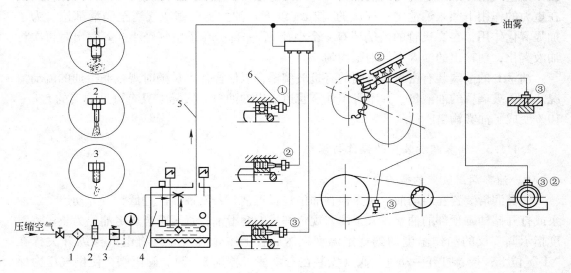

图 2 – 24　油雾润滑系统图

1—分水滤气器；2—电磁阀；3—调压阀；4—油雾发生器；5—油雾输送管道；6—凝缩嘴

滤压缩空气中的机械杂质和分离其中的水分，以得到纯净、干燥的气源；调压阀用来控制和稳定压缩空气的压力，使供给油雾发生器的空气压力不受压缩空气网路上压力波动的影响。为了保证油雾润滑系统的正常工作，在贮油器内还设有油温自动控制器、液位信号装置、电加热器和油雾压力继电器等。

需要特别指出的是，由油雾发生器送往摩擦副的干燥油雾，尚不能产生润滑所需的油膜。因此，在润滑点前必须安装相应的凝缩嘴。凝缩嘴的工作原理是当油雾通过凝缩嘴的细长小孔时，一方面由于油雾的密度突然增大，使油雾趋于饱和状态；另一方面高速通过的油雾与孔壁发生强烈的摩擦，破坏了油雾粒子的表面张力，油雾结合成较大的油粒而投向摩擦表面，形成润湿的油膜。凝缩嘴中有一个或几个具有一定直径和长度的小孔，因供油能力不同而有不同规格。

油雾发生器是油雾润滑装置的核心部分，其工作原理如图 2 – 25 所示。压缩空气由阀体 2 上部输入后，迅速充满阀体与喷油嘴 3 之间的环形间隙，并经喷油嘴 3 圆周方向的 4 个均布小孔 a 进入喷油嘴内室，压缩空气沿喷油嘴中部与文氏管 4 之间狭窄的环形间隙向左流动（喷油嘴内室右端不通），由于间隙小，气流流速很高，使喷油嘴中心孔的静压降至最低而形成真空度，即文氏管效应。此时罐内的油液在大气压力和输入压缩空气压力的共同作用下，便通过滤器 5 沿油管压入油室 b 内。接着进入喷油嘴中心孔，在文氏管 4 的中部（雾化室）与压缩空气汇合。油液即

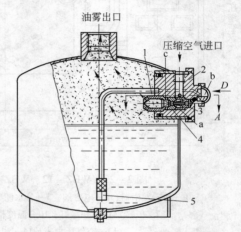

图 2 – 25　油雾发生器结构及工作原理图
1—喷雾头；2—阀体；3—喷油嘴；
4—文氏管；5—过滤器

被压缩空气击碎形成不均匀的油粒，一起经喷雾头 1 的斜孔喷入油罐。其中较大的油粒，在重力的作用下坠入油池中；细微的（$2\mu m$ 以下）油粒随压缩空气送至润滑部位。为了加强雾化作用，在文氏管的前端还有 4 个小孔 c，一部分压缩空气经小孔 c 喷出时再次将油液雾化，使输出的油雾更加细微均匀。

油室 b 的前端装有密封而透明的有机玻璃罩，以供操作人员随时观察润滑油的流动情况。进入玻璃罩的油液量，并不等于油雾管道输出的油量。实际上只有可见油流的 5% ~ 10% 变成了油雾输出。

2.4.1.3　油雾润滑装置的操作与调整

A　油雾润滑装置的操作

油雾润滑装置在启动前，应先检查油位是否正常，若发现油位过低，可开动启动加油泵或打开储油罐顶部的油塞，人工注入规定牌号的润滑油，直至符合规定油位为止；将温度指示调节仪的动作温度调到规定温度，然后合上主令开关，并将电气操纵开关拧在"Ⅰ"位上；接着打开手动进气阀（安装在分水滤气器前），调节调压阀，使供气压力保持在规定范围内；并注意排除分水滤气器中的冷凝水。油雾润滑装置即投入工作状态。

为了保证最远润滑点的油雾压力不低于 2×10^{-3} MPa，一般应使油雾发生器的出口压

力保持在 5×10^{-3} MPa 以上。

B　油雾的调节

如图 2-26 所示，针阀 I 调节供油量的大小，针阀 II 调节输出的油雾压力。针阀 I 和针阀 II 分别经孔道 F、E 与压缩空气入口及油室 b 相通。当两个针阀都关闭时，输出的油雾压力最小，而油雾中油的含量为最大。当需要增大油雾压力时，可适当地打开针阀 II。此时，输入的压缩空气一部分沿垂直方向进入文氏管将油液雾化；另一部分则沿水平方向经孔道 E 直接进入油罐。由于通过针阀 II 的压降较通过文氏管的压降小，因而使罐内的压力上升，同时输出的油雾压力也增高，输出的空气量也加大。随着针阀 II 开启度的变化，即可获得相应的油雾压力。油雾压力的调节也可接调压阀 3（见图 2-24），改变气源压力，此时，发生器的油雾压力和空气消耗量均随供气压力的高低成正比的增减。但其变化是大幅度的，灵敏度低且不易保持稳定，所以一般不采用此法。

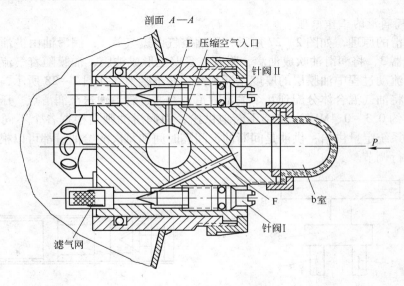

图 2-26　油雾调节装置（图 2-25 的 A—A 剖面）

当需要调节输出油量时，可旋动针阀 I。在针阀完全关闭时，进入油室 b 中油量的大小，完全决定于文氏管形成的真空度，即决定单位时间内通过文氏管的压缩空气流量。当流量为恒定值时，油的输出量为最大。若逐渐打开针阀 I，罐内的油雾压力通过滤气网、针阀 I、孔道 F 反馈到油室 b，这一压力将会阻止进入油室 b 的油流入。因此调节针阀 I 的开启度，便可改变油室 b 中的真空度的大小，从而控制输出油量。

2.4.2　油气润滑

2.4.2.1　概述

油气润滑也是最近发展起来的一种润滑方式，它与油雾润滑相似，都是以压缩空气为动力将稀油输送到润滑点，与油雾不同的是它利用压缩空气把油直接压送到润滑点，不需要凝缩，凡是能流动的液体都可以输送，不受黏度的限制。空气输送的压力较高，在 0.3MPa 左右。适用于润滑滚动轴承，尤其是重负荷的轧机轧辊轴承。

油气润滑具有如下优点：

（1）不产生油雾，不污染周围环境。

（2）计量精确。油和空气可分别精确计量，按照不同的需要输送到每一个润滑点，因而非常经济。

（3）与油的黏度无关。凡是能流动的油都可以输送，不存在高黏度油雾化困难的问题。

（4）可以监控。系统的工作状况很容易实现电子监控。

（5）特别适用于滚动轴承，尤其是重负荷的轧机辊颈轴承，气冷效果好，可降低轴承的运行温度，从而延长轴承的使用寿命。

（6）耗油量微小。

2.4.2.2　油气润滑系统及工作原理

A　油气润滑的工作原理

油气润滑的原理，如图 2-27 所示，压缩空气由进气管 1，润滑油由进油管 2 同时进入油气混合器 3，将润滑油吹成油滴，附着在管壁上形成油膜，油膜随着气流的方向沿管壁流动，在流动过程中油膜层的厚度逐渐减薄，并不凝聚，如图 2-28 所示，进入特波油路分配阀，将油气混合体分配到几个输出管道，并通过管道输送至润滑点。压缩空气以恒定的压力（约 0.3~0.4MPa）连续不断地供给，而润滑油则是根据各个不同润滑点的消耗量由供油系统定量供给，供油是间断的，间隔时间和每次的给油量都可以根据实际消耗的需要量进行调节。

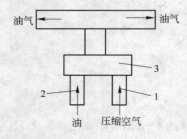

图 2-27　油气润滑原理

图 2-28　油层流动示意图

B　油气润滑系统

油气润滑系统大体可划分为：供油、供气、油气混合三大部分。如图 2-29 是四重式轧机轴承（均为四列圆锥轴承）的油气润滑系统图。

a　供油部分

这部分由油箱、油泵、步进式给油器等组成，都是根据系统的供油量选定的。油泵两台，一台工作，一台备用，通过电子监控装置启动或停止。油泵的排量一般都较低，而压力较高。步进式给油器由片式给油器组合而成，其工作压力一般在 2~4MPa，有多种排油量规格。步进式给油器排出的油输送到油气混合器去，如果其中有一个排油口堵塞，则整个步进式给油器停止工作，可以通过检测装置发出警报信号，同时给油器每工作一个循环也可通过电子控制装置使油泵停歇一定时间后再次启动。

b　供气部分

供给的压缩空气应该是清洁而干燥的，必须先经过油水分离及过滤。当油气润滑启动

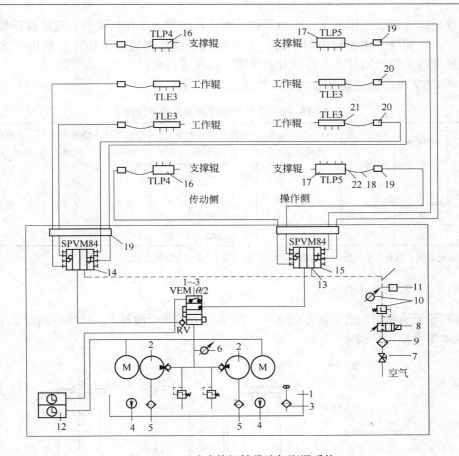

图 2-29　四重式轧机轴承油气润滑系统

1—油箱；2—油泵；3—油位控制器；4—油位镜；5—过滤器；6—压力计；7—阀；8—电磁阀；
9—过滤器；10—减压阀；11—压力监测器；12—电子监控装置；13—步进式给油器；
14，15—油气混合器；16，17—油气分配器；18—软管；19，20—阀；21，22—软管接头

时，压缩空气由电磁阀接通，经过减压，使排出的气压为 0.3~0.4MPa，并在排气管线上装有压力监测器，以保证工作中有足够的气压。

　　c　油气混合部分

　　油气混合部分是使油和气在混合器中能很好地吹散成油滴，均匀地分散在管道内表面，油气混合器亦有多种规格的供给量可供选用。如果供给的润滑点在两个以上，油气混合物还必须经油气分配阀适量地供给每个润滑点。

2.4.3　干油喷射润滑

2.4.3.1　概述

　　干油喷射润滑和油雾润滑一样，也是依靠压缩空气为动力的一种润滑方式。由于干油黏度太大，不能利用文氏管效应形成雾状。而是靠单独的泵（干油站）来输送油脂。油脂在喷嘴与压缩空气汇合，并被吹散成颗粒状的油雾，随同压缩空气直接喷射到摩擦副进行润滑。它的显著特点是润滑剂能够超越一定的空间，定向、定量而均匀地投到摩擦表

面。不仅使用方便、工作可靠，用油节省，而且在恶劣的工作环境下，也能获得较好的润滑效果。这种润滑方法简称喷射润滑。干油喷射装置特别适用于冶金、矿山、水泥、化工、造纸等行业的大型开式齿轮以及钢丝绳、链条的润滑。

国产 GWZ 型干油喷雾装置的技术性能见表 2 – 18。

表 2 – 18　GWZ 型干油喷射装置技术性能表

型号规定	喷嘴数	空气压力 /MPa	每个喷嘴每循环给油量/L	喷涂范围（长×宽） /mm×mm	油膜厚度 /mm	喷嘴间距 /mm	单位面积给油量/g·cm⁻²
GWZ – 2	2			200 ×65			
GWZ – 3	3	0.45	1.5 ~ 5	320 ×65	0.5	135	0.045
GWZ – 4	4			450 ×65			
GWZ – 5	5			580 ×65			

注：标记示例：具有 2 个喷嘴的干油喷射润滑装置，GWZ – 2 干油喷射装置。

2.4.3.2　结构与工作原理

GWZ 型干油喷射润滑系统如图 2 – 30 所示，由手动干油站 1、双线给油器 2、控制阀 3、喷嘴 4 等主要组件组成。

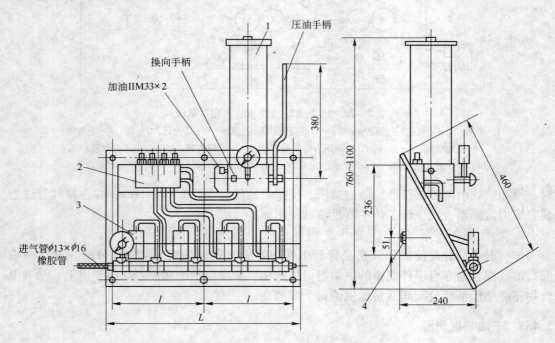

图 2 – 30　GWZ 型干油喷射润滑系统装置图
1—手动干油站；2—双线给油器；3—控制阀；4—喷嘴

润滑脂从手动干油站 1 送出，经给油器 2 到达控制阀 3，在油脂压力作用下顶开控制阀中的单向阀，使压缩空气和润滑脂分别从上下孔道进入喷嘴 4，然后喷向润滑部位。

双线给油器起定量给油的作用。

2.4.3.3 干油喷射润滑装置的安装

干油喷射装置的使用效果与正确的安装有很大关系。首先，应使摩擦副需要润滑的范围全部包含在喷射带内。如安装一个喷嘴不能满足要求时，需用几个喷嘴组合起来，以达到所需要的润滑面积。

由实验得知，空气压力在 0.45MPa 时；润滑面上的油膜直径 $d = 150$mm；喷嘴与被润滑面间的距离为 200mm；喷嘴间距 $a = 135$mm 的情况下，其润滑状况最佳。

对于齿轮润滑，喷嘴的安装位置应通过计算，才能确定其最佳工作位置。

由实验得知：当压缩空气压力为 0.45MPa；喷嘴至齿轮节圆与喷嘴中心线交点的距离为 200mm；喷嘴中心线与节圆的交角为 30°；喷嘴喷射圆锥角 $\theta = 41°$ 时，是最理想的工作状态。

正确的喷嘴安装位置，不但能起到良好的润滑作用，而且还能节省润滑脂的消耗。

2.4.3.4 干油喷射润滑系统的操作维护注意事项

在新安装或经过检修后的传动装置投入运转前，都要在被润滑的表面上均匀地涂抹一层与喷射装置相同的润滑脂。因为在第一次运转时，干油喷射系统还不能立即提供充分的润滑脂，需要用人工预涂。使用喷射装置时，还应当注意以下几点：

（1）使用的油脂必须是经过过滤的、质地均匀的、锥入度适当的油脂。油脂中混入杂质，不但影响雾化效果，甚至有堵塞喷嘴的危险。为了便于雾化，一般需在润滑脂中加入 20% 左右的高黏度润滑油（如轧钢机油、汽油机油等），其锥入度不低于 300。如要加强耐磨性，可在油脂中加入适量的二硫化钼，或使用标准牌号的二硫化钼润滑油膏。

（2）压缩空气必须保证足够的压力（即不低于 0.45MPa）。空气应保持清净和干燥。有条件时，最好在进气管路中装设分水滤气器、空气调压阀、油雾发生器，以延长控制阀和喷嘴的使用寿命。

（3）手动干油站的最大工作压力应保持在 7MPa 以下。新安装的干油喷射装置，使用前整个系统应充满油脂。

（4）贮油筒要保持足够的润滑脂，不允许抽空。否则空气进入系统，影响喷雾。

（5）要定期检查被润滑的齿轮齿面是否得到充足的润滑脂，喷嘴的角度是否有变化等。

如需调节油量，可拧动给油器上的调节螺丝进行调整。

（6）整个喷射装置必须定期清洗，确保系统畅通灵活。对开式齿轮传动，也应根据现场工作条件，适时清除残留在齿面上的积垢。

2.4.4 固体润滑

2.4.4.1 概述

固体润滑也是一种新兴的润滑技术，在不能或不便使用油脂润滑的机械或部位，例如，在真空中，在有腐蚀等特殊气氛中，在超高温、超低温、强辐射、强电磁场中，在要求永久润滑的地方，在极压条件下等，均可考虑使用固体润滑，固体润滑材料的适应范围较广，可以部分代替润滑油脂。固体润滑的应用进展很快，其工作原理及固体润滑剂，在前文已作了阐述。下面着重讲述其使用方法。

2.4.4.2　固体润滑剂的使用方法

A　直接使用粉末

把固体润滑粉末直接涂敷在摩擦表面上，或将粉末盛于密闭容器（如减速机壳体内、汽车后桥齿轮包）内，靠搅动使粉末飞扬撒在容器内各零件的摩擦表面上，从而形成固体润滑膜，达到良好的润滑。还有用气流将粉末送入摩擦副（如轴承），既可散热冷却、也有润滑的效果。上述方法均应注意用量适度、弥撒均匀，否则达不到预期效果。

B　添加在润滑油脂中

把固体润滑剂的细微颗粒设法均匀地分散在油脂中，可以提高润滑效果。

C　将固体润滑剂制成糊状或油膏状

将固体润滑剂制成糊状或油膏状，如用二硫化钼油膏定期涂抹到一些圆柱齿轮减速机，可以起到良好的润滑效果。

D　利用固体润滑剂制成自润滑零件

以粉末冶金的办法，把固体润滑剂与零件材料混合压制成形，经过烧结处理制成零件，或将固体润滑剂作为填充剂渗入到塑料、金属及合金等中制成复合材料，用以代替金属零件。

E　黏结固体润滑膜

近年来，利用黏结剂（可以是有机的，也可以是无机的）将固体润滑剂黏结在摩擦副表面的技术有了很大发展。常用的有机黏结剂包括酚醛、环氧树脂、硅树脂等，可以用涂敷、刷抹、喷涂等方法，来黏结固体润滑剂。待干燥后形成一层牢固的润滑膜。新型的树脂（如聚酰亚胺、聚苯骈噻唑、聚苯骈咪唑等）也已成功地用在固体润滑膜上。无机黏结包括硅酸钠、硅酸钾、硼酸酐、硼砂、磷酸钠、磷酸钾等。它们可以单独或混合使用。黏结剂应同时对摩擦的金属表面和干膜中的各种组分（如固体润滑剂）都要具有强的黏结性。一般说来加了黏结剂以后，摩擦系数总比未加的大一些，这是因为膜层内的剪切阻力比未加黏结剂时的大。因此，每一种黏结剂，它与固体润滑剂之间都有一个最佳的配比。

最近已成功地应用了等离子喷涂技术来黏结固体润滑膜。它是采用一种专门的双口复式喷枪，黏结剂处于喷枪的高温区，固体润滑剂处于低温区，这样既可以使耐温性较差的固体润滑剂，如 MoS_2、TaS_2、WS_2 及某些润滑性的聚合物粉末等，又能避免因黏结而受高温作用变质，从而提高了固体润滑膜的质量；同时又使喷涂和硬化能在同一短时间内完成，不致使被涂膜的零件的机械性能因过热而遭到破坏。

F　直接将固体润滑剂涂敷在零件表面上

随着固体润滑剂的广泛使用，固体润滑剂的使用方法也有了很大发展，除了上面介绍的几种方法，还可将固体润滑剂直接涂敷在零件表面（不用黏结剂），其涂敷的方法很多，主要有：振动涂膜法；物理溅射法；离子涂膜法；将固体润滑剂的粉末分散在挥发性的溶剂中，或者制成气溶胶，刷抹或喷涂在零件表面上，待溶剂挥发后即留下一层固体润滑膜。

2.4.4.3 固体润滑应用举例

A 干膜润滑

在零件摩擦表面采用固体润滑剂，使其形成一层干的或半干的润滑膜，起到减摩作用的方式就叫做干膜润滑。

近十几年来，在一些设备的摩擦副表面已采用 MoS_2，实现了干膜润滑，从而代替了稀油润滑。现在大量使用的干膜润滑设备是圆柱齿轮减速机。1964 年国内冶金设备上开始试用干膜润滑。实践证明：干膜润滑确实具有许多优越性。但是干膜润滑在某些场合仍存在一些问题，有待进一步解决。

目前在圆柱齿轮减速器（如 JZQ 型和 ZL 型减速器）采用干膜润滑较为广泛，其润滑的工艺大体分为四个程序：第一步对零件进行表面处理；第二步喷涂干膜成膜剂；第三步涂保膜油膏；第四步运行检查。

a 零件表面处理

目的是除去零件表面的一层油脂，使表面生成一层特殊的膜层，这层膜能与喷涂的润滑干膜有良好的黏结能力。零件表面处理的方式有磷化法、硝化法、盐酸处理、磷化膏处理、氧化处理（有色金属采用此法）等。

b 喷涂干膜成膜剂

根据一定配方制成的固体润滑干膜成膜剂，按一定的工艺工序均匀的将一定厚度的干膜喷涂到零件摩擦表面，使之黏结牢固，并起良好润滑作用。可以用一般油漆喷枪，也可以用毛刷，注意喷涂均匀。

c 涂保膜油膏

干膜润滑寿命低，不能单独在摩擦部位使用，更不能承受强烈的冲击性载荷，所以，必须在已喷涂了干膜成膜剂的摩擦表面再涂敷一层保膜油膏。保膜油膏的涂敷方法一般多采用毛刷沾涂，也可采用喷射式装置或设计专用喷嘴。

d 运行检查

因为干膜破裂后不能自行补充，必须人工再次涂敷保膜油膏进行保膜，因此，要特别注意运行检查。目前运行检查仍凭经验，尚未形成科学的测试方法，有待进一步研究。

B 粉尘式润滑

粉尘式润滑又称扬尘润滑，就是把固体润滑剂粉末装入封闭的齿轮箱中，利用齿轮运转时的搅动作用，使粉末飞扬起来，落入各摩擦部位进行润滑。粉尘式润滑已经在汽车底盘的变速箱和后桥牙包中得到试用，取得良好效果。在冶金设备上也逐渐开始试验，现用得最多的是齿轮减速机。

粉尘润滑的最大特点是能连续地落在运行齿轮的齿面上，解决了自动补膜问题，不必表面处理和人工补膜，施工和维护比较简单。

C 润滑块润滑

固体润滑块是用固体润滑剂和油脂做成长方形块状物，直接装在轴颈上面。轴承转动产生摩擦热，润滑块与轴颈的接触部分因温度升高逐渐熔化进入轴承间隙。为了保持滑块与轴颈的良好接触，可在润滑块的上面加一定负荷。运行中润滑块逐渐消耗，在快消耗完之前，应及时换上新润滑块。

实训项目

一、基本实训

1. 滚动轴承的润滑。
2. 常用单体润滑装置的使用。

二、选做实训

1. 小型稀油集中润滑系统的操作。
2. 手动干油集中润滑装置的操作。

思　考　题

2-1　什么叫润滑，常用的润滑材料有几种，分别使用在什么场合？
2-2　简述静压润滑、动压润滑、动静压润滑、固体润滑、边界润滑、自润滑的润滑原理。
2-3　稀油集中润滑装置主要有几部分组成，为什么现代金属压力加工企业要选择稀油集中润滑？
2-4　干油集中润滑装置主要有几部分组成，简述干油润滑站的工作原理。
2-5　简述油雾润滑、油气润滑的工作原理，两者有何不同？
2-6　常用的固体润滑方法有哪些？

3 机械修复技术

机械设备中的零件经过一定时间的运转，难免会因磨损、腐蚀、氧化、刮伤、变形等原因而失效，为节约资金减少材料消耗，采用合理的、先进的工艺对零件进行修复是十分必要的。许多情况下，修复后的零件质量和性能可以达到新零件的水平，有的甚至可以超过新零件，如采用埋弧堆焊修复的轧辊寿命可以超过新辊，采用堆焊修复的发动机阀门，寿命可达新品的两倍。目前比较常用的修复方法很多，可分为钳工修复法、机械修复法、焊修法、电镀法、喷涂法、粘修法、熔敷法、其他修复法。在实际修复中可在经济允许、条件具备、尽可能满足零件尺寸及性能的情况下，合理选用修复方法及工艺。

3.1 钳工修复与机械修复

钳工和机械修复是零件修复过程中最主要、最基本、最广泛应用的工艺方法。它既可以作为一种单独的手段直接修复零件，也可以是其他修复方法如焊、镀、涂等工艺的准备或最后加工必不可少的工序。

3.1.1 钳工修复

钳工修复包括铰孔、研磨、刮研、钳工修补（如修补键槽、螺纹孔、铸件裂纹等）。

3.1.1.1 铰孔

铰孔是利用铰刀进行精密孔加工和修整性加工的过程，它能提高零件的尺寸精度和减小表面粗糙度值，主要用来修复各种配合的孔，修复后其公差等级可达 IT7 ~ IT9，表面粗糙度值可达 R_a 为 $3.2 \sim 0.8 \mu m$。

3.1.1.2 研磨

用研磨工具和研磨剂，在工件上研掉一层极薄表面层的精加工方法称为研磨。研磨可使工件表面得到较小的表面粗糙度值、较高的尺寸精度和形位精度。

研磨加工可用于各种硬度的钢材、硬质合金、铸铁及有色金属，还可以用来研磨水晶、天然宝石及玻璃等非金属材料。

经研磨加工的表面尺寸误差可控制在 $0.001 \sim 0.005mm$ 范围内。一般情况下表面粗糙度可达 R_a 为 $0.8 \sim 0.5 \mu m$，最高可达 R_a 为 $0.006 \mu m$，而形位误差可小于 $0.005mm$。

3.1.1.3 刮研

用刮刀从工件表面刮去较高点，再用标准检具（或与之相配的件）涂色检验的反复加工过程称为刮研。刮研用来提高工件表面的形位精度、尺寸精度、接触精度、传动精度和减小表面粗糙度值，使工件表面组织致密，并能形成比较均匀的微浅凹坑，创造良好的存油条件。

刮研是一种间断切削的手工操作，它不仅具有切削量小、切削力小、产生热量小、夹装变形小的特点，而且由于不存在机械加工中不可避免的振动、热变形等因素，所以能获得很高的精度和很小的表面粗糙度值。可以根据实际要求把工件表面刮成中凹或中凸等特殊形状，这是机械加工不容易解决的问题；刮研是手工操作，不受工件位置和工件大小的限制。

3.1.1.4　钳工修补

A　键槽

当轴或轮毂上的键槽只磨损或损坏其一时，可把磨损或损坏的键槽加宽，然后配制阶梯键。当轴或轮毂上的键槽全部损坏时，允许将键槽扩大 10% ~ 15%，然后配制大尺寸键。当键槽磨损大于 15% 时，可按原键槽位置将轴在圆周上旋转 60°或 90°，按标准重新加工键槽。加工前需把旧键槽用气、电焊填满并修整。

B　螺纹孔

当螺纹孔产生滑牙或螺纹剥落时，可先把螺孔钻去，然后攻出新螺纹。

3.1.2　机械修复

利用机械连接，如螺纹连接、键、铆接、过盈连接等使磨损、断裂、缺损的零件得以修复的方法称为机械修复法。包括局部更换法、换位法、镶补法、金属扣合法、修理尺寸法、塑性变形法等，这些方法可利用现有的简单设备与技术，进行多种损坏形式的修复。其优点是不会产生热变形；缺点是受零件结构、强度、刚度的限制，难以加工硬度高的材料，难以保证较高精度。

3.1.2.1　局部更换法

若零件的某个部位局部损坏严重，而其他部位仍完好，一般不宜将整个零件报废。可把损坏的部分除去，重新制作一个新的部分，并以一定的方法使新换上的部分与原有零件的基本部分连接在一起成为整体，从而恢复零件的工作能力，这种维修方法称局部更换法。如结构复杂的重型机械的齿圈损坏时，可将损坏的齿圈卸掉，再压入新齿圈。新齿圈可事先加工好，也可压入后再行加工。连接方式用键或过盈连接，还可用紧固螺钉、铆钉或焊接等方法固定。局部更换法适用于多联齿轮局部损坏或结构复杂的齿圈损坏的情况。它可简化修复工艺，扩大修复范围。

3.1.2.2　换位法

有些零件由于使用的特点，通常产生单边磨损，或磨损有明显的方向性，对称的另一边磨损较小。如果结构允许，在不具备彻底对零件进行修复的条件下，可以利用零件未磨损的一边，将它换一个方向安装即可继续使用，这种方法称换位法。例如：两端结构相同，且只起传递动力作用，没有精度要求的长丝杠局部磨损可调头使用。大型履带行走机构，其轨链销大部分是单边磨损，维修时应将它转动 180°便可恢复履带的功能，并使轨链销得到充分利用。

3.1.2.3　镶补法

镶补法就是在零件磨损或断裂处补以加强板或镶装套等，使其恢复功能。一般中小型零件断裂后，可在其裂纹处镶加补强板，用螺钉或铆钉等将补强板与零件连接起来；对于脆性材料，应在裂纹端头钻止裂孔。此法操作简单，适用面广。如图 3 - 1 所示。

对齿类零件，尤其对精度不高的大中型齿轮，若出现一个或几个轮齿损坏或断裂，可先将坏齿切割掉，然后在原处用机加工或钳工方法加工出燕尾槽并镶配新的轮齿，端面用紧定螺钉或点焊固定，如图 3 - 2 所示。

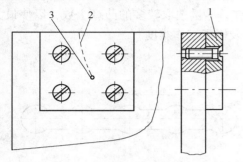

图 3 - 1　补强板

1—补强板；2—裂纹；3—止裂孔

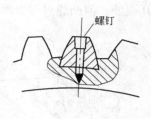

图 3 - 2　镶齿

对损坏的圆孔、圆锥孔，可采取扩孔镶套的方法，即将损坏的孔镗大后镶套，套与孔可采用过盈配合。所镗孔的尺寸应保证套有足够的刚度。套内径可预先按配合要求加工好，也可镶入后再加工至配合精度。

如损坏的螺孔不允许加大时，也可采用此法修复。即将损坏的螺孔扩孔后，镶入螺塞，然后在螺塞上加工出螺孔（螺孔也可在螺塞上预先加工）。

3.1.2.4　金属扣合法

金属扣合法修复技术是借助高强度合金材料制成的扣合连接件（波形键），在槽内产生塑性变形来完成扣合作用，以使裂纹或断裂部位重新连接成一个整体。该法适于不易焊补的钢件和不允许有较大变形的铸件，以及有色金属件，尤其对大型铸件的裂纹或折断面的修复效果更为突出。

金属扣合法的特点是：修复后的零件具有足够的强度和良好的密封性；修复的整个过程在常温下进行，不会产生热变形；波形槽分散排列，波形键分层装入，逐片铆击，不产生应力集中，操作简便，使用的设备和工具简单，便于就地修理。该方法的局限性是不适于修复厚度 8mm 以下的铸件及振动剧烈的工件，此外，修复效率低。

按扣合的性质及特点，金属扣合可分为强固扣合、强密扣合、加强扣合和热扣合四种。

A　强固扣合法

该方法是先在垂直于裂纹方向或折断面的方向上，按要求加工出具有一定形状和尺寸的波形槽，然后将用高强度合金材料制成的其形状、尺寸与波形槽相吻合的波形键嵌入槽中，并在常温下铆击使之产生塑性变形而充满整个槽腔，这样，由于波形键的凸缘与槽的凹洼相互紧密的扣合，将开裂的两部分牢固地连接成一体，如图 3-3 所示。此法适用于修复壁厚 8~40mm 的一般强度要求的机件。

波形键的形状如图 3-4 所示。

其中颈宽一般取 $b = 3 \sim 6mm$，其他尺寸可按经验公式求得

$$d = (1.2 \sim 1.6) b$$
$$l = (2 \sim 2.2) b$$
$$t < b \tag{3-1}$$

波形键凸缘个数常取 5、7、9。如果条件允许，尽量选取较多的凸缘个数，以使最大应力远离开裂处。但凸缘过多会增加波形键修整及嵌配工作难度。

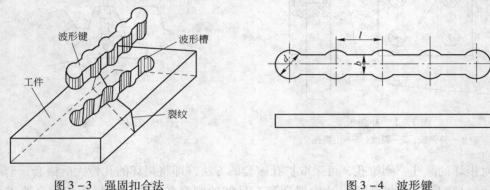

图 3-3 强固扣合法   图 3-4 波形键

d—凸缘的直径；b—颈宽；t—厚度；l—间距

波形键的材料应具有足够的强度和良好的韧性，经热处理后质软，适于锤接；加工硬化性好，且不发脆，使铆击后抗拉强度有较大提高；用于高温工作条件下的波形键，还应考虑选用的材料是否与机件热膨胀系数一致，否则工作时出现脱落或胀裂机体现象。波形键的材料有 1Cr18Ni9Ti，1Cr18Ni9。与铸铁膨胀系数相近的有 Ni36 等高镍合金。

为使最大应力分布在较大范围内，以改善工件受力情况，各波形槽可布置成一前一后或一长一短的方式，如图 3-5（a）、（b）所示，波形槽应尽可能垂直于裂纹，并在裂纹两端各打一个止裂孔，以防止裂纹发展。通常将波形槽设计成单面布置的方式，如图 3-5（c）所示。对厚壁工件，若结构允许，可将波形槽开成两面分布的形式，如图 3-5（d）所示。对承受弯曲载荷的工件，因工件外层受有最大拉应力，故可将波形槽设计成阶梯形式，如图 3-5（e）所示。

波形键的铆击。首先清理波形槽，之后用手锤或小型铆钉枪对波形键进行铆击。其顺序为先铆波形键两端的凸缘，然后对称交错向中间铆击，最后铆击裂纹上的凸缘。铆击力量按顺序由强到弱。凸缘部分铆紧后铆颈部，并要在第一层铆紧后再铆第二层、第三层……。

为了使波形键得到充分的冷加工硬化，提高抗拉强度，每个部位开始先用凸圆冲头铆击其中心，然后用平底冲头铆击边缘，直至铆紧。但要注意不可铆得过紧，以免将裂纹再撑开，一般以每层波形键铆低 0.5mm 为宜。

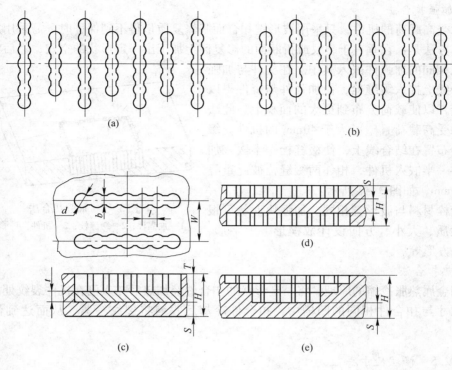

图 3-5　波形槽布置形式

B　强密扣合法

对有密封要求的修复件，如高压气缸和高压容器等防泄漏零件，应采用强密扣合法进行修复。这种方法是先用强固扣合法将产生裂纹或折断面的零件连接成一个牢固的整体，然后按一定的顺序在断裂线的全长上加工出缀缝栓孔。注意应使相邻的两缀缝件相割，即后一个缀缝栓孔应略切入上一个已装好的波形键或缀缝栓。以保证裂纹全部由缀缝栓填充，以形成一条密封的金属隔离带，起到防泄漏作用，如图 3-6 所示。

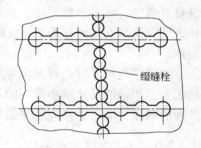

图 3-6　强密扣合法

对于承受较低压力的断裂件，采用螺栓形缀缝栓，其直径可参照波形键凸缘尺寸 d 选取为 M3~M8，旋入深度为波形槽深度。旋入前将螺栓涂以环氧树脂或无机胶粘剂，逐件旋入并拧紧，之后将凸出部分铲掉打平。

对于承受较高压力，密封性要求较高的机件，采用圆柱形缀缝栓，其直径参照凸缘尺寸 d 选取为 3~8mm，其厚度为波形键厚度。与机件的连接和波形键相同，分片装入，逐片铆紧。

缀缝栓直径和个数选取时要考虑两波形键之间的距离，以保证缀缝栓能密布于裂纹全长上，且各缀缝栓之间要彼此重叠 0.5~1.5mm。

缀缝栓的材料与波形键相同。对要求不高的工件可用标准螺钉、低碳钢、纯铜等代替。

C　加强扣合法

对承受高载荷的机件，只采用波形键扣合而其修复质量得不到保证时，需采用加强扣合法。其方法是：在垂直于裂纹或折断面的修复区上加工出一定形状的空穴，然后将形状尺寸与之相同的加强件嵌入其中。在机件与加强件的结合线上拧入缀缝栓，使加强件与机件得以牢固连接，以使载荷分布到更大的面积上。此法适用于承受高载荷且壁厚大于 40mm 的机件。缀缝栓中心布置在结合线上，使缀缝栓一半嵌入加强件，另一半嵌入机件，相邻两缀缝栓彼此重叠 $0.5 \sim 1.5$mm，如图 3 - 7 所示。

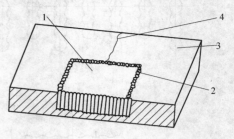

图 3 - 7　加强扣合法
1—加强件；2—缀缝栓；3—机件；4—裂纹

缀缝栓材料与波形键相同。加强块形状可根据载荷性质、大小、方向设计成楔形、十字形、X 形、长方形等。

D　热扣合法

利用金属热胀冷缩的原理，将一定形状的扣合件经加热后扣入已在机件裂纹处加工好的形状尺寸与扣合件相同的凹槽中，扣合件冷却后收缩将裂纹箍紧，从而达到修复的目的。

3.1.2.5　修理尺寸法

修理时不考虑原来的设计尺寸，采用切削加工或其他加工方法恢复失效零件的形状精度、位置精度、表面粗糙度和其他技术条件，从而获得一个新的尺寸，这个尺寸即称为修理尺寸。而与此相配合的零件则按这个修理尺寸制作新件或修复，这种方法称为修理尺寸法。如当丝杠、螺母传动机构磨损后，将造成丝杠螺母配合间隙增大，影响传动精度。为恢复其精度，可采取修丝杠、换螺母的方法修复。修理丝杠时，可车深丝杠螺纹，减小外径，使螺纹深度达到标准值。此时丝杠的尺寸为修理尺寸，螺母应按丝杠的修理尺寸重新制作。

确定修理尺寸时，首先应考虑零件结构上的可能性和修理后零件的强度、刚度是否满足需要。如轴的尺寸减小量一般不超过原设计尺寸的 10%，轴上键槽可扩大一级；对于淬硬的轴颈，应考虑修理后能满足硬度要求等。

3.1.2.6　塑性变形法

塑性变形法是利用外力的作用使金属产生塑性变形，恢复零件的几何形状，或使零件非工作部分的金属向磨损部分移动，以补偿磨损掉的金属，恢复零件工作表面原来的尺寸精度和形状精度。分冷塑性变形和热塑性变形两种，常用的方法有镦粗、扩径、压挤、延伸、滚压、校正等。

塑性变形法主要用于修复对内外部尺寸无严格要求的零件或整修零件的形状等。

3.2　焊接修复

对失效的零件应用焊接的方法进行修复称之为焊接修复，它是金属压力加工机械设备修理中常见和不可缺少的工艺手段之一。焊接工艺具有较广的适应性，能用以修复多种材料和多种缺陷的零件，如常用金属材料制成的大部分零件的磨损、破损、断裂、裂纹、凹坑等，且不受工件尺寸、形状和工作场地的限制。同时，修复的产品具有很高的结合强度，并有设备简单，生产率高和成本低等优点。它的主要缺点是由于焊接温度很高而引起金属组织的变化和产生热应力以及容易出现焊接裂纹和气孔等。

根据提供的热源不同焊接分为电弧焊、气焊等；根据焊接工艺的不同分为焊补、堆焊、钎焊等。

3.2.1 焊补

3.2.1.1 铸铁件的焊补

铸铁零件多数为重要的基础件。由于铸铁件大多体积大、结构复杂、制造周期长，有较高精度要求，一般无备件，一旦损坏很难更换，所以，焊接是铸件修复的主要方法之一。由于铸铁焊接性较差，在焊接过程中可能产生热裂纹、气孔、白口组织及变形等缺陷。对铸铁件进行焊补时，应采取一些必要的技术措施保证焊接质量，如选择性能好的铸铁焊条、做好焊前准备工作（如清洗、预热等）、焊后要缓冷等。

铸铁件的焊补，主要应用于裂纹、破断、磨损、气孔、熔渣杂质等缺陷的修复。焊补的铸件主要是灰铸铁，白口铸铁则很少应用。

3.2.2.2 有色金属件的焊补

金属压力加工机械设备中常用的有色金属有铜及铜合金、铝及铝合金等。因它们的导热性好、线胀系数大、熔点低、高温状态下脆性较大及强度低，很容易氧化，所以可焊性差，焊补比较复杂和困难。

A 铜及铜合金件的焊补

在焊补过程中，铜易氧化，生成氧化亚铜，使焊缝的塑性降低，促使产生裂纹；其导热性好，比钢大 5~8 倍，焊补时必须用高而集中的热源；热胀冷缩量大，焊件易变形，内应力增大；合金元素的氧化、蒸发和烧损可改变合金成分，引起焊缝力学性能降低，产生热裂纹、气孔、夹渣；铜在液态时能溶解大量氢气，冷却时过剩的氢气来不及析出，而在焊缝熔合区形成气孔，这是铜及铜合金焊补后常见的缺陷之一。

焊补时必须要做好焊前准备，对焊丝和焊件进行表面清理，开 60°~90° 的 V 形坡口。施焊时要注意预热，一般温度为 300~700℃，注意焊补速度，遵守焊补规范并锤击焊缝；气焊时选择合适的火焰，一般为中性焰；电弧焊则要考虑焊法。焊后要进行热处理。

B 铝及铝合金件的焊补

铝的氧化比铜容易，它生成致密难熔的氧化铝薄膜，熔点很高，焊补时很难熔化，阻碍基体金属的熔合，易造成焊缝金属夹渣，降低力学性能及耐蚀性；铝的吸气性大，液态铝能溶解大量氢气，快速冷却及凝固时，氢气来不及析出，易产生气孔；铝的导热性好，需要高而集中的热源；热胀冷缩严重，易产生变形；由于铝在固液态转变时，无明显的颜色变化，焊补时不易根据颜色变化来判断熔池的温度；铝合金在高温下强度很低，焊补时易引起塌落和焊穿。

C　钢件的焊补

对钢件进行焊补主要是为修复裂纹和补偿磨损尺寸。由于钢的种类繁多，所含各种元素在焊补时都会产生一定的影响，因此可焊性差别很大，其中以碳含量的变化最为显著。低碳钢和低碳合金钢在焊补时发生淬硬的倾向较小，有良好的焊接性；随着碳含量的增加，焊接性降低；高碳钢和高碳合金钢在焊补后因温度降低，易发生淬硬倾向，并由于焊区氢气的渗入，使马氏体脆化，易形成裂纹。焊补前的热处理状态对焊补质量也有影响，含碳或合金元素很高的材料都需经热处理后才能使用，损坏后如不经退火就直接焊补比较困难，易产生裂纹。

3.2.2　堆焊

堆焊是焊接工艺方法的一种特殊应用。它的目的不是为了连接机件，而是借用焊接手段改变金属材料厚度和表面的材质，即在零件上堆敷一层或几层所希望性能的材料。这些材料可以是合金，也可以是金属陶瓷。如普通碳钢零件，通过堆焊一层合金，可使其性能得到明显改善或提高。在修复零件的过程中，许多表面缺陷都可以通过堆焊消除。

3.2.2.1　堆焊的主要工艺特点

堆焊层金属与基体金属有很好的结合强度，堆焊层金属具有很好的耐磨性和耐蚀性；堆焊形状复杂的零件时，对基体金属的热影响较小，可防止焊件变形和产生其他缺陷，可以快速得到大厚度的堆焊层，生产率高。

3.2.2.2　堆焊方法及原理

堆焊分手工堆焊和自动堆焊，自动堆焊又有埋弧自动堆焊、振动电弧堆焊、气体保护堆焊、电渣堆焊等多种形式，其中埋弧自动堆焊应用最广。

手工堆焊是利用电弧或氧－乙炔火焰产生的热量熔化基体金属和焊条，采用手工操作进行堆焊的方法。它适用于工件数量少，没有其他堆焊设备的条件下，或工件外形不规则、不利于机械化、自动化堆焊的场合。这种方法不需要特殊设备，工艺简单，应用普遍，但合金元素烧损很多，劳动强度大，生产率低。

自动堆焊与手工堆焊的主要区别是引燃电弧、焊丝送进、焊炬和工件的相对移动等全部由机械自动进行，克服了手工堆焊生产率低、劳动强度大等主要缺点。

埋弧自动堆焊又称焊剂层下自动堆焊，其焊剂对电弧空间有可靠的保护作用，可以减少空气对焊层的不良影响。熔渣的保温作用使熔池内的冶金作用比较完全，因而焊层的化学成分和性能比较均匀，焊层表面也光洁平直，焊层与基体金属结合强度高，能根据需要选用不同焊丝和焊剂以获得希望的堆焊层。适于堆焊修补面较大、形状不复杂的工件。

埋弧自动堆焊原理如图 3-8 所示。电弧在焊剂下形成。由于电弧的高温放热，熔化的金属与焊剂蒸发形成金属蒸气与焊剂蒸气，在焊剂层下造成一密闭的空腔，电弧就在此空腔内燃烧。空腔的上面覆盖着熔化的焊剂层，隔绝了大气对焊缝的影响。由于气体的热膨胀作用，空腔内的蒸气压略大于大气压力。此压力与电弧的吹力共同把熔化金属挤向后方，加大了基体金属的熔深。与金属一同挤向熔池较冷部分的熔渣相对密度较小，在流动过程中渐渐与金属分离而上浮，最后浮于金属熔池的上部。其熔点较低，凝固较晚，故减慢了焊缝金属的冷却速度，使液态时间延长，有利于熔渣、金属及气体之间的反应，可更好地清除熔池中的非金属质点、熔渣和气体，可以得到化学成分相近的金属焊层。

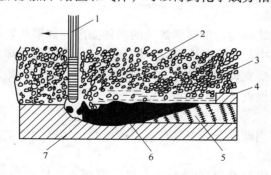

图 3-8 埋弧自动堆焊原理图

1—焊丝；2—焊剂；3—焊渣；4—焊壳；5—凝固焊层金属；6—熔化金属；7—基体

3.2.2.3 堆焊工艺

一般堆焊工艺是：工件的准备—工件预热—堆焊—冷却与消除内应力—表面加工。下面以轧辊堆焊为例进行简单介绍。

轧制过程中的轧辊是在复杂的应力状态下工作的。各个部位承受着不同的交变应力的作用。这些应力包括残余应力、轧辊表面的接触应力、轧辊横向压缩引起的应力、热应力以及弯矩、扭矩作用所引起的应力等。轧制过程中产生的辊面缺陷主要有不均匀磨损、裂纹、掉皮、压痕、凹坑等，这些缺陷会直接影响到产品质量、增加辊耗。当缺陷程度轻微时，经过磨削后即可再用，当缺陷程度严重如裂纹较深、掉皮严重时，经车削再磨削后如果其工作直径能满足使用要求也可再用。当其工作直径过小时，只能报废。轧辊报废的原因还有轧制力过大或制造工艺不完善造成的断辊，疲劳裂纹引起的断辊，扭矩过大损坏辊颈等。目前，国内每年轧辊消耗量极大，据统计国内生产 1t 钢的轧辊消耗为 7.5kg，而国外的轧辊消耗为 1.8kg/t。降低轧辊消耗的途径除合理使用轧辊外，就是采用堆焊方法修复报废的轧辊，可节约大量资金，降低生产总成本。

A 轧辊的准备

轧辊堆焊前必须用车削加工除去其表面的全部缺陷，保证有一个致密的金属表面，采用超声波探伤检查。对大型旧轧辊堆焊前，要进行 550~650℃ 退火以消除其疲劳应力。

B 轧辊预热

由于轧辊的材质和表面堆焊用的材料均是含碳量和合金元素比较高的材料，加之轧辊直径比较大，为了预防裂纹和气孔，并改善开始堆焊时焊层与母材的熔合，减少焊不透的缺陷，必须在堆焊前对轧辊预热。预热温度应在 M_s 点（马氏体开始转变温度）以上。因为堆焊轧辊表面时，第一层焊完后，温度下降到 M_s 点以下，就变成马氏体组织。再堆焊第二层时，焊接热量就会加热已堆焊好的第一层金属，使其回火软化。所以从开始堆焊到堆焊完毕，层间温度不得低于预热温度的 50℃。

C 堆焊

对于辊芯含碳量高的轧辊堆焊，必须采用过渡层材料，这是为了避免从辊芯向堆焊金属过渡层形成裂纹。焊接参数在施焊中不要随意变动，焊接时要防止焊剂的流失，要确保焊剂的有效供应。

D　冷却与消除内应力

堆焊完后，最好把轧辊均匀加热到焊前的预热温度。如果轧辊表面比内部冷得快，会引起收缩而造成应力集中，形成表面裂纹。因此，需要缓慢的冷却。热处理规范根据不同堆焊材质制定。焊后最好立即进行 150~200℃ 的回火处理，可减少应力，避免裂纹。然后粗磨，再经磁力探伤检查。

E　表面加工

表面硬度不高时可用硬质合金刀具车削，硬度高则用磨削加工，合格后送精磨。

F　焊丝的选择

焊丝是直接影响堆焊层金属质量的一个最主要因素。堆焊的目的不仅是修复轧辊尺寸，更重要的是提高其耐热耐磨性能，故要选择优于母材材质的焊丝。焊丝材料有：

低合金高强度钢。牌号 3CrMnSi，其堆焊金属硬度不高，只有 HRC35~40，只能起恢复孔型作用，不能提高轧辊的使用寿命，但价钱便宜。

热作模具钢。牌号 3Cr2W8V，其堆焊和消除应力退火后硬度可达 HRC40~50，需用硬质合金刀具切削，其寿命比原轧辊可提高 1~5 倍。用于堆焊初轧机、型钢轧机、管带轧机的轧辊。

马氏体不锈钢。牌号 CrB、2CrB、3CrB，其堆焊硬度 HRC45~50。用于堆焊开坯轧辊、型钢轧辊。

高合金高碳工具钢。瑞典牌号 Tobrod15.82（80Cr4Mo8W2VMn2Si）。这种焊丝由于含碳和合金元素较高，容易出现裂纹，要求有高的预热温度和层间温度。堆焊后硬度高达 HRC50~60，用于精轧机成品轧机工作辊。

G　焊剂的选择

焊剂的作用是使熔融金属的熔池与空气隔开，并使熔融焊剂的液态金属在电弧热的作用下，起化学作用调节成分。常用的有：熔炼焊剂和非熔炼焊剂。

熔炼焊剂。又分为酸性熔炼焊剂和碱性熔炼焊剂，酸性熔炼焊剂工艺性能好，价格便宜，但氧化性强，使焊丝中的 C、Cr 元素大量烧损，而 Si、Mn 元素大量过渡到堆焊金属中。碱性熔炼焊剂，氧化性弱，对堆焊金属成分影响不大，但易吸潮，使用时先要焙烤，工程中常用碱性熔炼焊剂。

非熔炼焊剂。常用的是陶质焊剂，它是由各种原料的粉末用水玻璃黏结而成的小颗粒，其中可以加入所需要的任何物质，陶质焊剂与熔炼焊剂相比，其优点是陶质焊剂堆焊的焊缝成形美观、平整，质量好，热脱渣性好（温度达 500℃ 时仍能自动脱渣，渣壳成形），而熔炼焊剂是做不到的。其次，采用熔炼焊剂，金属化学成分中的 C、Cr、V 等有效元素大量烧损，而 P、S 等有害元素都有所增加。因而降低了堆焊金属的耐磨性能，提高了焊缝金属的裂纹倾向。采用陶质焊剂，不但可以减少易烧损的有用元素，而且还可以过渡来一些有用的元素。另外，通过回火硬度和高温硬度比较，可以看出同样的焊丝采用陶质焊剂时硬度都大大提高。特别是 3Cr2W8 最为明显。陶质焊剂与熔炼焊剂的回火硬度和高温硬度相比见图 3-9 与图 3-10，图中的实线代表陶质焊剂，虚线代表熔炼焊剂。从图中可以看出，采用陶质焊剂后，堆焊金属的硬度性能大幅度提高，从而提高了轧辊的耐磨能力。

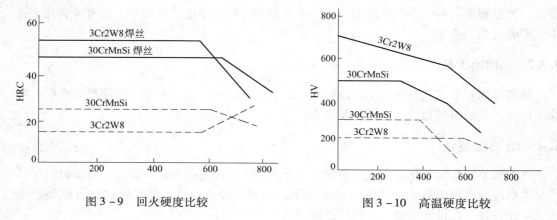

图 3-9　回火硬度比较　　　　　图 3-10　高温硬度比较

3.2.3　钎焊

钎焊就是采用比基体金属熔点低的金属材料作钎料，将焊件和钎料加热到高于钎料熔点、低于基体金属熔化温度，利用液态钎料润湿基体金属，填充接头间隙并与基体金属相互扩散实现连接的一种焊接方法。

钎焊根据钎料熔化温度的不同分为两类。软钎焊：软钎焊是用熔点低于450℃的钎料进行的钎焊，也称低温钎焊，常用的钎料是锡铅焊料。硬钎焊：硬钎焊是用熔点高于450℃的钎料进行的钎焊，常用的钎料有铜锌、铜磷、银基焊料、铝基焊料等。

钎焊具有温度低，对焊接件组织和力学性能影响小，接头光滑平整，工艺简单，操作方便等优点。但是又有接头强度低，熔剂有腐蚀作用等缺点。

钎焊适用于对强度要求不高的零件产生裂纹或断裂的修复，尤其适用于低速运动零件的研伤、划伤等局部缺陷的修复。

3.3　热喷涂（熔）修复法

3.3.1　概述

热喷涂是利用热源将喷涂材料加热至熔融状态，通过气流吹动使其雾化并高速喷射到零件表面，以形成喷涂层的表面加工技术。喷涂层与基体之间，以及喷涂层中颗粒之间主要是通过镶嵌、咬合、填塞等机械形式连接，其次是微区冶金结合以及化学键结合。在自熔性合金粉末，尤其是放热性自黏结复合粉末问世以后，出现了喷涂层与基体之间以及喷涂层颗粒之间的微区冶金结合的组织，使结合强度明显提高。

喷涂材料需要热源加热，喷涂层与零件基材之间主要是机械结合，这是热喷涂技术最基本的特征。常用的热喷涂方法有火焰粉末喷涂、等离子粉末喷涂、爆炸喷涂、电弧喷涂、高频喷涂等。

热喷涂技术取材范围广，几乎所有的金属、合金、陶瓷都可以作为喷涂材料，塑料、尼龙等有机材料也可以作为喷涂材料；可用于各种基体，金属、陶瓷器具、玻璃、石膏、木材、布、纸等几乎所有固体材料都可以进行喷涂；可使基体保持较低温度，一般温度可控制在 30~200℃ 之间,从而保证基体不变形、不弱化;工效高,同样厚度的膜层,时间要比电镀短得多;被喷涂工件的大小一般不受限制;涂层厚度较易控制,薄者可为几十微米,厚者可为几毫米。

3.3.2　热喷涂工艺

热喷涂的基本工艺流程包括:表面净化、表面预加工、表面粗化、喷涂结合底层、喷涂工作层、喷后机械加工、喷后质量检查等。

3.4　电镀修复法

电镀修复法是用电化学方法在镀件表面上沉积所需形态的金属覆盖层,从而修复零件的尺寸精度或改善零件表面性能。目前常用的电镀方法有镀铬、低温镀铁和电刷镀技术等,电刷镀技术在设备维修中得到广泛应用。

3.4.1　镀铬

镀铬是用电解法修复零件的最有效方法之一。它不仅可修复磨损表面的尺寸,而且能改善零件的表面性能,特别是提高表面耐磨性。其特点是:镀铬层的化学稳定性好,摩擦系数小,硬度高,有较好的耐磨性;镀层与基体金属结合强度高,甚至高于它自身晶格间的结合强度;镀铬层有较好的耐热性,能在较高温度下工作;抗腐蚀能力强,铬层与有机酸、硫、硫化物、稀硫酸、硝酸、碳酸盐或碱等均不起作用。但镀铬层性脆,不宜承受分布不均匀的载荷,不能抗冲击,当镀层厚度超过 0.5mm 时,结合强度和疲劳强度降低,不宜修复磨损量较大的零件;沉积效率低,润滑性能不好,工艺较复杂,成本高,一般不重要的零件不宜采用。

一般镀铬工艺是:

(1) 镀前准备。进行机械加工;绝缘处理,采用护屏;脱脂和除去氧化皮;进行刻蚀处理。

(2) 电镀。装挂具吊入镀槽进行电镀,根据镀铬层要求选定镀铬规范,按时间控制镀层厚度。

(3) 镀后加工及处理。镀后首先检查镀层质量,测量镀后尺寸。不合格时,用酸洗或反极退镀,重新电镀。通常镀后要进行磨削加工。镀层薄时,可直接镀到尺寸要求。对镀层厚度超过 0.1mm 的重要零件应进行热处理,以提高镀层韧性和结合强度。

镀铬的一般工艺虽得到了广泛应用,但因电流效率低、沉积速度慢、工作稳定性差、生产周期长、经常分析和校正电解液等缺点,所以产生了许多新的镀铬工艺,如快速镀铬、无槽镀铬、喷流镀铬、三价铬镀铬、快速自调镀铬等。

3.4.2　镀铁

镀铁又称镀钢。按电解液的温度不同分为高温镀铁和低温镀铁。当电解液的温度在 90~100℃,所采用的电源为直流电源时,称为高温镀铁。这种方法获得的镀层硬度不高,且与基体结合不可靠。当电解液的温度在 40~50℃,所采用的电源为不对称交流-直流电源时,称为低温镀铁。这种方法获得的镀层力学性能较好,工艺简单,操作方便,在修复和强化机械零件方面可取代高温镀铁，并已得到广泛应用。

镀铁工艺为：

（1）镀前预处理。镀前首先对工件进行脱脂除锈，之后再进行阳极刻蚀。阳极刻蚀是工件放入 $25\sim30℃$ 的 H_2SO_4 电解液中，以工件为阳极、铅板为阴极，通以直流电，使工件表面的氧化膜层去除，粗化表面以提高镀层的结合力。

（2）侵蚀。把经过预处理的工件放入镀铁液中，先不通电，静放 $0.5\sim5min$ 使工件预热，溶解掉钝化膜。

（3）电镀。按镀铁工艺规范立刻进行起镀和过渡镀，然后直流镀。

（4）镀后处理。包括清水冲洗、在碱液里中和、除氢处理、冲洗、拆挂具、清除绝缘涂料和机械加工等。

3.4.3 电刷镀

电刷镀技术是电镀技术的新发展，它的显著特点是设备轻便、工艺灵活、沉积速度快、镀层种类多、镀层结合强度高、适应范围广、对环境污染小、省水省电等，是机械零件修复和强化的有力手段，尤其适用于大型机械零件的不解体现场修理或野外抢修。

电刷镀的基本原理如图 3-11 所示，电刷镀技术采用一专用的直流电源设备，电源的正极接镀笔，作为电刷镀时的阳极，电源的负极接工件，作为电刷镀时的阴极。镀笔通常采用高纯细石墨块作阳极材料，石墨块外面包裹上棉花和耐磨的涤棉套。电刷镀时使蘸满镀液的镀笔以一定的相对运动速度在工件表面上移动，并保持适当的压力。在镀笔与工件接触的部位，镀液中的金属离子在电

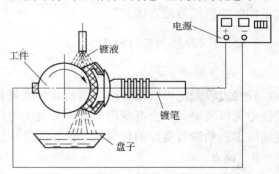

图 3-11 电刷镀原理

场力的作用下扩散到工件表面，在工件表面的金属离子获得电子被还原成金属原子，这些金属原子在工件表面沉积结晶，形成镀层。随着电刷镀时间的增长，镀层逐渐增厚。

电刷镀技术的整个工艺过程包括镀前表面预加工、脱脂除锈、电净处理、活化处理、镀底层、镀工作层和镀后防锈处理等。

（1）表面预加工。去除表面上的毛刺、疲劳层，修整平面、圆柱面、圆锥面达到精度要求，表面粗糙度值 $R_a<2.5\mu m$。对深的划伤和腐蚀斑坑要用锉刀、磨条、油石等修整露出基体金属。

（2）清洗、脱脂、防锈。锈蚀严重的可用喷砂、砂布打磨，油污用汽油、丙酮或水基清洗剂清洗。

（3）电净处理。大多数金属都需用电净液对工件表面进行电净处理，以进一步除去微观上的油污。被镀表面的相邻部位也要认真清洗。

（4）活化处理。活化处理用来除去工件表面的氧化膜、钝化膜或析出的碳元素微粒黑膜。

（5）镀底层。为了提高工作镀层与基体金属的结合强度，工件表面经仔细电净处理、

活化处理后，需先用特殊镍、碱铜或低氢脆性镉镀液预镀一薄层底层，其中特殊镍作底层，适用于不锈钢、铬、镍材料和高熔点金属；碱铜作底层，适用于难镀的金属如铝、锌或铸铁等；低氢脆性镉作底层，适用于对氢特别敏感的超高强度钢。

（6）镀工作层。根据工件的使用要求，选择合适的金属镀液刷镀工作层。为了保证镀层质量，合理地进行镀层设计很有必要。由于每种镀液的安全厚度不大，当镀层较厚时，往往选用两种或两种以上镀液，分层交替刷镀，得到复合镀层。这样既可迅速增补尺寸，又可减少镀层内应力，也保证了镀层的质量。

（7）镀后清洗。用自来水彻底清洗冲刷已镀表面和邻近部位，用压缩空气吹干或用理发吹风机吹干，并涂上防锈油或防锈液。

3.5　胶接修复法

3.5.1　概述

胶接就是通过胶粘剂将两个或两个以上同质或不同质的物体连接在一起。胶接是通过胶粘剂与被胶接物体表面之间物理的或化学的作用而实现的。由于实用可靠，已经逐步取代了传统的机械连接方法。

3.5.1.1　胶接工艺的特点

A　优点

胶接力较强，可胶接各种金属或非金属材料，目前钢铁的最高胶接强度可达75MPa；胶接中无需高温，不会有变形、退火和氧化的问题；工艺简便，成本低，修理迅速，适于现场施工；粘缝有良好的化学稳定性和绝缘性，不产生腐蚀。

B　缺点

不耐高温，有机胶粘剂一般只能在150℃下长期工作，无机胶粘剂可在700℃下工作；抗冲击性能差；长期与空气、水和光接触，胶层容易老化变质。

3.5.1.2　胶粘剂的分类及常用胶粘剂

胶粘剂的分类方法很多，按基本成分可分为有机类胶粘剂和无机类胶粘剂。有机类胶粘剂分为天然胶和合成胶。天然胶有动物胶、植物胶；合成胶有树脂型、橡胶型和混合型。修复中常用合成胶，常用的是环氧树脂、酚醛树脂、丙烯酸树脂、聚氨酯、有机硅树脂和橡胶胶粘剂。无机胶有硅酸盐、硼酸盐、磷酸盐等，修复中使用的无机胶粘剂主要是磷酸—氧化铜胶粘剂。

3.5.2　胶接

3.5.2.1　胶接工艺

为了保证胶接质量，胶接时必须严格按照胶接工艺规范进行。一般的粘接工艺流程是：零件的清洗检查—机械处理—除油—化学处理—胶粘剂调制—胶接—固化—检查。

A　清洗检查

将待修复的零件用柴油、汽油或煤油洗净并检查破损部位，做好标记。

B　机械处理

用钢丝刷或砂纸清除铁锈，直至露出金属光泽。

C　除油

当胶接表面有油时，一方面影响胶粘剂对胶接件的浸润，另一方面油层内聚强度极低，零件受力时，整个胶接接头就会遭受破坏。一般常用丙酮、酒精、乙醚等除油。

D　化学处理

对于要求结合强度较高的金属零件应进行化学处理，使之能显露出纯净的金属表面或在表面形成极性化合物，如酸蚀处理或表面氧化处理。由酸蚀处理得到的纯净表面可以直接与胶粘剂接触。各种胶接作用力都可能提高，而由表面氧化处理形成的高极性氧化物，则可能增强化学键力和静电引力，从而达到提高胶接强度的目的。

E　胶粘剂的调制

市场上买来的胶粘剂，应按技术条件或产品说明书使用。自行配制的胶粘剂，应按规定的比例和顺序要求加入。特别是使用快速固化剂时，固化剂应在最后加入。各种成分加入后必须搅拌均匀。

调制胶粘剂的容器及搅拌工具要有很高的化学稳定性，常用容器为陶瓷制品，搅拌工具常用玻璃棒或竹片。应在临用前调配，一次调配量不宜过多，操作要迅速，涂胶要快，以防过早固化。

F　胶接

首先对相互胶接的表面涂抹胶粘剂，涂层要完满、均匀，厚度以 0.1 ~ 0.2mm 为宜。为了提高胶粘剂与表面的结合强度，可将工件进行适当加热。

涂好胶粘剂后，胶合时间根据胶粘剂的种类不同而有所不同。对于快干的胶粘剂，应尽快进行胶合和固定；对含有较多溶剂和稀释剂的，宜放置一段时间，使溶剂基本挥发完再进行胶合。

G　固化

在胶接工艺中固化是决定胶接质量的重要环节。固化在一定压力、温度、时间等条件下进行。各种胶粘剂都有不同要求。固化时，应根据产品使用说明或经验确定。固化后需要机械加工时，吃刀量不宜太大，速度不可太高。此外，不要冲击和敲打刚胶接好的零件。

H　检查

查看胶层表面有无翘起和剥离的现象，有无气孔和夹空，若有就不合格。用苯、丙酮等溶剂溶在胶层表面上，检查固化情况，浸泡 1 ~ 2min，无溶解粘手现象，则表明完全固化，不允许作破坏性（如锤击、摔打、刮削和剥皮等）试验。

3.5.2.2　胶接接头的形式

胶接接头设计的基本出发点是要确保接头的强度，接头的基本形式及改进形式如图 3 - 12 所示，显然，改进后接头强度大大提高。

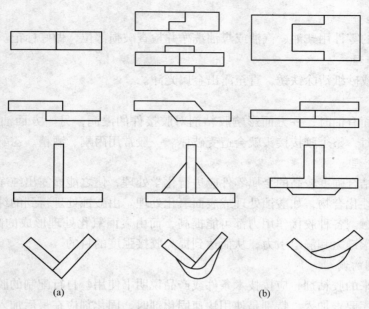

图 3-12 胶接接头的基本形式和改进形式

（a）基本形式；（b）改进形式

3.5.2.3 裂纹胶接修复实例

裂纹常见于铸铁件中。用胶接方法进行修复时，先钻止裂孔和开坡口，再用丙酮或香蕉水等进行去脂处理，必要时还要进行活化处理，胶粘剂一般根据工件的工作温度选用，在常温下工作的工件可采用有机胶粘剂，在高温下工作的工件宜采用无机胶粘剂。胶接时尽可能将工件加热到100℃左右，然后灌注调好的胶粘剂，使胶粘剂填满坡口并略高出工件表面，如图3-13（a）所示。为了提高裂纹的胶接强度，可在裂纹表面加粘一层或数层玻璃布，如图3-13（b）所示。

当裂纹处需承受较大载荷时，可采用加强措施。在裂纹两侧各钻一螺丝孔，随后在两孔之间开一沟槽，在两螺孔内拧入螺丝，并用气焊加热至红热状态，再用手锤将螺钉打埋在槽内，用气焊将螺丝相接处焊合，形成一个完整的螺丝码，起到加强作用。

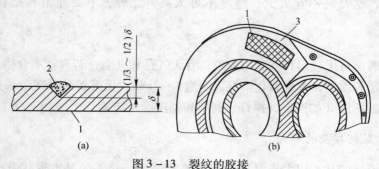

图 3-13 裂纹的胶接

（a）裂纹的断面；（b）加盖玻璃布

1—裂纹；2—填满胶粘剂的坡口；3—加盖玻璃布

3.6 其他修复方法

3.6.1 电接触焊

用电接触焊可修复各种轴类零件的轴颈。其工作原理如图 3 - 14 所示。

在旋转零件 4 和铜质滚子电极 2 之间,供给金属粉末 3。并且滚子又可通过加力缸 1 向零件施加一定作用力,在滚子和零件的挤压过程中,由于局部接触部位有很大的电阻,使粉末加热至 1000 ~ 1300℃,粉末粒子之间以及粉末与零件表面可烧结成一体。

焊层质量与零件和滚子的尺寸、滚子的压力、粉末化学成分以及零件圆周速度有关。当修复直径为 30 ~ 100mm 的零件时,修复层厚度可达 0.3 ~ 1.5mm。

这种修复方法生产率高,对基体的热影响深度小,焊层耐磨性好,缺点是焊层厚度有限,设备复杂。

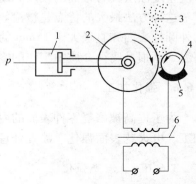

图 3 - 14　电接触焊原理图
1—加力缸;2—滚子;3—金属粉末;
4—零件;5—焊层;6—变压器

3.6.2 电脉冲接触焊

电脉冲接触焊与电接触焊不同的是向零件与滚子之间供送钢带,并用短脉冲电流使之焊在磨损的零件表面。电脉冲瞬间电流达 15 ~ 18kA,时间 0.010 ~ 0.001s,钢带以点焊形式焊在零件表面。

为了提高焊接钢带的硬度和耐磨性,焊后用水冷却。用这种方法焊接的高碳钢带硬度达 HRC60 ~ 65。用硬质合金钢带可以成倍的提高零件的耐磨性。该方法可以修复各种轴的轴颈,壳体的轴承座孔。只是钢带厚度有一定限制,设备比较复杂。

3.6.3 铝热焊

铝热焊是利用铝和氧化铁的氧化还原反应所放出的热来熔化金属,实现焊接的。铝热焊具有设备简单、使用方便,不需电源等特点。

目前普遍用于钢轨的连接,也可用于断轴和各种支架的焊接等。

3.6.4 复合电镀

在电镀溶液中加入适量的金属或非金属化合物的微细颗粒,并使之与镀层一起均匀地沉积,称为复合电镀。

复合电镀层具有优良的耐磨性,因此应用很广泛。加有减摩性微粒的复合层具有良好的减摩性,摩擦系数低,已用于修复和强化设备零件上。例如,修复发动机气门、活塞等零件的磨损表面。

3.6.5 爆炸法粉末涂层

爆炸法粉末涂层是利用可燃气体爆炸的能量。金属的或金属化的粉末借助氧、乙炔混合气爆炸得到 800 ~ 900m/s 的高速而涂到零件表面上。用氮气流将粉末送入专用容器,并在其内形成可燃气体与粉末的混合而引起爆炸，使粉末颗粒与母材以微型焊接方式牢固结合在一起。

在爆炸时待涂零件作直线或旋转运动。粉末材料有：碳化钨、碳化钛、氧化铝、氧化铬；金属粉有铬、钴、钛、钨。每次爆炸时间持续约 0.23s，可形成 0.007mm 厚的涂层。多次重复涂层具有很高的硬度和耐磨性。

这种方法最大的优点是被涂零件表面加热温度不高于 250℃，适用于直径达 1000mm 的外圆柱表面和直径大于 15mm 的内圆柱表面以及形状复杂的平面，特别适用于在高压、高温、磨损及腐蚀介质中工作的零件涂层。

3.6.6　强化加工

为了提高被修复零件表面的寿命可进行强化加工。强化加工的方法很多，如激光强化加工、电火花表面强化、喷丸处理、爆炸波强化等。

3.6.6.1　激光强化

激光强化过程，首先在需要修复的表面预先涂覆合金涂层（通常采用自熔性合金，其熔点远低于基体），激光使其在极短时间内熔融涂层并与基体金属扩散互熔，冷凝后在修复表面形成具有耐磨、耐腐蚀、耐高温的合金涂层。若是在零件表面焊接某种金属或合金，只要用激光将其"烧熔"使它们黏合在一起即可，所用的激光能量密度可适当小些。激光熔化后的强化层较密，厚度 0.5~1.5mm，硬度高。

激光强化加工对于那些因耐磨性及疲劳强度而限制其使用寿命的零件，特别是外形复杂的零件或因瓢曲严重而不能使用其他方法强化的零件是很有发展前途的。

激光表面强化具有下列特点：能对被加工表面的磨损处进行局部强化（在深度及面积上）；可对难以接触到而光线可达到的零件空腔或深处部位进行强化；在零件足够大的面积上得到"斑点状"强化表面；能在强化表面上得到需要的粗糙度；被加工零件不会因局部热处理而产生变形，可完全不必再进行磨削；由于激光加热是非接触性的，因而实现加热自动化。

3.6.6.2　电火花表面强化

电火花表面强化是通过电火花放电的作用把一种导电材料涂敷熔渗到另一种导电材料的表面，从而改变后者表面物理和化学等性能的工艺方法。在机械修理中，电火花加工主要用在硬质合金堆焊后粗加工、强化和修复磨损的零件表面。

电火花加工修复层的厚度可达 0.5mm。修复铸铁壳体上的轴承座孔时，阳极用铜质材料。强化磨损轴颈时，阳极为切削工具，用铬铁合金、石墨和 TI5K6 硬质合金等材料制作。

3.6.6.3　喷丸处理

这种方法对在交变载荷作用下工作的特型零件有效。疲劳强度可提高至原来的 1.5 倍以上。表层显微硬度略有提高（30% 左右），但表面粗糙度基本不变。

3.6.6.4　爆炸波强化

爆炸波强化是利用烈性炸药爆炸时释放的巨大能量来完成的。强化时，爆炸速度高达 7000m/s，作用在表面上的压力达 1.5×10^4 MPa，这种加工可显著提高零件寿命。

爆炸波强化法用于磨损严重的零件。其强化效果是一般强化方法达不到的。

除了以上介绍的零件修复、强化方法，还有很多有前途的零件修复、强化工艺，这里就不一一介绍了。

实训项目

一、基本实训
1. 钳工铰孔。
2. 钳工修补键槽螺纹孔。

二、选做实训
1. 简单钢件的焊补。
2. 钢件的胶接。

思 考 题

3-1　简述金属扣合法的分类及其应用的范围。
3-2　焊接技术在机械设备修理中有何用途，它们的特点如何？
3-3　简述电刷镀技术的工艺特点、工艺过程及应用范围。
3-4　简述胶接工艺过程，并说明胶接工艺的关键步骤。
3-5　机械修复、强化的新工艺有哪些，应用在什么工况下？

4 机械的拆卸、装配与安装

4.1 机械的拆卸清洗检查

4.1.1 机械零件的拆卸

4.1.1.1 机械零件拆卸的一般规则和要求

为了便于检查和维修，往往需要对机械设备进行拆卸，由于机械设备的构造各有其特点，零部件在质量、结构、精度等各方面存在差异，因此若拆卸不当，就会使零部件受损，甚至造成无法修复的后果。为保证维修质量，在拆卸机械之前必须周密计划，对可能遇到的问题有所估计，做到有步骤地进行。拆卸机械设备一般应遵循以下规则和要求。

A　做好准备工作

准备工作包括拆卸场地的选择、清理，拆前断电、擦拭、放油，对电气件和易氧化、易锈蚀的零件进行保护等。

B　明了机械的构造和工作原理

机械设备种类繁多，构造各异。应弄清所拆部分的结构特点、工作原理、性能、装配关系，做到心中有数，不能粗心大意、盲目乱拆。对不清楚的结构，应查阅有关图纸资料，搞清装配关系、配合性质，尤其是紧固件位置和退出方向。要边分析判断，边试拆，有时还需设计合适的拆卸夹具和工具。

C　使用正确的拆卸方法

拆卸顺序一般与装配顺序相反，先拆外部附件，再将整机拆成总成、部件，最后全部拆成零件，并按部件汇集放置。根据零部件连接形式和规格尺寸，选用合适的拆卸工具和设备。对不可拆的连接或拆后降低精度的结合件，拆卸时需注意保护。有的拆卸需采取必要的支撑和起重措施。

D　坚持便于装配的原则

如果技术资料不全，必须对拆卸过程进行必要的记录，以便在安装时遵照"先拆后装"的原则重新装配。拆卸精密或结构复杂的部件，应画出装配草图或拆卸时做好标记，避免误装。零件拆卸后要彻底清洗，涂油防锈、保护加工面，避免丢失和破坏，细长零件要悬挂，注意防止弯曲变形。精密零件要单独存放，以免损坏。细小零件要注意防止丢失。对不能互换的零件要成组存放或做好标记。

E　坚持"可不拆则不拆，需拆必拆"的原则

为减少拆卸工作量和避免破坏配合性质，对于尚能确保使用性能的零部件可不拆，但需进行必要的试验或诊断，确信无隐蔽缺陷。若不能肯定内部技术状态如何，必须拆卸检查，确保维修质量。

F 坚持拆与装用力相同的原则（轴孔装配件）

在拆卸轴孔装配件时，通常应坚持用多大的力装配，就用多大的力拆卸。若出现异常情况，要查找原因，防止在拆卸中将零件碰伤、拉毛，甚至损坏。热装零件需利用加热来拆卸。一般情况下不允许进行破坏性拆卸。

4.1.1.2 常用拆卸方法

A 击卸法

用锤子或其他重物敲击或撞击零件，利用产生的冲击能量把零件拆下。

B 拉拔法

对精度较高不允许敲击或无法用击卸法拆卸的零部件应使用拉拔法。它是采用专门拉器进行拆卸。

C 顶压法

利用螺旋 C 型夹头、机械式压力机、液压压力机或千斤顶等工具和设备进行拆卸，适用于形状简单的过盈配合件。

D 温差法

拆卸尺寸较大、配合过盈量较大或无法用击卸、顶压等方法拆卸时，或为使过盈较大、精度较高的配合件容易拆卸，可用此种方法。温差法是利用材料热胀冷缩的性能，加热包容件，使配合件在温差条件下失去过盈量，实现拆卸。

E 破坏法

若必须拆卸焊接、铆接等固定连接件，或轴与套互相咬死，或为保存主件而破坏副件时，可采用车、锯、錾、钻、割等方法进行破坏性拆卸。

4.1.1.3 典型连接件的拆卸

A 螺纹连接件

螺纹连接应用广泛，它具有简单、便于调节和可多次拆卸装配等优点。虽然它拆卸较容易，但有时因重视不够或工具选用不当、拆卸方法不正确而造成损坏，应特别引起注意。

a 一般拆卸方法

首先要认清螺纹旋向，然后选用合适的工具，尽量使用带扳手或螺钉旋具、双头螺栓专用扳手等。拆卸时用力要均匀，只有受力大的特殊螺纹才允许用加长杆。

b 特殊情况的拆卸方法

（1）断头螺钉的拆卸。机械设备中的螺钉头有时会被打断，断头螺钉在机体表面以下时，可在断头端的中心钻孔，攻反向螺纹，拧入反向螺钉旋出；断头螺钉在机体表面以上时，可在螺钉上钻孔，打入多角淬火钢杆，再把螺钉拧出；也可在断头上锯出沟槽，用一字形螺钉旋具拧出；或用工具在断头上加工出扁头或方头，用扳手拧出；或在断头上加焊弯杆拧出；也可在断头上加焊螺母拧出；当螺钉较粗时，可用扁錾沿圆周剔出。

（2）打滑内六角螺钉的拆卸。当内六角磨圆后出现打滑现象时，可用一个孔径比螺钉头外径稍小一点的六方螺母，放在内六角螺钉头上，将螺母和螺钉焊接成一体，用扳手拧螺母即可把螺钉拧出。

（3）锈死螺纹的拆卸。可向拧紧方向拧动一下，再旋松，如此反复，逐步拧出；用手锤敲击螺钉头、螺母及四周，锈层震松后即可拧出；可在螺纹边缘处浇些煤油或柴油，浸泡20min左右，待锈层软化后逐步拧出；若上述方法均不可行，而零件又允许，可快速加热包容件，使其膨胀，软化锈层也能拧出；还可用錾、锯、钻等方法破坏螺纹件。

（4）成组螺纹连接件的拆卸。其拆卸顺序一般为先四周后中间，对角线方向轮换。先将其拧松少许或半周，然后再顺序拧下，以免应力集中到最后的螺钉上，损坏零件或使结合件变形，造成难以拆卸的困难。要注意先拆难以拆卸部位的螺纹件。

B　过盈连接件

拆卸过盈件，应按零件配合尺寸和过盈量大小，选择合适的拆卸工具和方法。视松紧程度由松至紧，依次用木槌、铜棒、手锤或大锤、拉器、机械式压力机、液压压力机、水压机等进行拆卸。过盈量过大或为保护配合面，可加热包容件或冷却被包容件后再迅速压出。

无论使用何种方法拆卸，都要检查有无定位销、螺钉等附加固定或定位装置，若有必须先拆下。施力部位要正确，受力要均匀，方向要无误。

C　滚动轴承的拆卸

拆卸滚动轴承时，除按过盈连接件的拆卸要点进行外，还应注意尽量不用滚动体传递力；拆卸轴末端的轴承时，可用小于轴承内径的铜棒或软金属、木棒抵住轴端，在轴承下面放置垫铁，再用手锤敲击。

D　不可拆连接的拆卸

焊接件的拆卸可用锯割、扁錾切割、小钻头钻一排孔后再錾或锯，以及气割等。铆接件的拆卸可錾掉、锯掉、气割铆钉头或用钻头钻掉铆钉等。

4.1.2　零件的清洗

清洗是做好维修工作的重要一环。清洗方法和清洗质量对鉴定零件的准确性、维修质量、维修成本和使用寿命等均产生重要影响。清洗包括清除油污、水垢、积炭、锈层和旧漆层等。

根据零件的材质、精密程度、污物性质和各工序对清洁程度的要求不同，必须采用不同的清洗方法，选择适宜的设备、工具、工艺和清洗介质，以便获得良好的清洗效果。

4.1.2.1　拆卸前的清洗

拆卸前的清洗主要是指拆卸前的外部清洗。其外部清洗的目的是除去机械设备外部积存的尘土、油污、泥沙等脏物，以便于拆卸和避免将尘土、油泥等脏物带入厂房内。外部清洗一般采用自来水冲洗，即用软管将自来水接到被清洗部位，用水流冲洗油污，并用刮刀、刷子配合进行；高压水冲刷即采用 $1\sim10$MPa 压力的高压水流进行冲刷。对于密度较大的厚层污物，可加入适量的化学清洗剂并提高喷射压力和水的温度。

常见的外部清洗设备有：

（1）单枪射流清洗机，它靠高压连续射流或汽水射流的冲刷作用或射流与清洗剂的化学作用相配合来清除污物。

（2）多喷嘴射流清洗机，有门框移动式和隧道固定式两种，喷嘴安装位置和数量，根据设备的用途不同而异。

4.1.2.2 拆卸后的清洗

A 清除油污

凡是和各种油料接触的零件在解体后都要进行清除油污的工作,即除油。油可分为两类:可皂化的油,就是能与强碱起作用生成肥皂的油,如动物油、植物油,即高分子有机酸盐;还有一类是不可皂化的油,它不能与强碱起作用,如各种矿物油、润滑油、凡士林和石蜡等。它们都不溶于水,但可溶于有机溶剂。去除这些油类,主要是用化学方法和电化学方法。常用的清洗液为有机溶剂、碱性溶液和化学清洗液等。清洗方式则有人工清洗和机械清洗两种方式。

a 清洗液

(1)有机溶剂。常见的有煤油、轻柴油、汽油、丙酮、酒精和三氯乙烯等。有机溶剂除油是以溶解污物为基础,它对金属无损伤,可溶解各类油脂,不需加热,使用简便,清洗效果好。但有机溶剂多数为易燃物,成本高,主要适用于规模小的单位和分散的维修工作。

(2)碱性溶液。是碱或碱性盐的水溶液。利用碱性溶液和零件表面上的可皂化油起化学反应,生成易溶于水的肥皂和不易浮在零件表面上的甘油,然后用热水冲洗,很容易除油。对不可皂化油和可皂化油不容易去掉的情况,应在清洗溶液中加入乳化剂,使油垢乳化后与零件表面分开。常用的乳化剂有肥皂、水玻璃(硅酸钠)、骨胶、树胶等。清洗不同材料的零件应采用不同的清洗溶液。碱性溶液对于金属有不同程度的腐蚀作用,尤其是对铝的腐蚀较强。表4-1和表4-2分别列出清洗钢铁零件和铝合金零件的配方,供使用时参考。

表4-1 清洗钢铁零件的配方

成 分	配方1	配方2	配方3	配方4	成 分	配方1	配方2	配方3	配方4
苛性钠	7.5	20	—	—	磷酸三钠	—	—	1.25	9
碳酸钠	50	—	5	—	磷酸氢二钠	—	—	1.25	—
磷酸钠	10	50	—	—	偏硅酸钠	—	—	—	4.5
硅酸钠	—	30	2.5	—	重铬酸钠	—	—	—	0.9
软肥皂	1.5	—	5	3.6	水	1000	1000	1000	450

表4-2 清洗铝合金零件的配方

成 分	配方1	配方2	配方3	成 分	配方1	配方2	配方3
碳酸钠	1.0	0.4	1.5 ~ 2.0	肥皂	—	—	0.2
重铬酸钠	0.05	—	0.05	水	100	100	100
硅酸钠	—	—	0.5 ~ 1.0				

用碱性溶液清洗时,一般需将溶液加热到 80 ~ 90℃。除油后用热水冲洗,去掉表面残留碱液,防止零件被腐蚀。碱性溶液应用最广。

(3)化学清洗液。是一种化学合成水基金属清洗剂,以表面活性剂为主。由于其表面活性物质降低界面张力而产生湿润、渗透、乳化、分散等多种作用,具有很强的去污能力。它还具有无毒、无腐蚀、不燃烧、不爆炸、无公害、有一定防锈能力、成本较低等优点，目前已逐步替代其他清洗液。

　　b　清洗方法

　　（1）擦洗。将零件放入装有柴油、煤油或其他清洗液的容器中，用棉纱擦洗或毛刷刷洗。这种方法操作简便，设备简单，但效率低，用于单件小批生产的中小型零件。一般情况下不宜用汽油，因其有溶脂性，会损害人的身体且易造成火灾。

　　（2）煮洗。将配制好的溶液和被清洗的零件一起放入用钢板焊制适当尺寸的清洗池中。在池的下部设有加温用的炉灶，将零件加温到 80～90℃ 煮洗。

　　（3）喷洗。将具有一定压力和温度的清洗液喷射到零件表面，以清除油污。此方法清洗效果好，生产效率高，但设备复杂。适于零件形状不太复杂、表面有严重油垢的清洗。

　　（4）振动。清洗是将被清洗的零部件放在振动清洗机的清洗篮或清洗架上，浸没在清洗液中，通过清洗机产生振动来模拟人工漂刷动作，并与清洗液的化学作用相配合，达到去除油污的目的。

　　（5）超声清洗。是靠清洗液的化学作用与引入清洗液中的超声波振荡作用相配合达到去污目的。

　　B　清除水垢

　　机械设备的冷却系统长期使用硬水或含杂质较多的水，就在冷却器及管道内壁上沉积一层黄白色的水垢。它的主要成分是碳酸盐、硫酸盐，有的还含二氧化硅等。水垢使水管截面缩小，热导率降低，严重影响冷却效果，从而影响冷却系统的正常工作，必须定期清除。

　　水垢的清除方法可用化学去除法，有以下几种。

　　a　酸盐清除水垢

　　用 3%～5% 的磷酸三钠溶液注入并保持 10～12h 后，使水垢生成易溶于水的盐类，而容易被洗掉。洗后应再用清水冲洗干净，以去除残留碱盐而防腐。

　　b　碱溶液清除水垢

　　对铸铁的发动机汽缸盖和水套可用苛性钠 750g、煤油 150g 加水 10L 的比例配成溶液，将其过滤后加入冷却系统中停留 10～12h 后，然后启动发动机使其以全速工作 15～20min，直到溶液开始有沸腾现象为止，然后放出溶液，再用清水清洗。

　　对铝制汽缸盖和水套可用硅酸钠 15g、液态肥皂 2g 加水 1L 的比例配成溶液，将其注入冷却系统中，启动发动机到正常工作温度；再运转 1h 后放出清洗液，用水清洗干净。

　　对于钢制零件，溶液浓度可大些，约有 10%～15% 的苛性钠；对有色金属零件浓度应低些，约 2%～3% 的苛性钠。

　　c　酸洗清除水垢

　　酸洗液常用的是磷酸、盐酸或铬酸等。用 2.5% 盐酸溶液清洗，主要使之生成易溶于水的盐类，如 $CaCl_2$，$MgCl_2$ 等。将盐酸溶液加入冷却系统中，然后使发动机以全速运转 1h 后，放出溶液，再以超过冷却系统容量 3 倍的清水冲洗干净。

　　用磷酸时，取体积质量为 1.71 的磷酸（H_3PO_4）100mL、铬酐（CrO_3）50g，水 900mL，加热至 30℃，浸泡 30～60min，洗后再用 0.3% 的重铬酸盐清洗，去除残留磷酸，防止腐蚀。

清除铝合金零件水垢，可用 5% 浓度的硝酸溶液，或 10% ~ 15% 浓度的醋酸溶液。清除水垢的化学清除液应根据水垢成分与零件材料选用。

C 清除积炭

在维修过程中，常遇到清除积炭的问题，如发动机中的积炭大部分积聚在气门、活塞、汽缸盖上。积炭的成分与发动机的结构、零件的部位、燃油、润滑油的种类、工作条件以及工作时间等有很大的关系。积炭是由于燃料和润滑油在燃烧过程中不能完全燃烧，并在高温作用下形成的一种由胶质、沥青质、油焦质、润滑油和炭质等组成的复杂混合物。这些积炭影响发动机某些零件散热效果，恶化传热条件，影响其燃烧性，甚至会导致零件过热，形成裂纹。

目前，经常使用机械清除法、化学法和电解法等进行积炭清除。

a 机械清除法

机械清除法是用金属丝刷与刮刀去除积炭。为了提高生产率，在用金属丝刷时可由电钻经软轴带动其转动。此法简单，对于规模较小的维修单位经常采用，但效率很低，容易损伤零件表面，积炭不易清除干净。也可用喷射核屑法清除积炭，由于核屑比金属软，冲击零件时，本身会变形，所以零件表面不会产生刮伤或擦伤，生产效率也高，这种方法是用压缩空气吹送干燥且碾碎的桃、李、杏的核及核桃的硬壳冲击有积炭的零件表面，破坏积炭层而达到清除目的。

b 化学法

对某些精加工零件的表面，不能采用机械清除法，可用化学法。将零件浸入苛性钠、碳酸钠等清洗溶液中，温度为 80 ~ 95℃，使油脂溶解或乳化，积炭变软，约 2 ~ 3h 后取出，再用毛刷刷去积炭，用加入 0.1% ~ 0.3% 的重铬酸钾热水清洗，最后用压缩空气吹干。

c 电化学法

将碱溶液作为电解液，工件接于阴极，使其在化学反应和氢气的剥离共同作用下去除积炭。这种方法有较高的效率，但要掌握好清除积炭的规范。例如，气门电化学法清除积炭的规范大致为：电压 6V，电流密度 $6A/dm^2$，电解液温度 135 ~ 145℃，电解时间为 5 ~ 10min。

D 除锈

锈是金属表面与空气中氧、水分以及酸类物质接触而生成的氧化物，如 FeO、Fe_3O_4、Fe_2O_3 等，通常称为铁锈。去锈的主要方法有机械法、化学酸洗法和电化学酸蚀法。

a 机械法

机械法是利用机械摩擦、切削等作用清除零件表面锈层。常用的方法有刷、磨、抛光、喷砂等。单件小批维修靠人工用钢丝刷、刮刀、砂布等刷、刮或打磨锈蚀层。成批或有条件的，可用电动机或风动机作动力，带动各种除锈工具进行除锈，如电动磨光、抛光、滚光等。喷砂除锈是利用压缩空气，把一定粒度的砂子通过喷枪喷在零件的锈蚀表面上。它不仅除锈快，还可为油漆、喷涂、电镀等工艺做好准备。经喷砂后的表面干净，并有一定的粗糙度，能提高覆盖层与零件的结合力。机械法除锈只能用在不重要的表面。

b 化学法

化学法是一种利用化学反应把金属表面的锈蚀产物溶解掉的酸洗法。其原理是：酸对金属的溶解，以及化学反应中生成的氢对锈层的机械作用而脱落。常用的酸包括盐酸、硫酸、磷酸等。由于金属的不同，使用的溶解锈蚀产物的化学药品也不同。选择除锈的化学药品和其使用操作条件主要根据金属的种类、化学组成、表面状况和零件尺寸精度及表面质量等确定。

c　电化学酸蚀法

电化学酸蚀法就是零件在电解液中通以直流电，通过化学反应达到除锈目的。这种方法比化学法快，能更好地保存基体金属，酸的消耗量少。一般分为两类：一类是把被除锈的零件作为阳极；另一类是把被除锈的零件作阴极。阳极除锈是由于通电后金属溶解以及在阳极的氧气对锈层的撕裂作用而分离锈层。阴极除锈是由于通电后在阴极上产生的氢气使氧化铁还原和氢对锈层的撕裂作用使锈蚀物从零件表面脱落。上述两类方法，前者主要缺点是当电流密度过高时，易腐蚀过度，破坏零件表面，故适用于外形简单的零件。而后者虽无过蚀问题，但氢易浸入金属中，产生氢脆，降低零件塑性。因此，需根据锈蚀零件的具体情况确定合适的除锈方法。

此外，在生产中还可用由多种材料配制的除锈液，把除油、锈和钝化三者合一进行处理。除锌、镁金属外，大部分金属制件不论大小均可采用，且喷洗、刷洗、浸洗等方法都能使用。

E　清除漆层

零件表面的保护漆层需根据其损坏程度和保护涂层的要求进行全部或部分清除。清除后要冲洗干净，准备再喷刷新漆。

清除方法一般用手工工具，如刮刀、砂纸、钢丝刷或手提式电动、风动工具进行刮、磨、刷等。有条件的也可用各种配制好的有机溶剂、碱性溶液等作退漆剂，涂刷在零件的漆层上，使之溶解软化，再借助手工工具去除漆层。

为完成各道清洗工序，可使用一整套各种用途的清洗设备，包括喷淋清洗机、浸浴清洗机、喷枪机、综合清洗机、环流清洗机、专用清洗机等。究竟采用哪一种设备，要考虑其用途和生产场所。

4.1.3　零件的检验

维修过程中的检验工作包含的内容很广，在很大程度上，它是制定维修工艺措施的主要依据，决定零部件的取舍和装配质量，影响维修成本，是一项重要的工作。

4.1.3.1　检验的原则

（1）在保证质量的前提下，尽量缩短维修时间，节约原材料、配件、工时，提高利用率，降低成本。

（2）严格掌握技术规范、修理规范，正确区分能用、需修、报废的界限，从技术条件和经济效果综合考虑。既不让不合格的零件继续使用，也不让不必维修或不应报废的零件进行修理或报废。

（3）努力提高检验水平，尽可能消除或减少误差，建立健全合理的规章制度。按照检验对象的要求，特别是精度要求选用检验工具或设备，采用正确的检验方法。

4.1.3.2　检验的内容

A　检验分类

a　修前检验

修前检验是在机械设备拆卸后进行。对已确定需要修复的零部件，可根据损坏情况及生产条件选择适当的修复工艺，并提出技术要求；对报废的零部件，要提出需补充的备件型号、规格和数量；不属备件的需要提出零件蓝图或测绘草图。

b　修后检验

修后检验是指零件加工或修理后检验其质量是否达到了规定的技术标准，确定是成品、废品或返修。

c　装配检验

装配检验是指检验待装零部件质量是否合格、能否满足要求；在装配中，对每道工序或工步都要进行检验，以免产生中间工序不合格，影响装配质量；组装后，检验累积误差是否超过技术要求；总装后要进行调整，工作精度、几何精度及其他性能检验、试运转等，确保维修质量。

B　检验的主要内容

(1) 零件的几何精度。包括尺寸、形状和表面相互位置精度。经常检验的是尺寸、圆柱度、圆度、平面度、直线度、同轴度、平行度、垂直度、跳动等项目。根据维修特点，有时不是追求单个零件的几何尺寸精度，而是要求相对配合精度。

(2) 零件的表面质量。包括表面粗糙度、表面有无擦伤、腐蚀、裂纹、剥落、烧损、拉毛等缺陷。

(3) 零件的物理力学性能。除硬度、硬化层深度外，对零件制造和修复过程中形成的性能，如应力状态、平衡状况、弹性、刚度、振动等也需根据情况适当进行检测。

(4) 零件的隐蔽缺陷。包括制造过程中的内部夹渣、气孔、疏松、空洞、焊缝等缺陷，还有使用过程中产生的微观裂纹。

(5) 零部件的质量和静动平衡。如活塞、连杆组之间的质量；曲轴、风扇、传动轴、车轮等高速转动的零部件进行静动平衡。

(6) 零件的材料性质。如零件合金成分、渗碳层含碳量、各部分材料的均匀性、铸铁中石墨的析出、橡胶材料的老化变质程度等。

(7) 零件表层材料与基体的结合强度。如电镀层、喷涂层、堆焊层与基体金属的结合强度，机械固定连接件的连接强度，轴承合金和轴承座的结合强度等。

(8) 组件的配合情况。如组件的同轴度、平行度、啮合情况与配合的严密性等。

(9) 零件的磨损程度。正确识别摩擦磨损零件的可行性，由磨损极限确定是否能继续使用。

(10) 密封性。如内燃机缸体、缸盖需进行密封试验，检查有无泄漏。

4.1.3.3　检验的方法

A　感觉检验法

不用量具、仪器，仅凭检验人员的直观感觉和经验来鉴别零件的技术状况，统称感觉检验法。这种方法精度不高，只适于分辨缺陷明显的或精度要求不高的零件，要求检验人员有丰富的经验和技术。具体方法有以下几种：

（1）目测。用眼睛或借助放大镜对零件进行观察和宏观检验，如倒角、圆角、裂纹、断裂、疲劳剥落、磨损、刮伤、蚀损、变形、老化等，做出可靠的判断。

（2）耳听。根据机械设备运转时发出的声音，或敲击零件时的响声判断技术状态。零件无缺陷时声响清脆，内部有缩孔时声音相对低沉，若内部出现裂纹，则声音嘶哑。

（3）触觉。用手与被检验的零件接触，可判断工作时温度的高低和表面状况；将配合件进行相对运动，可判断配合间隙的大小。

B　测量工具和仪器检验法

这种方法由于能达到检验精度要求，所以应用最广。

（1）用各种测量工具（如卡钳、钢直尺、游标卡尺、百分尺、千分尺或百分表、千分表、塞规、量块、齿轮规等）和仪器检验零件的尺寸、几何形状、相互位置精度。

（2）用专用仪器、设备对零件的应力、强度、硬度、冲击性、伸长率等力学性能进行检验。

（3）用静动平衡试验机对高速运转的零件做静动平衡检验。

（4）用弹簧检验仪或弹簧秤对各种弹簧的弹力和刚度进行检验。

（5）对承受内部介质压力并需防止泄漏的零部件，需在专用设备上进行密封性能检验。

（6）用金相显微镜检验金属组织、晶粒形状及尺寸、显微缺陷，分析化学成分。

C　物理检验法

物理检验法是利用电、磁、光、声、热等物理量，通过零部件引起的变化来测定技术状况、发现内部缺陷。这种方法的实现是和仪器、工具检测相结合，它不会使零部件受伤、分离或损坏。目前普遍称无损检测。

对维修而言，这种检测主要是对零部件进行定期检查、维修检查、运转中检查，通过检查发现缺陷，根据缺陷的种类、形状、大小、产生部位、应力水平、应力方向等，预测缺陷发展的程度，确定采取修补或报废。目前在生产中广泛应用的有磁力法、渗透法、超声波法、射线法等。

4.2　机械装配的常用知识及机械装配的工艺过程

4.2.1　机械装配的概念

将机械零件或零部件按规定的技术要求组装成机器部件或机器，实现机械零件或部件的连接通常称为机械装配。

机械装配是机器制造和修理的重要环节。机械装配工作的质量对于机械的正常运转、设计性能指标的实现以及机械设备的使用寿命等都有很大影响。装配质量差会使载荷不均匀分布、产生附加载荷、加速机械磨损甚至发生事故损坏等。对机械修理而言，装配工作的质量对机械的效能，修理工期，使用的劳力和成本等都有非常大的影响。因此，机械装配是一项非常重要而又十分细致的工作。

组成机器的零件可以分为两大类。一类是标准零部件，如轴承、齿轮、联轴节、键销、螺栓等，它们是机器的主要组成部分，并且数量很多。另一类是非标准件，在机器中数量不多。在研究零部件的装配时，主要讨论标准零部件的装配问题。

零部件的连接分为固定连接和活动连接。固定连接是指连接在一起的零部件之间不存在任何相对运动。固定连接分为可拆的固定连接如螺纹连接、键销连接及过盈连接等；不可拆的固定连接如铆接、焊接、胶合等。活动连接是指连接起来的零部件能实现一定性质的相对运动，如轴与轴承的连接、齿轮与齿轮的连接、柱塞与套筒的连接等。无论哪一种连接都必须按照技术要求和一定的装配工艺进行，这样才能保证装配质量，满足机械的使用要求。

4.2.2 机械装配的共性知识

机器的性能和精度是在机械零件加工合格的基础上，通过良好的装配工艺实现的。机器装配的质量和效率在很大程度上取决于零件加工的质量。机械装配又对机器的性能有直接的影响，如果装配不正确，即使零件加工的质量很高，机器也达不到设计的使用要求。不同的机器其机械装配的要求与注意事项各有特色，但机械装配需注意的共性问题通常有以下几个方面。

4.2.2.1 保证装配精度

保证装配精度是机械装配工作的根本任务。装配精度包括配合精度和尺寸链精度。

A 配合精度

在机械装配过程中大部分工作是保证零部件之间的正常配合。为了保证配合精度，装配时要严格按公差要求。目前常采用的保证配合精度的装配方法有以下几种。

a 完全互换法

相互配合零件公差之和小于或等于装配允许偏差，零件完全互换。对零件不需挑选、调整或修配就能达到装配精度要求。该方法操作方便，易于掌握，生产率高，便于组织流水作业。但对零件的加工精度要求较高。适用于配合零件数较少，批量较大的场合。

b 分组选配法

这种方法零件的加工公差按装配精度要求的允许偏差放大若干倍，对加工后的零件测量分组，对应的组进行装配，同组可以互换。零件能按经济加工精度制造，配合精度高，但增加了测量分组工作。适用于成批或大量生产，配合零件数少，装配精度较高的场合。

c 调整法

选定配合副中一个零件制造成多种尺寸作为调整件，装配时利用它来调整到装配允许的偏差；或采用可调装置如斜面、螺纹等改变有关零件的相互位置来达到装配允许偏差。零件可按经济加工精度制造，能获得较高的装配精度。但装配质量在一定程度上依赖操作者的技术水平。调整法可用于多种装配场合。

d 修配法

在某零件上预留修配量，在装配时通过修去其多余部分达到要求的配合精度。这种方法零件可按经济加工精度加工，并能获得较高装配精度。但增加了装配过程中的手工修配和机械加工工作量，延长了装配时间且装配质量在很大程度上依赖工人的技术水平。适用于单件小批生产，或装配精度要求高的场合。

上述四种装配方法，分组选配法、调整法、修配法过去采用得比较多，采用完全互换法比较少。但随着科学技术的进步，生产的机械化、自动化程度不断提高，零件较高的加工精度已不难实现，以及现代化生产的大型、连续、高速和自动化的特点，完全互换法已在机械装配中日益广泛地被采用，而且是发展的方向。

  B　尺寸链精度

  机械装配过程中，有时虽然各配合件的配合精度满足了要求，但是累积误差所造成的尺寸链误差可能超出设计范围，影响机器的使用性能。因此，装配后必须进行检验，当不符合设计要求时，重新进行选配或更换某些零部件。

  图 4-1 为某装配尺寸链，A_1、A_2、A_3、A_0 四个尺寸构成了装配尺寸链。其中 A_0 是装配过程中最后形成的环，是尺寸链的封闭环，当 A_1 为最大，A_2、A_3 为最小时，A_0 最大；反之，当 A_1 为最小，A_2、A_3 为最大时，A_0 最小。A_0 值可能超出设计要求范围，因此，必须在装配后进行检验，使 A_0 符合规定。

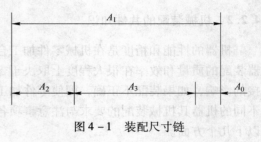

图 4-1　装配尺寸链

4.2.2.2　重视装配工作的密封性

  在机械装配过程中，如密封装置位置不当、选用密封材料和预紧程度不合适，或密封装置的装配工艺不符合要求，都可能造成机械设备漏油、漏水、漏气等现象。这种现象轻则造成能量损失，降低或丧失工作能力，造成环境污染；重则可能造成严重事故。因此在装配工作中，对密封性必须给予足够重视。要恰当的选用密封材料，要严格按照正确的工艺过程合理装配，要有合理的装配紧度，并且压紧要均匀。

4.2.3　机械装配的工艺过程

  机械装配的工艺过程一般是：机械装配前的准备工作、装配、检验和调整。

4.2.3.1　机械装配前的准备工作

  熟悉装配图样及有关技术文件，了解所装机械的用途、构造、工作原理、各零部件的作用、相互关系、连接方法及有关技术要求；掌握装配工作的各项技术规范；制定装配工艺规程、选择装配方法、确定装配顺序；准备装配时所用的材料、工具、夹具和量具；对零件进行检验、清洗、润滑，重要的旋转体零件还需做静动平衡实验，特别是对于转速高、运转平稳性要求高的机器，其零部件的平衡要求更为严格。

4.2.3.2　装配

  按照装配工艺过程，认真、细致地进行。装配的一般步骤是：先将零件装成组件，再将零件、组件装成部件，最后将零件、组件和部件总装成机器。装配应从里到外，从上到下，以不影响下道工序的原则进行。

4.2.3.3　检验和调整

  机械设备装配后需对设备进行检验和调整。检验的目的在于检查零部件的装配工艺是否正确，检查设备的装配是否符合设计图样的规定。凡检查出不符合规定的部位，都需进行调整。以保证设备达到规定的技术要求和生产能力。

4.2.4　机械装配工艺的技术要求

机械装配工艺的技术要求如下：

（1）在装配前，应对所有的零件按要求进行检查。在装配过程中，要随时对装配零件进行检查，避免全部装好后再返工。

（2）零件在装配前，不论是新件或已经清洗过的旧件都应进一步清洗。

（3）对所有的配合件和不能互换的零件，要按照拆卸、修理或制造时所做的记号，成对或成套地进行装配，不许混乱。

（4）凡是相互配合的表面，在安装前均应涂上润滑油脂。

（5）保证密封部位严密，不漏水、不漏油、不漏气。

（6）所有锁紧止动元件，如：开口销、弹簧、垫圈等必须按要求配齐，不得遗漏。

（7）保证螺纹连接的拧紧质量。

4.3　固定连接件的装配

4.3.1　过盈配合的装配

过盈配合的装配是将较大尺寸的被包容件（轴件）装入较小尺寸的包容件（孔件）中。过盈配合能承受较大的轴向力、扭矩及动载荷，应用十分广泛，例如齿轮、联轴节、飞轮、皮带轮、链轮与轴的连接，轴承与轴承套的连接等。由于它是一种固定连接，因此装配时要求有正确的相互位置和紧固性，还要求装配时不损伤机件的强度和精度，装入简便迅速。过盈配合要求零件的材料应能承受最大过盈所引起的应力，配合的连接强度应在最小过盈时得到保证。常用的装配方法有压装配合、热装配合、冷装配合、液压无键连接装配等。

4.3.1.1　常温下的压装配合

常温下的压装配合适用于过盈量较小的几种静配合，其操作方法简单，动作迅速，是最常用的一种方法。根据施力方式不同，压装配合分为锤击法和压入法两种。锤击法主要用于配合面要求较低、长度较短，采用过渡配合的连接件。压入法加力均匀，方向易于控制，生产效率高，主要用于过盈配合，过盈量较小时可用螺旋或杠杆式压入工具压入，过盈量较大时用压力机压入。

A　验收装配机件

机件的验收主要应注意机件的尺寸和几何形状偏差、表面粗糙度、倒角和圆角是否符合图样要求，是否光掉了毛刺等。机件的尺寸和几何形状偏差超出允许范围，可能造成装不进、机件胀裂、配合松动等后果；表面粗糙度不符合要求会影响配合质量；倒角不符合要求或不光掉毛刺，在装配过程中不易导正和可能损伤配合表面；圆角不符合要求，可能使机件装不到预定的位置。

机件尺寸和几何形状的检查，一般用千分尺或 0.02mm 的游标卡尺，在轴颈和轴孔长度上两个或三个截面的几个方向进行测量，而其他内容靠样板和目视进行检查。

　　机件验收的同时，也就得到了相配合机件实际过盈的数据，它是计算压入力、选择装配方法等的主要依据。

　　B　计算压入力

　　压装时压入力必须克服轴压入孔时的摩擦力，该摩擦力的大小与轴的直径、有效压入长度和零件表面粗糙度等因素有关。由于各种因素很难精确计算，所以在实际装配工作中，常采用经验公式进行压入力的估算。

　　当孔、轴件的材质均为钢时：

$$P = \frac{28\left[\left(\frac{D}{d}\right)^2 - 1\right]il}{\left(\frac{D}{d}\right)^2} \qquad\qquad (4-1)$$

　　当轴件的材质为钢、孔件的材质为铸铁时：

$$P = \frac{42\left(\frac{D}{d} + 0.3\right)il}{\frac{D}{d} + 6.35} \qquad\qquad (4-2)$$

式中　P——压入力，kN；

　　　D——孔件外径，mm；

　　　l——配合面的长度，mm；

　　　i——实测过盈量，mm；

　　　d——孔件内径，mm。

　　一般应根据上式计算出的压入力再增加20%～30%选用压入机械为宜。

　　C　装入

　　首先应使装配表面保持清洁，并涂上润滑油，以减少装入时的阻力和防止装配过程中损伤配合表面；其次应注意均匀加力，并注意导正，压入速度不可过急过猛，否则不但不能顺利装入，而且还可能损伤配合表面，压入速度一般为2～4mm/s，不宜超过10mm/s；另外，应使机件装到预定位置方可结束装配工作。用锤击法压入时，还要注意不要打坏机件，为此常采用软垫加以保护。装配时如果出现装入力急剧上升或超过预定数值时，应停止装配，必须在找出原因并进行处理之后方可继续装配，其原因常常是检查机件尺寸和几何形状偏差时不仔细，键槽有偏移、歪斜或键尺寸较大，以及装入时没有导正等。

4.3.1.2　热装与冷装配合

　　A　热装配合

　　热装的基本原理是：通过加热包容件（孔件），使其直径膨胀增大到一定数值，再将与之配合的被包容件（轴件）自由地送入包容件中，孔件冷却后，轴件就被紧紧地抱住，其间产生很大的连接强度，达到压装配合的要求。其工艺过程如下。

　　a　验收装配机件

　　热装时装配件的验收和测量过盈量与压入法相同。

　　b　确定加热温度

热装配合孔件的加热温度常用下式计算：

$$t = \frac{(2 \sim 3)i}{k_a d} + t_0 \qquad (4-3)$$

式中　t——加热温度，℃；

　　t_0——室温，℃；

　　i——实测过盈量，mm；

　　k_a——孔件材料的线膨胀系数，1/℃；

　　d——未加热时孔的公称直径，mm。

　c　选择加热方法

常用的加热方法有以下几种，在具体操作中可根据实际工况选择。

（1）热浸加热法。常用于尺寸及过盈量较小的连接件。这种方法加热均匀、方便，常用于加热轴承。其方法是将机油放在铁盒内加热，再将需加热的零件放入油内即可。对于忌油连接件，则可采用沸水或蒸汽加热。

（2）氧-乙炔焰加热法。多用于较小零件的加热，这种加热方法简单，但易于过烧，故要求具有熟练的操作技术。

（3）固体燃料加热法。适用于结构比较简单，要求较低的连接件。其方法可根据零件尺寸大小临时用砖砌一加热炉或将零件用砖垫上用木柴或焦炭加热。为了防止热量散失，可在零件表面盖一个与零件外形相似的焊接罩子。此法简单，但加热温度不易掌握，零件加热不均匀，而且炉灰飞扬，易生火灾，故此法最好慎用。

（4）煤气加热法。此法操作甚为简单，加热时无煤灰，且温度易于掌握。对大型零件只要将煤气烧嘴布置合理，亦可做到加热均匀。在有煤气的地方推荐采用。

（5）电阻加热法。用镍-铬电阻丝绕在耐热瓷管上，放入被加热零件的孔里，对镍-铬丝通电便可加热。为了防止散热，可用石棉板做一外罩盖在零件上，这种方法只用于精密设备或有易爆易燃物的场所。

（6）电感应加热法。利用交变电流通过铁芯（被加热零件可视为铁芯）外的线圈，使铁芯产生交变磁场，在铁芯内与磁力线垂直方向产生感应电动势，此感应电动势以铁芯为导体产生电流。这种电流在铁芯内形成涡流现象称之为涡电流，在铁芯内电能转化为热能，使铁芯变热。此外，当铁芯磁场不断变动时，铁芯被磁化的方向也随着磁场的变化而变化，这种变化将消耗能量而变为热能使铁芯热上加热。此法操作简单，加热均匀，无炉灰不会引起火灾，最适合于装有精密设备或有易爆易燃物的场所，还适合于特大零件的加热（如大型转炉倾动机构的大齿轮与转炉耳轴就可用此法加热进行热装）。

　d　测定加热温度

在加热过程中，可采用半导体点接触测温计测温。在现场常用油类或有色金属作为测温材料。如机油的闪点是 200～220℃，锡的熔点是 232℃，纯铅的熔点是 327℃。也可以用测温蜡笔及测温纸片测温。由于测温材料的局限性，一般很难测准所需加热温度，故现场常用样杆进行检测，如图 4-2 所示。样杆尺寸按实际过盈量 3 倍制作，当样杆刚能放入孔时，则加热温度正合适。

　e　装入

装入时应去掉孔表面上的灰尘、污物；必须将零件装到预定位置，并将装入件压装在轴肩上，直到机件完全冷却为止；不允许用水冷却机件，避免造成内应力，降低机件的强度。

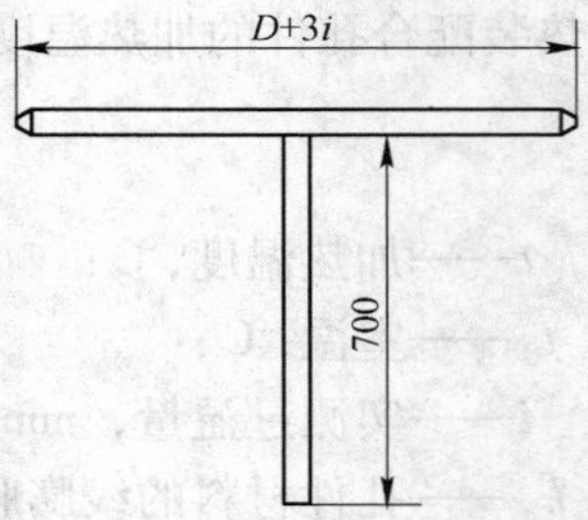

　　B　冷装配合

　　当孔件较大而压入的零件较小时，采用加热孔件既不方便又不经济，甚至无法加热；或有些孔件不允许加热时，可采用冷装配合，即用低温冷却的方法使被压入的零件尺寸缩小，然后迅速将其装入到带孔的零件中去。

图 4 - 2　样杆

　　冷装配合的冷却温度可按下式计算：

$$t = \frac{(2 \sim 3)i}{k_a d} - t_0 \qquad\qquad (4-4)$$

式中　t——冷却温度，℃；

　　　i——实测过盈量，mm；

　　　k_a——被冷却材料的线膨胀系数，1/℃；

　　　d——被冷却件的公称尺寸，mm；

　　　t_0——室温，℃。

常用冷却剂及冷却温度：

　　　固体二氧化碳加酒精或丙酮　　　　　　－75℃

　　　　　　　液氨　　　　　　　　　　　　－120℃

　　　　　　　液氧　　　　　　　　　　　　－180℃

　　　　　　　液氮　　　　　　　　　　　　－190℃

　　冷却前应将被冷却件的尺寸进行精确测量，并按冷却的工序及要求在常温下进行试装演习，其目的是为了准备好操作和检查的必要工具量具及冷藏运输容器，检查操作工艺是否合适。有制氧设备的冶金工厂，此法应予推广。

　　冷却装配要特别注意操作安全，预防冻伤操作者。

4.3.1.3　液压无键连接装配

　　液压无键连接装配是一种先进技术，它对高速重载、拆装频繁的连接件具有操作方便，使用安全可靠等特点。国外普遍应用于重型机械的装配，国内随着加工技术的提高和高压技术的进步，亦将得到推广。

　　A　液压无键连接的原理

　　液压无键连接的原理是：利用高压油的压力使相互装配的孔件和轴件分别产生弹性膨胀与收缩，然后将孔件与轴件进行装配，装配到预定位置后，卸去油压力，孔件和轴件恢复原形，即获得过盈配合。下面以轧钢机万向联轴节的装配为例，简述液压无键装配过程，如图 4 - 3 所示。

　　万向联轴节 13 与轴 4 之间有一个过渡锥套 3。锥套 3 的内孔与轴 4 的配合是圆柱面滑动配合，膨胀油泵 1 的高压油进入锥套 3 与联轴节 13 的配合面之间，使联轴节 13 的内孔弹性膨胀，同时锥套 3 产生弹性压缩，紧箍在轴 4 上，这时开动压入油泵 11，使联轴节 13 受轴向推力，产生轴向移动，直至连轴节装到预定位置。当膨胀油泵卸荷时，联轴节

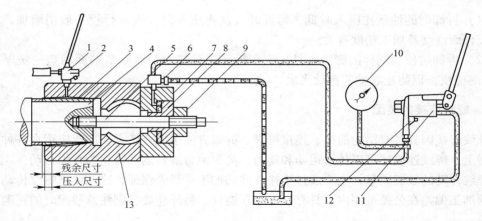

残余尺寸
压入尺寸

图 4-3 轧钢机万向联轴节液压无键连接示意图

1—膨胀油泵；2—放气孔；3—锥套；4—轴；5—螺丝杆；6—放气孔；7—缸体；8—活塞；
9—螺母；10—压力表；11—压入油泵；12—放气阀；13—联轴节

失去油压，产生弹性收缩，紧紧箍在锥套上，并使锥套弹性收缩，紧紧箍在轴上。同样道理，拆卸也十分方便。

B 液压无键连接的装配与拆卸工艺过程

a 装配前的准备工作

（1）检查室温，最好在 16℃ 以上。

（2）检查连接件的尺寸和几何形状偏差，锥表面一定要光滑清洁，油眼、油沟不能有毛刺。

（3）锥套、轴颈和联轴节内孔必须用非常干净的油清洗，用干净布擦净，不得用破布或毛织物擦洗。

（4）用砂布去掉锐棱。

（5）用红丹粉检查配合锥面的接触程度，接触面应达 60% ~ 70%，大头可略差些，但小头一定要保证接触点良好。装配完后，接触面应从 70% 提高到 80%。

（6）采用过渡中间锥套时，要按图样公差要求检查锥套孔和轴之间的间隙。

b 压入

（1）在锥套外锥面、联轴节或轴承的内锥面涂以极少许的油，以减少摩擦阻力。

（2）用人力将联轴节锥面轻轻推到锥套的外锥面上，并用游标卡尺检查残余尺寸是否与图样相符。

（3）接通膨胀油泵出油管，启动压入油泵，从放气孔压出空气，开始压入时，压入长度很小，此时从配合面有极少量的油（或油泡沫）渗出，可继续升压，如油压已达到规定值而行程尚未到达时，应稍停压入，待包容件逐渐扩大后，继续压入，直到规定行程。

（4）达到规定行程后，卸荷膨胀油泵，等待一段时间，再取下压入工具，以防止被包容件弹出而造成事故。等待时间与室温有关，室温越低，等待时间越长，一般室温在 0 ~ 15℃，等待 10min 以上；天气寒冷时，等待 30min 以上。

（5）最后拆出各种油管接头，用塞头把油孔堵塞。

c 拆卸

（1）拆卸时的油压比压入时低，每拆卸一次再压入时，压入行程一般稍增加，增加量与配合面锥度及加工精度有关。

（2）拆卸时使用同样的膨胀工具，应在拆卸工具端面与联轴节端面间垫一块厚度约20mm 的橡皮，以防止联轴节自动飞出。

4.3.2　螺纹连接的装配

螺纹连接因其具有结构简单、连接可靠、拆卸方便迅速等优点，广泛应用在各种不同的机器上。螺纹连接还可以传递运动和动力，简单地将旋转运动转化为直线运动。

螺纹传动的装配质量，主要通过连接零件的加工质量来保证，这就要求螺纹传动零件的各项加工偏差在公差范围内，具有良好的互换性，另外还要特别注意装配时的正确预紧和防松。

4.3.2.1　螺纹连接的预紧与防松

A　螺纹连接的预紧

正确地拧紧螺栓或螺帽，使螺纹连接有一定的预紧力和在预紧力作用下连接件的弹性变形，是保证螺纹连接可靠性和紧密性的主要因素。预紧力太小，在工作载荷的作用下会使螺纹连接失去紧固性和严密性；预紧力过大，则会使螺纹连接零件所受的力超过其强度所允许的数值，将使螺纹连接损坏。

受轴向载荷螺纹连接的预紧力可按下式确定：

$$P_0 = K_0 P \tag{4-5}$$

式中　P——工作载荷；

　　　K_0——预紧系数。

预紧系数 K_0 根据连接情况和重要程度由表 4-3 选取。

表 4-3　预紧力 K_0 值

连接情况		K_0 值	连接情况		K_0 值
紧　固	静载荷	1.2~2.0	紧密	软　垫	1.5~2.5
	变载荷	2.0~4.0		金属成型垫	2.5~3.5
				金属平垫	3.0~4.5

为了达到正确的预紧目的，可采用以下几种方法控制预紧力：

（1）用专门的装配工具，如测力扳手、定力矩扳手等。

（2）测量螺栓伸长量。螺栓伸长量可按下式计算：

$$\lambda_0 = \frac{P_0 L}{E_1 A_1} \tag{4-6}$$

式中　λ_0——螺栓伸长量，mm；

　　　P_0——预紧力，kN；

　　　L——螺栓有效长度，mm；

　　　E_1——螺栓材料的弹性模量，kN/mm^2；

　　　A_1——螺栓的截面积，mm^2。

（3）测量螺母的旋转角度。从螺母开始与零件表面贴合时起，一边旋紧螺母，一边测量旋转的角度。其值按下式计算：

$$\alpha = P_0 \frac{360}{t}\left(\frac{L}{E_1 A_1} + \frac{L_2}{E_2 A_2}\right) \tag{4-7}$$

式中　α——旋紧的角度，（°）；

　　　P_0——预紧力，kN；

　　　t——螺距，mm；

　　　L——螺栓的有效长度，mm；

　　　L_2——被连接零件的高度，mm；

E_1，E_2——螺栓材料和被连接零件材料的弹性模量，kN/mm²；

A_1，A_2——螺栓和被连接零件的截面面积，mm²。

B　螺纹连接的防松

螺纹连接一般都具有自锁性，在工作温度变化不大、承受静载荷时，不会自行松动；但在冲击、振动或交变载荷作用下以及工作温度变化很大时，自锁性就会受到破坏，为保证可靠的连接，必须采取有效的防松措施。

防松装置按其工作原理可分为机械防松装置和摩擦防松装置。常见的防松方法见表4-4。

表4-4　螺纹连接的防松方法

分　类	锁紧方法及应用	装配注意事项
增大摩擦力	靠弹簧垫圈压紧后产生的弹力增大螺纹间的摩擦力。结构简单，但由于弹力不够不十分可靠，多用于不太重要的连接	①左旋与右旋螺纹不能用斜口方向相同的弹簧垫圈，斜口方向为防止松动的方向；②拆卸后，使用过的弹簧垫圈应当更换；③弹簧垫圈不允许用普通垫圈代替
	利用双螺母拧紧后的对顶作用产生附加摩擦力。用于低速重载或较平稳的场合，振动大的机器中不够可靠	在高速、振动大的机器中必须经常进行检查和紧固
机械方法	花螺帽配以开口销。防松可靠，但螺栓上销孔不易与螺母最佳位置的槽口吻合，装配较难。用于变载、振动易松动处	开口销必须与孔径选配，不能用铁丝代替，在拆卸修理时，应更换开口销

分　类	锁紧方法及应用	装配注意事项
机械方法	普通螺母配开口销，为便于装配，销孔待螺母拧紧后配钻。适用于单件生产的重要连接	开口销必须与孔径选配，不能用铁丝代替，在拆卸修理时，应更换开口销
	用带有两个或几个凸耳的垫圈装在螺母下边。装配时，一个凸耳放入螺栓的缺口中，另一个凸耳则紧贴螺帽的切口	凸耳不可反复折曲
	用钢丝锁紧一组螺母	钢丝的缠绕方向应是使螺母拉紧的方向
	利用斜楔楔入螺栓模孔压紧螺母。防松良好。一般用于大直径螺栓连接	斜楔楔入深度根据计算的螺栓伸长量
	用焊接的方法防松。只用于受较大冲击载荷的螺栓连接。一般情况下避免采用	焊接要使螺栓与螺母不能发生相对运动，且不损伤连接零件

4.3.2.2　螺纹装配工艺

A　双头螺柱的装配要点

（1）将双头螺栓涂上润滑油，其目的是防止螺栓拧入时卡死，便于拆卸和重复安装。

（2）双头螺柱轴心线必须与机体表面垂直。装配时用角尺检查，若轴心线与机体表面有少量倾斜时，可用丝锥校正螺孔，或用装配的双头螺柱校正；若倾斜较大，不得强力校正，以防止螺栓连接的可靠性受到破坏。

（3）为保证螺柱和机体连接的配合足够紧固，螺柱紧固端采用过渡配合，具体可采用台肩形式或利用最后几圈较浅螺纹使配合紧固。

B 螺母与螺钉的装配要点

（1）螺母或螺钉与被紧固件贴合表面要光洁、平整。

（2）严格控制拧紧力矩，过大的拧紧力矩会使螺栓或螺钉拉长甚至折断，或引起被连接件严重变形。拧紧力矩不足时，使连接容易松动，影响可靠性。

（3）螺母拧紧后，弹簧垫圈要在整个圆周上同螺母和被连接件表面接触。螺纹露在螺母外边的长度不得少于两扣。

（4）拧紧成组螺母时，须按一定顺序进行，逐步分次拧紧，否则会使螺栓或机体受力不均产生变形。拧紧长方形布置的成组螺母时，应从中间开始，逐步向两侧扩展；拧紧圆形或方形布置的成组螺母时，必须对称拧紧。如图 4-4 所示。

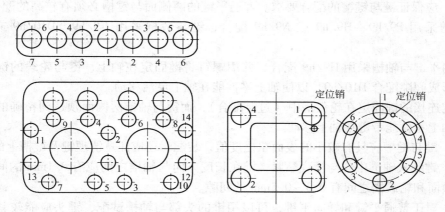

图 4-4 拧紧螺母的顺序

4.3.3 销键连接的装配

4.3.3.1 销连接的装配

A 圆柱销的装配

圆柱销主要用于定位，也可用于连接，它依靠过盈量固定在被连接零件的孔中，因此对销孔尺寸、形状、表面粗糙度要求都较高，所以在装配之前销孔必须进行铰制。通常是将两个被连接件进行配钻、铰，并使孔壁表面粗糙度值 $R_a < 1.6\mu m$；装配时应在销的表面涂以全损耗系统用油，然后用铜棒将销子轻轻打入孔中。拆卸时，可用一个直径小于销孔的金属棒将销用锤子击出。圆柱销装入后尽量不要拆，以防影响定位精度和连接的可靠性。

B 圆锥销的装配

圆锥销的定位精度高，并且可以多次装拆，可用于定位、固定零件和传递动力。它与被连接件的配合处有 1:50 的锥度，在装配时，两个被连接件的销孔应进行配钻、铰，钻孔时按圆锥销小头直径选择钻头，钻孔后用 1:50 锥度的铰刀铰孔。为了保证销与销孔有足够的配合过盈量，可在铰孔时用试装法控制孔径，以销能自由地插入其全长的 80% ~ 90% 为宜。用锤子敲入后，销的大小端可稍露出被连接件的表面。

拆卸圆锥销时，可从小头向外敲出；有螺尾的或有内螺纹的圆锥销可以旋出，或是用拔销器拔出。

4.3.3.2 键连接的装配

根据结构特点和用途，键连接可分为松键连接、紧键连接和花键连接三大类。

A 松键连接的装配

a 松键连接

松键连接所用的键有普通平键、半圆键、导向平键和滑键等。它们的共同特点是靠键的侧面来传递转矩，其对中性好，能保证轴与轴上零件有较高的同轴度，但只能对轴上零件做周向固定，而不能承受轴向力。

b 松键连接的装配技术要求及装配要点

（1）应保证键与键槽的配合要求。普通平键的两侧面与键槽必须有较高的配合精度，键与轴槽采用 P9/h9、H9/h9 或 N9/h9 配合，键与毂槽采用 Js9/h9、D10/h9 或 P9/h9 配合。

导向平键与轴槽采用 H9/h9 配合，并用螺钉将键固定在轴上，键与轮毂的键槽两侧面则应形成间隙配合 D10/h9，以使轴上零件能在轴上灵活移动。

滑键连接的键固定在轮毂槽中（过渡配合），而键与轴槽两侧面须达到精确的间隙配合，使轴上零件能带键在轴上移动。

（2）键与键槽应具有较小的表面粗糙度值，装配时还应注意清理键及键槽上的毛刺。

（3）键装入轴槽中应与槽底贴紧，键在长度方向与轴槽之间应有 0.1mm 的间隙，同时键的顶面和轮毂槽之间有 0.3～0.5mm 的间隙。

（4）对于普通平键和导向平键，可以用键的头部与轴槽试配，键头应能较紧地嵌在轴槽中，装配时在配合面上应涂上全损耗系统用油，然后用铜棒或台虎钳将键压装在轴槽中，使它与槽底接触良好。

B 紧键连接的装配

紧键连接又称斜键连接，键的侧面与键槽间有一定间隙，而键的上表面与轮毂槽上表面有 1:100 的斜度。装配时，须用力将键打入，传递转矩和承受单侧轴向力，装配精度不高，对中性差。装配时用涂色法检查键的斜面与轮毂槽的斜面是否有相同的斜度，斜度不同将导致孔件歪斜。键的上下工作表面应与轴槽和轮毂槽底部贴紧，两侧面应留有间隙。

装配钩头斜键时，为便于拆卸，应使钩头不贴紧孔件端面，必须留出一定间隙。

对于切向键，两斜面应吻合，打入孔件时方向应正确，紧度适当，工作面应采用涂色法检验，使之紧密贴合，不得松动，键与键槽两侧面间均不得接触。

C 花键连接的装配

花键连接具有传递转矩大、对中性导向性好、强度高等优点，但成本高。按花键齿廓的特点，可将花键分为矩形、渐开线形和三角形三种。花键的配合方式可分为外径定心、内径定心、齿侧定心三种。花键的装配分固定连接和滑动连接两种。

a 固定连接的花键装配

由于被连接件应在花键轴上固定，所以有少量的过盈。在装配时可用铜棒轻轻敲入，但不得过紧，以免拉伤配合表面。若过盈量较大，可将被连接件加热到 80～120℃后进行装配。

b 滑动连接的花键装配

装配前应进行试装，装配后要求被连接件在花键轴上能灵活移动，没有卡涩、阻滞现象，但也不应过松，用手扳动被连接件，不应感觉有明显的周向间隙。

　　c　花键的修整

拉削后进行热处理的内花键，内孔因热处理会产生微量的缩小变形，此时可用花键推刀修整，或用涂色法显示阻滞位置，用锉刀或刮刀修整，以达到技术要求。

4.4　齿轮、联轴节的装配

4.4.1　齿轮的装配

齿轮传动的装配是机器检修时比较重要、要求较高的工作。装配良好的齿轮传动，噪声小、振动小、使用寿命长。要达到这样的要求，必须控制齿轮的制造精度和装配精度。

齿轮传动装置的形式不同，装配工作的要求是不同的。

封闭齿轮箱且采用滚动轴承的齿轮传动，两轴的中心距和相对位置完全由箱体轴承孔的加工来决定。齿轮传动的装配工作只是通过修整齿轮传动的制造偏差，没有两轴装配的内容。封闭齿轮箱采用滑动轴承时，在轴瓦的刮研过程中，使两轴的中心距和相对位置在较小范围内得到适当的调整。对具有单独轴承座的开式齿轮传动，在装配时除了修整齿轮传动的制造偏差，还要正确装配齿轮轴，这样才能保证齿轮传动的正确连接。

4.4.1.1　齿轮传动的精度等级与公差

这里主要介绍最常见的圆柱齿轮传动的精度等级及其公差。

A　圆柱齿轮的精度

圆柱齿轮的精度包括以下4个方面：

（1）传递运动准确性精度。它是指齿轮在一转范围内，齿轮的最大转角误差在允许的偏差内，从而保证从动件与主动件的运动协调一致。

（2）传动的平稳性精度。它是指齿轮传动瞬时传动比的变化。由于齿形加工误差等因素的影响，使齿轮在传动过程中出现转动不平稳，引起振动和噪声。

（3）接触精度。它是指齿轮传动时，齿与齿表面接触是否良好。接触精度不好，会造成齿面局部磨损加剧，影响齿轮的使用寿命。

（4）齿侧间隙。它是指齿轮传动时非工作齿面间应留有一定的间隙，这个间隙对储存润滑油、补偿齿轮传动受力后的弹性变形、热膨胀以及齿轮传动装置制造误差和装配误差等都是必需的。否则，齿轮在传动过程中可能造成卡死或烧伤。

目前我国使用的圆柱齿轮公差标准是 GB10095—1988，该标准对齿轮及齿轮副规定了12个精度等级，精度由高到低依次为 1、2、3、…、12 级。齿轮的传递运动准确性精度、传动的平稳性精度、接触精度，一般情况下，选用相同的精度等级。根据齿轮使用要求和工作条件的不同，允许选用不同的精度等级。选用不同的精度等级时以不超过一级为宜。

确定齿轮精度等级的方法有计算法和类比法。多数场合采用类比法，类比法是根据以往产品设计、性能实验、使用过程中所积累的经验以及较可靠的技术资料进行对比，从而确定齿轮的精度等级。

表 4-5 列出了各种机械所用齿轮的精度等级。

表 4 - 5　各种机械采用的齿轮的精度等级

应用范围	精度等级	应用范围	精度等级
测量齿轮	3 ~ 5	拖拉机	6 ~ 10
汽轮机减速器	3 ~ 6	一般用途的减速器	6 ~ 9
金属切削机床	3 ~ 8	轧钢设备的小齿轮	6 ~ 10
内燃机车与电气机车	6 ~ 7	矿用绞车	8 ~ 10
轻型汽车	5 ~ 8	起重机机构	7 ~ 10
重型汽车	6 ~ 9	农用机械	8 ~ 11
航空发动机	4 ~ 7		

B　圆柱齿轮公差

按齿轮各项误差对传动的主要影响，将齿轮的各项公差分为Ⅰ、Ⅱ、Ⅲ三个公差组。在生产中，不必对所有公差项目同时进行检验，而是将同一公差级组内的各项指标分为若干个检验组，根据齿轮副的功能要求和生产规模，在各公差组中，选定一个检验组来检验齿轮的精度（参见 GB10095—1988 规定的检验组）。

选择检验组时，应根据齿轮的规格、用途、生产规模、精度等级、齿轮的加工方式、计量仪器、检验目的等因素综合分析合理选择。

圆柱齿轮传动的公差参见 GB10095—1988《渐开线圆柱齿轮精度》。

4.4.1.2　齿轮传动的装配

A　圆柱齿轮的装配

对于金属压力加工、冶金和矿山机械的齿轮传动，由于传动力大，圆周速度不高，因此齿面接触精度和齿侧间隙要求较高，而对运动精度和工作平稳性精度要求不高。齿面接触精度和适当的齿侧间隙与齿轮与轴、齿轮轴组件与箱体的正确装配有直接关系。

圆柱齿轮传动的装配过程，一般是先把齿轮装在轴上，再把齿轮轴组件装入齿轮箱。

a　齿轮与轴的装配

齿轮与轴的连接形式有空套连接、滑移连接和固定连接三种。

空套连接的齿轮与轴的配合性质为间隙配合，其装配精度主要取决于零件本身的加工精度，因此在装配前应仔细检查轴、孔的尺寸是否符合要求，以保证装配后的间隙适当；装配中还可将齿轮内孔与轴进行配研，通过对齿轮内孔的修刮使空套表面的研点均匀，从而保证齿轮与轴接触的均匀度。

滑移齿轮与轴之间仍为间隙配合，一般多采用花键连接，其装配精度也取决于零件本身的加工精度。装配前应检查轴和齿轮相关表面和尺寸是否合乎要求；对于内孔有花键的齿轮，其花键孔会因热处理而使直径缩小，可在装配前用花键推刀修整花键孔，也可用涂色法修整其配合面，以达到技术要求；装配完成后应注意检查滑移齿轮的移动灵活程度，不允许有阻滞，同时用手扳动齿轮时，应无歪斜、晃动等现象发生。

固定连接的齿轮与轴的配合多为过渡配合（有少量的过盈）。对于过盈量不大的齿轮和轴在装配时，可用锤子敲击装入；当过盈量较大时可用热装或专用工具进行压装；过盈量很大的齿轮，则可采用液压无键连接等装配方法将齿轮装在轴上。在进行装配时，要尽量避免齿轮出现齿轮偏心、齿轮歪斜和齿轮端面未贴紧轴肩等情况。

对于精度要求较高的齿轮传动机构，齿轮装到轴上后，应进行径向圆跳动和端面圆跳动的检查。其检查方法如图4-5所示，将齿轮轴架在 V 形铁或两顶尖上，测量齿轮径向跳动量时，在齿轮齿间放一圆柱检验棒，将千分表测头触及圆柱检验棒上母线得出一个读数，然后转动齿轮，每隔 3~4 个轮齿测出一个读数，在齿轮旋转一周范围内，千分表读数的最大代数差即为齿轮的径向圆跳动

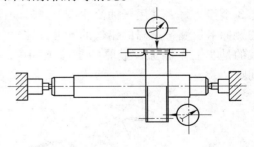

图 4-5　齿轮跳动量检查

误差；检查端面圆跳动量时，将千分表的测头触及齿轮端面上，在齿轮旋转一周范围内，千分表读数的最大代数差即为齿轮的端面圆跳动误差（测量时注意保证轴不发生轴向窜动）。

圆柱齿轮传动装配的注意事项：

（1）齿轮孔与轴配合要适当，不得产生偏心和歪斜现象。

（2）齿轮副应有准确的装配中心距和适当的齿侧间隙。

（3）保证齿轮啮合时，齿面有足够的接触面积和正确的接触部位。

（4）如果是滑移齿轮，则当其在轴上滑移时，不得发生卡住和阻滞现象，且变换机能保证齿轮的准确定位，使两啮合齿轮的错位量不超过规定值。

（5）对于转速高的大齿轮，装配在轴上后应作平衡试验，以保证工作时转动平稳。

b　齿轮轴组件装入箱体

齿轮轴组件装入箱体是保证齿轮啮合质量的关键工序。因此在装配前，除对齿轮、轴及其他零件的精度进行认真检查外，对箱体的相关表面和尺寸也必须进行检查，检查的内容一般包括孔中心距、各孔轴线的平行度、轴线与基面的平行度、孔轴线与端面的垂直度以及孔轴线间的同轴度等。检查无误后，再将齿轮轴组件按图样要求装入齿轮箱内。

c　装配质量检查

齿轮组件装入箱体后其啮合质量主要通过齿轮副中心距偏差、齿侧间隙、接触精度等进行检查。

测量中心距偏差值

中心距偏差可用内径千分尺测量。图4-6为内径千分尺及方水平测量中心距示意图。

齿侧间隙检查

齿侧间隙的大小与齿轮模数、精度等级和中心距有关。齿侧间隙大小在齿轮圆周上应当均匀，以保证传动平稳，没有冲击和噪声；在齿的长度上应相等，以保证齿轮间接触良好。

齿侧间隙的检查方法有压铅法和千分表法两种。

（1）压铅法。此法简单，测量结果比较准确，应用较多。具体测量方法是：在小齿轮齿宽方向上如

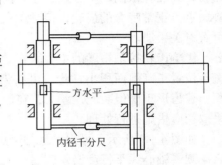

图 4-6　齿轮中心距测量

图 4 – 7 所示，放置两根以上的铅丝，铅丝的直径根据间隙的大小选定，铅丝的长度以压上 3 个齿为好，并用干油沾在齿上。转动齿轮将铅丝压好后，用千分尺或精度为 0.02mm 的游标卡尺测量压扁的铅丝的厚度。在每条铅丝的压痕中，厚度小的是工作侧隙，厚度较大的是非工作侧隙，最厚的是齿顶间隙。轮齿的工作侧隙和非工作侧隙之和即为齿侧间隙。

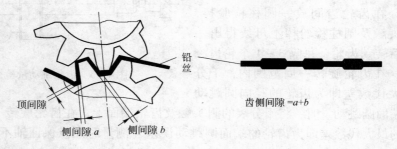

图 4 – 7　压铅法测量齿侧间隙

（2）千分表法。此法用于较精确的啮合。如图 4 – 8 所示，在上齿轮轴上固定一个摇杆 1，摇杆尖端支在千分表 2 的测头上，千分表安装在平板上或齿轮箱中。将下齿轮固定，在上下两个方向上微微转动摇杆，记录千分表指针的变化值，则齿侧间隙 C_n 可用下式计算：

$$C_n = C \times \frac{R}{L} \qquad (4-8)$$

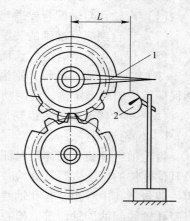

图 4 – 8　千分表法测量齿侧间隙
1—摇杆；2—千分表

式中　C——千分表上读数值；

　　　R——上部齿轮节圆半径，mm；

　　　L——两齿轮中心线至千分表测头之距，mm。

当测得的齿侧间隙超出规定值时，可通过改变齿轮轴位置和修配齿面来调整。

齿轮接触精度的检验

评定齿轮接触精度的综合指标是接触斑点，即装配好的齿轮副在轻微制动下运转后齿侧面上分布的接触痕迹。可用涂色法检查，方法是：将齿轮副的一个齿轮侧面涂上一层红铅粉，并在轻微制动下，按工作方向转动齿轮 2 ~ 3 转，检查在另一齿轮侧面上留下的痕迹斑点。正常啮合的齿轮，接触斑点应在节圆处上下对称分布，并有一定面积，具体数值可查有关手册。

影响齿轮接触精度的主要因素是齿形误差和装配精度。若齿形误差太大，会导致接触斑点位置正确但面积小，此时可在齿面上加研磨剂并转动两齿轮进行研磨以增加接触面积；若齿形正确但装配误差大，在齿面上易出现各种不正常的接触斑点，可在分析原因后采取相应措施进行处理。

如图 4 – 9 所示，可根据接触斑点的分布判断啮合情况。

测量轴心线平行度误差值图

轴心线平行度误差包括水平方向轴心线平行度误差 δ_x 和垂直方向平行度误差 δ_y。水平方向轴心线平行度误差 δ_x 的测量方法可先用内径千分尺测出两轴两端的中心距尺寸，然后计算出平行度误差。垂直方向平行度误差 δ_y 可用千分表法，也可用涂色法及压铅法。

B　圆锥齿轮的装配

圆锥齿轮的装配与圆柱齿轮的装配基本相同。所不同的是圆锥齿轮传动两轴线相交，交角一般为90°。装配时值得注意的问题主要是轴线夹角的偏差、轴线不相交偏差和分度圆锥顶点偏移，以及啮合齿侧间隙和接触精度应符合规定要求。

圆锥齿轮传动轴线的几何位置一般由箱体加工所决定，轴线的轴向定位一般以圆锥齿轮的背锥作为基准，装配时使背锥面平齐，以保证两齿轮的正确位置。圆锥齿轮装

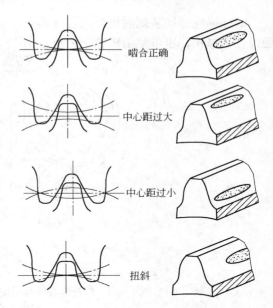

图4-9　根据接触斑点的分布判断啮合情况

配后要检查齿侧间隙和接触精度。齿侧间隙一般是检查法向侧隙，检查方法与圆柱齿轮相同。若侧隙不符合规定，可通过齿轮的轴向位置进行调整。接触精度也用涂色法进行检查，当载荷很小时，接触斑点的位置应在齿宽中部稍偏小端，接触长度约为齿长的2/3左右。载荷增大，斑点位置向齿轮的大端方向延伸，在齿高方向也有扩大。如装配不符合要求，应进行调整。

C　蜗轮蜗杆的装配

a　蜗轮蜗杆传动的装配要求

蜗轮蜗杆传动机构装配时，要解决的主要问题是位置要正确。为达到该目的，在装配时必须控制下列方面的装配误差：蜗轮和蜗杆轴心线的垂直度误差；蜗杆轴心线与蜗轮中间平面之间的偏移；蜗轮与蜗杆啮合时的中心距；蜗轮与蜗杆啮合侧隙误差；蜗轮与蜗杆的接触面积误差。

装配时，首先安装蜗轮，将蜗轮装配到轴上的过程和检查方法均与装配圆柱齿轮相同，装配前，应首先检查箱体孔中心线和轴心线的垂直度误差和中心距误差。

b　蜗轮蜗杆传动的装配步骤

其装配步骤是：将蜗轮轮齿圈压装在轮毂上，并用螺钉固定；将蜗轮装配到蜗轮轴上；将蜗轮轴组件安装到箱体上；装配蜗杆，蜗杆轴心线位置由箱体孔所确定。

c　装配质量检查

蜗轮蜗杆装配质量的检查主要包括以下几个方面：蜗轮与蜗杆轴心线垂直度检查，通常用摇杆和千分表检查；蜗轮与蜗杆中心距检查，通常用内径千分尺测量；蜗杆轴心线与蜗轮中间平面之间偏移量的检查，通常用样板法和挂线法检查，如图4-10所示。蜗轮与蜗杆啮合侧隙检查，可用塞尺、千分表检查，又分直接测量法和间接测量法；蜗轮与蜗杆啮合接触面积误差的检查，将蜗轮蜗杆装入箱体后，将红铅粉涂在蜗杆螺旋面上，转动蜗杆，用涂色法检查蜗杆与蜗轮的相互位置、接触面积和接触斑点等情况。

蜗杆蜗轮传动装配后出现的各种偏差，可以通过移动蜗轮中间平面的位置改变啮合接触位置来修正，也可刮削蜗轮轴瓦找正中心线偏差。装配后还应检查是否转动灵活。

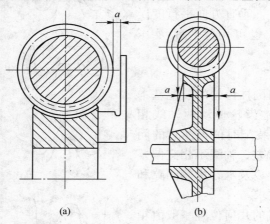

(a)   (b)

图 4 - 10   蜗杆轴心线与蜗轮中间平面之间偏移量的检查
（a）样板法；（b）挂线法

4.4.2   联轴节的装配

联轴节用于连接不同机器或部件，将主动轴的运动及动力传递给从动轴。联轴节的装配内容包括两方面：一是将轮毂装配到轴上；另一个是联轴节的找正和调整。

轮毂与轴的装配大多采用过盈配合，装配方法可采用压入法、冷装法、热装法及液压装配法，这些方法的工艺过程前文已作过叙述。下面的内容只讨论联轴节的找正和调整。

4.4.2.1   联轴节装配的技术要求

联轴节装配主要技术要求是保证两轴线的同轴度。过大的同轴度误差将使联轴节、传动轴及其轴承产生附加载荷。其结果会引起机器的振动、轴承的过早磨损、机械密封的失效，甚至发生疲劳断裂事故。因此，联轴节装配时，总的要求是其同轴度误差必须控制在规定的范围内。

A   联轴节在装配中偏差情况的分析

（1）两半联轴节既平行又同心，如图 4 - 11（a）所示。这时 $S_1 = S_3$，$a_1 = a_3$，此处 S_1、S_3，a_1、a_3 表示联轴节上方（0°）和下方（180°）两个位置上的轴向和径向间隙。

（2）两半联轴节平行，但不同心，如图 4 - 11（b）所示。这时 $S_1 = S_3$，$a_1 \neq a_3$，即两轴中心线之间有平行的径向偏移。

（3）两半联轴节虽然同心，但不平行，如图 4 - 11（c）所示。这时 $S_1 \neq S_3$，$a_1 = a_3$，即两轴中心线之间有角位移（倾斜角为 α）。

（4）两半联轴节既不同心，也不平行，如图 4 - 11（d）所示。这时 $S_1 \neq S_3$，$a_1 \neq a_3$，即两轴中心线既有径向偏移也有角位移。

联轴节处于第一种情况是正确的，不需要调整。后三种情况都是不正确的，均需要调整。实际装配中常遇到的是第四种情况。

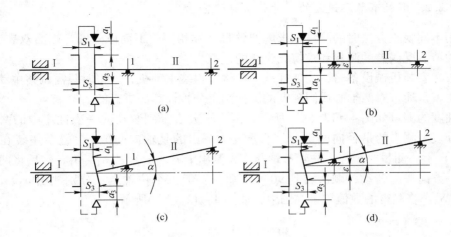

图 4 – 11　联轴节找正时可能遇到的四种情况

1，2—支点

B　联轴节找正的方法

联轴节找正的方法多种多样，常用的有以下几种。

a　直尺塞规法

利用直尺测量联轴节的同轴度误差，利用塞规测量联轴节的平行度误差。这种方法简单，但误差大。一般用于转速较低、精度要求不高的机器。

b　外圆、端面双表法

用两个千分表分别测量联轴节轮毂的外圆和端面上的数值，对测得的数值进行计算分析，确定两轴在空间的位置，最后得出调整量和调整方向。这种方法应用比较广泛。其主要缺点是对于有轴向窜动的机器，在盘车时对端面读数产生误差。它一般适用于采用滚动轴承、轴向窜动较小的中小型机器。

c　外圆、端面三表法

三表法与上述不同之处是在端面上用两个千分表，两个千分表与轴中心等距离对称设置，以消除轴向窜动对端面读数测量的影响。这种方法的精度很高，适用于需要精确对中的精密机器和高速机器。如汽轮机、离心式压缩机等，但此法操作、计算均比较复杂。

d　外圆双表法

用两个千分表测量外圆，其原理是通过相隔一定间距的两组外圆读数确定两轴的相对位置，以此得知调整量和调整方向，从而达到对中的目的。这种方法的缺点是计算较复杂。

e　单表法

它是近年来国外应用比较广泛的一种找正方法。这种方法只测定轮毂的外圆读数，不需要测定端面读数。操作测定仅用一个千分表，故称单表法。此法对中精度高，不但能用于轮毂直径小而轴端距比较大的机器轴找正，而且又能适用于多轴的大型机组（如高转速、大功率的离心压缩机组）的轴找正。用这种方法进行轴找正还可以消除轴向窜动对找正精度的影响。操作方便，计算调整量简单，是一种比较好的轴找正方法。

4.4.2.2　联轴节装配误差的测量和求解调整量

使用不同找正方法时的测量和求解调整量大体相同，下面以外圆、端面双表法为例，说明联轴节装配误差的测量和求解调整量的过程。

一般在安装机械设备时，先装好从动机构，再装主动机，找正时只需调整主动机。主动机的调整是通过对两轴心线同轴度的测量结果分析计算而进行的。

同轴度的测量如图 4 – 12（a）所示，两个千分表分别装在同一磁性座中的两根滑杆上，千分表 1 测出的是径向间隙 a，千分表 2 测出的是轴向间隙 S，磁性座装在基准轴（从动轴）上。测量时，连上联轴节螺栓，先测出上方（0°）的 a_1、S_1，然后将两半联轴节向同一方向一起转动，顺次转到 90°、180°、270° 三个位置上，分别测出 a_2、S_2；a_3、S_3；a_4、S_4。将测得的数值记录在图中，如图 4 – 12（b）所示。

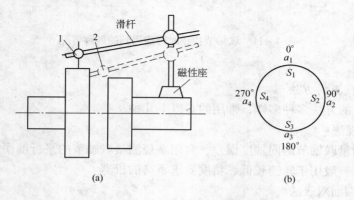

图 4 – 12　千分表找正及测量记录图

将联轴节再向前转，核对各位置的测量数值有无变动。如无变动可用式 $a_1 + a_3 = a_2 + a_4$；$S_1 + S_3 = S_2 + S_4$ 检验测量结果是否正确。如实测数值代入恒等式后不等，而有较大偏差（大于 0.02mm），就可以肯定测量的数值是错误的，需要找出产生错误的原因。纠正后再重新测量，直到符合两恒等式后为止。

然后，比较对称点的两个径向间隙和轴向间隙的数值（如 a_1 和 a_3，S_1 和 S_3），如果对称点的数值相差不超过规定值（0.05 ~ 0.1mm）时，则认为符合要求，否则就需要进行调整。对于精度要求不高或小型的机器，可以采用逐次试加或试减垫片，以及左右敲打移动主机的方法进行调整；对于精度要求较高或大型的机器，为了提高工效，应通过测量计算来确定增减垫片的厚度和沿水平方向的移动量。

现以两半联轴节既不平行又不同心的情况为例，说明联轴节找正时的计算与调整方法。在水平方向找正的计算、调整与垂直方向相同。

如图 4 – 13 所示，Ⅰ 为从动机轴（基准轴），Ⅱ 为主动机轴。根据找正测量的结果，$a_1 > a_3$，$S_1 > S_3$。

A　先使两半联轴节平行

由图 4 – 13（a）可知，欲使两半联轴节平行，应在主动机轴的支点 2 下增加 x（mm）厚的垫片，x 值可利用图中画有剖面线的两个相似三角形的比例关系算出：

$$x = \frac{b}{D} \cdot L \tag{4-9}$$

式中　D——联轴节的直径，mm；

　　　　L——主动机轴两支点的距离，mm；

　　　　b——在0°和180°两个位置上测得的轴向间隙之差（$b = S_1 - S_3$），mm。

由于支点2垫高了，因此轴Ⅱ将以支点1为支点而转动，这时两半联轴节的端面虽然平行了，但轴Ⅱ上的半联轴节的中心却下降了y（mm），如图4-13（b）所示。y值可利用画有剖面线的两个相似三角形的比例关系算出：

$$y = \frac{xl}{L} = \frac{bl}{D}$$

式中　l——支点1到半联轴节测量平面的距离。

B　再将两半联轴节同心

由于$a_1 > a_3$，原有径向位移量$e = (a_1 - a_3)/2$，两半联轴节的全部位移量为$e + y$。为了使两半联轴节同心，应在轴Ⅱ的支点1和支点2下面同时增加厚度为$e + y$的垫片。

由此可见，为了使轴Ⅰ、轴Ⅱ两半联轴节既平行又同心，则必须在轴Ⅱ支点1下面加厚度为$e + y$的垫片，在支点2下面加厚度为$x + e + y$的垫片，如图4-13（c）所示。

按上述步骤将联轴节在垂直方向和水平方向调整完毕后，联轴节的径向偏移和角位移应在规定的偏差范围内。

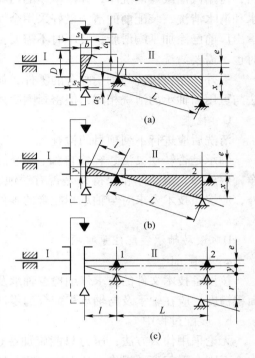

图4-13　联轴节的调整方法

4.5　轴承的装配

4.5.1　滚动轴承的装配

滚动轴承是一种精密器件，一般由内圈、外圈、滚动体和保持架组成。由于滚动体的形状不同，滚动轴承可分为球轴承、滚子轴承和滚针轴承；按滚动体在轴承中的排列情况可分为单列、双列和多列轴承；按轴承承受载荷的方向又可分为：向心轴承，主要承受径向力，同时也能承受较小的轴向力；向心推力轴承，既能承受较大的径向力，又能承受较大的轴向力；推力轴承，只能承受轴向力。

滚动轴承的装配工艺包括装配前的准备、装配、间隙调整等步骤。

4.5.1.1　装配前的准备

滚动轴承装配前的准备包括：装配工具的准备、清洗和检查。

A　装配工具的准备

按照所装配的轴承准备好所需的量具及工具，同时准备好拆卸工具，以便在装配不当时能及时拆卸，重新装配。

B　清洗

对于用防锈油封存的新轴承，可用汽油或煤油清洗；对于用防锈脂封存的新轴承，应先将轴承中的油脂挖出，然后将轴承放入热机油中使残油融化，将轴承从油中取出冷却后，再用汽油或煤油洗净，并用干净的白布擦干；对于维修时拆下的可用旧轴承，可用碱水和清水清洗；装配前的清洗最好采用金属清洗剂；两面带防尘盖或密封圈的轴承，在轴承出厂前已涂加了润滑脂，装配时不需要再清洗；涂有防锈润滑两用油脂的轴承，在装配时也不需要清洗。

另外，还应清洗与轴承配合的零件，如轴、轴承座、端盖、衬套、密封圈等。清洗方法与可用旧轴承的清洗相同，但密封圈除外。清洗后擦干、涂油。

C　检查

清洗后应进行下列项目的检查：

轴承是否转动灵活、轻快自如、有无卡住的现象；轴承间隙是否合适；轴承是否干净，内外圈、滚动体和保持架是否有锈蚀、毛刺、碰伤和裂纹；轴承附件是否齐全。此外，应按照技术要求对与轴承相配合的零件，如轴、轴承座、端盖、衬套、密封圈等进行检查。

D　滚动轴承装配注意事项

a　装配前

按设备技术文件的要求仔细检查轴承及与轴承相配合零件的尺寸精度、形位公差和表面粗糙度；应在轴承及与轴承相配合的零件表面涂一层机械油，以利于装配。

b　装配过程中

无论采用什么方法，压力只能施加在过盈配合的套圈上，不允许通过滚动体传递压力，否则会引起滚道损伤，从而影响轴承的正常运转；一般应将轴承上带有标记的一端朝外，以便观察轴承型号。

4.5.1.2　典型滚动轴承的装配

A　圆柱孔滚动轴承的装配

圆柱孔轴承是指内孔为圆柱形孔的向心球轴承、圆柱滚子轴承、调心轴承和角接触轴承等。这些轴承在轴承中占绝大多数，具有一般滚动轴承的装配共性，其装配方法主要取决于轴承与轴及座孔的配合情况。

轴承内圈与轴为紧配合，外圈与轴承座孔为较松配合，这种轴承的装配是先将轴承压装在轴上，然后将轴连同轴承一起装入轴承座孔中。压装时要在轴承端面垫一个由软金属制作的套管，套管的内径应比轴颈直径稍大，外径应小于轴承内圈的挡边直径，以免压坏保持架，如图 4-14 所示。另外，装配时，要注意导正，防止轴承歪斜，否则不仅装配困难，而且会产生压痕，使轴和轴承过早损坏。

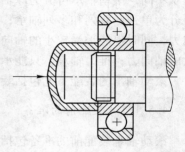

图 4-14　将轴承压装在轴上

轴承外圈与轴承座孔为紧配合，内圈与轴为较松配合，对于这种轴承的装配是采用外径略小于轴承座孔直径的套管，将轴承先压入轴承座孔，然后再装轴。

轴承内圈与轴、外圈与座孔都是紧配合时，可用专门套管将轴承同时压入轴颈和座孔中。

对于配合过盈量较大的轴承或大型轴承，可采用温差法装配。温差法又分为热装和冷装两种。热装即将轴承加热，使其内径膨胀，然后把轴承套装在轴颈上。当轴承安装于壳体孔内时，可加热壳体孔。如壳体孔加热不便，也可采用冷装，即将轴承冷却，使轴承外径减小，然后将轴承装入壳体孔内。

采用温差法安装时，轴承的加热温度为 80~100℃；冷却温度不得低于 -80℃。对于内部充满润滑脂的带防尘盖或密封圈的轴承，不得采用温差法安装。

热装轴承的方法最为普遍。轴承加热的方法有多种，通常采用油槽加热，如图 4-15 所示。加热的温度由温度计控制，加热的时间根据轴承大小而定，一般为 10~30min。加热时应将轴承用钩子悬挂在油槽中或用网架支起，不能使轴承接触油槽底板，以免发生过热现象。轴承在油槽中加热至 100℃ 左右，从油槽中取出放在轴上，用力一次推到顶住轴肩的位置。在冷却过程中应始终推紧，使轴承紧靠轴肩。

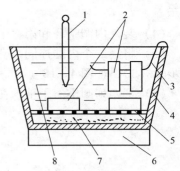

图 4-15 轴承的加热方法
1—温度计；2—轴承；3—挂钩；4—油池；
5—栅网；6—电炉；7—沉淀物；8—油液

B 圆锥孔滚动轴承的装配

圆锥孔滚动轴承可直接装在带有锥度的轴颈上，或装在退卸套和紧定套的锥面上。这种轴承一般要求有比较紧的配合，但这种配合不是由轴颈尺寸公差决定，而是由轴颈压进锥形配合面的深度而定。配合的松紧程度，靠在装配过程中时时测量径向游隙而把握。对不可分离型的滚动轴承的径向游隙可用厚薄规测量。对可分离的圆柱滚子轴承，可用外径千分尺测量内圈装在轴上后的膨胀量，用其代替径向游隙减小量。图 4-16 和图 4-17 给出了圆锥孔轴承的两种不同装配形式。

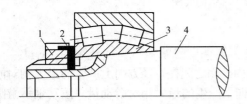

图 4-16 圆锥孔滚动轴承直接装在锥形轴颈上
1—螺母；2—锁片；3—轴承；4—轴

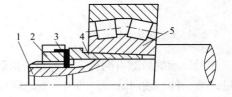

图 4-17 有退卸套的锥孔轴承的装配
1—轴；2—螺母；3—锁片；4—退卸套；5—轴承

C 轧钢机四列圆锥滚子轴承的装配

轧钢机四列圆锥滚子轴承由三个外圈、两个内圈、两个外调整环、一个内调整环和四套带圆锥滚子的保持架组成，轴承的游隙由轴承内的调整环加以保证，轴承各部件不能互换，因此装配时必须严格按打印号规定的相互位置进行。先将轴承装入轴承座中，然后将装有轴承的轴承座整个吊装到轧辊的轴颈上。

　　四列圆锥滚子轴承各列滚子的游隙应保持在同一数值范围内，以保证轴承受力均匀。装配前应对轴承的游隙进行测量。

　　将轴承装到轴承座内，可按下列顺序进行，如图 4 – 18 所示。

　　（1）将轴承座放置水平，检查校正轴承座孔中心线对底面的垂直度。

　　（2）将第一个外圈装入轴承座孔，用小铜锤轻敲外圈端面，并用塞尺检查，使外圈与轴承座孔接触良好，然后再装入第一个外调整环，如图 4 – 18（a）所示。

　　（3）将第一个内圈连同两套带圆锥滚子的保持架以及中间外圈装配成一组部件，用专用吊钩旋紧在保持架端面互相对称的 4 个螺孔内，整体装入轴承座，如图 4 – 18（b）所示。

　　（4）装入内调整环和第二个外调整环，如图 4 – 18（c）所示。

　　（5）将第二个内圈连同两套带圆锥滚子的保持架及第三个外圈整体装入，吊装方法同步骤（3），如图 4 – 18（d）所示。

　　（6）把四列圆锥滚子轴承在轴承座内组装后，再连同轴承座一起装配到轴颈上。

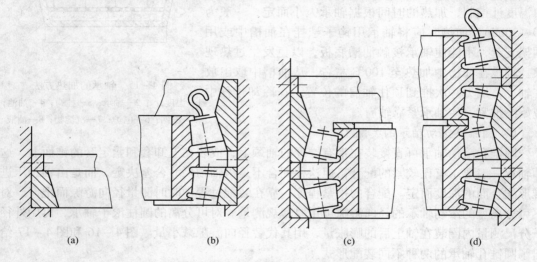

图 4 – 18　四列圆锥滚子轴承的装配

4.5.1.3　滚动轴承的游隙调整

　　滚动轴承的游隙有两种：一种是径向游隙，即内外圈之间在直径方向上产生的最大相对游动量；另一种是轴向游隙，即内外圈之间在轴线方向上产生的最大相对游动量。滚动轴承游隙的功用是弥补制造和装配偏差、受热膨胀，保证滚动体的正常运转，延长其使用寿命。

　　按轴承结构和游隙调整方式的不同，轴承可分为非调整式和调整式两类。向心球轴承、向心圆柱滚子轴承、向心球面球轴承和向心球面滚子轴承等属于非调整式轴承，此类轴承在制造时已按不同组级留出规定范围的径向游隙，可根据不同使用条件适当选用，装配时一般不再调整。圆锥滚子轴承、向心推力球轴承和推力轴承等属于调整式轴承，此类轴承在装配及应用中必须根据使用情况对其轴向游隙进行调整，其目的是保证轴承在所要求的运转精度的前提下灵活运转。此外，在使用过程中调整，能部分地补偿因磨损所引起的轴承间隙的增大。

A 游隙可调整的滚动轴承

由于滚动轴承的径向游隙和轴向游隙存在着正比的关系，所以调整时只调整它们的轴向间隙。轴向间隙调整好了，径向间隙也就调整好了。各种需调整间隙的轴承的轴向间隙见表4-6。当轴承转动精度高或在低温下工作、轴长度较短时，取较小值；当轴承转动精度低或在高温下工作、轴长度较长时，取较大值。

表4-6 可调式轴承的轴向间隙

轴承内径 /mm	轴承系列	轴 向 间 隙			
		角接触球轴承	单列圆锥滚子轴承	双列圆锥滚子轴承	推力轴承
≤30	轻型	0.02 ~ 0.06	0.03 ~ 0.10	0.03 ~ 0.08	0.03 ~ 0.08
	轻宽和中宽型		0.04 ~ 0.11		
	中型和重型	0.03 ~ 0.09	0.04 ~ 0.11	0.05 ~ 0.11	0.05 ~ 0.11
30 ~ 50	轻型	0.03 ~ 0.09	0.04 ~ 0.11	0.04 ~ 0.10	0.04 ~ 0.10
	轻宽和中宽型		0.05 ~ 0.13		
	中型和重型	0.04 ~ 0.10	0.05 ~ 0.13	0.06 ~ 0.12	0.06 ~ 0.12
50 ~ 80	轻型	0.04 ~ 0.10	0.05 ~ 0.13	0.05 ~ 0.12	0.05 ~ 0.12
	轻宽和中宽型		0.06 ~ 0.15		
	中型和重型	0.05 ~ 0.12	0.06 ~ 0.15	0.07 ~ 0.14	0.07 ~ 0.14
80 ~ 120	轻型	0.05 ~ 0.12	0.06 ~ 0.15	0.06 ~ 0.15	0.06 ~ 0.15
	轻宽和中宽型		0.07 ~ 0.18		
	中型和重型	0.06 ~ 0.15	0.07 ~ 0.18	0.10 ~ 0.18	0.10 ~ 0.18

轴承的游隙确定后，即可进行调整。下面以单列圆锥滚子轴承为例介绍轴承游隙的调整方法。

a 垫片调整法

利用轴承压盖处的垫片调整是最常用的方法，如图4-19所示。首先把轴承压盖原有的垫片全部拆去，然后慢慢地拧紧轴承压盖上的螺栓，同时使轴缓慢地转动，当轴不能转动时，就停止拧紧螺栓。此时表明轴承内已无游隙，用塞尺测量轴承压盖与箱体端面间的间隙 K，将所测得的间隙 K 再加上所要求的轴向游隙 C，$K+C$ 即是所应垫的垫片厚度。一套垫片应由多种不同厚度的垫片组成，垫片应平滑光洁，其内外边缘不得有毛刺。间隙测量除用塞尺法外，也可用压铅法和千分表法。

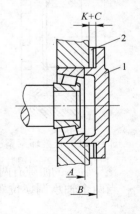

图4-19 垫片调整法
1—压盖；2—垫片

b 螺钉调整法

如图4-20所示，首先把调整螺钉上的锁紧螺母松开，然后拧紧调整螺钉，使止推盘压向轴承外圈，直到轴不能转动时为止。最后根据轴向游隙的数值将调整螺钉倒转一定的角度，达到规定的轴向游隙后再把锁紧螺母拧紧以防止调整螺钉松动。

调整螺钉倒转的角度可按下式计算：

$$\alpha = \frac{c}{t} \times 360°$$

(4-10)

式中　c——规定的轴向游隙；

　　　t——螺栓的螺距。

c　止推环调整法

如图 4-21 所示，首先把具有外螺纹的止推环 1 拧紧，直到轴不能转动时为止，然后根据轴向游隙的数值，将止推环倒转一定的角度（倒转的角度可参见螺钉调整法），最后用止动片 2 予以固定。

d　内外套调整法

当同一根轴上装有两个圆锥滚子轴承时，其轴向间隙常用内外套进行调整，如图 4-22 所示。这种调整法是在轴承尚未装到轴上时进行的，内外套的长度是根据轴承的轴向间隙确定的。具体算法是：

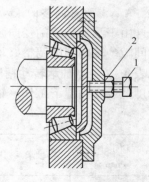

图 4-20　螺钉调整法
1—调整螺钉；2—锁紧螺母

当两个轴承的轴向间隙为零 [见图 4-22（a）] 时，内外套长度为：

$$L_1 = L_2 - (a_1 + a_2) \qquad (4-11)$$

式中　L_1——外套的长度，mm；

　　　L_2——内套的长度，mm；

　　a_1，a_2——轴向间隙为零时轴承内外圈的轴向位移值，mm。

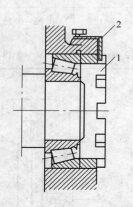

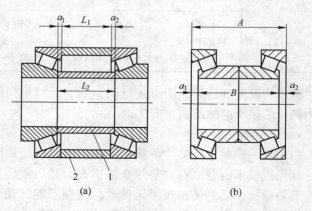

(a)　　　　　　　　　　　(b)

图 4-21　止推环调整法
1—止推环；2—止动片

图 4-22　用内、外套调整轴承轴向游隙
1—内套；2—外套

当两个轴承调换位置互相靠紧轴向间隙为零 [见图 4-22（b）] 时，测量尺寸 A、B。

$$A - B = a_1 + a_2$$

所以　　　　　　　　　$L_1 = L_2 - (A - B)$

为了使两个轴承各有轴向间隙 C，内外套的长度应有下列关系：

$$L_1 = L_2 - (A - B) - 2C \qquad (4-12)$$

B　游隙不可调整的滚动轴承

游隙不可调整的滚动轴承，由于在运转时轴受热膨胀而产生轴向移动，从而使轴承的内外圈共同发生位移，若无位移的余地，则轴承的径向游隙减小。为避免这种现象，在装配双支撑的滚动轴承时，应将其中一个轴承和其端盖间留出一轴向间隙 C，如图 4-23 所

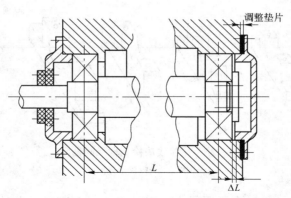

图 4 - 23 轴承装配的轴向热膨胀间隙

示。C 值可按下式计算：

$$C = \Delta L + 0.15 = L\alpha\Delta t + 0.15 \qquad (4-13)$$

式中 C——轴向间隙，mm；

ΔL——轴因温度升高而发生的轴向膨胀量，mm；

L——两轴承的中心距，mm；

α——轴材料的线膨胀系数，1/℃；

Δt——运转时轴与轴承体的温度差，一般为 10～15℃；

0.15——轴膨胀后的剩余轴向间隙量，mm。

在一般情况下，轴向间隙 C 值常取 0.25～0.50mm。

4.5.2 滑动轴承的装配

滑动轴承的类型很多，常见的主要有剖分式滑动轴承、整体式滑动轴承和油膜式滑动轴承等。装配前都应修毛刺、清洗、加油，并注意轴承加油孔的工作位置。

4.5.2.1 剖分式滑动轴承的装配

剖分式滑动轴承的装配过程是：清洗、检查、刮研、装配和间隙的调整等步骤。

A 轴瓦的清洗与检查

首先核对轴承的型号，然后用煤油或清洗剂清洗干净。轴瓦质量的检查可用小铜锤沿轴瓦表面轻轻地敲打，根据响声判断轴瓦有无裂纹、砂眼及孔洞等缺陷，如有缺陷应采取补救措施。

B 轴承座的固定

轴承座通常用螺栓固定在机体上。安装轴承座时，应先把轴瓦装在轴承座上，再按轴瓦的中心进行调整。同一传动轴上的所有轴承的中心应在同一轴线上。装配时可用拉线的方法进行找正，如图 4 - 24 所示。之后用涂色法检查轴颈与轴瓦表面的接触情况，符合要求后，将轴承座牢固地固定在机体或基础上。

C 轴瓦的刮研

为将轴上的载荷均匀地传给轴承座，要求轴瓦背与轴承座内孔应有良好的接触，配合

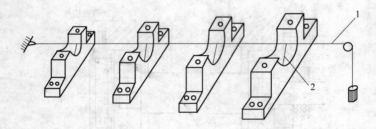

图 4 – 24　用拉线法检测轴承同轴度
1—钢丝；2—内径千分尺

紧密。下轴瓦与轴承座的接触面积不得小于 60% ，上轴瓦与轴承盖的接触面积不得小于 50% 。这就要进行刮研，刮研的顺序是先下瓦后上瓦。刮研轴瓦背时，以轴承座内孔为基准进行修配，直至达到规定要求为止。另外，要刮研轴瓦及轴承座的剖分面。轴瓦剖分面应高于轴承座剖分面，以便轴承座拧紧后，轴瓦与轴承座具有过盈配合性质。

　　用涂色法检查轴颈与下轴瓦的接触，应注意将轴上的所有零件都装上。首先在轴颈上涂一层红铅油，然后使轴在轴瓦内正、反方向各转一周，在轴瓦面较高的地方则会呈现出色斑，用刮刀刮去色斑。刮研时，每刮一遍应改变一次刮研方向，继续刮研数次，使色斑分布均匀，直到符合要求为止。

　　D　轴瓦的装配

　　上下两轴瓦扣合，其接触面应严密，轴瓦与轴承座的配合应适当，一般采用较小的过盈配合，过盈量为 0.01～0.05mm。轴瓦的直径不得过大，否则轴瓦与轴承座间就会出现"加帮"现象，如图 4 – 25 所示。轴瓦的直径也不得过小，否则在设备运转时，轴瓦在轴承座内会产生颤动，如图 4 – 26 所示。

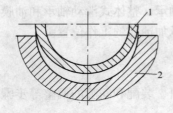

图 4 – 25　轴瓦直径过大
1—轴瓦；2—轴承座

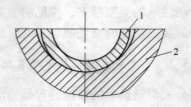

图 4 – 26　轴瓦直径过小
1—轴瓦；2—轴承座

　　为保证轴瓦在轴承座内不发生转动或振动，常在轴瓦与轴承座之间安放定位销。为了防止轴瓦在轴承座内产生轴向移动，一般轴瓦都有翻边，没有翻边的则带有止口，翻边或止口与轴承座之间不应有轴向间隙，如图 4 – 27 所示。

　　装配轴瓦时，必须注意两个问题：轴瓦与轴颈间的接触角和接触点。

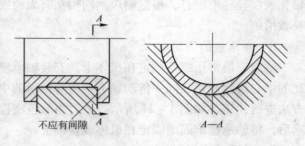

图 4 – 27　轴瓦翻边或止口应无轴向间隙

轴瓦与轴颈之间的接触表面所对的圆心角称为接触角，此角度过大，不利润滑油膜的形成，影响润滑效果，使轴瓦磨损加快；若此角度过小，会增加轴瓦的压力，也会加剧轴瓦的磨损。一般接触角取为60°~90°。

轴瓦和轴颈之间的接触点与机器的特点有关：

低速及间歇运行的机器　　　　　　1~1.5 点/cm²
中等负荷及连续运转的机器　　　　2~3 点/cm²
重负荷及高速运转的机器　　　　　3~4 点/cm²

E　间隙的检测与调整

a　间隙的作用及确定

轴颈与轴瓦的配合间隙有两种：一种是径向间隙；另一种是轴向间隙。径向间隙包括顶间隙和侧间隙，如图4-28所示。顶间隙为 a，侧间隙为 b，轴向间隙为 S。

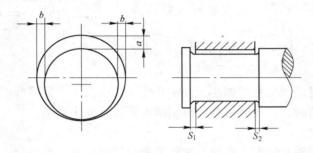

图4-28　滑动轴承间隙

顶间隙的主要作用是保持液体摩擦，以利形成油膜。侧间隙的主要作用是为了积聚和冷却润滑油。在侧间隙处开油沟或冷却带，可增加油的冷却效果，并保证连续地将润滑油吸到轴承的受载部分，但油沟不可开通，否则运转时将会漏油。

轴向间隙的作用是轴在温度变化时有自由伸长的余地。

顶间隙可由计算决定，也可根据经验决定。对于采用润滑油润滑的轴承，顶间隙为轴颈直径的0.10%~0.15%；对于采用润滑脂润滑的轴承，顶间隙为轴颈直径的0.15%~0.20%。如果负荷作用在上轴瓦时，上述顶间隙值应减小15%。

同一轴承两端顶间隙之差应符合表4-7的规定。

表4-7　滑动轴承两端顶间隙之差　　　　　　　　（mm）

轴颈公称直径	≤50	>50~120	>120~220	>220
两端顶间隙之差	≤0.02	≤0.03	≤0.05	≤0.10

侧间隙两侧应相等，单侧间隙应为顶间隙的1/2~2/3。

在固定端轴向间隙不得大于0.2mm，在自由端轴向间隙不应小于轴受热膨胀时的伸长量。

b　间隙的测量及调整

检查轴承径向间隙，一般采用压铅测量法和塞尺测量法。

压铅测量法

压铅法测量较为精确，测量时先将轴承盖打开，用直径为顶间隙1.5~2倍、长度为

15～40mm 的软铅丝或软铅条，分别放在轴颈上和轴瓦的剖分面上。如图 4 – 29 所示，因轴颈表面光滑，为了防止滑落，可用润滑脂粘住。然后放上轴承盖，对称而均匀地拧紧连接螺栓，再用塞尺检查轴瓦剖分面间的间隙是否均匀相等。最后打开轴承盖，用千分尺测量被压扁的软铅丝的厚度。其顶间隙的平均值按下列公式计算：

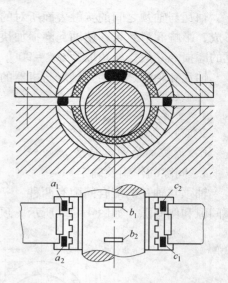

$$A_1 = \frac{a_1 + c_1}{2} \quad A_2 = \frac{a_2 + c_2}{2} \quad (4-14)$$

$$S_{平均} = \frac{(b_1 - A_1) + (b_2 - A_2)}{2} \quad (4-15)$$

式中　　b_1，b_2——轴颈上各段铅丝压扁后的厚度，mm；

a_1，a_2，c_1，c_2——轴瓦接合面上各垫片的厚度或铅丝压扁后的厚度，mm。

图 4 – 29　压铅法测量轴承顶间隙

按上述方法测得的顶间隙值如小于规定数值时，应在上下瓦接合面间加垫片来重新调整。如大于规定数值时，则应减去垫片或刮削轴瓦接合面来调整。

塞尺测量法

对于轴径较大的轴承间隙，可用宽度较窄的塞尺直接塞入间隙内，测出轴承顶间隙和侧间隙。对于轴径较小的轴承，因间隙小，测量的相对误差大，故不宜采用。必须注意，采用塞尺测量法测出的间隙，总是略小于轴承的实际间隙。

对于受轴向负荷的轴承还应检查和调整轴向间隙。测量轴向间隙时，可将轴推移至轴承一端的极限位置。然后用塞尺或千分表测量。如轴向间隙不符合规定，可修刮轴瓦端面或调整止推螺钉。

4.5.2.2　整体式滑动轴承的装配

整体式滑动轴承主要由整体式轴承体和圆形轴瓦（轴套）组成。这种轴承与机壳连为一体或用螺栓固定在机架上。轴套一般由铸造青铜等材料制成。为了防止轴套的转动，通常设有止动螺钉。整体式滑动轴承的优点是，结构简单，成本低。缺点是，当轴套磨损后，轴颈与轴套之间的间隙无法调整。另外，轴颈只能从轴套端穿入，装拆不方便。因而整体式滑动轴承只适用于低速、轻载而且装拆场所允许的机械。

整体式滑动轴承的装配过程主要包括轴套与轴承孔的清洗、检查、轴套安装等步骤。

A　轴套与轴承孔的清洗检查

轴套与轴承孔用煤油或清洗剂清洗干净后，应检查轴套与轴承孔的表面情况以及配合过盈量是否符合要求，然后再根据尺寸以及过盈量的大小选择轴套的装配方法。

轴套的精度一般由制造保证，装配时只需将配合面的毛刺用刮刀或油石清除。必要时才作刮配。

B　轴套安装

轴套的安装可根据轴套与轴承孔的尺寸以及过盈量的大小选用压入法或温差法。

压入法一般是用压力机压装或用人工压装。为了减少摩擦阻力，使轴套顺利装入，压装前可在轴套表面涂上一层薄的润滑油。用压力机压装时，轴套的压入速度不宜太快，并要随时检查轴套与轴承孔的配合情况。用人工压装时，必须防止轴套损坏。不得用锤头直接敲打轴套，应在轴套上端面垫上软质金属垫，并使用导向轴或导向套，如图 4 - 30 所示，导向轴、导向套与轴套的配合应为动配合。

对于较薄且长的轴套，不宜采用压入法装配，而应采用温差法装配，这样可以避免轴套的损坏。

轴套压入轴承孔后，由于是过盈配合，轴套的内径将会减小，因此在轴颈未装入轴套之前，应对轴颈与轴套的配合尺寸进行测量。测量的方法如图 4 - 31 所示，即测量轴套时应在距轴套端面 10mm 左右的两点和中间一点，在相互垂直的两个方向上用内径千分尺测量。同样在轴颈相应的部位用外径千分尺测量。根据测量的结果确定轴颈与轴套的配合是否符合要求，如轴套内径小于规定的尺寸，可用铰刀或刮刀进行刮修。

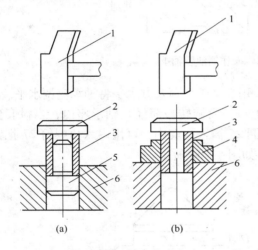

图 4 - 30　轴套装配方法
(a) 利用导向轴装配；(b) 利用导向套装配
1—手锤；2—软垫；3—轴套；4—导向套；5—导向轴；6—轴承孔

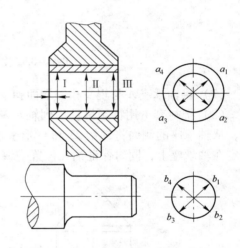

图 4 - 31　轴套与轴颈的测量

4.5.2.3　动压油膜轴承的装配

动压油膜轴承为全封闭式精密轴承，属液体摩擦轴承，具有很大的承载能力和很小的摩擦系数，已经广泛地应用于轧辊轴承上。

动压油膜轴承主要由衬套、锥形套、轴承座、止推轴承、密封圈等部分组成，加工制造较为精密，在使用过程中，油的清洁度要求甚高，所以在装配中一定要注意清洁，防止污染。其次不要碰伤零件，尤其是巴氏合金衬套和锥形套不允许有任何细微的擦伤。因此在装配中必须由受过专门训练的人在特定的场所进行。

现仅以连轧机操作侧支撑辊的油膜轴承（见图 4 - 32）为例，简述其装配顺序。

（1）对各组件主要零件严格检查配合尺寸。用干净油、汽油冲洗各零件。在清洗时对有油孔的零件要用压缩空气吹扫。

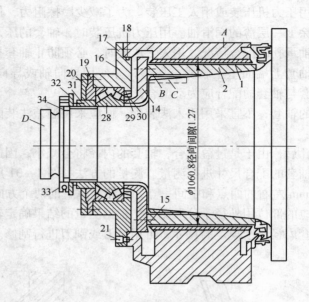

图 4 - 32　支撑辊操作侧油膜轴承

（2）将轴承座 A 与辊身相邻端面朝下，用 3 个千斤顶及方水平将轴承座调水平。

（3）把衬套 1 用特制吊具吊到轴承座上，一面旋转一面插入轴承座内，当衬套到位后，从轴承座的侧面将锁销 25 和 O 形密封圈 26 插入衬套内，再用内六角螺钉 27 把锁销固定在轴承座上，同时保证油孔位置一致，如图 4 - 33 所示。

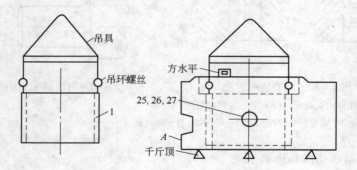

图 4 - 33　油膜轴承装配图之一

（4）将锥形套 2 与辊身相邻端面朝下放在工作台上，将端部挡环 14 装到锥形套上，并用螺钉 15 连接，再把锥形套吊起插入衬套中，如图 4 - 34 所示。在插入时千万不要碰坏衬套里高精度的巴氏合金孔表面。

（5）组装止推轴承 28。先把弹簧 30 和弹簧座 29 装入轴承箱体 16 内，再装轴承 28，然后在轴承护圈 19 装上弹簧和弹簧座，把 O 形密封圈 18 嵌入 16 内，一起装到轴承座上去，并紧固螺钉 17，如图 4 - 35 所示。

（6）将轴承座组装件转 90°，即按工作状态放置。

（7）组装密封组合件。将甩油环 3 和 O 形密封圈 13 配合好，装入锥形套的辊身侧，

4.5 轴承的装配

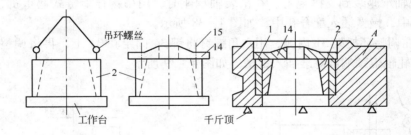

图 4 – 34　油膜轴承装配图之二

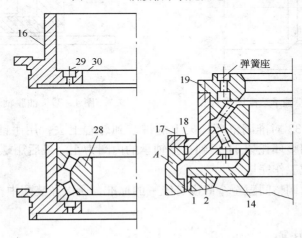

图 4 – 35　油膜轴承装配图之三

用内六角螺钉 4 轻轻拧上，在锥形套和甩油环之间放入油封 12，再紧固内六角螺钉 4。将两油封 11 的护圈 8 和 O 形密封环 10 用螺钉 9 固定到轴承座的辊身侧。将伸出环 5 用螺钉 7 固定到已装入锥形套内甩油环 3 上，再装密封环 6，用螺钉 24 把防鳞环 27 拧到护圈 8 上，如图 4 – 36 所示。

（8）将支撑辊 D 放在工作台上，键槽方向朝上，用内六角螺钉 C 将锥形套固定键 B 紧固在槽内，如图 4 – 37 所示。

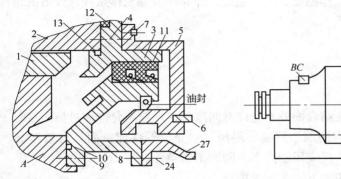

图 4 – 36　油膜轴承装配图之四

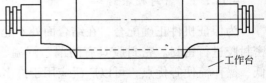

图 4 – 37　油膜轴承装配图之五

（9）把轴承座装到支撑辊上。在吊装轴承座时，用吊钩挂上链式起重机，以便轴承座调平及对中，慢慢插入配合孔中，如图 4 - 38 所示。

（10）在调整环托架 31 内侧，用六角螺钉将键 34 固定在 31 上，再将调整环 32 与托架拧上，从轧辊辊颈端部对准插入键槽。如图 4 - 39 所示。

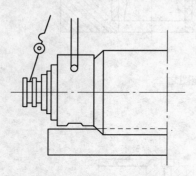

图 4 - 38　油膜轴承装配图之六

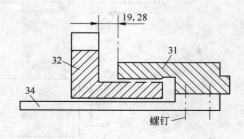

图 4 - 39　油膜轴承装配图之七

（11）把止推板 33 对准调整环托架上的键装到轧辊上去，用手锤敲特制的环形扳手来转动调整环，使调整环托架 31 顶到止推轴承的内圈为止。最后用螺丝把止推板 33 与调整环拧上。整个装配工作完毕。

由于油膜轴承的调整间隙至今尚没有统一的标准，所以在装配中，要按图样规定的间隙进行调整。

4.6　密封装置的装配

为了防止润滑油脂从机器设备接合面的间隙中泄露出来，并不让外界的脏物、尘土、水和有害气体侵入，机器设备必须进行密封。密封性能的优劣是评价机械设备的一个重要指标。由于油、水、气等的泄漏，轻则造成浪费、污染环境，又对人身、设备安全及机械本身造成损害，使机器设备失去正常的维护条件，影响其寿命；重则可能造成严重事故。因此，必须重视和认真搞好设备的密封工作。

机器设备的密封主要包括固定连接的密封（如箱体结合面、连接盘等的密封）和活动连接的密封（如填料密封、轴头油封等）。采用的密封装置和方法种类很多，应根据密封的介质种类、工作压力、工作温度、工作速度、外界环境等工作条件，设备的结构和精度等进行选用。

4.6.1　固定连接密封

4.6.1.1　密封胶密封

为保证机件正确配合，在结合面处不允许有间隙时，一般不允许加衬垫，这时一般用密封胶进行密封。密封胶具有防漏、耐温、耐压、耐介质等性能，而且有效率高、成本低、操作简便等优点，可以广泛应用于许多不同的工作条件。

密封胶使用时应严格按照如下工艺要求进行：

（1）密封面的处理。各密封面上的油污、水分、铁锈及其他污物应清理干净，并保证其应有的粗糙度，以便达到紧密结合的目的。

（2）涂敷。一般用毛刷涂敷密封胶。若密封胶黏度太大时，可用溶剂稀释，涂敷要均匀，不要过厚，以免挤入其他部位。

（3）干燥。涂敷后要进行一定时间干燥，干燥时间可按照密封胶的说明进行，一般为 3～7min。干燥时间长短与环境温度和涂敷厚度有关。

（4）紧固连接。紧固时施力要均匀。由于胶膜越薄，凝附力越大，密封性能越好，所以紧固后间隙为 0.06～0.1mm 比较适宜。当大于 0.1mm 时，可根据间隙数值选用固体垫片结合使用。

表4-8列出了密封胶使用时泄漏原因及分析。

表 4-8　密封胶泄漏原因及分析

泄 漏 原 因	原 因 分 析
工艺问题	①结合处处理的不洁净； ②结合面间隙过大（不宜大于0.1mm）； ③涂敷不周； ④涂层太厚； ⑤干燥时间过长或过短； ⑥连接螺栓拧紧力矩不够； ⑦原有密封胶在设备拆除重新使用时未更换新密封胶
选用密封胶材质不当	所选用密封胶与实际密封介质不符
温度、压力问题	工作温度过高或压力过大

4.6.1.2　密合密封

由于配合的要求，在结合面之间不允许加垫料或密封胶时，常常依靠提高结合面的加工精度和降低表面粗糙度进行密封。这时，除了需要在磨床上精密加工外，还要进行研磨或刮研使其达到密合，其技术要求是有良好的接触精度和不泄漏试验。机件加工前，还需经过消除内应力退火。在装配时注意不要损伤其配合表面。

4.6.1.3　衬垫密封

承受较大工作负荷的螺纹连接零件，为了保证连接的紧密性，一般要在结合面之间加刚性较小的垫片。如：纸垫、橡胶垫、石棉橡胶垫、紫铜垫等。垫片的材料根据密封介质和工作条件选择。衬垫装配时，要注意密封面的平整和清洁，装配位置要正确，应进行正确的预紧。维修时，拆开后如发现垫片失去了弹性或已破裂，应及时更换。

4.6.2　活动连接的密封

4.6.2.1　填料密封

填料密封（见图4-40）的装配工艺要点是：

（1）软填料可以是一圈圈分开的，各圈在轴上不要强行张开，以免产生局部扭曲或断裂。相邻两圈的切口应错开180°。软填料也可以作成整条的，在轴上缠绕成螺旋形。

（2）当壳体为整体圆筒时，可用专用工具把软填料推入孔内。

（3）软填料由压盖 5 压紧。为了使压力沿轴向分布尽可能均匀，以保证密封性能和均匀磨损，装配时，应由左到右逐步压紧。

（4）压盖螺钉 4 至少有两只，必须轮流逐步拧紧。以保证圆周力均匀。同时用手转动主轴，检查其接触的松紧程度，要避免压紧后再行松出。软填料密封在负荷运转时，允许有少量泄漏。运转后继续观察，如泄漏增加，应再缓慢均匀拧紧压盖螺钉（一般每次再拧进 1/6 ~ 1/2 圈）。但不应为争取完全不漏而压得太紧，以免摩擦功率消耗太大或发热烧坏。

4.6.2.2　油封密封

油封是广泛用于旋转轴上的一种密封装置，其结构比较简单，如图 4-41 所示，按结构可分为骨架式和无骨架式两类。装配时应使油封的安装偏心量和油封与轴心线的相交度最小，要防止油封刃口、唇部受伤，同时要使压紧弹簧有合适的拉紧力。装配要点如下：

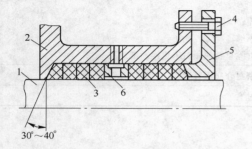
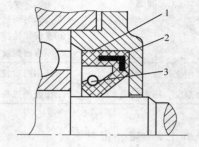

图 4-40　填料密封　　　　　　　　　　　图 4-41　油封结构

1—主轴；2—壳体；3—软填料；4—螺钉；5—压盖；6—孔环　　　1—油封体；2—金属骨架；3—压紧弹簧

（1）检查油封孔、壳体孔和轴的尺寸，壳体孔和轴的表面粗糙度是否符合要求，密封唇部是否损伤，并在唇部和主轴上涂以润滑油脂。

（2）压入油封要以壳体孔为准，不可偏斜，并应采用专门工具压入，绝对禁止棒打锤敲的粗野做法。壳体孔应有较大倒角。油封外圈及壳体孔内涂以少量润滑油脂。

（3）油封装配方向，应该使介质工作压力把密封唇部紧压在主轴上，而不可装反。如用作防尘时，则应使唇部背向轴承。如需同时解决防漏和防尘，应采用双面油封。

（4）油封装入壳体孔后，应随即将其装入密封轴上。当轴端有键槽、螺钉孔、台阶等时，为防止油封刃口在装配中损伤，可采用导向套，如图 4-42 所示。

装配时要在轴上与油封刃口处涂润滑油，防止油封在初运转时发生干摩擦而使刃口烧坏。另外，还应严防油封弹簧脱落。

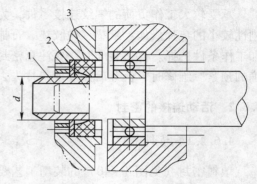

图 4-42　防止唇部受伤的装配导向套

1—导向套；2—轴；3—油封

油封的泄漏及防止措施见表4-9。

表4-9 油封的泄漏及防止措施

泄漏原因	原因分析	防止措施
唇部损伤或折叠	装配时由于与键槽、螺钉孔、台阶等的锐边接触，或毛刺未去除干净	去除毛刺、锐边、采用装配导向套，并注意保持唇部的正确位置
	轴端倒角不合适	倒角30°左右，并与轴颈光滑过渡
	由于包装、储藏、输送等工作未做好	油封不用时不要拆开包装，不要过多重叠堆积，应存储在阴凉干燥处
唇部早期磨损或老化龟裂	唇部和轴的配合过紧	配合过盈对低速可大点，对高速可小点
	拉紧弹簧径向压力过大	可改较长的拉紧弹簧
	唇部与轴间润滑油不充分或无润滑油	加润滑油
	与主轴线速度不适应	低速油封不能用于高速
	前后轴承孔的同轴度超差，以至主轴作偏心旋转	装配前应校正轴承的同轴度
	与使用温度不相应	应根据需要选用耐热或耐寒的橡胶油封
	油液压力超过油封承受限度	压力较大时应采用耐压油封或耐压支撑圈
油封与主轴或壳体孔未完全密贴	主轴或壳体孔尺寸超差	装配前应进行检查
	在主轴或壳体孔装油封处有油漆或其他杂质	装油封处注意清洗并保持清洁
	装配不当	遵守装配规程

4.6.2.3 密封圈密封

密封元件中最常用的就是密封圈，密封圈的截面形状有圆形（O形）和唇形，其中用得最早、最多、最普遍的是O形密封圈。

A 密封圈装配的一般要求

装配前应检查密封圈是否有缺陷；密封圈的规格与对应的沟槽是否相匹配；为了便于安装，须将密封圈涂以润滑油；装配时，如需越过螺纹、键槽或锐边、尖角部位，应采用装配导向套；安装唇形密封圈时，其唇边应对着被密封介质的压力方向；切勿漏装密封圈及防止报废的密封圈再用。

B 常用密封圈及装配

a O形密封圈及装配

O形密封圈是压紧型密封，故在其装入密封沟槽时，必须保证O形密封圈有一定的预压缩量，一般截面直径压缩量为8%~25%。O形密封圈对被密封表面的粗糙度要求很高，一般规定静密封零件表面粗糙度 R_a 值为6.3~3.2，动密封零件表面粗糙度 R_a 值为0.4~0.2。

O形密封圈既可用作静密封，又可用于动密封。O形密封圈的安装质量，对O形密封圈的密封性能与寿命均有重要影响，在装配O形密封圈时应注意以下几点：

（1）装配前须将O形密封圈涂润滑油。装配时轴端和孔端应有15°~20°的引入角。

当O形密封圈需通过螺纹、键槽、锐边、尖角等时，应采用装配导向套。

（2）当工作压力超过一定值（一般10MPa）时，应安放挡圈，需特别注意挡圈的安装方向，单边受压，装于反侧。

（3）在装配时，应预先把需装的O形密封圈如数领好，放入油中，装配完毕，如有剩余的O形圈，必须检查重装。

（4）为防止报废O形密封圈的误用，装配时换下来的或装配过程中弄废的O形密封圈，一定立即剪断收回。

（5）装配时不得过分拉伸O形密封圈，也不得使密封圈产生扭曲。

（6）密封装置固定螺孔深度要足够。否则两密封平面不能紧固封严，产生泄漏，或在高压下把O形密封圈挤坏。

b　唇形密封圈及装配

唇形密封圈的应用范围很广，既适用于大中小直径的活塞、柱塞的密封，也适用于高低速往复运动和低速旋转运动的密封。

唇形密封圈的装配应按下列要求进行：

（1）唇形圈在装配前，首先要仔细检查密封圈是否符合质量要求，特别是唇口处不应有损伤、缺陷等。其次仔细检查被密封部位相关尺寸精度和粗糙度是否达到要求，对被密封表面的粗糙度要求一般 $R_a \leqslant 1.6$。

（2）装配唇形圈的有关部位，如缸筒和活塞杆的端部，均需倒成15°～30°的倒角，以避免在装配过程中损伤唇形圈唇部。

（3）在装配唇形圈时，如需通过螺纹表面和退刀槽，必须在通过部位套上专用套筒，或在设计时，使螺纹和退刀槽的直径小于唇形圈内径。反之，在装配唇形圈时，如需通过内螺纹表面和孔口，必须使通过部位的内径大于唇形圈的外径或加工出倒角。

（4）为减小装配阻力，在装配时，应将唇形圈与装入部位涂敷润滑脂。

（5）在装配中，应尽力避免使其有过大的拉伸，以免引起塑性变形。当装配现场温度较低时，为便于装配，可将唇形圈放入60℃左右的热油中加热，但不可超过唇形圈的使用温度。

（6）当工作压力超过20MPa时，除复合唇形圈外，均须加挡圈，以防唇形圈挤出。挡圈均应装在唇形圈的根部一侧，当其随同唇形圈向缸筒里装入时，为防止挡圈斜切口被切断，放入槽沟后，用润滑脂将斜切口粘接固定，再行装入。

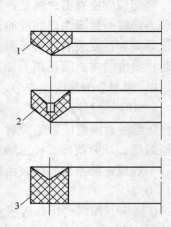

开口式挡圈在使用中，有时可能在切口处出现间隙，影响密封效果。因此，在一般情况下，应尽量采用整体式挡圈。聚四氟乙烯制作的挡圈，一旦拉伸，要恢复原尺寸，需要较长时间。因此，不应该将拉伸后装入活塞上的挡圈立即装入缸筒内，须等尺寸复原后再行装配。

唇形密封圈种类很多，根据截面形状不同，可分为V形（见图4-43）、Y形、Y_x形、U形、L形等。V形密封圈是唇形密封圈中应用最早、最广泛的一种。根据

图4-43　V形密封圈的断面形状
1—支撑环；2—密封环；3—压环

采用材质的不同，V形密封圈可分为V形夹织物橡胶密封圈、V形橡胶密封圈和V形塑料密封圈。其中V形夹织物橡胶密封圈应用最普遍。

V形夹织物橡胶密封圈由一个压环、数个重叠的密封环和一个支撑环组成。使用时，必须将这三部分有机地组合起来，不能单独使用。密封环的使用个数随压力高低和直径大小而不同，压力高、直径大时可用多个密封环。在V形密封装置中真正起密封作用的是密封环，压环和支撑环只起支撑作用。

Y形密封圈可分为两种：Y形橡胶密封圈（见图4-44）和Y_X形聚氨酯密封圈（见图4-45、图4-46）。这两种密封圈在使用中只要用单圈就可以实现密封。适用于运动速度较高的场合，工作压力可达20MPa。Y形密封圈对被密封表面的粗糙度要求，一般规定轴的表面粗糙度$R_a \leqslant 0.4$，孔的表面粗糙度$R_a \leqslant 0.8$。

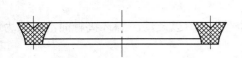

图4-44 Y形橡胶密封圈

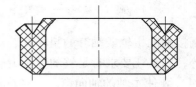

图4-45 Y_X形聚氨酯密封圈（孔用）

Y_X形聚氨酯密封圈装配时，必须区分是孔用还是轴用，不得互相代替。所谓孔用即是密封圈的短脚（外唇边）和缸筒内壁做相对运动，长脚（内唇边）和轴相对静止，起支撑作用。所谓轴用即是密封圈的短脚（内唇边）和轴做相对运动，长脚（外唇边）和缸筒相对静止，起支撑作用。

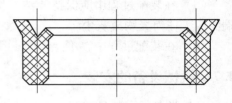

图4-46 Y_X形聚氨酯密封圈（轴用）

4.6.2.4 机械密封

机械密封是旋转轴用的一种密封装置。它的主要特点是密封面垂直于旋转轴线，依靠动环和静环端面接触压力来阻止和减少泄漏。

机械密封装置密封原理如图4-47所示。轴1带动动环2旋转，静环5固定不动，依靠动环2和静环5之间接触端面的滑动摩擦保持密封。在长期工作摩擦表面磨损过程中，弹簧3推动动环2，以保证动环2与静环5接触而无间隙。为了防止介质通过动环2与轴1之间的间隙泄漏，装有动密封圈7；为防止介质通过静环与壳体4之间的间隙泄漏，装有静密封圈6。

机械密封装置在装配时，必须注意如下事项：

（1）按照图样技术要求检查主要零件，如轴的表面粗糙度、动环及静环密封表面粗糙度和平面度等是否符合规定。

（2）找正静环端面，使其与轴线的垂直度误差小于0.05mm。

（3）必须使动、静环具有一定的浮动性，以便在运动过程中能适应影响动、静环端面接触的各种偏差，这是保证密封性能的重要条件。浮动性取决于密封圈的准确装配、与

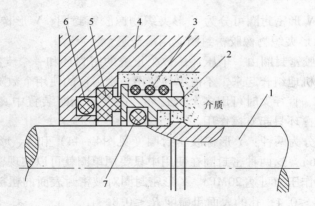

图 4 – 47　机械密封装置

1—轴；2—动环；3—弹簧；4—壳体；5—静环；6—静环密封圈；7—动环密封圈

密封圈接触的主轴或轴套的粗糙度、动环与轴的径向间隙以及动、静环接触面上摩擦力的大小等，而且还要求有足够的弹簧力。

（4）要使主轴的轴向窜动、径向跳动和压盖与轴的垂直度误差在规定范围内。否则将导致泄漏。

（5）在装配过程中应保持清洁，特别是主轴装置密封的部位不得有锈蚀，动、静环端面应无任何异物或灰尘。

（6）在装配过程中，不允许用工具直接敲击密封元件。

4.7　机械设备的安装

机械设备的安装是按照一定的技术条件，将机械设备正确地安装和牢固地固定在基础上。机械设备的安装是机械设备从制造到投入使用的必要过程。机械设备安装的好坏，直接影响机械设备的使用性能和生产的顺利进行。机械设备的安装工艺过程包括：基础的验收、安装前的物质和技术装备、设备的吊装、设备安装位置的检测和校正、基础的二次灌浆及试运转等。

机械设备安装首先要保证机械设备的安装质量。机械设备安装之后，应按安装规范的规定进行试车，并能达到国家部委颁发的验收标准和机械设备制造厂的使用说明书的要求，投入生产后能达到设计要求。其次，必须采用科学的施工方法，最大限度地加快施工速度，缩短安装的周期，提高经济效益。此外，机械设备的安装还要求设计合理、排列整齐，最大限度地节省人力、物力、财力。最后，必须重视施工的安全问题，坚决杜绝人身和设备安全事故的发生。

4.7.1　基础的验收及处理

4.7.1.1　基础的施工

基础的施工是由土建工程部门来完成的，但是生产和安装部门也必须了解基础施工过程，以便进行技术监督和基础验收工作。

基础施工一般过程为：

（1）放线、挖基坑、基坑土壤夯实。

（2）装设模板。

（3）根据要求配置钢筋，按准确位置固定地脚螺丝和预留孔模板。

（4）测量检查标高、中心线及各部分尺寸。

（5）配置浇注混凝土。

（6）基础的混凝土初凝后，要洒水维护保养。

（7）拆除模板。

为使基础混凝土达到要求的强度，基础浇灌完毕后不允许立即进行机器的安装，至少应该保养 7~14 天，当机器在基础上面安装完毕后，应至少经 15~30 天之后才能进行机器的试车。

4.7.1.2 基础的验收

基础验收的具体工作就是由安装部门根据图样和技术规范，对基础工程进行全面检查。主要检查内容包括：通过混凝土试件的实验结果来检验混凝土的强度是否符合设计要求；基础的几何尺寸是否符合设计要求；基础的形状是否符合设计要求；基础的表面质量等等。

安装金属压力加工设备时，基础验收应遵照《冶金机械设备安装工程施工及验收规范通用规定》YBJ201—83 中基础检查的条款执行。

4.7.1.3 基础的处理

在验收基础上发现的不合格项目均应进行处理。常见的不合格项目是地脚螺丝预埋尺寸在混凝土浇灌时错位而超过安装标准。新的处理方法是用环氧砂浆粘接。

在安装重型机械时，为防止安装后基础的下沉或倾斜而破坏机械的正常运转，要对基础进行预压。当基础养护期满后，在基础上放置重物，进行预压。每天用水准仪观察，直至基础不再下沉为止。

在安装机械设备之前要认真清理基础表面，在基础的表面，除放置垫板的位置外，需要二次灌浆的地方都应铲麻面，以保证基础和二次灌浆应能结合牢固。铲麻面要求每 100cm^2 有 2~3 个深 10~20mm 的小坑。

4.7.2 机械安装前的准备工作

机械设备安装之前，有许多准备工作要做。工程质量的好坏、施工速度的快慢都和施工的准备工作有关。

机械设备安装工程的准备工作主要包括下列几个方面：

4.7.2.1 组织、技术准备

A 组织准备

在进行一项大型设备的安装之前，应该根据当时的情况，结合具体条件成立适当的组织机构，并且分工明确、紧密协作，以使安装工作有步骤地进行。

　　B　技术准备

　　技术准备是机械设备安装前的一项重要准备工作，主要包括以下内容：

　　（1）研究机械设备的图样、说明书、安装工程的施工图、国家部委颁发的机械设备安装规范和质量标准。施工之前，必须对施工图样进行会审，对工艺布置进行讨论审查，注意发现和解决问题。例如：检查设计图样和施工现场尺寸是否相符、工艺管线和厂房原有管线有无冲突等。

　　（2）熟悉设备的结构特点和工作原理，掌握机械设备的主要技术数据、技术参数、使用性能和安装特点等。

　　（3）对安装工人进行必要的技术培训。

　　（4）编制安装工程施工作业计划。安装工程施工作业计划应包括安装工程技术要求、安装工程的施工程序、安装工程的施工方法、安装工程所需机具和材料及安装工程的试车步骤方法和注意事项。

　　安装工程的施工程序是整个安装工程有计划、有步骤地完成的关键。因此，必须按照机械设备的性质，本单位安装机具和安装人员的状况以最科学、合理的方法安排施工程序。

　　确定施工方法时可参考以往的施工经验；听取有关专家的建议；广泛听取安装工人和工程技术人员的意见等。

4.7.2.2　供应准备

　　供应准备是安装中的一个重要方面。供应准备主要包括机具准备和材料准备。

　　A　机具准备

　　根据设备的安装要求准备各种规格和精度的安装检测机具和起重运输机具。并认真地进行检查，以免在安装过程中才发现不能使用或发生安全事故。

　　常用的安装检测机具包括水平仪、经纬仪、水准仪、准直仪、拉线架、平板、弯管机、电焊机、气割、气焊、扳手、万能角度尺、卡尺、塞尺、千分尺、千分表及各种检验测试设备等。

　　起重运输机具包括：双梁、单梁桥式起重机、汽车吊、坦克吊、卷扬机、起重杆、起重滑轮、葫芦、绞盘、千斤顶等起重设备；汽车、拖车、拖拉机等运输设备；钢丝绳、麻绳等索具。

　　B　材料准备

　　安装中所用的材料要事先准备好。对于材料的计划与使用，应当是既要保证安装质量与进度，又要注意降低成本，不能有浪费现象。安装中所需材料主要包括：

　　各种型钢、管材、螺栓、螺母、垫片、铜皮、铝丝等金属材料；石棉、橡胶、塑料、沥青、煤油、机油、润滑油、棉纱等非金属材料。

4.7.2.3　安装技术工人数量的估计

　　合理、科学地对某一项安装工程所需的技术工人进行数量统计，是安装工程现代化管理的一个重要方面。

　　安装工人的数量统计与下列因素有关，每年所安装设备台数、每台设备安装工日定额、每年工作日、工人缺勤率等。对于每年工作日数，应考虑到安装前的土建工程完工及设备到货、设计出图时间的影响。所需要安装工人的数量可用下列公式进行估算：

$$A = \frac{CK}{D} \left(1 + \frac{5}{100}\right) \tag{4-16}$$

式中　A——每年所需要的安装工人数；

　　　C——每年须完成安装的设备台数；

　　　K——每台设备安装工日定额，工日/台；

　　　D——每年工作日数（一般按 229.5 天计）；

　5/100——安装工人缺勤率。

安装工人的技术工种（如钳工、管工、焊工、起重工等）的比例可根据不同安装工程而定。

4.7.2.4　机械的开箱检查与清洗

A　开箱检查

机械设备安装前，要和供货方一起进行设备的开箱检查。检查后应做好记录，并且要双方人员签字。设备的检查工作主要包括以下几项：

（1）设备表面及包装情况。

（2）设备装箱单、出厂检查单等技术文件。

（3）根据装箱单清点全部零件及附件。

（4）各零件和部件有无损坏、变形或锈蚀等现象。

（5）机件各部分尺寸是否与图样要求相符合。

B　清洗

开箱检查后，为了清除机器、设备部件加工面上的防锈剂及残存在部件内的铁屑、锈斑及运输保管过程中的灰尘、杂质，必须对机器和设备的部件进行清洗。清洗步骤一般是：粗洗，主要清除掉部件上的油污、旧油、漆迹和锈斑；细洗，也称油洗，是用清洗油将脏物冲洗干净；精洗，采用清洁的清洗油最后洗净，精洗主要用于安装精度和加工精度都较高的部件。

常用清洗剂简介。

a　碱性清洗剂

碱性清洗剂常用下列配方组成：

（1）氢氧化钠（0.5% ~ 1%）、碳酸钠（5% ~ 10%）、水玻璃（3% ~ 4%）、水（余量）。

（2）氢氧化钠（1% ~ 2%）、磷酸三钠（5% ~ 8%）、水玻璃（3% ~ 4%）、水（余量）。

（3）磷酸三钠（5% ~ 8%）、磷酸二氢钠（2% ~ 3%）、水玻璃（5% ~ 6%）、烷基苯磺酸钠（0.5% ~ 1%）、水（余量）。

（4）油酸三乙醇胺（3%）、苯甲酸钠（0.5%）、十二烷基硫酸钠（0.5% ~ 1%）、水（余量）。

碱性清洗剂成本低，清洗时需加热至 60 ~ 90℃，浸洗和喷洗 10min 左右。其中第一、二两种清洗剂碱性较强，可用来清洗一般钢铁件；第三种清洗剂碱性较弱，可用来清洗一般钢铁件和铝合金件；第四种清洗剂碱性更弱，可用于清洗精加工、抛光后的钢铁、铝合金等加工表面。

　　b　含非离子型表面活性剂的清洗剂

　　这是一种新型的清洗剂，以水为溶剂，对金属的腐蚀性极小，而且附在零件表面的清洗剂干燥后还可以起到防锈作用，是一种理想的清洗剂，推广应用可节省大量石油溶剂。

　　c　石油溶剂

　　石油溶剂主要作用是洗掉机件上的防锈油质，它主要分以下四种：

　　(1) 机械油、汽轮机油和变压器油。使用这类油剂时，常将其加热，加热温度不得超过120℃。

　　(2) 轻柴油。轻柴油是高速柴油机用的燃料，黏度比煤油高，可用于清洗一般钢铁机件。

　　(3) 汽油。汽油是精制的天然石油的直馏产品，含有裂化馏分。汽油易挥发、易燃烧，去除油脂力较强，是常用的清洗剂，可用于钢、铁及有色金属的清洗，清洗后，工件表面由于挥发而吸收了热量，温度下降，当空气湿度大时会发生凝露现象，所以应注意擦干和吹干。

　　(4) 煤油。煤油是易挥发性、易燃烧的清洗剂，因为煤油中含有水分、酸值高，化学稳定性差，清洗后不易去净，会使清洗表面锈蚀，所以精密零件一般不宜采用煤油作最后的清洁剂。

　　d　清洗气相防腐蚀剂的溶液

　　常用气相防腐蚀剂种类很多，有氧化性的，也有非氧化性的，有无机盐类，也有有机盐类。主要种类有：亚硝酸二环乙胺、碳酸环乙胺、亚硝酸钠、磷酸氢二胺、碳酸氢钠、六甲基四胺、碳酸铵等无机盐，三乙醇氨、苯甲酸钠、苯甲酸胺等有机盐等。

　　对于涂有上述气相防腐蚀剂的表面，可用酒精或12%～15%亚硝酸钠和0.5%～0.6%碳酸钠水溶液清洗，对于较难清洗的黏附物可在清洗液中加入表面活性剂进行热清洗。

　　必须指出：有些机器部件，必须在无油情况下工作，因此要进行脱脂，消除部件表面各种油脂，脱脂处理常采用下列脱脂剂：二氯乙炔、三氯乙烯、四氯化碳、95%乙醇、98%浓硝酸、碱性清洗剂，上述脱脂剂脱脂性能各不相同，具有不同的脱脂能力。

4.7.2.5　预装配和预调整

　　为了缩短安装工期，减少安装时的组装、调整工作量，常常在安装前预先对设备的若干零部件进行预装和预调整，把若干零部件组装成大部件。用这些预先组装好的大部件进行安装，可以大大加快安装进度。预装配和预调整可以提前发现设备存在的问题，及时加以处理，以确保安装的质量。

　　大部件整体安装是一项先进的快速施工方法，预装配的目的就是为了进行大部件整体安装。大部件组合的程度应视场地运输和起重的能力而定。如果设备出厂前已组装成大部件，且包装良好，就可以不进行拆卸清洗、检查和预装，而直接整体吊装。

4.7.3 机械的安装

机械设备的安装，重点要注意设置安装基准、设置垫板、设备吊装、找正找平找标高、二次灌浆、试运行几个问题。

4.7.3.1 设置安装基准

机器安装时，其前后左右的位置根据纵横中心线来调整，上下的位置根据标高按基准点来调整。这样就可利用中心线和基准点来确定机器在空间的坐标了。

决定中心线位置的标记称为中心标板，标高的标记称为基准点。

A 基准点的设置

在新安装设备的基础靠近边缘处埋设铆钉，并根据厂房的标准零点测出它的标高，以作为安装机械设备时测量标高的依据，称为基准点。

埋设基准点的目的是因为厂房内原有的基准点，往往被先安装的设备挡住，后安装的设备测量标高时，再用原有的基准点就不如新埋设的基准点准确方便。

基准点的设置方法如图4-48所示。

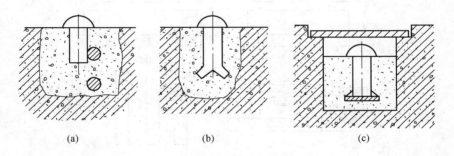

图4-48 基准点的设置方法

(a) 焊在突出的钢筋上；(b) 水泥浆浇灌；(c) 隐蔽基准点

B 中心标板的设置

机械设备安装所用的中心标板如图4-49所示，它是一段长为150~200mm的钢轨或

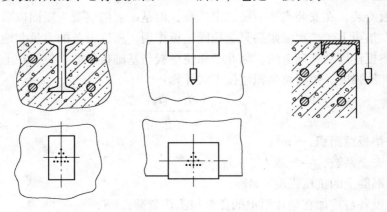

图4-49 中心标板设置方法

工字钢、槽钢、角钢等，用高标号灰浆浇灌固定在机械设备安装中心线两端的基础表面。待安装中心标板处的灰浆全部凝固后，用经纬仪测量机械设备的安装中心线，并投向标板，用钳工的样冲在标板上冲孔作为中心标点，并在点外用红油漆或白油漆作明显标记。根据中心线拉设的安装中心线是找正机械设备的依据。

4.7.3.2　设置垫板

一次浇灌出来的基础，其表面的标高和水平很难满足设备安装精度的要求，因此常采用调整垫板的高度来找正设备的标高和水平。

A　垫板的作用及类型

在机器底座和基础表面间放置垫板的作用：利用调整垫板的高度来找正设备的标高和水平；通过垫板把机器的重量和工作载荷均匀地传给基础；在特殊情况下，也可以通过垫板校正机器底座的变形。垫板材料为普通钢板或铸铁。垫板的类型如图 4 – 50 所示，分为平垫板、斜垫板、开口垫板和可调垫板。

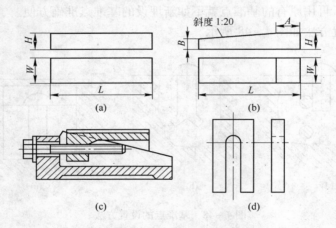

图 4 – 50　垫板的类型
（a）平垫板；（b）斜垫板；（c）可调垫板；（d）开口垫板

B　垫板面积的计算

采用垫板安装，在安装完毕后要二次灌浆，但是一般的混凝土凝固以后都要收缩。设备底座只压在垫板上，二次灌浆后只起稳固垫板作用。所以设备的重量和地脚螺丝的预紧力都是通过垫板作用到基础上的，因此必须使垫板与基础接触的单位面积上的压力小于基础混凝土的抗压强度。垫板总面积可按下式计算：

$$A = 10^9 \frac{(Q_1 + Q_2)\ C}{R} \tag{4 – 17}$$

式中　A——垫板总面积，mm^2；

　　　C——安全系数，一般取 1.5 ~ 3；

　　　R——混凝土的抗压强度，MPa；

　　　Q_1——设备自重加在垫片组上的负荷与工作负荷，kN；

　　　Q_2——地脚螺丝的紧固力，kN，$Q_2 = [\sigma] A_1$；

$[\sigma]$——地脚螺丝材料的许用应力，Pa；

A_1——地脚螺丝总有效截面积，mm^2。

C　垫板的放置方法

（1）标准垫法，如图4-51（a）所示。一般都采用这种垫法。它是将垫板放在地脚螺丝的两侧，这也是放置垫板的基本原则。

（2）十字垫法，如图4-51（b）所示。当设备底座小、地脚螺丝间距近时用这种方法。

（3）筋底垫法，如图4-51（c）所示。设备底座下部有筋时，一定要把垫板垫在筋底下。

（4）辅助垫法，如图4-51（d）所示。当地脚螺丝间距太远时，中间要加一辅助垫板。一般垫板间允许的最大距离为500~1000mm。

（5）混合垫法，如图4-51（e）所示。根据设备底座的形状和地脚螺丝间距的大小来放置。

D　放置垫板的注意事项

（1）垫板的高度应在30~100mm内，过高将影响设备的稳定性，过低则二次灌浆层不易牢固。

（2）为了更好地承受压力，垫板与基础面必须紧密贴合。因此，基础面上放垫板的位置不平时，一定要凿平。

（3）设备机座下面有向内的凸缘时，垫板要安放在凸缘下面。

（4）设备找平后，平垫板应露出设备底座外缘10~30mm，斜垫板应露出10~50mm，以利于调整。而垫板与地脚螺丝边缘的距离应为50~150mm，以便于螺孔灌浆。

（5）每组垫板的块数以3块为宜，厚的放在下面，薄的放在上面，最薄的放在中间。在拧紧地脚螺丝后，每组垫板的压紧程度必须一致，不允许有松动现象。

（6）在设备找正后，如果是钢垫板，一定要把每组垫板都以点焊的方法焊接在一起。

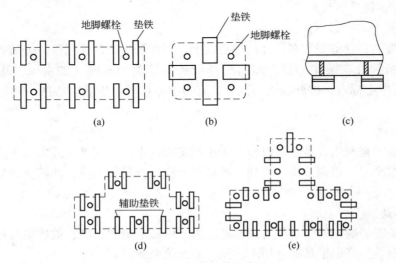

图4-51　垫板的放置方法

（a）标准垫法；（b）十字垫法；（c）筋底垫法；（d）辅助垫法；（e）混合垫法

（7）在放垫板时，还必须考虑基础混凝土的承压能力。一般情况下，通过垫板传到基础上的压力不得超过 1.2 ~ 1.5MPa。有些机械设备，安装使用垫板的数量和形状在设备说明书或设计图上都有规定，而且垫板也随同设备一起带来。因此，安装时必须根据图样规定来做。如未作规定，在安装时可参照前面所述的各项要求和做法进行。

E　放置垫板的施工方法

a　研磨法

基础上安放垫板的位置，应去掉表层浮浆层，先用砂轮后用磨石细研，使垫板与基础的接触面积达 70% 以上，水平精度为 0.1 ~ 0.5mm/m，对轧钢机要求达到 0.1mm/m。

b　座浆法

研磨法的工效很低，费时费力。现在推广应用座浆法放置垫板，即直接用高强度微膨胀混凝土埋设垫板。其具体操作是：在混凝土基础上安置垫板的地方凿一个锅底形的坑，用拌好的微膨胀水泥砂浆做成一个馒头形的堆，在其上安放平垫板，一边测量一边用手锤把轻轻敲打，以达到设计要求的标高（要加斜垫板应扣除此高度）和规定的水平度。养护 1 ~ 3 天后，就可安装设备，并在此垫板上再装一组斜垫板来调整标高、水平。这种方法代替了在原有基础上的研磨工作。座浆法是具有高工效、高质量、粘接牢、省钢材等优点的机械安装新工艺。

4.7.3.3　设备吊装、找正、找平、找标高

A　设备吊装

设备从工地沿水平和垂直方向运到基础上就位的整个过程称为吊装。吊装从两个方面着手，一是起重机具的选择应因地制宜，近年来由于汽车吊的起重能力、起重高度都有所提高，加上汽车吊机动性好，故它是一种很有前途的起重机具。二是零部件的捆绑，索具选用要安全可靠，捆绑要牢靠，当采用多绳捆绑时，每个绳索受力应均匀，防止负荷集中。

B　找正、找平、找标高

a　找正

找正是为了将设备安装在设计的中心线上，以保证生产的连续性。安装找正前，必须根据中心标板挂好安装中心线，然后选择设备的精确加工面（如主轴、轧钢机架窗口等），求出其中心标点，按此找正。因为只有当中心标点与安装中心线一致时，设备才算找正完毕。

b　找平

设备找水平是利用设备上可以作为水平测定面的上面，用平尺或方水平进行，检查中发现设备不水平时，用调节垫片实现。被检平面应选择精加工面，如箱体剖分面、导轨面等。

c　找标高

确定设备安装高度的作业称为找标高。为了保证准确的高度，被选定的标高测定面必须是精加工面。标高根据基准点用水准仪或激光仪来测量。

按照设计要求，通过增减垫板调整机器的标高与水平，拨动机器，使其符合设计要求的中心位置。最后紧固地脚螺丝，才算完成机器的安装工作。

设备找正、找平、找标高虽然是各不相同的作业，但对一台设备安装来说，它们是互相关联的。如调整水平时可能使设备偏移而需重新找正，而调整标高时又可能影响了水平，调整水平时又可能变动了标高。所以要作综合分析，做到彼此兼顾。

通常找正、找平、找标高分两步进行，首先是初找，然后精找。尤其对于找平作业，先初平，在紧固地脚螺丝时才能进行精平。某些极精密的找平、找正作业，受负荷、紧固力的影响，甚至受日照温度影响，应仔细分析，反复操作才能确定。

4.7.3.4 二次灌浆

由于有垫板，故在基础表面与机器底座下部所形成的空洞必须在机器投产前用混凝土填满，这一作业称为二次灌浆。因此垫板就被混凝土埋没在内了。一般混凝土经养护后均要出现收缩，所以二次灌浆层主要起防止垫板松动的作用，机器的全部载荷还是靠垫板来承受的。

二次灌浆的混凝土配比与基础一样，只不过石子的块度应视二次灌浆层的厚度不同而适当选取，为了使二次灌浆层充满底座下面高度不大的空间，通常选用的石子块度要比基础的小。

一般二次灌浆作业由土建单位施工。灌浆期间，设备安装部门应进行监督，并于灌完后进行检查，在灌浆时要注意以下事项：

（1）要清除二次灌浆处混凝土表面上的油污、杂物及浮灰。

（2）用清水冲洗表面。

（3）小心放置模板，以免碰动已找正的设备。

（4）灌浆工作应连续完成。

（5）灌浆后要浇水养护。

（6）拆模板时要防止已调整好设备的变动，拆除模板后要将二次灌浆层周边用水泥砂浆抹平。

4.7.3.5 试运转（俗称试车）

试运转是机械设备安装中最后的，也是最重要的阶段。经过试运转，机械设备就可按要求正常地投入生产。在试运转过程中，无论是安装上、制造上、设计上存在的问题，都会暴露出来。只有仔细分析，才能找出根源，提出解决的办法。

由于机械设备种类和型号繁多，试运转涉及的问题面较广，所以安装人员在试运转之前一定要认真熟悉有关技术资料，掌握设备的结构性能和安全操作规程，才能搞好试运转工作。

A 试运转前的检查

（1）机械设备周围应全部清扫干净。

（2）机械设备上不得放有任何工具、材料及其他妨碍机械运转的东西。

（3）机械设备各部分的装配零件必须完整无缺，各种仪表都要经过试验，所有螺钉、销钉之类的紧固件都要拧紧并固定好。

（4）所有减速器、齿轮箱、滑动面以及每个应当润滑的润滑点，都要按照产品说明书上的规定，保质保量地加上润滑油。

（5）检查水冷、液压、风动系统的管路、阀门等，该开的是否已经打开，该关的是否已经关闭。

（6）在设备运转前，应先开动液压泵将润滑油循环一次，以检查整个润滑系统是否畅通，各润滑点的润滑情况是否良好。

（7）检查各种安全设施（如安全罩、栏杆、围绳等）是否都已安设妥当。

（8）只有确认设备完好无疑，才允许进行试运转，并且在设备动前还要做好紧急停车的准备，确保试运转时的安全。

B　试运转的步骤

试运转的步骤应当是：先无负荷，后有负荷，先低速，后高速，先单机，后联动；每台单机要从部件开始，由部件到组件，由组件到单台设备；对于数台设备联成一套的联动机组，要将每台设备分别试好后，才能进行整个机组的联动试运转；并且前一步骤未合格前，不得进行下一步骤的试运转。

设备试运转前，电动机应单独试验，以判断电力拖动部分是否良好，并确定其正确的回转方向；其他如电磁制动器、电磁阀限位开关等各种电气设备，都必须提前做好试验调整工作。

试运转时。能手动的部件先手动后再机动。对于大型设备，可利用盘车器或吊车转动两圈以上，没有卡住和异常现象时，方可通电运转。

试运转程序一般为：

（1）单机试运转。对每一台机器分别单独启动试运转。其步骤是：手动盘车—电动机点动—电动机空转—带减速机点动—带减速机空转—带机构点动—按机构顺序逐步带动，直至带动整个机组空转。

在此期间必须检验润滑是否正常，轴承及其他摩擦表面的发热是否在允许范围之内，齿的啮合及其传动装置的工作是否平稳有无冲击，各种连接是否正确，动作是否正确、灵活，行程、速度、定点、定时是否准确，整个机器有无振动。如果发现缺陷，应立即停车消除缺陷，再从头开始试车。

（2）联合试运转。单机试运转合格后，各机组按生产工艺流程全部启动联合运转，按设计和生产操作连锁，检查各机组相互协调动作是否正确，有无相互干扰现象。

（3）负荷试运转。负荷试运转的目的是为了检验设备能否达到正式生产的要求。此时，设备带上工作负荷，在与生产情况相似的条件下进行。除按额定负荷试运转外，某些设备还要做超载试运转（如起重机等）。

4.7.3.6　无垫板安装技术简介

无垫板安装技术即是设备安装不用垫板的技术。过去安装设备必用垫板，而垫板埋于二次灌浆层里不能回收，且耗量不少。以 1700 热连轧机为例，一台轧机的底座就用了 6.4t 经机械加工的垫板，粗略估计，在正常建设年份，全国一年用于垫板的钢材近万吨。无垫板安装技术的关键是采用了新开发的早强高标号微膨胀且能自流灌浆的浇筑料，将此浇筑料填充到二次灌浆层后，由于浇筑料的微膨胀，使二次灌浆层与设备底座面贴实，从而起到承载作用，因此垫板的承载作用便可取消了。

垫板的另一找平、找标高作用，则可以用微调千斤顶或斜铁器来代替，将它们放在原来该放垫板之处，用以调整机器的空间位置。调整完毕，紧固地脚螺丝，在它们的周围搭设木模板再进行二次灌浆，三天后脱去木模板，取出微调千斤顶或斜铁器，以便回收利用，将它们遗留的空穴以普通混凝土填充，再将二次灌浆层周边用水泥砂浆抹平。

实训项目

一、基本实训
1. 断头螺钉的拆卸。
2. 过盈连接件的拆卸。
3. 滚动轴承的拆卸。
4. 减速箱的清洗和齿轮的检验。
5. 常温下的压装配合。
6. 成组螺纹连接的装配。
7. 圆柱销的装配。
8. 键的装配。
9. 圆柱齿轮传动的装配。
10. 圆柱孔滚动轴承的装配。
11. 剖分式滑动轴承的装配。
12. 密封圈的装配。

二、选做实训
1. 轧辊、导卫的安装。
2. 液压机及其附属设备的安装。

思 考 题

4-1 机械拆卸的基本原则和要求有哪些？
4-2 简述常用的拆卸方法。
4-3 清洗主要包括哪几种，各有哪些常用的清洗方法？
4-4 零件检验的方法有哪些？
4-5 什么叫机械装配，在机械生产维修中起何作用，须注意的共性问题有哪些？
4-6 机器设备的装配精度与哪些因素有关？
4-7 简述机械装配的一般工艺过程。
4-8 螺纹连接装配有哪些注意事项？
4-9 简述滚动轴承装配的工艺流程。
4-10 简述机械安装的一般工艺流程。

5 冶金机械保养维修

5.1 机械零部件润滑实务

5.1.1 滚动轴承的润滑

滚动轴承是使用十分广泛的一种重要的支撑部件，属于高副接触。由于滚动轴承中的滚动体与外滚道间的接触面积十分狭小，接触区内的压力很高，因而对油膜的抗压强度要求很高。在滚动轴承的损坏形式中，往往由于润滑不良而引起轴承发热、异常的噪声，滚道烧伤及保持架损坏等。因此，必须十分注意选择滚动轴承的润滑方式和润滑剂。

5.1.1.1 滚动轴承润滑的方式及选择

A 滚动轴承润滑方式

滚动轴承润滑方式有灌注式润滑、集中加脂润滑、油雾、油气润滑等。灌注式润滑又分：稀油润滑，脂润滑，空壳润滑等。

B 润滑方式选择

选择滚动轴承的润滑方式与轴承的类型、尺寸和运转条件（如轴承的载荷、转速及工作温度等）有关。一般滚动轴承的润滑既可以用润滑油也可以用润滑脂（在某些特殊情况下有采用固体润滑剂的）。从润滑的作用来看，油具有很多优点，在高速下使用非常好。但从使用的角度出发，脂具有使用方便、不易泄漏、有阻止外来杂质进入摩擦副的作用等优点。目前，在滚动轴承中有 80% 是采用润滑脂来润滑的。而且，随着润滑脂和轴承的改进，特别是一批高性能的合成润滑脂及其他新品种润滑脂的问世，滚动轴承使用润滑脂润滑的比例还会上升。当然，近年来油雾润滑、油气润滑等新颖的润滑方式的发展，使润滑油润滑油产生了新的前景。

一般来说，润滑点分散、运行速度较低时应用灌注式润滑；润滑点很多，加脂周期短，难于用手工加脂的部位，应采用集中加脂润滑；滚动轴承高速、重载时宜选用油雾或油气润滑。表 5-1 对润滑油和润滑脂用于滚动轴承润滑的性能作了比较。

表 5-1 润滑油和润滑脂使用性能的比较

特 性	润滑油	润滑脂
转速	各种转速都适用	只适用于低中转速
润滑性能	良好	良好
密封	要求严格	简单
冷却性能	良好	差
更换	容易	比较麻烦

5.1.1.2 滚动轴承用润滑油脂的选择

滚动轴承用润滑油，不但要求有合适的黏度，而且要有良好的氧安定性和热氧化安定性，不含机械杂质和水分；滚动轴承用润滑脂的选择主要是确定锥入度、稠化剂和添加剂的类型。选择滚动轴承用润滑油或润滑脂的一般原则可参考表 5-2。滚动轴承润滑油、脂具体油品的选择，前文已述。

表 5-2 选择滚动轴承润滑油、脂的一般原则

影响选择的因素	润 滑 油	润 滑 脂
温 度	当油池温度超过 90℃ 或轴承温度超过 200℃ 时，可采用特殊的润滑油	当温度超过 120℃ 时，要用特殊润滑脂。当温度升高 200～220℃ 时，再滑的时间间隔要缩短
速度因数[①]（dn 值）	dn 值 <450000～500000	dn 值 <300000～350000
载 荷	各种载荷直到最大	低到中等
轴承类型	各种轴承	不用于不对称的球面滚子止推轴承
壳体设计	需要较复杂的密封和供油装置	较简单
长时间不维修	不可以用	可用。根据操作条件，特别要考虑温度
集中供给（同时供给其他零部件）	可用	不可用，不能有效的传热，也不能作为液压介质
最低的扭矩损失	为了获得最低功率损失，应采用有洗泵或油雾装置的循环系统	
污染条件	可用，但要采用有过滤装置的循环系统	可用，正确设计，可防止污染物的侵入

①dn 值 = 轴承内径（mm）×转速（r/min），对于大轴承（直径大于 65mm）用 nd_m 值（d_m = 内外径的平均值）。

5.1.1.3 轧钢机轧辊滚动轴承的润滑

轧钢机的支撑辊和工作辊轴承都有使用滚动轴承的。过去它们的润滑都是采用润滑脂润滑。对于不经常换辊的轴承，将它与集中干油系统相连，自动供给润滑脂；对于经常换辊的轴承，则采用灌注式润滑。轴承箱中全部充满润滑脂，防止冷却水进入。通常使用压延机脂、极压锂基脂，极压复合锂基脂、轧辊润滑脂。在低速轧制时，轴承的温升还不是太高，但是轧制速度提高以后，轴承温升较高。将润滑方式改为油雾润滑之后可获得满意的效果。所用的润滑油，精制程度较深，黏度亦较高，一般选用 150～300 号齿轮油。油雾润滑的耗油量较低，经济效益也较好。目前国外有不少线材轧机、带钢轧机的轴承均已采用油雾润滑。我国武钢引进的 1700 带钢轧机冷轧双机架平整机的工作辊轴承的润滑也采用了油雾润滑；武钢冷轧厂五机架轧机工作辊轴承采用了油气润滑。

5.1.2　轧钢机主联轴节的润滑

5.1.2.1　轧钢机主联轴节的工作条件

十字滑块式万向联轴节是轧钢设备必不可缺少的部件，其工作条件极为恶劣。半圆铜滑块在严重的冲击载荷和极大的压力下工作（连杆的偏斜角常常大于12°），滑块的平面和圆弧表面磨损严重。此外整个联轴节还遭受着灰尘、铁鳞、水分和高温的侵袭。显然，在这样恶劣的工作条件下，保持良好润滑是非常必要的。那么如何采取最有效的办法，对滑块表面实施润滑，这个问题至今还没得到圆满的解决。其原因是两联轴节之间的空间很小，有的几乎只剩余几十毫米的缝隙。联轴节的外形尺寸较大，主连杆的尺寸也很长，要想在连杆上打眼钻孔极为困难。

5.1.2.2　轧钢机主联轴节使用的润滑剂

轧钢机主联轴节滑块用的润滑油脂通常为：极压锂基脂、压延机润滑脂、半流体极压润滑油、石墨钙基脂等。

5.1.2.3　轧钢机主联轴节的润滑方法

轧钢机主联轴节的润滑方法，正从人工加油向自动给油润滑发展，滑块的使用寿命也从过去的以周（星期）计，提高到以年计。下面简要介绍几种常用的润滑方法。

A　人工加油

根据轧钢机的作业率，每运行2h最好加油一次，如果时间不允许，至少4h也应加油一次。在主联轴节的附近安装一台手动油站。联轴节上的两个滑块都有加油孔，把每一个滑块上的加油孔集中联结起来，安装一个快速接头，固定在联轴节上随轴一起旋转。加油时，把油站上的软管用快速接头与联轴节上的加油接头连接起来，即可往滑块表面加油。两个联轴节四个加油点，大约10~15min就可以加油完毕，若是两人配合，加油时间还可缩短。这种加油方法受到轧机作业时间的限制，往往不能按时加油。另外，加油操作也比较危险，操作不当，还容易把固定在联轴节上的加油管甩掉。

B　滴油润滑

在联轴节的上方装一油桶，并对正联轴节装一小管，往联轴节上不断地滴旧机油。这种方法是行之有效的，但耗油量较大，油甩失也多。这种润滑方式只能用黏度较低的油，黏度稍大就流不进滑块表面，都被甩失。

C　压力喷油

在联轴节的周围装上喷油嘴。这些喷油嘴对着联轴节，并以较大的压力往滑块喷油，这样油就比较容易进入滑块表面。在联轴节的下部装有集油槽，被甩出的油，顺着回油管流回油箱，以备再用。整个联轴节需用外罩密封起来的。这一套循环系统的建设费用很大，同时还要有能够容纳这套系统的空间。一般选用极压齿轮油，其黏度不能过大，否则循环和流进滑块表面都有困难。

D　保护套润滑

用耐油橡胶做成一个圆筒套在联轴节外面。在橡胶筒的中部装一个带有螺丝帽（罩）

的小管，以便于从小管加注润滑剂。橡胶筒罩在联轴节上，两端用钢箍扎住，然后灌入半流体极压润滑油，这样滑块可以获得良好的润滑，寿命可以大幅度提高。保护套润滑的优点是可以延长滑块的寿命，保持周围环境清洁，节约润滑油脂；缺点是换辊和检查联轴节比较困难，更换轧辊时增加了拆、装保护套的工作量。

E 掌端润滑器

在连杆上安装一套小型润滑器。它有贮脂容器、压脂泵，并由凸轮推动泵工作。凸轮固定在轴承座上，润滑器随轴旋转，每转一圈，泵工作一次，泵压出的脂经过管路及油孔送到滑块表面。这种润滑方式十分可靠，可以定期往贮脂容器里添加润滑脂（极压锂基脂）。只是润滑器制造比较困难。

F 滑环供油

在主轴上装有滑环，静环和动环之间要有良好的密封。滑环的结构形式如图 5 - 1 所示，能实现自动给油润滑。

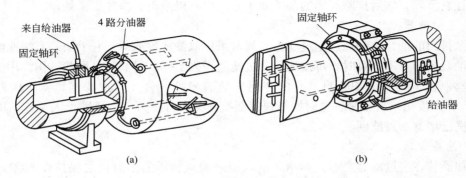

图 5 - 1 滑环润滑装置
(a) 4 路分配供脂；(b) 2 路分配供脂

5.1.3 轧钢机油膜轴承的润滑

5.1.3.1 油膜轴承润滑系统概述

轧钢机油膜轴承属于滑动轴承的一种，只不过在结构设计上有它独特之处。它是专门用于轧钢机轧辊轴承的。油膜轴承是利用动压润滑原理进行润滑，靠轴承元件的相对运动来形成油膜。油膜形成之后，金属表面之间的摩擦就变为油膜内部分子间的摩擦，形成液体润滑状态，摩擦系数一般只有 0.001 ~ 0.003。

油膜轴承的润滑系统如同轴承本身一样重要，不正确的设计和维修会导致轴承寿命急剧缩短，不正确的润滑系统和润滑不良也会导致同样的结果。油膜轴承的润滑系统是一个循环供油系统，专门供给油膜轴承润滑。多机架连轧机，由于速度等参数不同，要选用不同牌号的油。因此，有可能采用两个以上润滑系统。油膜轴承的润滑系统，其结构形式基本相同，所不同的是设备能力的大小。系统的油压一般控制在 0.24 ~ 0.38MPa，进入轴承时油压减低为 0.1 ~ 0.15MPa，进入轴承时的油温必须控制在 40℃ ±5℃，轴承排油出口处的油温不应超过 60℃。轧机与润滑系统有连锁装置。润滑系统未开动，轧机不能启动；润滑系统供油中断时，轧机应立即停车。还设有低压、高压、高温和事故讯号。

A　油泵

采用两台定量油泵，一台工作，一台备用。运行中，如果系统压力下降到 0.08MPa，则自动启动备用油泵，并同时发出信号。压力恢复正常后，备用泵又自动停止工作。油泵上带有安全阀，并把它调定在 0.45MPa。

B　油箱

一般都采用两个分开的油箱，一个工作，一个沉降，交替使用。油箱的设计应考虑到在油循环使用之前，要有 40～45min 的沉降时间，以便清除外来的机械杂质并平衡油温。因此，油箱的容积一般选用油泵每分钟排量的 40 倍大小。油箱中装有蒸汽管或电热组件，用以提高油温。同时装有温度调节器，使油温控制在一个恒定值。油箱里还装有浮动吸入管，确保油泵吸入的油液始终是清洁的。油箱内装有液位指示器，当油箱内液面过低时，可以发出警报信号；油箱外装有玻璃管液位指示器。在正常情况下，油箱的油位面至少要保持油箱高度的 2/3。建议油箱每周轮换使用一次，要把停止使用的油箱的油温加热到75℃，让它沉降，然后排除底部的杂质和水分。也可以用离心净油机来处理。

C　主过滤器

油泵排出的油，首先经过主过滤器。通常采用双篮式过滤器，它上面装有快速倒换开关，在油泵满排量不停泵时，可接通任一过滤篮投入工作。过滤篮是网状结构，用铜丝或不锈钢丝制成，网眼为 100 目。有的在网中装有磁性元件。若过滤网堵塞，压差大于0.05MPa，即发出示警讯号，这时操纵快速倒换开关，可使另一个滤网投入工作，同时拆除并清洗已堵塞的过滤网。

D　油冷却器

冷却器装在主过滤器之后，轴承之前。用来控制轴承的油温使之保持在 40℃。冷却器可保持进出油温差在 11～12℃。冷却器的进水管上装有水量调节阀，根据排油温度，自动调节进水量以控制冷却效能。

E　压力箱

压力箱装在冷却器的排出管线上，用以消除系统中所产生的脉动油流。另外，当润滑系统发生故障时，可以向轴承继续供油，以便维持一个短时运行。压力箱的上部充满压缩空气（下部是油），油液面保持在压力箱高度的 1/3。备用泵和低压警报信号的控制元件装在压力箱的空气端，利用箱内的空气压力来控制。压力箱上装有安全阀，调定在0.52MPa。

F　安全阀

安全阀安装在主过滤器与冷却器之间，其作用是保持系统的压力固定，调定在 0.25～0.35MPa（一般调定在 0.25MPa）。

G　轧机机架减压阀

每一个机架上都装有一个减压阀，因各机架距离油站的位置不等，管路的阻力也不一致，为了使进入轴承的油量保持恒定，要用减压阀来调节。调节是根据至各机架处的系统管路中油流来进行调定的。调定后固定下来，在正常工作时不必再作调整。调整后，低压端的压力控制在 0.035～0.175MPa。

H　轧机机架立管辅助过滤器

油在进入轴承之前，为确保油质清洁，应过滤一次。过滤器装在轧机机架旁边的立管内。过滤器为网状，用 100 目的铜丝网或不锈钢丝网制成。

I 旁通阀

旁通阀接在轴承的供油管路和回油管路之间。用于轧机启动之前，使整个润滑系统的输油管路中能得到热油（即为了保证油的黏度要求，必须提供具有一定温度的润滑油）循环，另外，当立管辅助过滤需要更换过滤网时，也需打开旁通阀，使油液经回油管路送回油箱。当轧机操作时，此阀总是关闭。

J 轴承的供油喷油嘴

每一个轴承都有一个喷嘴。喷嘴和减压阀相配合，能够供给轴承一定量的油。喷嘴有几种规格。在测定了所需供油量，并根据供油量调定之后就不得随意调动，一般没有经过专业技术人员的允许，不许拆卸或更换。

K 机架立管上的仪表

在每一个机架旁的立管上，都装有一组仪表，有一个压力计，一个温度计和一个低压警报信号开关。

L 主过滤器的反吹装置

每个过滤器上都装有 1/8 英寸快速接头，与压缩空气管相连，用以进行反吹清洗过滤网。

M 水分检测器

水分检测器安装在回油管路上，如果油中进入的水分超过一定的量，则发出警报信号。

5.1.3.2 润滑系统的冲洗程序

润滑系统安装以后，不可避免地要有一些杂质残存在管路系统之中，例如灰尘、泥沙及氧化铁皮（管路焊接，管壁锈蚀造成的），这些杂质对轴承极为不利，必须把它清除干净，有两种冲洗方法，一种是循环油冲洗法，油温在 60～65℃，通过管路循环冲洗一个相当长的时间。另一种是化学清洗，包括酸液冲洗，碱液中和，清水冲洗，然后用油冲洗。如果管路内壁锈蚀严重，必须采用化学清洗方法。

任何一种冲洗方法都必须在冲洗前做好下述准备工作：

（1）拆开轴承上所有的管路，并且重新连接供油管及排油管，使循环油不经过轴承。

（2）拆开所有减压阀、仪表和其他阀隔开。

（3）把油箱内部清洗干净。

（4）冷却器上安装一旁通管路，冲洗油流不经过冷却器。

（5）检查整个系统的低位点和死角，因为在这些部位上容易滞留杂质。

用循环油冲洗管路应当遵循以下原则和步骤：

（1）清洗油箱；除掉氧化铁皮、锈渣和杂质（不要忽略油箱的顶盖），不要用能掉下纤维的棉纱去擦洗油箱。

（2）检查浮动吸入管是否灵活。

（3）试验蒸汽加热管路，如有泄漏要立即修补。

（4）检查油泵的运转方向。检查主过滤器及辅过滤器的油流情况。通过辅过滤器的不同流向，可以从网篮的内侧或外侧，把脏物过滤出来。通过主过滤器的不同流向，可以从网篮的外侧或内侧,把脏物杂质过滤下来。如果根据油流的流向使脏物被阻附在过滤网篮外侧,可以用压缩气反吹,把脏物从过滤网篮的外侧吹掉,使之沉积在过滤器的底部,定期排放掉。

(5) 关闭压力箱的进油阀。

(6) 关闭冷却器的进出阀,打开旁通阀。

(7) 拆掉每一个机架上的减压阀,并用一段临时中间管连接。

(8) 如果机架旁立管的排油阀没有安装,可用最大尺寸的软管,去掉立管的排气帽,用软管与轴承排油管的端部相连。

(9) 除去(8)项所说的以外,检查一下,供油喷嘴都不安上,并堵死排油管上开口。然后通入 0.4MPa 压缩空气进入压力箱,检查整个管路的泄漏情况,从油箱到仪表的连接处都不应泄漏。

(10) 装入冲洗油,约装到油箱容积的一半。用 32 号轴承油。检查浮动吸入管,其操作要灵活。

(11) 主过滤器两端的压差,应调定为 0.035MPa,防止损坏过滤网;系统的压力控制阀不要工作。

(12) 利用浮动吸入管,开动油泵,进行循环冲洗,油温控制在 60℃。

(13) 开动两台泵,对所有的管道进行冲洗,联续冲洗不应少于 48h,一直冲洗到过滤网内没有可见脏物为止。冲洗过程中,不断地用小锤捶击管路,并周期性的清洗过滤器,特别要注意清洗管路的低点和死角。可以使油泵一停一开,产生冲击性油流,以增强冲洗效果。

(14) 完成系统冲洗后,再对每一台轧机进行分别冲洗。首先冲洗离油库最近的一个机架,把这个机架减压阀前的闸阀打开,把供油到其他机架去的闸阀关闭。通过双油泵送油冲洗,直到过滤器的网中没有可见脏物为止。冲洗时间最少不得少于 2h。用同一方法对每一机架逐一进行清洗,冲洗时间都不应少于 2h。

(15) 完成系统及各机架冲洗之后,然后排除全部冲洗油,清洗油箱低点和堵头,所有关闭了的阀门都要拆卸清洗,过滤网都要拆卸清洗。

(16) 油箱装满规定牌号的油膜轴承油,把油温控制在 40℃ (越接近越好)。重复步骤 13、14,冲洗到过滤器网中没有可见脏物为止,冲洗时间不应少于 4h。

(17) 最后一次冲洗,过滤网都要彻底清洗干净,再把中间临时管路拆卸,装上减压阀。打开通往压力箱的阀门,装上供油喷嘴,装上立管所有供油管路。

(18) 压力箱充油液面的高度必须为压力箱高度的 1/3,系统压力调节阀应调定在 0.25MPa。

此时,整个系统就可测定供给轴承的供油量。

5.1.3.3 测定供油量

测定供油量的目的是使系统按润滑点(轴承)的需要,准确地供给(规定温度范围)油量。而且必须在系统循环清洗合格之后,才能测定供油情况。常用的测定工具有:一支温度计,一个秒表和两个清洁容器,其中一个容器的容量为一个径向轴承每分钟所需的最大流量的 25% ~30%。容器应有刻度记号。另一容器的容量是 5L 左右,它是用来检查供给止推轴承的油流量。每一机架都是测定最上面的一个轴承，因它离油库较远。需要测定的径向轴承和止推轴承的供油量，根据情况应分别在机架的两边进行。

在测定之前，润滑系统必须调整好，调好之后，应将系统关闭，准备进行测定。

把要测定轴承的径向供油管拆下，并把它插入已经拆下通风帽的立管内。如果推力轴承有单独的供油装置，可将它拆卸后插进轴承排油管的三通里。需要检查定量喷嘴的尺寸和位置是否正确。

在进行系统测定时，可打开机架的旁通阀，加快油的循环速度，以加热系统的管路。油流经过旁通阀而压力下降，同时定量喷嘴也加大了旁通流量使压力迅速下降。在轧机操作时，测定供油量，必须关闭旁通阀。只把径向供油软管抬起来，把温度计插入油流中就可以了。此温度计应与立管上的温度计进行校核，以确保其精度。

5.1.3.4 油膜轴承的静压润滑

静压润滑的原理，前面已经讲过了。现在把它用于油膜轴承，就能够保证在低速、停车、启动时有良好的油膜存在，这就是理论上所说的动静压联合应用。在低速、停车、启动时用静压润滑，高速运行时用动压润滑。动静压润滑油膜轴承是用一个润滑系统供油，用同一种润滑油，只不过是在原有润滑系统中再增添一套静压润滑系统装置。对于油膜轴承的结构来说，没有什么改变，只是在油膜轴承的承压面上增设一个供油孔和静压油腔。高压油送入油膜轴承，在轴颈和轴衬之间强制地产生了一层油膜，油膜把轴颈与轴衬分隔开，从而保证可靠的液体润滑。在轧机启动之前，先开静压系统。当轧机转速达到73.5m/min 时，静压系统自动停止。如果轧机转速降低到 73.5m/min 以下，静压泵又自动开启。静压系统必须有一套可靠的液压元件及保护装置。高压泵的正常供油压力在70MPa 以上，短时高压可达 140MPa。泵的排油量很小，每分钟几升至十几升。高压阀是一个关键性的元件，当静压泵停止时，阀必须完全密闭，否则油会倒流破坏静压油膜，造成轴承润滑不良。

5.1.3.5 油膜轴承用的润滑油

油膜轴承使用专用的油膜轴承油，用油量很大。20 世纪 70 年代的带钢厂，油膜轴承油的用量约占总用油量的 1/3 多。可见油膜轴承油是一个比较重要的油品。油膜轴承油的技术要求，前文已做了详细的叙述。这里应指出的是油膜轴承油要定期取样化验，建议每月取样一次，如果发现油质有问题，要根据具体情况及时处理。只要维护合理，油膜轴承油可以长期运行不需更换。

5.1.4 桥式起重机的润滑

金属压力加工厂，大量使用着各种桥式起重机（天车）。下面对桥式起重机的润滑部位及所使用的润滑剂进行简单介绍。

5.1.4.1 大车传动部分

（1）传动轴轴承一般都是滚动轴承，用 2 号钙基脂或锂基脂灌注润滑，定期清洗换油脂。

（2）齿轮联轴节用 1 号压延机脂及高黏度传动机构用油润滑。

（3）齿轮减速机用 150 号工业齿轮油灌注飞溅式润滑，定期换油，及时补加。

（4）电机轴承用 2 号钙钠基脂灌注润滑，定期清洗换油脂。

（5）液压抱闸用 45 号变压器油。

5.1.4.2　大车走行部分

（1）车轮轴承用 2 号锂基脂灌注润滑，定期换油脂。

（2）减速机用 150 号工业齿轮油灌注式飞溅润滑。

（3）开式齿轮用开式齿轮油涂抹润滑，定期加油。

5.1.4.3　小车传动部分

（1）立式减速机用 150 号工业齿轮油灌注式飞溅润滑；最好用防漏油。

（2）齿轮联轴节用 1 号压延机脂及高黏度传动机构用油润滑。

（3）电机轴承用 2 号钙基脂灌注润滑。

（4）液压抱闸用 45 号变压器油。

5.1.4.4　小车走行部分

车轮轴承用 2 号锂基脂。

5.1.4.5　卷扬部分

（1）主卷和辅卷减速机用 150 号工业齿轮油，定期换油和补加。

（2）卷筒轴承用 2 号锂基脂灌注润滑。

（3）定滑轮轴承用 2 号锂基脂灌注润滑。

（4）动滑轮和吊钩轴承用 2 号锂基脂灌注润滑。

（5）卷扬电机轴承用 2 号钙钠基脂灌注润滑。

（6）卷扬开式齿轮用开式齿轮油涂抹，每 3 天补涂一次。

（7）钢绳用钢绳油刷涂，如连续运行每 7 天补涂一次。

金属压力加工厂内所用的桥式起重机，与冶金专用起重机相比，其工作环境和使用条件并不十分恶劣。如果使用性能良好的优质润滑脂，轴承可以运行一个检修周期。当达到检修周期时，轴承即随着清洗并换油脂。如果吊车工作繁重，润滑点不多，注油时间并不长可以定期用油枪注入油脂。实践证明，这种方法是良好的。若设置集中干油润滑站，显然增加了维护上的麻烦。

5.2　金属压力加工工艺润滑实务

5.2.1　轧钢过程的工艺润滑

在轧钢过程中，为了减少轧辊与轧材之间的摩擦力，降低轧制力和功率消耗，使轧材易于延伸，控制轧制温度，提高轧制产品质量，必须在轧辊和轧材接触面间加入润滑冷却剂，这一过程就称为轧钢工艺润滑。在轧钢生产中，工艺润滑如何，对轧制力能消耗、产品质量、轧辊磨损情况以及生产效率等方面，都有很大的影响。尤其在轧钢生产朝着连续、高速、大型与自动化方向发展的今天，选择有效的工艺润滑剂和有效的润滑方法，就显得更为重要。

下面对热轧、冷轧钢材的工艺润滑作简单介绍。

5.2.1.1　热轧工艺润滑

A　热轧钢板的工艺润滑

a　工艺润滑对钢板热轧过程的影响

长期以来，人们把钢材热轧中用于冷却轧辊的水看作润滑介质。这是由于水的应用在一定程度上降低了轧制力能参数，从而表现出润滑作用，例如，在热轧钢板时，水能使轧制力降低3%～8%，并增加金属的延伸率，降低摩擦系数。

但是只使用水作冷却润滑剂已远远不能满足优质、高产、低能耗的生产要求。为此，在20世纪60～70年代，美国、前苏联、中国及日本等国，都相继成功地将热轧工艺润滑技术应用于板带轧制生产。工艺润滑对钢板热轧过程的影响主要体现在以下几个方面：

（1）改善轧辊的表面状况，使轧辊磨损减轻。在热轧条件下工作辊与带钢和轧辊冷却水接触而生成 Fe_3O_4、Fe_2O_3 等硬度很大的氧化物，此氧化物粘在轧辊表面，使轧辊生成黑暗色的表面，即"皮"，"黑皮"是造成轧辊异常磨损的重要原因。应用工艺润滑后，可以防止轧辊表面"黑皮"的产生，也能使生成了"黑皮"的轧辊面变为具有金属光泽的表面，从而提高了轧辊的使用寿命。

另外，工艺润滑剂能降低轧辊表面的工作温度，同时形成覆盖在轧辊表面的保护性油膜从而起到减磨作用。

（2）改善热轧钢板的表面质量。工艺润滑可以改善轧辊的表面状况和磨损，从而改善了带钢的表面质量，提高了带钢的平坦度，减少了其表面的氧化铁皮，使其在冷轧前通过酸洗机组的速度大大提高，酸的消耗量也可减少5%左右。

（3）可以降低轧辊的单位消耗，提高生产率。工艺润滑后，轧辊的消耗能可降低10%～50%，由于降低了轧辊的消耗，提高了轧辊每换一次辊的轧出量，减少了换辊次数，因而也提高了生产率。

（4）使轧制压力降低，易于实现轧制薄规格带钢，并节省能量。由于工艺润滑可以降低变形区的摩擦系数，从而可降低轧制压力10%～25%；对于老式的热轧机组，如果精轧入口厚度不变，则可加大压下量，容易轧制薄规格带钢；降低了轧制压力，就可节省电能。

（5）使轧制时的温度制度改变。热轧时，在轧辊与轧件接触界面上存在的润滑层起着阻碍轧件向轧辊传热的作用，这不仅降低了轧辊表面温度，使轧辊表面摩擦减少，同时也减少了轧件的温降，这在一定程度上影响到轧制过程的温度制度。试验表明，在热精轧机组的全部轧机上合理的采用工艺润滑，可使轧件温度比普通轧制时高20～60℃。由于轧件温降的减少，就可能降低金属的预加热温度或扩大坯料轧制范围。

b　热轧钢板的工艺润滑剂及其供给方法

目前，热轧钢板所使用的工艺润滑剂以矿物油为主，其中，正常结构的石蜡烃基矿物油应用较广泛；最近，又开发出高级脂肪酸的醇酯。

为了提高矿物油的综合使用效果，常需在矿物油中加入一些添加剂。由于热轧时轧辊磨损问题非常突出，常需添加含有极少量磷、硫、氯的有机化合物，使其与金属表面反应生成熔点高、并与金属表面结合牢固的化合物，以起到防黏降摩与减少轧辊磨损的作用。

热轧工艺润滑的效果，除受润滑油本身性质的影响外，还和润滑油的供给方法等有关。常用的给油方法有：

（1）直接涂油。用三层除水用的毛毡贴在一起，在中间一层内埋入喷油管，润滑油由泵送入毡面，流出的油在毡上沿宽度方向渗开，由毡涂到支撑辊或工作辊上。其优点是耗油量小；缺点是油毡的调整更换困难，油毡烧损弯曲后宽度方向上的油膜不均匀，影响带钢咬入。

（2）直接喷油。用泵直接送油，通过喷嘴喷到支撑辊或工作辊上。其优点是调整更换方便，操作灵活；缺点是上下辊的润滑差别大，宽度方向上喷油不均匀，喷嘴易堵塞等。

（3）预先油水混合喷涂。在油箱内，油水按比例搅拌混合，由泵直接喷涂到轧辊上，冷却水用刮水器除去。其优点是耗油量极少，供油停油容易，油在轧辊上附着性好；缺点是需要一套供油系统，设备费用高，在管路中水油易分离，废水中油水分离困难。

（4）将油注入水中。利用雾化原理将油混入水中，通过混合器使油与轧辊冷却水混合，然后喷涂到支撑辊上，利用支撑辊与工作辊接触碾压，在工作辊上形成均一油膜。其优点是喷油量少且油量易调整，稳定性好，供油停油迅速，油嘴不易堵塞，宽度方向上供油均匀；缺点是上下辊喷油量相同时，上下辊润滑效果差别较大。目前国外采用最普遍的就是这种方法。

在实际热轧钢板生产中，具体条件的不同，所使用润滑的类型、成分以及使用方法也各不相同。然而，不管那种情况，在采用工艺润滑剂之后，都可以取得明显的技术经济效益。表 5 - 3 列出了国外一些厂家使用工艺润滑剂的有关情况。

表 5 - 3　国外一些典型工厂使用热轧工艺润滑剂情况

轧机、工厂、国家	工艺润滑剂	润滑方法	使用效果
1720、英国钢铁公司、英国	1.5% ~ 2.5% 水 - 脂肪油混合物	向支撑辊雾化喷射	降低支撑辊磨损 10%，减少工作辊重车量 40% ~ 50%
1525、发雷尔城冶金工厂、美国、1 ~ 3V	4% ~ 5% 水 - 油混合物或脂肪酸 + 添加剂的乳化液；纯油	经冷却水集管自动向轧辊喷射	提高轧机生产率 5% ~ 10%，改善带钢表面质量，减少氧化铁皮，提高酸洗速度 15%

B　热轧型钢及钢管的工艺润滑

型钢及钢管是钢材两大类轧制产品。由于它们在变形方式上有其独特性，因此在润滑剂的组成成分与供给方法等方面，与热轧钢板有一定程度的差别。

型钢轧制过程具有高温、高压以及高摩擦等恶劣条件集中作用于局部孔型的特点。孔型的严重磨损和损坏，不仅影响产品尺寸的精度，而且使生产效率下降，生产成本增高。为此，选择有效的轧槽润滑保护剂，一直是型钢生产中极为重要的问题。

生产实践表明，在型钢热轧中最有效的润滑剂是同时具有冷却与润滑作用的皂胶乳液

和油 – 水乳化液。使用这些冷却 – 润滑剂时，轧辊的磨损量要比水冷却减少 50% ~ 60%，轧槽表面粗糙度也得到明显改善，并可减缓龟裂纹形成、表面氧化、石墨化和表层剥落等过程。表 5 – 4 列出了运用这类冷却 – 润滑剂的实例及使用效果。

表 5 – 4 热轧型钢时使用润滑剂的情况

润 滑 剂	轧机、产品	耗油量/L·h^{-1}	使用效果
合成油和水乳化液混合比为 1:50 ~ 1:100	厚板 工字钢	1 或乳化液 50 ~ 100	提高轧制生产率 40%；提高轧辊使用寿命 30% ~ 80%；降低轧制扭矩 10%；改善轧材表面质量
10% 肥皂液 8% ~ 10% 矿物油乳化液	550 型钢轧机，末架 U_{10} 和 U_{12} 工字钢	100 ~ 200	提高孔型寿命 50% ~ 350%；降低电能消耗 8% ~ 10%
乳化液或肥皂液	650 型钢轧机，U_{16} U_{18} U_{20}，角钢 160mm × 160mm × 10mm	1800	提高孔型寿命 50% ~ 120%；孔型腰部 130% ~ 190%，腿部 30% ~ 90%；降低轧制力 10%；改善轧材表面质量

采用标准的皂胶溶液以及油 – 水乳化液做润滑剂时，随着润滑剂浓度的增加，摩擦系数开始急剧下降，而后逐渐稳定。当浓度超过一定范围时，再增加润滑剂的浓度，对摩擦系数已没什么明显影响。因此，实际生产中一般采用浓度为 8% ~ 10% 的乳化液和浓度为 1% 的皂胶水做润滑剂。

有些工厂还使用合成蜡基的热轧固体润滑剂，当它与旋转的轧辊接触时很易在轧槽表面涂上一层薄而均匀的油膜；也有些工厂用水 – 石墨悬浮液作工艺冷却 – 润滑剂；在轧制温度不太高时，可以使用矿物油和脂肪酸，还可以采用硅酮油或有机硅酸作润滑保护剂。

工艺润滑剂在热轧钢管生产中应用较早。现在，不仅在轧管机上，而且在穿孔机、精整机、连续轧管机组、周期式轧管机上也使用了工艺润滑剂。工艺润滑剂的使用，不仅大大减少了制品表面与辊面之间的摩擦磨损，而且使顶头与芯棒等部位的恶劣工作条件得到了改善，从而提高了钢管的内表面质量。润滑剂也使管坯与顶头或芯棒容易脱离，从而提高了生产效率。

热轧钢管用的几种典型工艺润滑剂有：石墨 + 食盐润滑剂；盐类润滑剂，较成熟的是以氯化物和磷酸盐为主的盐类润滑剂。由于上述各类润滑剂的冷却性能受到限制，近年来用芯棒或芯头式轧管机热轧不锈钢一类管坯时常用非水溶型（全油型）或重油系、水溶性油系（水 – 油分散型）以及石墨系（水中分散型）这三类润滑剂。

5.2.1.2 冷轧工艺润滑

A 冷轧工艺润滑的意义

冷轧通常是用热粗轧、精轧后得到的经过酸洗和退火处理的钢卷作坯料，用多辊轧机轧成厚度为 0.8～0.01mm 的薄板。现代冷轧机的轧制力已达到数万牛顿，而轧制速度则接近 42m/s。显然，金属在这样高速的变形过程中，一方面由于金属内部分子间的摩擦必然产生大量的热能；另一方面，被轧制的钢材在延伸时，对轧辊表面有相对滑动，在很高的轧制压力和轧制速度下，这种相对滑动也同样转化为巨大的摩擦热。在无良好的冷却润滑的情况下，这两种有害的热能将引起轧辊和带钢的温度迅速上升，使轧辊辊形变化、强度及表面硬度降低。

可见，在冷轧过程中，辅以充分的冷却润滑液是一个不可忽视的重要环节。而且越来越显示出工艺润滑的效能，甚至成为冷轧技术进一步发展的关键问题之一。

B　冷轧工艺润滑剂

a　对冷轧工艺润滑剂的基本要求

（1）适当的油性。即在极大的轧制压力下，仍能形成边界油膜，以降低摩擦阻力和金属的变形抗力；但是还要考虑到轧辊与钢材之间必须要有一定摩擦力，才能使钢材咬入轧辊，摩擦系数过低，将会打滑。所以润滑性能必须适当。

（2）良好的冷却能力。即能最大限度地吸收轧制过程中产生的热量，达到恒温轧制，以保持轧辊具有稳定的辊形，使带钢厚度保持均匀。

（3）对轧辊和带钢表面有良好的冲洗清洁作用。以去除外界混入的杂质、污物，提高钢材的表面质量。

（4）良好的理化稳定性。在轧制过程中，不与金属起化学反应，不影响金属的物理性能。

（5）退火性能好。现代冷轧带钢生产，在需要进行中间退火时，采用了不经脱脂清洗而直接退火的生产工艺。这就要求润滑剂不因其残留在钢材表面而发生退火腐蚀现象（在钢材表面产生斑点）。

（6）过滤性能好。为了提高钢材表面质量，某些轧机采用高精度的过滤装置来最大限度地去除油中的杂质。此时，要避免油中的添加剂被吸附掉或被过滤掉，以保持油品质量。

另外还要求，抗氧化安定性好，防锈性好，不应含有损害人体健康的物质和带刺激性的气味，油源广泛，易于获得，成本低等。

b　冷轧工艺润滑剂的品种

冷轧工艺润滑用全油或用乳化液的都有。乳化液具有良好的冷却能力，因其中水的成分多，水的密度比油大 2 倍，导热系数比油大 4 倍，蒸发潜热则比油大 10 倍，所以能在极短的时间（几十分之一秒）内吸收大量的热。而油的润滑性能好，能降低轧制力，延长轧辊寿命，并易获得良好的带钢表面质量。但其冷却能力较差，成本亦高。因此在大型高速的冷轧机上，采用乳化液的较为普遍，而在中、小型多辊轧机上，或成品厚度很薄，且对钢板表面粗糙度要求很高（如轧制不锈钢带及镀锡钢带），则多用全油作工艺润滑剂。两种润滑剂的使用，视产品的材质规格而定。

工艺润滑油可用植物油（如棕榈油、蓖麻油、棉籽油、菜籽油、橄榄油等）或动物油（如牛油、猪油、羊油、骨油等）以及矿物油。润滑性能均优于乳化液，而其中尤以植物油最佳，动物油次之，矿物油则较差（见表 5-5）。动、植物油来源有限，成本较高，且使用寿命低于矿物油。为提高轧制油的理化性能和使用寿命，一般尚需加入抗氧、抗磨、抗泡等类添加剂。

表 5 – 5 不同润滑剂的轧制摩擦系数

润 滑 剂	轧制速度/m·s⁻¹			
	< 3	< 10	< 20	> 20
	摩 擦 系 数			
乳化液	0.14	0.12 ~ 0.1		
矿物油	0.12 ~ 0.1	0.10 ~ 0.09	0.08	0.06
棕榈油	0.08	0.06	0.05	0.03

注：表中摩擦系数指使用磨光或抛光质量良好的轧辊而言。

C 冷轧工艺润滑系统

冷轧工艺润滑系统的供液量，是根据轧机的规格、轧制速度、钢材品种等因素由设计人员计算确定。在实际工作中，也可以根据主电机的额定功率来估算，一般采用的经验数值为 2~3L/kW。但随着轧制速度的提高，目前都有增长的趋势，有些高速轧机已达到 6L/kW。这与轧机机械传动润滑系统比较起来，供液量是相当大的，常超过轧机机械传动润滑系统供油量的 5 倍以上。

冷轧工艺润滑系统的另一个特点是要求较高的过滤精度。一般要求达到 15μm 以下，有些精密轧机甚至需达到 1μm。显然，采用一般机械传动稀油润滑系统的过滤元件，在容量和精度两方面都远远不能适应轧钢工艺润滑的要求，而需设计专门的过滤装置。这可以说是冷轧工艺润滑系统的核心部分。

冷轧工艺润滑系统常见的几种过滤方法有：

（1）静压式过滤。在过滤过程中，对过滤的油液无需另外施加压力。

（2）硅藻土过滤。硅藻土是一种多孔状的白色粉状物质，其化学成分主要由 SiO_2 和 Al_2O_3 组成，此外还含有少量的 CaO、MgO、Fe_2O_3 等。硅藻土的化学稳定性好，在油液中不起任何反应，使一种高精度的理想的过滤介质。

（3）磁性过滤。磁性过滤装置用于清除油液中的钢铁末屑，而不受过滤精度的限制。

（4）平床式纸质过滤。平床式纸质过滤国外称霍夫曼（Hoffman）过滤，常用于乳化液润滑冷却系统中，根据过滤过程中压差形成的方式不同，又分为重力式和真空式，但都以滤纸作为过滤层。

5.2.2 挤压过程的工艺润滑

挤压变形与其他变形方式相比，具有金属变形所需压力特别大，金属与变形工具接触面积大、接触持续时间长，以及在变形过程中不能连续导入润滑剂等特点。因此，在挤压生产中，采用有效的工艺润滑剂，对于减少力能消耗，改善金属塑性流动条件，提高制品质量以及减少工磨具的磨损与损坏，更有其特别重要的经济意义。

5.2.2.1 润滑在挤压变形中的作用

金属挤压变形过程大体可分为填充积压、开始积压、稳定积压以及终了挤压四个阶段。在挤压过程中使用工艺润滑剂的目的之一，就是希望减少变形金属与挤压筒、模具以及穿孔针接触面上的摩擦阻力。当金属与筒壁及模壁之间存在较大摩擦阻力时，锭坯周边区域的金属质点流动困难，而中心区金属质点流动快，其结果，当挤压到某种程度时，周边（尤其是表层）的金属会流入挤压制品的中心，形成对制品性能影响极坏的"挤压缩尾"缺陷。在实际生产中可以采取严禁润滑挤压垫片，并在垫片端面上车削一些环状沟纹或把挤压垫片的平端面改成凸球面等加大端面摩擦阻力的措施，但是最根本的方法还是采用有效的润滑剂。

在热态或温热态挤压金属中，采用有效的工艺润滑剂，可对挤压工模具起到热防护作用，一方面可避免工模具温升过高，从而保证它们的使用强度，减少使用过程中损坏的可能性，另一方面，可减少锭坯与工模具相接触的表层金属的温降，从而减少内外层金属流动的不均匀性，进而可减少由于不均匀变形所造成的有害影响，如制品扭曲、表面开裂等。由于挤压时热接触时间较长，因此，润滑剂在挤压中的热防护（隔热）作用要比在热模压中更为重要。

5.2.2.2　热挤工艺润滑

在热挤、热锻钢材以及黏性较大易受气体污染的钛材和其他稀有金属材料时广泛采用了玻璃润滑剂。这是因为玻璃受热时，有从固态逐渐变成熔融状态的特性，能较好地润湿并黏附于热金属的表面，与变形金属一起流动，并在变形金属表面形成完整的流体膜。这种玻璃膜既有润滑作用，又可在加热及热挤压过程中避免金属的氧化或减轻其他有害气体的污染，同时，还具有热防护剂的作用。

玻璃润滑剂通常要求具有以下特性：
（1）玻璃的熔体黏度随温度变化小，黏温性能好。
（2）化学稳定性好，与钢材等金属不起化学反应。
（3）对钢等金属材料有较好的润湿与吸附性，具有良好的润滑性。
（4）导热系数小，隔热性能好，对工模具能起到良好的热防护作用。

玻璃润滑剂的制备与涂敷方法，对其使用效果有直接影响。通常应根据被加工材料的表面性质及温度等条件，改变玻璃润滑剂的配料。常用涂敷玻璃润滑剂的方法有浸渍法、喷涂法、涂刷法、热坯料滚粘法。

5.2.2.3　冷挤和温挤钢件时的工艺润滑

冷挤与热挤相比，温度较低，即使在连续工作条件下，由变形热效应与摩擦导致的模具温度也不超过 $200 \sim 300$℃，这对工艺润滑来说是有利的。但要在室温下使处于凹模内的金属产生必要的塑性流动，就势必需要比热挤大得多的挤压力，压力一般达 $2000 \sim 2500$MPa，甚至更大。同时，这种高压持续时间也较长。由于冷挤压使变形金属产生强烈的冷作硬化，又会导致变形抗力的进一步提高，所有这些都要求润滑剂具有更高的耐压能力。

在冷挤压生产实际中，应用的润滑方法有磷化－皂化处理，草酸盐处理及涂敷硬脂酸锌粉末和二硫化钼油剂等。目前，低碳钢冷挤广泛采用的润滑方法是进行磷化－皂化处理。磷化处理，就是将经过除油清洗、表面洁净的钢件置于磷酸锰铁盐或磷酸二氢锌水溶液中，使金属铁与磷酸相互作用，生成不溶于水且牢固结合的磷酸盐膜层，其成分主要是磷酸铁和磷酸锌。由于磷化膜本身的润滑性能不理想，因此，还需进行皂化处理。皂化就是利用硬脂酸钠或肥皂作润滑剂，使之与磷化层中的磷酸锌反应生成硬脂酸锌，硬脂酸锌在挤压时将起到主要的润滑作用。对于不锈钢和一般碳素钢可进行草酸盐处理。

温挤，或称温热挤压，是在冷挤压基础上发展起来的一种成型工艺。与冷挤压相比，温挤具有挤压力较低，制品尺寸精度、表面粗糙度以及机械性能较差，对工艺润滑剂的耐热与防黏抗磨性能要求更高等特点。

能适用于作温挤润滑剂的基本材料有石墨、二硫化钼、氮化硼、氧化铅及玻璃。

生产实践经验表明，在450℃以下温挤碳钢和合金结构钢，在600℃以下温挤碳钢、合金结构钢、模具钢及高速工具钢时均可采用石墨或二硫化钼油剂，但在挤压前坯料应进行磷酸盐处理；在350℃以下温挤不锈钢时，可与冷挤一样，毛坯采用草酸盐表面处理后用氯化石蜡85%加二硫化钼15%作为润滑剂。

5.2.2.4 铜及铜合金材挤压的工艺润滑

铜及铜合金管、棒、型、线材挤压工艺润滑有自身的特点和要求。

一般认为，在600℃以上时，紫铜锭坯表面的氧化层具有自润滑的性质，因此，紫铜在750~950℃的温度下可以不加润滑剂而顺利地进行挤压。但自润滑挤压的制品表面质量较低，而且工模具磨损较大。由于铜合金中含有其他元素，如黄铜中含有锌，铝青铜中含有铝等，因此在挤压时需要工艺润滑。挤压铜及铜合金时常使用的润滑剂有：沥青、机油加鳞片状石墨粉、轧钢机油加鳞片状石墨粉、石油沥青加鳞片状石墨加煤油、玻璃粉及水玻璃等。

在实际生产中，除绝对禁止润滑挤压垫片端面以避免积压型、棒材时形成过长"缩尾"外，其他部位均可进行润滑。

对于挤压筒壁，除难挤合金或刚投入使用的新挤压筒外，视挤压机的能力以及对制品质量的要求，可以不进行润滑。

在挤压铝青铜一类管材时，为改善内表面质量，对穿孔针必须采用有效的防黏减磨润滑剂，而且在涂抹时应有足够流动性。现场研究表明，使用石油沥青62% + 鳞片状石墨33% + 煤油5%作穿孔针的润滑剂，并配合使用穿孔针针垫，可以较有效地减少穿孔针黏附金属，延长穿孔针使用寿命以及消除管材内表面划伤与起泡等缺陷。

5.2.3 拉拔过程的工艺润滑

与挤压变形过程相比，拉拔变形过程具有润滑剂易于导入接触接口的优点，由于拉拔是在夹具所施拉力作用下迫使金属通过模孔而变形，变形区内金属承受径向与周向压应力、纵向拉应力，当制品在模孔出口断面上的拉伸应力数值超过材料的强度极限时，就会出现拉断现象。因此，在拉拔生产中也应采用有效的工艺润滑剂和润滑方法。此外，在拉拔过程中，由于变形金属与模具之间的相对滑动速度较大，变形热效应与摩擦热效应使模具温升特别显著，所以，要求润滑剂不但具有良好的润滑性还应具有良好的冷却性能。

5.2.3.1 拉拔过程的工艺润滑剂及润滑方法

拉拔所用的润滑剂必须在拉拔过程中具有润滑与冷却两种作用，既要保证拉拔后的线材具有良好的表面与内部质量，尽可能延长模子的寿命，又必须不污染制品和环境，并不在模口结焦。

拉拔生产中所用的润滑剂种类有：全油型润滑油、乳化液、皂溶液、润滑脂、粉状润滑剂（肥皂粉、拉丝粉、石墨及二硫化钼粉等）等。他们各自适用的金属类型见表 5 - 6。

表 5 - 6　拉拔用润滑剂种类及其适用的金属类型

润滑剂	钢	紫铜黄铜	青铜	轻金属	钨、钼
油	+	+	+	+	-
乳化液	+	+	(+)	+	-
皂化液	+	+	-	+	-
润滑脂	+	+	+	+	-
肥皂粉、拔丝粉	+	(+)	+	(+)	-
石墨、二硫化钼	+				+

注：+ 为推荐使用；（ + ）为限制使用；- 为不用。

为进一步提高润滑油、脂等润滑剂的耐压抗磨性能，常需加入一定数量的极压添加剂。

在选择拉拔润滑方法及润滑剂种类时，应综合考虑工艺条件和拉拔材料的性质，通常应配合下列措施：

（1）拉拔前，在坯料表面制备与基体结合牢固、质软多孔、可起到润滑载体的覆层。

（2）改进模子结构与材料，如金刚石模、硬质合金模拉拔时的摩擦系数比同样条件下的钢模要小。

（3）对高强度、高熔点金属材料可进行热拉或温拉。

（4）使用旋转模或旋转拉拔工具。

（5）使用超声振动拉拔以及增大变形区润滑膜厚度的强制润滑方法。

5.2.3.2　拉制钢丝时的表面处理膜与润滑剂

由于钢种繁多、性能各异，钢丝的品种、规格以及用途很广，因此在配制或选用润滑剂时必须考虑的因素也较复杂。例如，拉拔镀锌钢丝时，要求润滑剂的熔点低一些，易于清洗，以保证镀锌顺利进行，提高镀锌钢丝的表面质量；在进行高强度焊丝拉拔时，要求拉后表面残存润滑剂具有防腐蚀的能力，在焊接时不产生飞溅；不锈钢冷加工硬化显著，因此，拉拔前坯料的表面润滑处理成为十分关键的问题。

A　钢丝拉拔前的表面处理

表面处理膜作为拉制钢丝时润滑剂的载体是很重要的。没有表面处理膜，润滑剂就难以均匀地附着在钢丝表面上。表面处理膜一般有以下几种：

（1）石灰处理膜。这是在酸洗后的中和过程中兼带进行的。把酸洗后的湿线放置在空气中，形成锈膜后再浸涂石灰，反应形成处理膜。此法简便，但易产生粉尘，污染生产环境。

（2）硼砂处理膜。用于高碳钢丝，膜的黏附性好，不易剥落，处理时不污染生产环境，但吸潮性大，不适于湿度大的地区和季节。

（3）磷酸盐膜。这种处理膜具有黏附牢、耐高压和高温、防止高温粘着、减少膜耗以及使拉制的钢丝具有防锈性等特点。

（4）草酸盐膜。主要用于不锈钢制品的拉拔过程。

（5）金属镀膜。高碳钢丝可以镀铜，使拉拔制品表面美观防锈，不锈钢丝可以镀铜、镀镍、镀铅等。

（6）树脂膜。适用于不锈钢丝拉拔。可克服使用草酸盐膜时变形程度有限以及金属镀层难去除等问题。

B 拉拔钢丝工艺润滑剂

拉拔钢丝的工艺润滑剂可分为干式与湿式两大类。

a 干式润滑剂

我国最早出现的干式润滑剂是 20 世纪 30 年代的牛油与石灰的反应物（钙皂），润滑性能较差；20 世纪 50 年代开始使用肥皂粉，其润滑性、黏附性、洗涤性较好，至今仍在使用；70 年代出现了商品化的专用干式拔丝润滑剂，我国生产的天津 1 号、2 号、3 号拔丝粉，性能优良，适于一般碳钢及合金钢丝的拉拔。

b 湿式润滑剂

拉拔钢丝的湿式润滑剂有：各种动植物油和矿物油；由石墨、二硫化钼、滑石、肥皂粉等粉末与油混合而成的液 – 固糊状润滑剂；肥皂液或油 – 水乳状液。其中油 – 水乳状液，具有较好的冷却性能，通常用于细丝的连续拉拔。

5.3 机械修复实务

在现有的修复工艺中，任何一种方法都不能完全适应各种材料，不能完全适应同一种材料制成的各种零部件，实际的机械修复往往是多种修复工艺的综合运用。在选择零件修复工艺时要考虑修复工艺对材质的适应情况、各种修复工艺所能达到的修补层厚度、零件修补后的强度、零件的结构对修复工艺的影响、修复的经济性等多种因素。下面以实例进行简要说明。

5.3.1 轧机机架窗口磨损的修复

$\phi800$ 可逆式开坯轧机机架（材质为 ZG270 – 500），在安放下轧辊轴承部位窗口的两侧面，由于轧辊受到轧件不断的冲击，致使机架窗口与下轴承座接触的两侧面逐渐磨成上大下小的喇叭形，如图 5 – 2 所示。造成上下轧辊中心线交叉，影响了产品质量，因此必须进行处理。

5.3.1.1 修复方案

将已形成喇叭口部位的两侧面铣平，再镶配钢滑板。用埋头螺钉或黏合法固定，使两钢滑板之间尺寸恢复到设计尺寸 $L(915^{+0.2}_{+0.03})$。

5.3.1.2 修复工艺及措施

（1）安装临时组合机床。为了完成铣削加工任务，组合机床应具有如图 5 – 3 所示的机构。

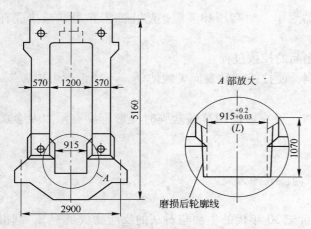

图 5 - 2　轧机机架磨损部位示意图

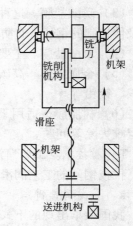

图 5 - 3　组合机床简图

（2）铣平面。

（3）检查尺寸。用内径千分尺测窗口尺寸及两机架中心线偏差。测量方法如图 5 - 4 所示。一般应使 $l_1 = l_2$，$l_3 = l_4$，最好是 $l_1 = l_2 = l_3 = l_4$。用角尺测量铣削面与窗口底面的垂直度。

（4）机架钻孔攻丝。按图样在机架上画线定中心，用手电钻钻 $\phi 25\text{mm}$ 的孔，然后再攻丝。

（5）滑板配厚度、钻孔并锪沉头。若 $l_1 \neq l_2$ 则两滑板的厚度不能相同。否则轧机机架中心线就不与轧机传动中

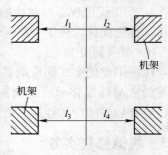

图 5 - 4　测量方法

心线重合。为了防止安装滑板时孔不对机架孔的差错，可先在机架上打取孔群实样，然后按实样在滑板上配钻。

（6）安装滑板，拧紧沉头螺钉。

5.3.2　1MN 摩擦压力机曲轴前孔严重裂成三瓣的修复

1MN 摩擦压力机曲轴前孔受强烈冲击负荷。材质为 QT450 - 05，破裂成三瓣，其修复过程如下。

5.3.2.1　修复方案

为了使修复后能承受强烈的冲击载荷，故采取焊接与扣合键相结合的修复方法，如图 5 - 5 所示。

扣合键采用热压半圆头式，如图 5 - 6 所示。由于键和键槽加工容易，使用比较可靠，热压的作用是让键代替焊缝承受很大一部分负荷，并且加强了焊缝，使焊缝不易形成裂纹。

5.3.2.2　修复工艺

（1）找出所有裂纹及其端点位置。

（2）钻止裂孔（钻在裂纹尾部）。

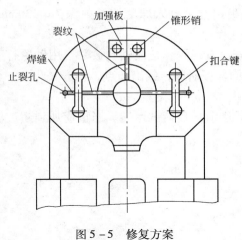

图 5－5　修复方案

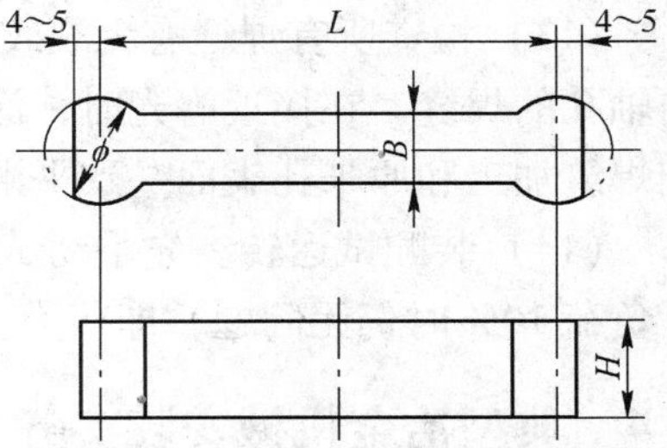

图 5－6　扣合键

（3）根据裂纹处的具体位置，确定键的外形尺寸及端面尺寸，并根据压力机最大负荷验算键的端面尺寸，要求键的强度大于工件镶键处的截面能承受的负荷。选键的材质为45 号钢。

（4）在与裂纹垂直的适当位置，按确定键的尺寸画线，使键的两个半圆头对称于裂纹。

（5）加工两个键槽。

（6）开出键槽底面上的裂纹坡口。

（7）用 ϕ4mm 奥氏体铁铜焊条焊平键槽底面上的裂纹坡口，同时焊平在加工键槽圆孔时遗留下来的钻坑，如图 5－7 所示。焊完后，将两处的焊缝铲至与键槽底一样平滑。

（8）计算键两半圆头中心距的实际尺寸 L。

（9）制造扣合键。

（10）将键加热到 850℃，随即放入键槽，用锤打下去。

（11）用 ϕ4mm 奥氏体铁铜焊条将键焊死在工件上，其余所开坡口处亦焊至与键平齐为止。为消除焊接应力，在熄弧后立即锤击焊缝。

（12）镶加强板。将曲轴前孔正上方的焊缝铲平，用砂轮打光，镶上如图 5－8 所示

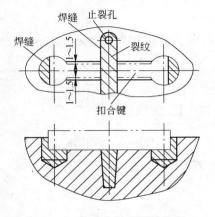

图 5－7　加扣合键的焊接修复

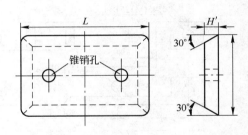

图 5－8　加强板

的加强板（因该处空间小，不用扣合键）。加强板用锥销打入球墨铸铁内深 25 ~ 30mm，再把加强板焊在工件上，最后把锥销端头焊在加强板上。

（13）检查所有焊缝有无裂纹及其他缺陷，若没有问题，把曲轴孔放平，用砂轮打磨曲轴孔的焊缝。在接近磨光时，涂红丹，用圆弧面样板研磨，找出凸点，再磨去凸点，直到焊缝加工和原来孔表面一致平滑、尺寸合格为止。

（14）装配试运转。先手动试运转，无问题后逐渐加负荷试运转。当负荷加到超过设计负荷 10% 时仍无问题，即认为合格。

5.4 典型冶金机械安装实务

5.4.1 轧钢机底座与机架的安装

5.4.1.1 轧钢机安装概述

轧钢机按轧辊的数目分为二辊式、三辊式、四辊式和多辊式轧机；按用途分为型钢轧机、热轧板带轧机、冷轧板带轧机、热轧无缝钢管轧机等。轧机种类不同设备构造不同，安装复杂程度也不同。但一般都包括轧机机座的安装、轧机机架的安装、压下、压上装置的安装、主要部件安装装配、液压、润滑设备的安装、轧机的调整试车及验收等几个阶段。

5.4.1.2 安装施工前的准备

轧机安装施工应根据《冶金机械设备工程施工及验收规范·轧钢设备》和设备制造图样等有关技术要求制定 1700 四辊轧机机械设备安装及验收规程，安装工程应严格按照设计施工，保证工程质量和防止设备变形，并要求安装人员对每道工序做好自检记录，质检人员要做好重要设备安装全过程的检查。安装施工前一定要做好各种图样资料的准备，清点好所要安装的机械设备部件，备齐安装明细表，制定轧机机架的运输、吊装方案及安装技术措施，做好设备基础的验收等多项基础工作。下面仅以某厂 1700 热轧机的四辊精轧机座与机架的安装为例，简要讲述轧机的安装。

5.4.1.3 底座与机架的概况

精轧机底座是用厚钢板焊接而成，如图 5 - 9 所示。固定机架的 4 个 M125 地脚螺丝

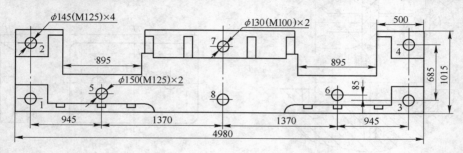

图 5 - 9 轧机底座

预埋在混凝土基础中。它从底座孔中穿出再与机架相连接，因而底座只承受压力，起一个凳子的作用。底座有两个凹槽，是用来确定轧机机架横向位置起固定作用的。

机架为铸钢件，一片重 132.3t，高 9.14m，宽 4.68m，如图 5-10 所示。

机架与底座的连接用紧固地脚螺丝及打紧斜楔即可。两片机架除了靠底座连成一体外，还用上横梁通过十二个 M64 的螺栓连接。下横梁用键与机架相连，但只作为换支撑辊的过桥用，而不起连接两片机架之用。

5.4.1.4　底座的安装

首先对基础及地脚螺丝进行检查，确认合格后，进行安装作业。其步骤是（按有垫板安装作业）：

（1）计算垫板面积。按公式（4-17）计算垫板面积。

（2）布置安放垫板。根据地脚螺丝的数量，在每个地脚螺丝两侧均放一组垫板，另外考虑到底座长方向尺寸较大，故设置辅加垫板，使底座受力均匀。

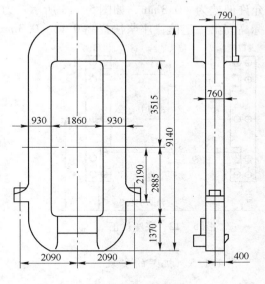

图 5-10　机架

预选垫板尺寸为 420mm×200mm，由平垫板与斜垫板组合而成，垫板配置如图 5-11所示。垫板的安放采取座浆法。

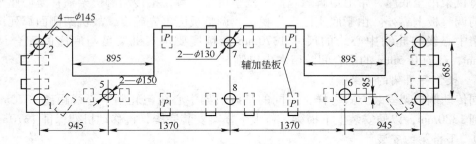

图 5-11　轧机底座垫板配置图

若用无垫板安装，则应根据计算，选择适当的斜铁器。

（3）底座找正。根据厂房内中心标板挂设轧制中心线，再挂设一根与轧制中心线平行的边线，若此两线的距离为 2890mm，则这条边线定为每个底座找正的基准，如图5-12所示。具体找正方法是：以边线作为基准线，用内径千分尺测量边线与底座端面的距离为 405mm（端面为加工面，专作找正底座之用）。其误差不得超过 0.05mm/m。

轧机入口侧底座与横向中心线距离的确定是根据已知横向中心线到底座凹入面的距离为 1860mm，允许偏差为 0.5mm。出口侧底座则以找正好了的入口侧底座为准。用制造带来专用测量杆量出两底座凹入面的距离为 3720+0.5mm，这 0.5mm 的间隙是考虑到机架的热膨胀，间隙留在出口侧底座。

（4）底座找平。在底座上放方水平及二底座间放平尺和方水平进行测量，要求两个底座过跨的水平度及底座水平度不超过 0.05mm/m。

（5）底座找标高。以底座旁预先埋设的基准点为标准，用平尺及内径千分尺测量，允许偏差为 +0.3mm，如图 5-13 所示。为了避免紧固地脚螺丝时底座下降，一般比规定标高高出一定值，座浆法提高 0.15~0.3mm，研磨法提高 1~1.5mm。

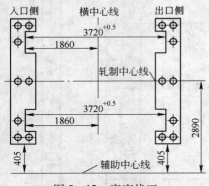

图 5-12　底座找正

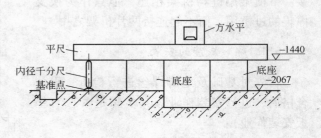

图 5-13　底座找标高

5.4.1.5　机架的安装

A　专用吊具的设计

为了保证机架起吊后能保持水平，故设计了专用吊具，穿在机架压下螺母孔内，上端通过环形夹具挂到起重机的吊钩上，如图 5-14 所示。

B　传动侧机架的安装

将机架吊至底座，带上地脚螺丝后，调整机架位置，把传动侧机架横移至底座与机架之间的调整板上靠死。由于底座已事先找正，调整板已事先确定，故机架侧面靠死即保证了机架中心线与轧制中心线的尺寸 1370mm 及精度要求。机架足与底座的配合尺寸是 3720mm，还有 0.5mm 的配合间隙留在出口侧。

C　操作侧机架的安装

同传动侧机架安装方式一样，不同的是调机架中心线与轧制中心线距离 1370mm 时，先调到 1380mm，以便安装上下横梁，待上下横梁安装完毕，再移动机架保证 1370mm。

D　下横梁的安装

下横梁是安放在两个机架凸台上的，靠键相连，不用螺栓连接。目前安装它，主要由于施工顺序的要求。

E　上横梁的装配

机架上部凸台确定了上横梁的高度及水平。另外，一侧用止口，一侧用平键和斜键确定上横梁中心位置。如图 5-15 所示。在立面上有 12 个 M64 的螺栓来紧固左右机架，在紧固传动侧 M64 螺栓前应先把操作侧机架向中心线靠拢，贴紧上横梁，然后紧固 M64 螺栓。

F　紧固地脚螺丝，作好精度检查

整个机架经检查各项数据都确认在精度范围之内后，对地脚螺丝进行紧固。对于 M125mm 的地脚螺丝紧固，过去用游锤撞击特制扳手的方法及地脚螺丝头部钻孔加热的方法，这两种方法紧固力不准而且很麻烦，目前可以用液压紧固器来紧固地脚螺丝，这种方法施加的力矩准确而且操作方便。

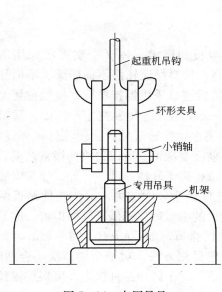

图 5 - 14 专用吊具

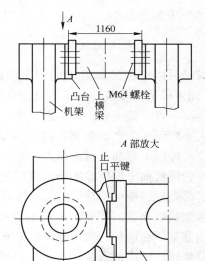

图 5 - 15 上横梁的装配

机架精度检查的项目有，机架垂直度、机架水平度、两机架间水平度、两机架窗口中心线的水平偏移、机架窗口在水平方向的扭斜和机架中心线偏差等。

5.4.2 ϕ650 型钢轧机轧辊和导卫的安装与调整

5.4.2.1 轧辊的安装

A 下辊的安装

下辊的安装较为简单，直接用天车把下辊吊入牌坊内，放置合适即可。但是，放置下辊之前，必须先检查：下瓦台位置是否合适；胶木瓦厚度是否合适；下闸高度是否合适。下瓦台不得偏离牌坊；胶木瓦厚度必须大于 15mm，且两端胶木瓦厚度等厚；下闸的高低由轧辊辊径大小而定，轧辊原始辊径时，下闸要下落，细辊径时下闸要上升。实际上，下闸高低是由轧制线来决定的，可以根据经验决定升、降多少，尤其是同品种换辊，辊径大小可精确推出，下闸升降多少。当下闸高度不合适时，下辊安装后，与中辊辊缝肯定不合适，不是擦辊，就是辊缝过大，这时，可根据具体情况来对下闸进行调整。

B 上辊的安装

（1）把上辊与机帽装配，即辨认机帽、轧辊两端标示，使孔型排序与轧辊机帽左右端相适应，防止装错；把上下瓦台与上辊装配。

（2）调整压下螺丝位置，根据辊径大小来调整压下螺丝位置，一般情况，可根据经验，多大辊径，压下螺丝丝杠的丝露出几个，辊径波动范围有限。调整合适的压下螺丝位置，装上上辊后，上辊与中辊位置合适，不至于上辊与中辊相擦或辊缝过大。当上辊与中辊位置不合适时可根据情况进行调整。此时，调整影响换辊速度。

（3）吊紧上辊平衡装置，防止轧辊弹跳过大。

（4）把机帽与上辊吊入牌坊。

（5）安装套筒。

5.4.2.2　导板与卫板的安装

对于采用导板梁即常说的固定横梁，导板与卫板和横梁一体（个别道次采用活卫板），固定横梁的安装，对于轧机进口安装要求不高，只要保证轧件不撞横梁、不撞导板即可，高一点，低一点，均不影响生产。650 轧机机后进口采用倒挂横梁，横梁位置无论辊径大小均不变。出口横梁高度安装要求比较高，安装不合适会影响生产，如：横梁过高，使轧件向上弯曲，弯曲过大时，无法进入下一道次。横梁过低，会使轧件顶坏设备。尤其是轧机机前出口横梁安装比机后更关键，因机前需要翻钢。所以，机前横梁高度，看卫板后部高度，使卫板后跟部与轧槽底部相适应，或稍高于轧槽底部，另外，导板安装使接近翻钢板端稍软，即使远离翻钢板端的导板对轧件产生较大的力，迫使轧件贴近翻钢板，使翻钢顺利进行。机后出口横梁安装使固定横梁的卫板后部稍低于轧槽即可，亦常说的使卫板比轧槽底部低 8～15mm。也可以进行严格的推算。如：$h = H - (8～15mm)$，这里：h 横梁高度，H 轧槽底部高度。生产中一般采用目测方法，对于个别道次不合适时，可采用电焊焊垫的方法，调节个别道次高度的不合适。对于同一品种换辊，可根据辊径大小，严格推出横梁的高低。

5.4.3　液压机及其附属设备的安装

5.4.3.1　液压机结构

典型液压机的本体结构，如图 5－16 所示。它是由上横梁 3、下横梁 5、4 个立柱 4、16 个内外螺母组成一个封闭框架并承受全部工作载荷。工作缸 1 固定在上横梁 3 上，工作缸内装有工作柱塞 2，与活动横梁 6 相连接。活动横梁以 4 根立柱为导向，在上、下横梁之间往复运动。活动横梁下面固定有上砧 11，而下砧 12 则固定于下横梁上的工作台上。当高压液体进入工作缸后，对柱塞产生很大的作用力，推动柱塞、活动横梁及上砧向下运动，使工件在上、下砧之间受压。上横梁的两侧还固定有回程缸 7，当高压液体进入回程缸时，推动回程柱塞 8 向上，通过顶部小横梁 9 及拉杆 10，带动活动横梁实现回程运动。此时，工作缸应于低压腔相通。

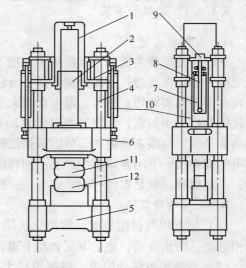

图 5－16　液压机结构图

1—工作缸；2—工作柱塞；3—上横梁；4—立柱；
5—下横梁；6—活动横梁；7—回程缸；8—回程柱塞；
9—小横梁；10—拉杆；11—上砧；12—下砧

5.4.3.2　液压机及其附属设备安装的技术要求

A　调整垫铁的技术要求

（1）应用平垫铁和斜度不小于 1/10 的成对斜垫铁。若基础表面已设埋设平面（钢板），则将成对斜垫铁直接放置在埋设平板上，埋设平板表面必须经过刨、铣加工并进行调平定位。

（2）垫铁若是直接与基础表面接触（对小型液压机而言），应将与垫铁接触的基础表面进行铲平并磨平。

（3）设备底座面与垫铁、垫铁与垫铁、垫铁与基础表面的接触均应良好（经刮研调整后），局部间隙（塞入塞尺的深度不大于 10mm）为 0.05~0.10mm。

（4）每组垫铁的总厚度为：2000t 以上的液压机应为 40~60mm。

B 液压机组装的技术要求

组装前要对零件、部件进行下列检查，并应符合图样和技术文件的要求。

（1）上、下横梁（或前、后梁）与立柱的配合尺寸，上、下横梁立柱孔与端面的垂直度。

（2）活动横梁导套孔与立柱的配合尺寸和间隙。

（3）工作缸与上、下横梁（或前、后梁）和工作缸导套与柱塞的配合尺寸和间隙。

（4）立柱与螺母的垂直度；台肩式立柱两台肩间的尺寸；立柱螺纹与螺母螺纹的接触情况等。

C 装配横梁的技术要求

（1）结合面的接触应良好，局部间隙不大于 0.06mm，且累计长度不应大于周长的 1/10。

（2）连接螺栓的螺母端面与横梁的接触应良好，局部间隙不大于 0.05mm；间隙的累计长度不应大于周长的 1/6。

（3）热装螺栓时，螺母的旋转角度应符合图样技术文件的规定。若无规定时，材料为 40 号钢或 45 号钢的螺栓，初拉伸应力可按 80~100MPa 计算。

（4）定位凸台和定位键与键槽、键与梁的接触均应良好，接触面积应不小于 80%。

D 装配液压缸和柱塞的技术要求

（1）立式液压缸的铅垂度和卧式液压缸柱塞的水平度均不应超过 0.08/1000mm。

（2）液压缸法兰与横梁的接触应良好，局部间隙不应大于 0.05mm；间隙累计不应大于周长的 1/6。

（3）拧紧液压缸柱塞压套法兰螺栓时，螺母受力应一致，法兰间隙应均匀。

E 装配立柱的技术要求

（1）立柱螺纹与螺母螺纹的接触应均匀，接触面积应小于 80%。

（2）立柱螺母与上、下横梁（或前、后梁）的接触应良好，局部间隙应不大于 0.05mm，间隙累计长度不应大于周长的 1/6。

（3）立柱预紧前，应拧紧立柱各螺母，其拧紧程度应一致。

（4）液压机立柱预紧，应用加热或超压预紧。加热预紧时，其加热温度和螺母的旋转角度应符合图样技术文件的规定。采用超压预紧时，其压力应为液压机额定压力的 1.25 倍。

5.5 典型冶金机械维修实务

5.5.1 推钢机的维护

5.5.1.1 推钢机结构和工作原理

加热炉推钢机是连续式加热炉的加料机械，用于将钢锭或钢坯依次推入炉内。在端出料的加热炉中，推钢机可以将加热好的钢锭或钢坯从加热炉的另一端推出；在侧出料的加热炉中，推钢机先将钢锭或钢坯推至出料位置，再由出钢机将钢锭或钢坯推出去。

推钢机有齿条式、螺旋式、曲柄连杆式和液压式等类型。其优缺点比较见表 5 - 7。

表 5 - 7　各类推钢机的优缺点

优缺点	齿条式	螺旋式	曲柄连杆式	液压式
优点	工作稳妥可靠，传动效率高，不需要经常维修，推力、行程大	结构简单，制造容易，重量轻，投资少	推速高，操作灵活	推力大，推速易控制，结构简单，重量轻
缺点	结构较复杂，自重大	传动效率低，零件易磨损，推力、行程较小、	结构复杂，自重大，行程小	可能漏油，要求勤检修
备注	应用广	适用于 20t 以下推力，小型、线材车间等	适用于小型或线材车间	推广使用

根据轧钢车间使用的经验，推力在 0.2MN 以上时，一般采用齿条式推钢机较适宜，因为齿条式推钢机传动效率高，使用可靠，这是螺旋式推钢机难以相比的。近年来，液压式推钢机在中小型加热炉上开始推广使用，因为液压式推钢机重量轻，机构轻巧，容易实现。

图 5 - 17 为螺旋式推钢机。螺旋式推钢机体积小，重量轻，结构简单，便于制造，所以在小型轧钢车间得到广泛应用。螺旋式推钢机由推杆、螺母、螺杆和传动装置等组成。传动装置采用圆柱齿轮标准减速机。为提高推钢机的生产率，可以用两套传动装置分别传动螺杆，以实现慢速推钢和快速返回。快速返回的传动装置如图中虚线所示。

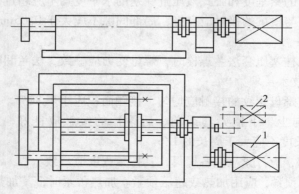

图 5 - 17　螺旋式推钢机
1—慢速推钢用电动机；2—快速返回用电动机

螺旋式推钢机是通过螺母和螺杆，将旋转运动变成直线运动。它是在较低的速度下传递较大的力，因此要求它们具有较好的耐磨性。螺杆的材料一般用 45 号钢，螺母的材料常用锡青铜（ZQSn10 - 1）和铝青铜（ZQAl9 - 4）。螺母和螺杆通常采用矩形、梯形或锯齿形螺纹。矩形螺纹传动效率高，其强度和传动精度较低；锯齿形螺纹的单向承载能力高，而传动效率低，梯形螺纹强度高，承载能力大，传动效率介于矩形和锯齿形螺纹之间，在推钢机上采用这种螺纹传动效果较好。为保证螺旋啮合良好和推钢准确，推钢机设有导向装置，一般采用滚动导向装置。

图5-18为齿条式推钢机。它由推杆、机座、传动装置和行程控制器等组成。

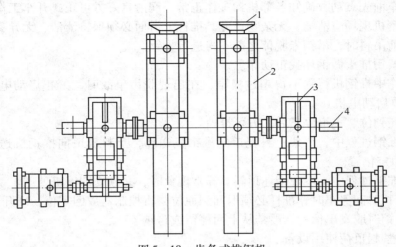

图5-18　齿条式推钢机

1—推杆；2—机座；3—传动装置；4—行程控制器

齿条式推钢机的传动布置通常采用如图5-19所示的两种形式。它们由两个电动机分别驱动两个推杆，推杆既可以单独工作（推钢锭时），也可以两个推杆同时工作（推钢坯或连铸坯时）。两推杆之间没有机械连接，可以采用电气联锁的方法，来保证两推杆的同步，操作方便。图5-19（a）系采用蜗轮—圆柱齿轮减速机或圆锥齿轮—圆柱齿轮减速机的推钢机；图5-19（b）系采用圆柱齿轮标准减速机的推钢机。推钢机的传动装置较多采用圆柱齿轮标准减速机，其优点是传动效率高，易加工制造；缺点是传动装置布置不够紧凑。

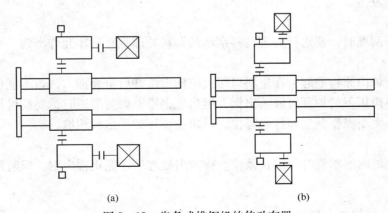

(a)　　　　　　　　　　　　　　(b)

图5-19　齿条式推钢机的传动布置

（a）—蜗轮（或锥齿轮）—圆柱齿轮传动；（b）—圆柱齿轮标准减速机传动

液压式推钢机的结构形式较多，主要是推杆的同步、导向和返回方式不同。这种液压推钢机由两个油缸组成，推头的中部有导杆，以保证两油缸活塞杆的机械同步。

5.5.1.2　推钢机操作注意事项

（1）操作者必须熟悉设备性能，无操作证不得操作。

（2）开车前先点动，确知各部机构工作正常，润滑良好方可正式开车工作。

（3）推钢机现场应清洁、无杂物，尤其推杆上滑面必须保持清洁、无异物。

（4）炉前吊料时，吊钩未脱掉之前不得进行推钢。

（5）严禁用推头做钢坯找正动作。

（6）操作中推钢机行程不得超过极限，在出现脱齿事故时，禁止启动电机，等人工盘车复位后再启动电机。

（7）钢坯到位、辊道停车后，方可推料。

（8）在推钢过程中，严禁上料辊道向推钢机送坯，上料辊道向推钢机送料时，推杆必须退回到原定位置。

（9）在推钢过程中，发现钢坯顶斜等异常现象时，必须立即停机处理。

（10）在长时间停车时，推杆必须退回到原位，将控制器放回零位，断开电源。

（11）推钢时应发出信号，严禁从上面停留或跨越。

（12）严禁超负荷使用设备。

（13）在操作过程中，严禁碰撞辊道，返回时必须提前停车，必要时可反车制动。

（14）机械电器在出现故障时，控制器手柄应放在零位，并找有关人员处理。

5.5.1.3　推钢机常见事故及处理

推钢机使用过程中经常出现一些非正常情况。非正常情况主要是指炉内水管上的钢坯走偏、刮墙、崩钢、卡住等情况，在非正常情况下要执行非正常的出钢操作。

A　走偏

钢坯走偏时要与装钢工配合操作。在密切注意炉内原料偏移的同时，炉前装钢操作要听从观察人员的指挥，装钢操作人员要用推钢机头找正，要缓慢出钢，以防止刮墙，甚至落道等事故的发生。

B　刮墙

炉内钢料刮墙时，要进行处理，将刮墙的钢料处理顺直后才允许出钢。

C　崩钢

崩钢造成炉内原料堆起，在进料口附近应掏出摆好后重新推入，若不能掏出，其高度不影响炉子各段压下的炉顶可继续出钢，但当堆钢推至炉前滑道时，要缓慢推钢，发现有钢料滚落时，主令操作器立即打向零位，以防止顶坏炉子出料端墙。

D　卡钢

钢料卡住炉内的水管时，禁止操作，待做出处理后才能正常出钢，严防顶坏水管，造成大的事故。

5.5.1.4　推钢机点检维护

A　推钢机的点检路线

制动器—电动机—接手—减速机—接手—推钢机本体—主令控制器—干油润滑泵系统—油路。

B　检查内容

(1) 每班对电机运转状态检查一次，其温度不得超过80℃。

(2) 每班对减速机运转状态检查一次，油位不得低于规定刻度，轴承温度不得大于50℃。

(3) 每班对干油润滑泵系统及油路检查一次，保证油泵按时供油。

(4) 检查抱闸间隙及闸皮磨损情况，及时更换、调整。

(5) 检查推杆运行状态及推杆滑动面有无损伤和松动，保持推杆滑动面的良好润滑。

(6) 检查各部连接螺栓及地脚螺栓有无松动。

(7) 检查推杆极限装置，及时修复调整。

C　润滑

推钢机在使用过程中，各关键部位的零部件需要润滑，其通常所用润滑剂情况如表5-8所示。

表5-8　各部件润滑情况

设 备 及 部 位	润 滑 油 脂
减速机	120号工业齿轮油
滑板、轴瓦	复合钙基脂
齿轮、齿条	复合钙基脂

5.5.1.5　推钢机的维修

A　准备

(1) 熟悉推钢机的构造和工作原理。

(2) 安排检修进度，确定责任人。

(3) 制定换、修零件明细表。

(4) 准备需更换的备件和检修工具。

B　拆卸

(1) 确认系统停电，通知电工拆走信号反馈及控制设备。

(2) 拆除干油配管及安全防护罩。

(3) 拆除推钢机各部分连接螺栓及地脚螺栓，将推钢机分解成机体（包括左右机体，下同）、左右机体连接轴、制动器、制动轮、增速器、减速器、底座及支架等几部分。

(4) 解体机体：

1) 拆侧端盖，取出压轮装配。

2) 拆两侧导轮装配。

3) 拆除箱体连接螺栓，吊走机盖。

4) 吊走传动齿条。

5) 拆除传动齿轮装配及托轮装配。

6) 解体压轮装配，拆下压轮和轴承。

7) 解体导轮装配，拆下导轮和轴承。

8) 解体传动齿轮装配，拆下半联轴器、轴承和齿轮。

9）解体托轮装配，拆下托轮和轴承。

（5）解体减速器：

1）松开放油螺塞，放掉润滑油。

2）拆除减速器两侧端盖。

3）拆除箱体连接螺栓及定位销，吊走机盖，吊出传动轴装配。

4）用压力机或手锤拆除传动轴上的半联轴器、轴承、甩油环、齿轮等零件。

（6）解体增速器（同减速器）。

（7）解体制动器：拆下制动闸瓦、松闸推杆、平衡弹簧、液压缸、活塞及推杆。

（8）解体连接轴：拆下半齿式联轴器。

C　清洗检查

（1）清除表面的油污、锈层、旧漆、密封胶等。

（2）检查零件配合面、啮合面、接触面的磨损情况，清除零件在使用和拆卸过程中产生的毛刺、飞边等，修理损伤表面。

（3）检查各传动轴的圆度、同轴度及弯曲变形等。

（4）检测齿轮齿侧间隙、接触斑点分布位置及分布率，检测轴承间隙。

（5）检查压轮、导轮、托轮、制动轮、闸皮等零件的磨损情况。

（6）检查液压缸体、活塞圆度、同轴度及磨损情况，松闸推杆及左右制动臂的变形情况，平衡弹簧的弹性及是否损坏。

（7）检查各箱体、底座、支架、盖板等是否有裂纹、变形等缺陷并焊补或矫直。

（8）根据设备的技术要求及检测结果报废零件。

D　安装调试

（1）对零件的主要配合尺寸进行测量，选择装配。

（2）选择适当的装配方式，按照与拆卸相反的顺序进行组件、部件的装配及推钢机的总装。

（3）传动齿轮、齿条、压轮、导轮、托轮、齿式联轴器加足润滑脂，增速器、减速器、制动器液压缸按标准加足润滑油或液压油。

（4）接通润滑管路，盖好安全防护罩。

（5）单体无负荷试车，推钢机应运行平稳、无异响。

（6）调试完毕后，清理检修现场，整理和分析检测数据及备件消耗情况。

5.5.2　出钢机的维护

5.5.2.1　结构及工作原理

A　端出料的出钢机

端出料连续式加热炉的炉前出料方法，通常是利用炉后推钢机将热钢坯（锭）推出加热炉，并沿着有一定斜度的滑板滑至出炉辊道上；辊道外侧设有缓冲器，吸收钢坯沿滑板滑下时的动能。但在热连轧板带生产中，由于板坯重量大，板坯从滑板滑下时冲击力很大，容易损坏辊道轴承、缓冲器挡头、缓释弹簧等，同时板坯沿滑板滑下时容易擦伤而影响带钢质量。因此，新建的热连轧板带车间已采用出钢机来取出板坯。

图 5-20 为 1700 连轧机炉前出钢机的传动图。出钢机由出钢杆的移动机构和出钢杆的抬升机构组成。加热炉内加热好的板坯，由炉后推钢机或步进式移动机构，移至板坯终点控制装置的位置后，出钢机由电动机 1 通过减速机 2 和齿轮齿条机构 3，把出钢杆送进炉内，停在板坯下面；开动电动机 4，通过蜗轮减速机 5，带动偏心轮 6，抬起出钢杆，使板坯被抬起而脱离炉内辊道，此时开动电动机 1，使出钢杆抬着板坯退出加热炉，移至辊道上面，然后，再开动电动机 4，使出钢杆下降到低于辊道面约 70mm 处，将板坯放于辊道上。

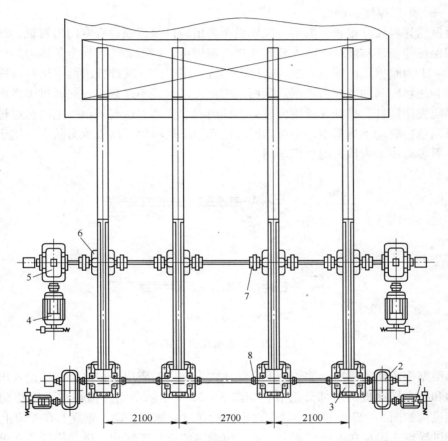

图 5-20 1700 连轧机炉前出钢机传动图
1，4—电动机；2，5—减速机；3—齿轮齿条机构；6—偏心轮；7，8—离合器

图 5-20 中出钢机的前进后退装置为齿轮齿条式、升降装置为偏心轮式，但随着轧钢车间的现代化，液压技术的广泛应用，前进后退装置、升降装置更多的是用液压缸控制。液压式出钢机的操作方法和齿轮齿条式基本相同。

　　B　侧出料的出钢机

在侧出料的连续式加热炉上，钢坯由炉内推钢机逐渐向炉前推动。当加热好的钢坯被推至炉前出钢槽时，出钢机从加热炉的侧面将钢坯推出炉外，再经炉前辊道运往轧机进行轧制。侧出料的连续式加热炉常用于小型轧钢车间。

出钢机推力的大小由所推坯料的重量决定。正常操作时，每次只需推出一根坯料。但考虑到坯料可能产生粘连，出钢机的推力应满足一次推出两根坯料的要求。一般推力为 1.5 ~ 6kN。出钢速度应和轧机生产能力相适应，一般为 0.5 ~ 2m/s。出钢机推杆行程主要取决于被加热坯料的长度、炉子宽度和车间工艺布置。一般推杆行程 L 可按下式（5 - 1）计算：

$$L = L_0 + 2s_1 + 2s_2 + 100 \tag{5 - 1}$$

式中　L_0——炉子内壁间距，mm；

　　　s_1——炉墙厚度，mm；

　　　s_2——炉门厚度，mm。

有时虽然坯料尺寸很长，但第一架轧机距离出料口很近或设有专门出料辊，此时推杆行程只需保证能使坯料前端被咬入轧辊或送料辊即可，而不必将坯料全长推出炉外。

图 5 - 21 为摩擦式出钢机简图。这种出钢机应用很广，其推杆由两个送料辊移动。推力受推杆和送料辊间的摩擦力限制。因而出钢机可以保证不过载。一般通过弹簧用压下螺丝将送料辊夹住推杆。推杆在导槽内移动，杆内通水冷却。送料辊由一电动机通过减速机传动，可以单独驱动下送料辊，也可以同时驱动上下送料辊。前者推力较小，用于小型型钢车间，后者适用于大推力的型钢车间。

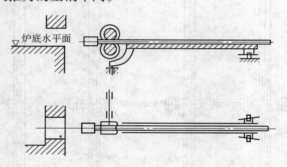

图 5 - 21　摩擦式出钢机简图

在小型型钢车间的侧出料加热炉上，移动式出钢机的应用也很广泛。移动式出钢机由出钢机构和小车横移机构两部分组成，如图 5 - 22 所示。出钢机构装在可以移动的小车上。出钢机构如图 5 - 23 所示，卷筒 5 由电动机通过减速机传动，钢绳 6 在卷筒上绕 2 ~ 3 周后，绕过导轮 4 固定在推杆小车上，由于电动机的正反向转动，拖动推杆 7 在炉内作直线往复运动，完成出钢操作。

由于移动式出钢机可以作横向移动，所以炉尾的推钢机可以成批地将坯料推到出钢口，出钢机则可以通过横移机构对准每一根在出钢口范围内的钢坯，不断地出钢。因此，炉尾上料与炉前出钢可以互不干扰，出钢速度快，横移操作灵活准确，每分钟可以出钢十根以上，这种出钢机适宜于出钢次数频繁的小型型钢车间侧出料连续加热炉。

5.5.2.2　出钢机操作注意事项

（1）操作者必须了解设备性能，无操作证者不得操作设备。

（2）开机前要检查设备各部位及操作系统，清除障碍，出料头部冷却水正常，托块牢固。

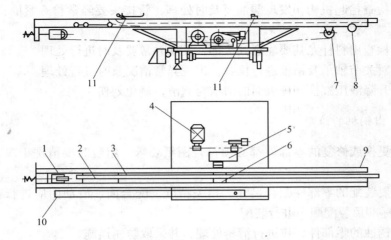

图 5 - 22 移动式出钢机

1—后导轮；2—推杆小车；3—推杆；4—电动机；5—减速机；6—卷筒；
7—前导轮；8—推杆托辊；9—小车滑轨；10—水槽；11—限位开关

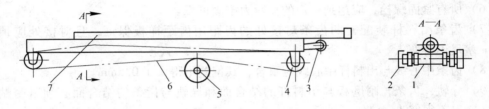

图 5 - 23 出钢机构

1—小车；2—小车滑轨；3—推杆托辊；4—前导轮；5—卷筒；6—钢绳；7—推杆

（3）试验电动机运转是否正常，制动器动作是否灵敏可靠。

（4）检查极限装置是否齐全灵敏，出料杆停位是否准确，作业时不准依靠极限进行操作。

（5）只有出料杆降到位后，才能启动出炉辊道。

（6）严禁出料杆在未抬起状态下运行，防止顶坏设备。

（7）出料杆不能长时间停在加热炉内。

（8）当出料机出钢时，严禁加热炉内步进梁动作。

（9）严禁钢坯横向撞击出料杆。

5.5.2.3 出钢机点检维护

（1）每班班前检查、紧固所有的连接螺栓、地脚螺栓、联轴器螺丝并检查是否齐全。

（2）检查极限位置是否安全可靠，极限失灵要立即处理。

（3）每班检查所有连杆机构的运行状态及润滑情况。整体连杆机构的集中干油润滑系统每班要加油脂一次。

（4）检查减速机，传动要平稳无异常声音；查看油标保证油质及油位正常；接合面要紧密接合，端盖部位密封要可靠，无漏油现象发生。

（5）每天检查抬起机构，发现漏油要及时处理，管接头要经常检查紧固，防止松动、脱落现象发生。

（6）每天检查出料杆尤其要注意其头部，发现异常要及时进行处理。

（7）每班对关节轴承及销轴进行检查，出现异常情况及时进行处理。

（8）保持升降液压缸柱塞杆表面的清洁与润滑，避免划伤。

5.5.2.4　出钢机的维修

（1）所有更换或修复的零部件都必须符合图纸要求，组装时要清洗干净，按规定程序进行组装。

（2）对需要装配的零部件配合尺寸，相关精度，配合面、滑动面应进行检测，清洗处理，并应按标准及装配顺序进行装配。

（3）对已锈蚀的零部件，应进行清锈处理，并采取防锈措施。

（4）所有润滑油路必须畅通不得有堵塞现象。

（5）所有液压、润滑管路元件、箱体密封以及端盖组装后，要工作可靠不得有漏油现象。

（6）所有紧固螺栓，应达到一定的预紧力牢固可靠。

（7）齿条出料杆装配时两齿条对接处的齿距用齿距样板保证，且对接处应顶紧，0.1mm 塞尺不得塞入。

（8）齿条中心线与出料杆中心线应重合，其偏差不得大于 0.5mm。

（9）导轨，齿条，耐磨板与出料杆的结合面和导轨与齿条的结合面必须紧密贴合，0.2mm 塞尺不得塞入。

（10）齿条出料杆的齿条与移动装置的齿轮接触面积在齿高方向不少于 30%，在齿长方向不少于 40%。

（11）齿条出料杆中心线与加热炉中心线应平行，其在全长上偏差不大于 3mm。

（12）齿条出料杆头部上表面应在同一平面内，其偏差不大于 3mm。

（13）保证齿条出料杆头部上表面标高不低于辊道面标高 100mm。

（14）齿条出料杆上表面与移动装置压辊的间隙为 1~2mm。

（15）必须保证齿条出料杆移动灵活可靠。

（16）齿轮联轴器两轴的中心线应重合，其偏差不大于 0.3mm，倾斜不大于 1/1000。

（17）减速机蜗轮、蜗杆、齿轮、齿条的齿面磨损量超过齿厚的 20% 时，或齿根有裂纹，断齿、严重点蚀的应更换。

5.5.3　炉底步进结构的维修

5.5.3.1　结构原理

步进式炉加热温度均匀，加热时间快，产量高，生产灵活性大，必要时可以将炉内坯料排空。加热时，坯料下表面的水管黑印小，坯料温度均匀，加热的热效率也较高。加热特殊钢时，能满足对坯料表面质量（氧化、脱碳、划伤等）的高要求，加热大型板坯时，由于板坯温度均匀，有利于减少轧制时的厚度差。所以，目前步进式炉在热轧板带车间以及中小型轧钢车间都得到了广泛应用。

步进式炉一般分为两类：一类是单面加热的步进式炉，简称步进底式炉；另一类是双面加热的步进式炉，简称步进梁式炉，前者主要用于中小型低负荷的加热炉，后者多用于大型、大负荷的加热炉，如热带钢连轧车间的板坯加热炉。

A 步进梁的运动轨迹

一般情况，步进梁（或步进炉底）相对于固定梁（或固定炉底）作上升、前进、下降、后退四个动作，由这四个动作组成步进梁的一个运动周期。每一个周期使坯料从装料端向出料端前进或后退一个行程。在正常情况下，步进梁做正循环，使坯料前进；当生产线上发生故障时，可采用逆循环将出炉辊道上加热好的坯料退回加热炉；在修炉前，采用逆循环可将炉内坯料排空；当需要坯料在炉内保温时，可采用踏步的方式以减少坯料底部的水管黑印。

步进梁的运动轨迹有各种不同形式，有圆形、椭圆形和矩形等。步进梁的矩形运动轨迹如图 5 - 24 所示。

图 5 - 24 步进梁的矩形运动轨迹

在有的步进梁式炉中，由于步进机构的负荷（最大装钢量和步进梁自重之和）很大，为了减少步进梁循环运动时的冲击，采用在上升、下降、前进、后退各启动段的速度由零慢慢增至最大，在各停止段速度由最大慢慢减至零的速度制度。

步进梁动作的操作方式有手动、电气控制或电子计算机控制。

B 步进梁的传动机构

步进梁的传动机构通常由升降装置和移运装置两部分组成。其结构形式主要有三种，有偏心凸轮式，杠杆托辊式和斜面导轨式，如图 5 - 25 所示。

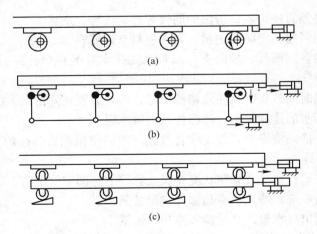

图 5 - 25 步进梁的传动机构
(a) 偏心凸轮式；(b) 杠杆托辊式；(c) 斜面导轨式

步进梁的升降装置和移送装置，一般都有单独的传动装置，通常分为机械传动和液压传动，也有的采用这两种传动的组合形式。近年来建成的步进式炉大多采用液压传动，因为其设备结构简单，效率高，并能获得步进运行所需要的理想矩形运动轨迹和圆滑的速度曲线，操作控制又较灵活。

　　步进机构的一次步进循环由四个动作来完成：坯料上升，坯料前进，坯料下降，步进梁后退。

　　步进梁前进或后退的行程可以根据坯料尺寸和所要求的坯距大小而进行调整。

　　图 5－26 为热带钢连轧车间的步进式加热炉步进机构及其传动装置简图。固定梁由立柱支承，坐落在炉底固定框架上。活动梁由立柱固定在活动的金属结构框架上，整个框架被托在托辊上面。托辊内装有双列圆锥滚子轴承，可自由转动。框架下面两侧各有一排托辊，每排有 7~8 个托辊。其中第一个托辊的杠杆与提升油缸的活塞杆相连接，并与其余托辊的杠杆通过中间连杆彼此连接起来。每排托辊用一个提升油缸驱动，并将两排托辊中的第一个托辊的转轴用一根中间轴相连，从而实现机械同步，防止步进梁倾斜。提升油缸通过连杆托辊使步进梁上升或下降。移动油缸驱动活动梁框架在托辊上水平移动。

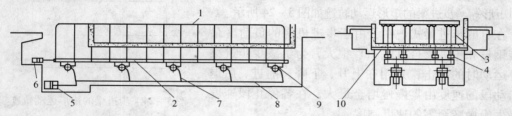

图 5－26　热带钢连轧车间步进式加热炉步进机构及其传动装置
1—板坯支承具；2—步进梁框架；3—立柱；4—水封槽；5—升降油缸；6—移动油缸；
7—杠杆；8—中间连接杆；9—托辊；10—炉底固定框架

5.5.3.2　步进式炉操作注意事项

　　（1）开炉前必须有压炉料，否则炉筋管等容易烧弯、烧坏。

　　（2）在装、出料时，要防止歪斜、弯曲坯料卡炉筋管。

　　（3）检查炉内各炉筋管、横向支撑水管及支撑水管绝热包扎层，并及时将损坏的地方加以修补。

　　（4）炉子保温时间较长时，注意调整炉温，防止放置在固定梁上的坯料两侧烧弯。

　　（5）确保冷却水的连续供给，严格控制出口水温。

　　（6）炉筋管、横向支撑水管及支柱管经过一定的使用期后，在炉子检修时必须更换，勉强使用易造成事故。

　　（7）检查水泵运行情况及管路状况，保证管路上各调节阀严密、灵活。

　　（8）防止管路系统，特别是冷却部件或设备漏水。

　　（9）严格控制出口水温，及时调节冷却水流量。

　　（10）水冷系统尽可能形成闭环，循环使用，以节约用水。

　　（11）保证软化水的质量，并定期对水管过滤器进行清洗。

5.5.3.3　步进式炉点检维护

对于机械化炉底加热炉而言，炉底机械等的正常运行是加热炉顺利生产的前提条件，因此必须加强对炉子装、出炉设备和炉底机械的日常维护和检修。否则,一旦发生事故将被迫停产。对炉底机械等的维护应从以下几个方面着手:

(1) 经常检查各机械设备的运行情况。发现隐患,应利用一切非生产时间及时加以检修,防止设备带病工作。对于易损部件,应有足够的备品备件,以便能及时更换。

(2) 加强对设备的润滑,对需要润滑的部位,应定期检查、加油。

(3) 对炉底机械要采取隔热降温措施,需冷却的部件,必须保证冷却水的连续供给。

(4) 加强对液压系统的检查与检修。在机械化炉底的加热炉中,许多炉底机械是采用液压系统控制的,如步进炉炉底的步进梁。液压系统能否正常工作,将直接影响炉底机械的正常运行,必须加以重视。

加热炉除了要加强对上述重点项目进行维护外,同时还要加强对金属构架、炉门、观察孔、换热器等的维护。煤气管道上的各种开闭器和调节阀要经常涂油,以确保其严密性、灵活性。

5.5.3.4 步进式炉检修

A 大修

连续加热炉大修是加热炉全部拆除,包括预热段砌体、部分烟道、换热器、炉底水管及钢结构等,同时对附属设备进行修理或更换。对于机械化炉底加热炉,炉底机械作为重点项目检修。大修一般 2 ~ 4 年进行一次,每次检修需 10 ~ 30 天。其进度安排大致如下:拆炉、砌炉底、砌纵墙、砌前后端墙、砌炉顶、装炉门框等。检查验收合格,清理完毕后烘炉。

B 中修

连续加热炉的中修主要指将高温区进行拆修。包括高温段炉顶、炉墙及炉底大部分更换,均热段滑道、部分水管及水管绝热层的更换。中修一般 1 ~ 2 年进行一次,每次检修需 3 ~ 10 天,其进度安排基本同大修。

C 小修

连续加热炉的小修一般指局部修理。如高温段的炉门拱、炉顶、侧墙、均热床、烧嘴砖、燃烧室部分修理或更换及水管补漏等,小修一般 2 ~ 3 个月进行一次,每次检修需 1 ~ 3 天。

炉子检修是比较复杂的多工种配合的工作,各项工作均应密切配合,并严格按照工种进度和检修要求进行,确保检修质量。检修结束后,必须对所有工作进行详细检查、验收,并及时组织力量消除检查时所发现的缺陷,在发现的所有缺陷完全消除后方能进行烘炉。

5.5.4 热锯机的维修

5.5.4.1 热锯机结构及工作原理

中型轧钢车间使用的热锯机主要有四种类型,本节着重介绍滑座式热锯机,并对四连杆式热锯机作简单介绍。

A 滑座式热锯机

滑座式热锯机就上滑台的移动方式来分,有曲轴式、牛头刨式及齿条式。比较起来,前两种行程小、振动大、效率低，是比较老式的结构。齿条式有如下优点：锯片行程由前两种行程 700mm 增加到 1000～1100mm，并采用直流电动机进锯，进锯速度可随电动机负荷变化而自动调节，达到合理的切削量和实现快速退回，提高了生产率。

齿条式热锯机技术性能：锯片直径 1500～1350mm，锯片圆周速度 116.2～104.5m/s，上滑台最大工作行程 1100mm，锯片进锯速度 30～273mm/s，退锯速度 300mm/s，锯机横移速度 54mm/s，总重为 32.36t。其外形如图 5-28（a）所示。

滑座式热锯机主要由锯切机构、送进机构及横移机构三部分组成。

a　锯切机构

整个锯盘的传动机构位于上滑台 1 的前部。是由 JS116-4 型，$N = 155kW$，$n = 1480r/min$ 的交流电动机 13，直接带动锯片 10 旋转。当锯片直径 $D = 1500mm$ 时，其圆周速度可达 116.2m/s。

与间接传动（电动机经三角皮带传动锯盘）比较，直接传动的优点是结构简单、工作可靠、传动损耗低、效率高。用间接传动时，皮带本身要损耗，工作不够可靠，还要有张紧装置。但间接传动也有它的优点，如锯盘放在前部，电动机放在上滑台后部，因此上滑台受载均匀，并且可以做得窄些，电动机也不受被切轧件高温的影响。另外由于所需的传速比可通过传动机构来实现，锯片直径和圆周速度的选择不受电动机的限制。

一般说来，对小型锯切机以选用间接传动为宜，而对大直径锯盘的锯切机，则采用直接传动较好。因为：

（1）在电动机的周围用水箱和水幕冷却，可避免被切轧件高温的影响。

（2）上滑台较重，因而电动机重量的影响相对的小，并且可由机构（如压辊）等保证上滑台移动平稳。

（3）电动机尺寸与锯盘相比较小，不会影响锯片尺寸的选择。

锯片轴的装配图如图 5-27 所示，锯片轴 7 两端的轴承，是采用可以自位的双列向心球面滚子轴承，靠近锯片端的轴承考虑到受有较大的径向力，工作条件较恶劣，故用了两个中间用间隔环 4、5 隔开的球面滚子轴承。装在轴承外环上的轴套 9、油环 10、11 及端盖（透盖）8 等构成的轴承部件，一方面可以保证锯片轴拆装方便，另一方面也避免了上滑台的磨损（因为下轴承座直接加工在上滑台前部）。为了补偿锯片不受热效应（热胀冷缩）的影响，把靠电动机一端的轴承装成可游动的。

锯片轴承采用稀油循环润滑。为了防止稀油溢出和冷却水的进入，使高速旋转的甩油环 11 与不动的轴承端盖 8 构成了"油沟式密封"，如果有油少许溢出，也可由开在端盖下方的孔径管路回收。

为了便于更换锯片，锯片 2 用内夹盘 3，外夹盘 1 装于轴的悬臂端。夹盘的作用是使锯片对准中心，保证锯片平面的平直，消除锯片的轴向振摆，并使锯片与锯片轴牢固连接。

由于锯片轴的转速很高（1480r/min），要求转动尽量平稳。因此，当将夹盘和锯片在轴上装好之后，一定要做静平衡实验以保证严格的平衡。其不平衡力矩不得大于 0.3N·m。静平衡是通过在外夹盘面上的 600mm 圆周上钻孔或焊补金属进行。然后，要对内夹盘与相应螺钉做记号，以便以后"对号入座"。

锯片通常是用具有高强度和良好韧性的高锰钢 65Mn 制成，锯片热处理后的表面硬度

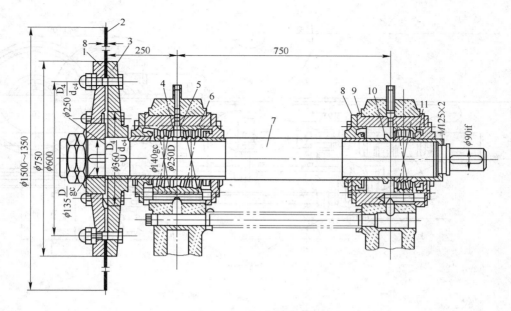

图 5-27 锯片轴装配图

1—外夹盘；2—锯片；3—内夹盘；4，5—间隔环；6—滚动轴承；7—锯片轴；
8—端盖（透盖）；9—轴套；10—油环；11—甩油环

为 HRC31 ~ 35，齿面淬火硬度 HRC > 45，对锯片平面要求不平度不大于 0.7/1000，径向跳动不大于 0.2mm，锯片偏摆不大于 1.9mm。

为了减小锯齿磨损提高使用寿命，在锯切机工作时，要用低压水冷却锯片和冲去粘在锯齿上的锯屑。为使锯屑和水不四处飞散，并防止锯片可能发生破裂而飞起伤人的事故，锯片都用罩罩住。

由于锯片轴总挨近红钢，所以锯片轴的轴承座用水冷却，而电动机外面由水幕及水箱降温。

b 送进机构

送进机构是指将上滑台与它上面的锯盘，以一定的送进速度通过轧件并将轧件锯断，滑座式热锯机的送进机构通常是由单独的电动机 2、经减速机 4，通过固定在下滑座 6 上的小齿轮 19，传动安装在上滑台底面的齿条 20，而使上滑台前后移动。如图 5-28 所示。

为了使上滑台 1 在下滑座 6 上滚动，在下滑座上面装有三对支撑辊 17、22，每个支撑辊实际上为一内部装有轴承的滚轮。支撑辊轴 23 的两端方头与下滑座上的方槽相配。在上滑台底面两边装有滑板 18、21 与支承辊相配。这样整个上滑台即由装于下滑座上的 6 个滚轮支撑。

上滑台靠近锯片一侧的滑板 18 做成"V"形的，而与其相配的下滑座的 3 个支承辊 17 则做成带有"V"形槽的。另一侧用平滑板 21 与支撑辊 22 相配。由于"V"形槽的导向作用就可以防止上滑台在运动时产生侧向窜动。

为使进锯平稳，并适当减轻上滑台的重量，在上滑台里面装有四对上压辊（滚轮）16，它们分装在 4 个压辊架上，每对压辊的压辊轴 14 下端，用螺母分别固定在下滑座上相应孔中。上压辊通过上滑板 15，压在上滑台内侧。

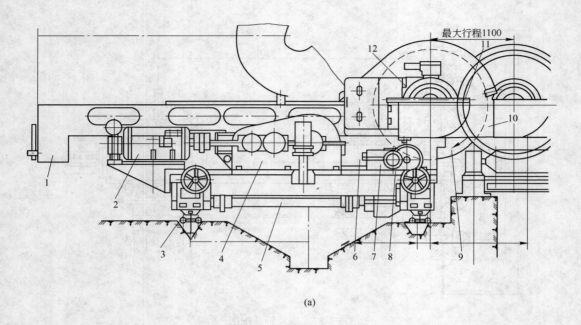

(a)

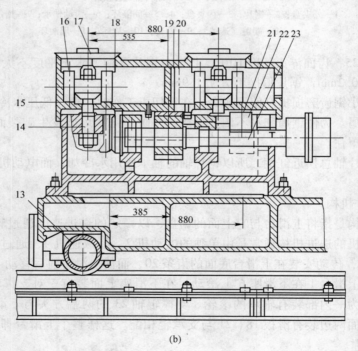

(b)

图 5 - 28　φ1500 滑座式热锯机

（a）外形图；（b）送进机构剖视图

1—上滑台；2—送进电动机；3—夹轨器；4—送进减速机；5—行走轮轴；6—下滑座；
7—横移减速机；8—横移电动机；9—锯片；10—锯片罩；11—水箱；12—锯片电动机；
13—被动行走轮；14—压辊轴；15—上滑板；16—上压辊；17—V 形支撑辊；18—V 形滑板；
19—送进齿轮；20—送进齿条；21—平滑板；22—平支撑辊；23—支撑辊辊轴

c 横移机构

横移机构是使锯切机能够按轧件所需要的不同定尺长度，改变锯与锯之间锯切距离的调整机构。

调节方式是：由设在锯切机下滑座上的电动机，经减速机及前、后蜗轮减速机，传动前、后两个齿轮。由于齿轮和装在轨道内侧的齿条相啮合，使整个锯切机沿导轨横移。为防止锯切机前后窜动，下滑座与导轨接触的滑板制成带有"止口"形式的。由于锯屑的四处飞溅，加上油、水的存在，齿条往往被油泥、铁屑塞满，清除颇难，横移费劲，并易造成齿面磨损。

为了克服以上缺点，近年来，锯切机已采用了车轮式转动的横移机构，由 JO – 32 – 6 型、$N = 2.2\mathrm{kW}$、$n = 940\mathrm{r/min}$ 的电动机固定于一级齿轮蜗轮减速机的箱体上，减速后，通过圆锥齿轮传动至锯切机一侧的轮轴，则装于该轴两端的两个车轮，就成了可在钢轨上行走的主动轮（而装于对侧两端的行走轮为被动轮）。为使行走平稳、不前后窜动，锯机前面的两个车轮具有凸缘（主动、被动各一），后两轮为平轮且行走速度较低（54mm/s）。

该锯切机还设有工作时防止行走轮滚动的夹紧机构——夹轨器。在滑座式热锯机中应用的夹轨器有两种类型。

一种是如图 5 – 29 所示的弹簧液压式夹轨器。它在正常工作时，由弹簧 1 的作用，使夹轨器的两个夹爪 2、4 紧压在钢轨 5 头部的两侧。当改变定尺需移动锯切机时，将与夹爪相连的液压缸 3 通入高压油，使夹紧弹簧压缩，夹轨器的夹爪张开，便可移动锯切机。

另一种是如图 5 – 30 所示的手动式夹轨器，结构简单，锯切机的四个夹轨器，分别装在下滑座靠近车轮的外侧座体上。需要夹紧时，只要顺时针转动手轮 5，使蜗轮 2 旋转，则上升的螺杆 3 将带动左右拉板 1 张开，使两个夹爪 4 绕固定在支架 7 上的销轴 8 转动，迫使夹爪头部的两个垫块 9 压紧在钢

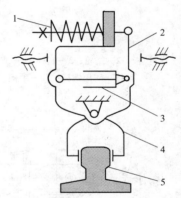

图 5 – 29 弹簧液压式夹轨器示意图
1—弹簧；2，4—夹爪；3—液压缸；5—钢轨

轨头部的下缘。为了防止回松，装有防松装置。即由装在蜗杆轴（手轮轴）13 内的螺杆 11，使锁紧销 14 顶在蜗轮减速机 15 的箱体上，然后再用手柄 12 旋紧防松螺母 10。为在任何情况下都能保证夹爪夹紧钢轨，把蜗轮减速机的箱体做成可以绕销轴 6 为中心，在支架中自由转动的自位箱体。

热锯机在安装到钢轨上时，为使夹轨器通过轨面，夹爪的钳口开度应不小于 80mm。横移减速机为稀油油池润滑，其他轴承为干油集中润滑。

B 四连杆式热锯机

四连杆式热锯机由于送进机构也为滚动摩擦，锯屑不易飞入，因此，近年来得到了应用。下面简要介绍某 $\phi1800$ 热锯机如图 5 – 31 所示，其工作原理见图 5 – 32。

锯片 7 由固定在锯架 5 上的锯片电动机（交流电动机）8 直接传动。送进机构是由在锯座 10 上的锯片送进电机（直流机）12，经送进减速机 2，带动曲柄 4。曲柄与 A 点固定

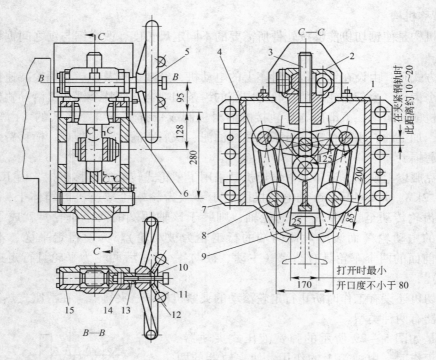

图 5 - 30 手动式夹轨器

1—拉板；2—蜗轮；3—螺杆；4—夹爪；5—手轮；6，8—销轴；7—支架；9—垫块；10—防松螺母；
11—防松螺杆；12—手柄；13—蜗杆轴（手轮轴）；14—锁紧销；15—蜗轮减速机

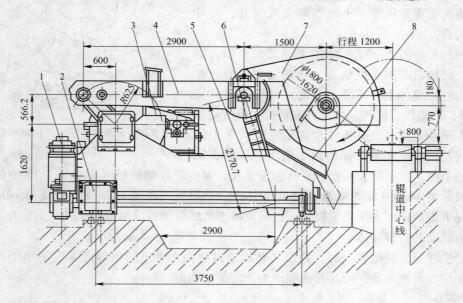

图 5 - 31 ϕ1800 热锯机

1—横移减速机；2—夹轨器；3—送进减速机；4—锯架；5—锯座；6—摇杆；7—锯片罩；8—防护罩

在锯座上，B 点与锯架 5 铰接。曲柄下端有和它成一体的扇形平衡重，以平衡可动系统的重量，减小电能消耗。为了限制锯架的行程（即锯片行程的极限位置）设有电气连锁装

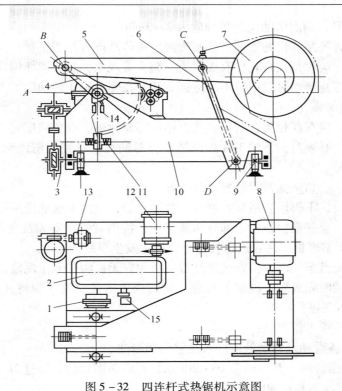

图 5 – 32　四连杆式热锯机示意图

1—安全联轴器；2—送进减速机；3—横移减速机；4—曲柄；5—锯架；6—摇杆；
7—锯片；8—锯片电动机；9—行走轮；10—锯座；11—缓冲器；12—送进电机；
13—横移电动机；14—行程开关；15—行程控制器

置。并在锯座上装有两面带弹簧的缓冲器 11。当锯架在极限位置时，扇形对称的内侧凸缘将靠在缓冲器的挡板上。

为了减轻重量，锯架用钢板焊成。其前端与两根焊接结构的摇杆 6 在 C 点铰接，而摇杆下端与铸钢锯座 10 的支点 D 相连。为防止水及锯屑落入传动机构中，在摇杆前面以及锯片外面装有防护罩。

沿轨道的横移机构是由交流电动机，经两级蜗轮减速机 3，带动行走轮 9 在轨道上滚动实现的，另一端为从动轮。为防止在锯切时轮子滚动，在锯座左右靠两个后轮的外侧，装有弹簧液压式夹轨器，结构示意图如图 5 – 32 所示。

5.5.4.2　热锯机的使用、维护及检修

A　热锯机的使用和维护

(1) 在启动锯片前 5min，开动油泵、打开冷却水，检查油流正常后，再启动锯片。在锯片达到稳定转速空转 5min 后，方可进行锯切。

(2) 及时更换锯齿磨钝的锯片。如锯片有裂纹时，应立即停车更换。

(3) 应经常检查锯片轴的大螺母、夹盘螺栓及接手螺栓是否松动。锯片轴、锯片有否强烈振动和锯身摆动现象。轴向窜动不大于 0.3mm。

(4) 在工作时，应经常检查锯片轴轴承的温度及轴承润滑油流的情况，锯片轴承的

温度不应超过60℃，而润滑油流的粗细应为2~3mm。

（5）经常检查各减速机的油标，并倾听减速机传动声音是否正常。

（6）在操作中应时刻注意轧件有否弯头、翘头等现象，避免撞坏锯片。

（7）在锯片停止转动过程中，不准进锯锯切。在锯片停止转动后，方准停油泵。

B　热锯机的检修

（1）拆卸时，应在互相配合的机器面上作出明显标志，以免装配时弄错。

（2）装配前，必须对拆下的工件加以清洗。对油孔、管路等清洗后，用布和木塞堵住，防止尘土进入。

（3）装配时，一切防油密封装置必须良好。

（4）装锯片时，不得用大锤敲打锯片。装好之后，应用平衡螺栓进行平衡调整。

（5）试车前，应仔细检查各个部分和紧固件，特别对锯片安装及夹紧应严格地检查。试车时，非安装调整人员不许靠近运转部分，以免发生事故。

（6）试车前应盘车一周，检查转动是否灵活和有无被物件卡住现象。

（7）在全部装配完成后，再安上滑台移动的两个限位位置，调整其行程开关及撞块的位置，并在试车时进行检查。

（8）试车的各项工作包括：

1）试车前，各滑动及转动处应注入足够的润滑油。

2）锯片轴试运转时，开动油泵10~20min，再启动锯片轴，经过2h（$n=1480r/min$）空转，其轴承温升应不超过40~60℃。

3）上滑台部分前后移动30min，同时检查电器设备的工作情况，可调整行程控制器，检验控制行程的效果。

4）横移试验不应少于5次，这时夹轨器张开。

5）在试车过程中，如发现不良情况应立即停车检查，修好后再试。

（9）检查各部螺栓和部件有无松动现象。

5.5.4.3　锯切缺陷及防止方法

钢材在热锯切时产生的缺陷称为锯切缺陷。锯切时产生的钢材缺陷主要有：斜头、弯头、尖头、扁角以及乱尺等。

A　斜头

斜头就是钢材端部断面与钢材中心线不垂直。在固定式热锯机上，这主要是在锯切时，由于喂料小车的推进，改变了钢材中心线与锯片平面间的交角造成的。这种情况可以借锯台的安装得到调整。锯机安装后，在较长时间内是不动的，而被锯钢材的断面却经常变化着。钢材的断面不同，它们在被送进时所改变的角度也不一样。所以一些产品的斜头就难以避免（但不能超出允许范围）。另外多根钢材一次锯切，使钢材成堆，锯切时锯片的颤动，钢材从成品轧机出来时的弯曲，都是产生斜头的重要原因。

要避免上述情况，就必须掌握好轧制速度与锯切速度的相互配合，以保证锯切的均匀性和条理性，发现锯片颤动要及时更换。

B　弯头

弯头就是钢材端头部分弯曲。一是钢材出轧机后由于轧机本身的原因，形成的头部弯曲，二是出轧机后的钢材在高速运行中，突然撞在定尺机挡板或冷床辊道挡板上所造成的。

要避免这种情况，就要求锯断工及冷床移钢工在操纵地辊时，注意按三角形速度图或梯形速度图进行操作，使钢材在挡板前很快减速，避免撞弯。

C 尖头

尖头就是钢材轧制后自然状态的端部没有被锯掉。造成这种现象的主要原因是：在固定式热锯机上实行多根交错锯切，在轧制速度较高的情况下，有时来不及将每根钢材的端头部分都锯掉。要清除此缺陷，就要求锯断和轧制的配合，锯断工熟练操作，避免多根锯切。

D 扁角

扁角是由于固定式热锯机气动送料装置高速推进，将轧件撞到锯片上而使小规格轧件撞扁了角，这种现象以薄壁角钢最为普遍，特别是锯齿较钝时更严重，在锯切过程中，如发现锯齿磨钝要及时更换，对锯片的厚度也应根据产品断面来选择。

E 乱尺

乱尺就是钢材没有按相等定尺锯断。这主要是由于坯料长度不等，使成品轧件也不相等，造成锯切时无法保证钢材按定尺锯切；另一方面是由于轧机生产能力大于锯机能力时，钢材成堆造成锯切忙乱而产生的。要避免乱尺现象，就要求坯料长度整齐，符合定尺标准要求。调整轧制节奏，适应锯切能力。

从以上缺陷产生的原因中，轧机生产能力、锯切设备形式、操作好坏等是影响锯切产量和质量的重要因素。在现有设备的情况下，搞好轧制和锯切的配合、热锯切各岗位工的紧密配合、提高锯切操作技术水平，缩短锯切周期、提高设备的维护和检修质量，定能提高锯机的锯切产量和质量，以适应轧机的生产能力。

5.5.5 料车上料机的维修

高炉上料设备的作用是把高炉冶炼过程中所需的各种原料（如矿石、焦炭、熔剂等），从地面提升到炉顶。目前应用最广泛的有斜桥料车上料机和带式上料机。使用热烧结矿的高炉大多数都采用料车上料机。

高炉冶炼对上料设备有下列要求：

（1）有足够的上料能力。不仅满足目前高炉产量和工艺操作（如赶料线）的要求，还要考虑生产率进一步增长的需要。

（2）长期、安全、可靠地连续运行。为保证高炉连续生产，要求上料机各构件具有足够的强度和耐磨性，使之具有合理的寿命。为了安全生产，上料设备应考虑在各种事故状态下的应急安全措施。

（3）炉料在运送过程中应避免再次破碎。为确保冶炼过程中炉气的合理分布，必须保证炉料按一定的粒度入炉，要求炉料在上料过程中不再出现粉矿。

（4）有可靠的自动控制和安全装置，最大程度地实现上料自动化。

（5）结构简单，维修方便。

料车式上料机主要由斜桥、斜桥上铺设的两条轨道、两个料车、料车卷扬机及牵引用钢丝绳、绳轮等组成，如图5-33所示。

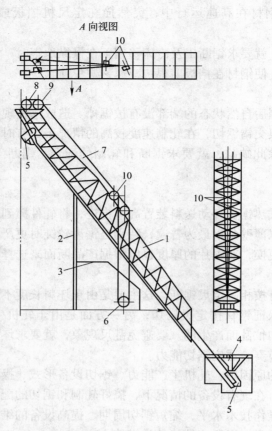

图 5-33   料车上料机结构
1—斜桥；2—柱；3—料车卷扬机室；4—料车坑；5—料车；
6—料车卷扬机；7—钢绳；8，9，10—绳轮

设在卷扬机房中的卷扬机卷筒两侧，分别引出钢绳并通过绳轮牵引着各自的料车。当卷扬机运转时，装满炉料的料车自料车坑沿斜桥轨道上升。与此同时，在炉顶卸完料的空料车沿斜桥轨道下降（此时料车自重得到平衡）。当上升料车到达炉顶卸料时，空料车进入料车坑受料位置。

5.5.5.1   斜桥和绳轮

A   斜桥

现代高炉的斜桥都采用焊接的桁架结构，在斜桥的下弦上铺有两对平行的轨道，供料车行驶。为了防止料车的脱轨和确保卸料安全，在桁架上安装了与轨道处于同一垂直面上且与之平行的护轮轨。

斜桥的支撑一般采用两个支点，一个支点在近于地面或料车坑的壁上，另一个支点为平面桁架支柱，允许桥架有一定的纵向弹性变形。斜桥在平面桁架支柱以上的部分是悬臂的，与高炉本体分开，这样炉壳的变形就不会引起斜桥变形。上绳轮配置在斜桥悬臂部分的端部。

B　料车轨道

在斜桥下弦铺设的料车轨道分三段。即料坑直轨段，为了充分利用料车有效容积，使料车多装些炉料，倾角为 $\alpha_1 \leqslant 60°$；中间段直轨是料车高速运行段，要求道轨安装规矩，确保高速运行料车平稳通过，倾角为 $\alpha = 45° \sim 60°$；上部为卸料曲轨段。三段轨道相连接处均应有过渡圆弧段。

设计卸料曲轨时应满足如下要求：

（1）料车在曲轨上运行要平稳，应保证后车轮压在轨道上而不出现负轮压。

（2）满载料车行至卸料轨道极限位置时，炉料应快速、集中、干净、准确地倒入受料漏斗中，减小炉料粒度及体积偏析。

（3）空料车在曲轨顶端，能张紧钢绳并能靠自重自动返回。

（4）料车在曲轨上运行的全过程中，在牵引钢绳中引起的张力变化应平缓过渡，不能出现冲击载荷。

（5）卸料曲轨的形状应便于加工制造。

能满足上述要求的形式有多种，过去常用曲线形导轨，如图 5-34（a）所示，而近来则主要采用直线形卸料导轨，如图 5-34（b）所示，这两种导轨优缺点比较见表 5-9。

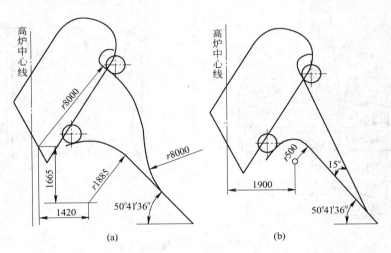

图 5-34　卸料曲轨的形式

（a）曲线形；（b）直线形

表 5-9　两种卸料导轨的比较

导轨形式	图 5-34（a）	图 5-34（b）
结　构	比较复杂	简　单
卸料偏析	较　小	较　大
钢绳张力变化	较　好	较　差
空料车自返条件	较　差	较　好

斜桥的维护检查：

（1）对整个斜桥的钢结构每 4 年进行一次防腐处理，清理锈迹，检查各焊缝是否开焊。

（2）每月检查一次斜桥轨道卡子有无开焊。

（3）每月检查一次轨道有无变形、弯曲，若有变形及时检修或更换变形的轨道。

（4）及时检查斜桥防护网的损坏情况，若有损坏及时更换。

（5）对斜桥顶部及料坑内的护轨两天检查一次是否有磨、碰料车，是否有开焊部位。

（6）每天检查斜桥的晃动情况。

C　绳轮

如图 5-33 所示的上料机有两对绳轮（一对在斜桥顶端，另一对在中部）用于钢绳的导向。目前应用较多的为整体铸钢绳轮，如图 5-35 所示，其材质为 ZG45B，槽面淬火硬度大于 280HBR，绳轮轴支撑在球面滚子轴承上。滚动轴承支座固定在支架上。

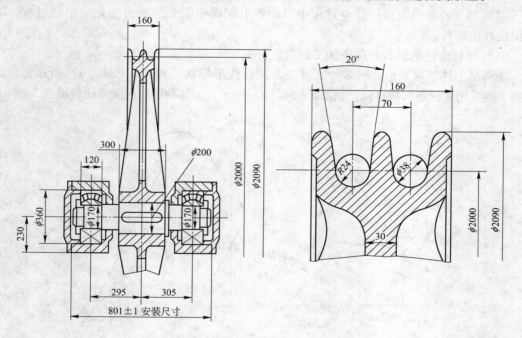

图 5-35　φ2000mm 绳轮结构图

绳轮的安装位置和钢绳方向一致，否则钢绳很容易磨损。

露天运转的绳轮，应采用集中润滑系统，按时加油，保证绳轮得到充分的润滑，其轴承温度小于 65℃（手触不超过 3s），无异常声音。

绳轮装置的检修主要是绳轮和绳轮轴承的检查与更换。

（1）更换绳轮轴承时，先把料车封在斜桥上，然后卸下钢丝绳。对于炉顶绳轮，应将钢绳捆扎固定在炉顶上，以防掉下来。拆卸轴承端盖和轴承上盖，吊出绳轮轴部件，拆除旧轴承，换上新轴承，清洗上油，吊装绳轮部件回位，按规定调整好轴承间隙，注油上端盖恢复原状。

（2）更换绳轮，通常是将绳轮轴部件整体拆除，吊装事先装配好的新绳轮轴部件，安装调整合格后恢复原状。

（3）检修后的绳轮装置，水平安装的绳轮轴的水平度偏差不大于 0.3mm/m，且钢丝绳不得磨绳轮轮辕，炉顶绳轮中心与料车轨道中心的偏差不得大于 2mm。对于更换绳轮轴承座的检修，除应达到上述要求外，绳轮轴支座位置的标高偏差应不大于 5mm，轴向偏差不大于 0.5mm，绳轮装置安装后，应穿挂钢丝绳进行检查，绳轮槽与钢丝绳的走向应一致，然后将垫板焊接固定。

5.5.5.2 料车

料车在料车坑内接受由溜槽放入的炉料，由料车卷扬机驱动，将料车牵引至炉顶，通过卸料曲轨导向使之翻转卸料。我国料车已标准化，一般料车的有效容积可取为几何容积的 0.7 ~ 0.8 倍，对大型高炉取高值，小型高炉取较低值。

如图 5 - 36 所示，料车主要由三部分组成，即车体部分，行走部分和车辕部分。

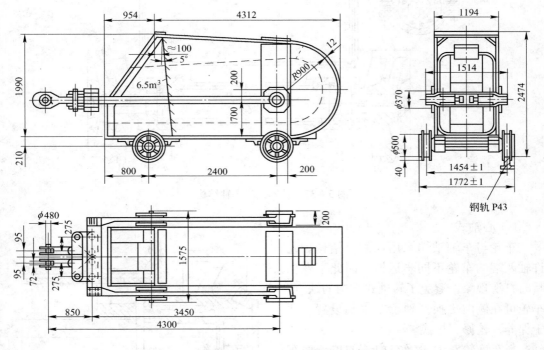

图 5 - 36 有效容积为 6.5m³ 的料车结构图

A 车体部分

车体由 9 ~ 15mm 厚的钢板焊成，底部和两侧用铸造锰钢或白口铸铁衬板保护。为了卸料通畅和便于更换，它们用埋头螺钉与车体相连接。为了防止嵌料，车体四角制成圆弧形，以防止炉料在交界处积塞。在料车尾部的上方开有小孔，便于人工把撒在料坑内的炉料重新装入车内。另外在车体前部的两外侧各焊有一个小搭板，用来在料车下极限位置时搁住车辕，以免车辕与前轮相碰。

车身外形有斜体与平体两种形式。斜体式倒料集中，减少偏析，多用在大中型高炉上。平体型制作容易，多用在小型高炉上。

B 行走部分

料车的车轮装置有转轴式和心轴式两种。

a　转轴式

如图 5 - 37 所示，车轮与车轴采用静配合或键连接，固定在一起旋转。轴在滚动轴承内转动。车轮轴的滚动轴承装在可拆分的轴承箱内。轴承箱上部固定在车体上，下部和上部螺钉相连。这种结构拆装比较方便。但此结构的车轮由于制造和安装的误差，使用中磨损的不均，在走行时会瞬时打滑、歪斜、啃轨、甚至脱轨；检修时拆换轴承困难，一般先拆掉锁紧螺母及车轮；此外检查轴承也不方便。小料车一般采用，必须加强维护。

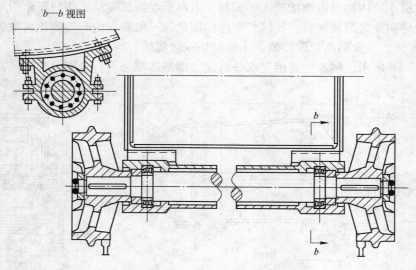

图 5 - 37　转轴式料车轴结构

b　心轴式

车轮与车轴轴端采用动配合结构。允许轴两端的车轮不同步运转。因此不发生瞬时打滑现象，避免了转轴式结构的缺点。车轮可在侧向更换。轴承在轴端设置，便于保养，检修，更换。

料车前轮对为轮缘在内侧的单踏面车轮。后轮对为轮缘在中间双踏面车轮。料车在直线轨道走行时后轮用内侧踏面接触轨道。当卸料时，后轮外侧踏面沿曲轨外侧辅助导轨上升，使料车倾翻，达到卸料目的，见图 5 - 38。

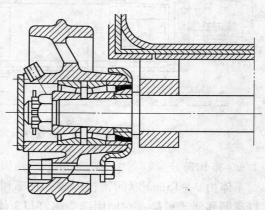

图 5 - 38　心轴式料车后轮

C　车辕部分

如图 5 - 39 所示，车辕装置是一门型框架，通过耳轴 11 与车身 10 两侧连接。用来牵引料车运行。

料车牵引钢绳选用小直径双钢绳代替大直径单钢绳。因此对料车车辕的设计提出如下要求：

（1）保证两根钢绳受力均匀并能相互补偿。

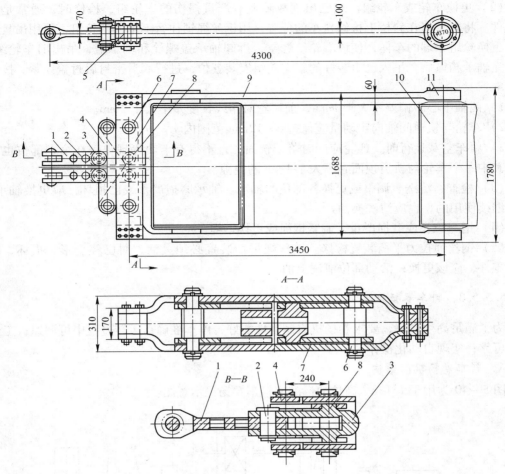

图 5-39　车辕上的钢绳张力平衡装置

1—调节杆；2—销轴；3—拉杆；4—横杆；5—车辕横梁；6—销轴；
7—摇杆；8—销轴；9—车辕架；10—耳轴；11—车身

（2）能调节两根钢绳长度。

（3）两根钢绳间距尽可能短，防止一根钢绳拉断后，另一根钢绳将料车拉偏。

（4）车辕长度尽量缩短，可降低炉顶绳轮高度。

（5）合理选择耳轴位置，能使料车均匀分布轮压。卸料时能顺利倾翻且空料车能自动返回。

车辕上的钢绳张力自动调节器由两个三角形摇杆 7、横杆 4、销轴 8、车辕架 9 及拉杆 3 等组成。摇杆 7 用销轴 6 铰接在车辕横梁 5 上，另二端和横杆 4 及拉杆 3 相铰接，拉杆 3 通过销轴 2 与调节杆 1 连接。当张力不平衡时，两个三角形摇杆各自绕销轴 6 作反向转动用以调节。

D　料车检修

（1）更换部分磨损衬板。对已经断裂或磨损量已达原厚度 1/3 的衬板，应拆除换新。为延长衬板寿命，目前有采用焊隔板以形成"料打料"的形式。

（2）更换车轮或车轮组。对已出现故障或有严重损伤的车轮组，检修时，通常是更换组件。将料车停在斜桥上检修料车的位置，用钢丝绳锁住暂不更换的轮组，再用吊具吊起需更换轮组一端的车体，使该端轮组悬空，拆卸轴承盖螺栓和轴承盖，吊出旧车轮组，清洗完轴承箱体后，吊入已组装好的新车轮组安装就位，进行润滑密封后封盖锁紧。按部颁标准：

1）两轴中心距偏差不大于1mm，前后轮对角线长度差不大于2mm。

2）车轮与轨道间轴向窜动量应保持6~12mm范围内。

3）料车空载运行时，四轮应同时落于轨面，且不得有卡轨等现象。在个别部位也只允许其中一个车轮与轨道顶面有不大于1mm的空隙。

（3）检查、清洗、调整或更换各部位的轴承。轴承磨损严重或已损坏，应更换轴承；还能继续使用的，也应清洗换油。

（4）钢绳拉长或磨损严重，调紧钢绳或更换钢绳。

（5）钢丝绳拉力平衡装置检修。钢丝绳平衡装置必须灵活，对已经变形、损坏、磨损的零件，应该更换，活动部位清洗上油。

5.5.5.3　料车卷扬机

为了满足高生产率，要求卷扬机启制动性能好，停车准确；运转过程中可调速；工作安全可靠；实现自动化操作。

A　料车卷扬机的结构

图5-40为用于1513m³高炉的标准型料车卷扬机示意图。

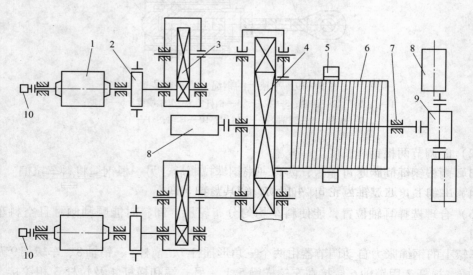

图5-40　22.5t料车卷扬机结构简图

1—电动机；2—工作制动器；3—减速器；4—齿轮传动；5—钢绳松弛断电器；
6—卷筒；7—轴承座；8—行程断电器；9—水银离心断电器；10—测速发电机

a　机座

机座用来支撑卷扬机的各部件，将卷扬机所承受的负载，通过地脚螺栓传给地基。机座采用两部分组合，电动机和工作制动器安装在左机座上，传动齿轮和卷筒安装在右机座上，这样确保卷筒轴线安装的正确性。大中型高炉料车卷扬机机座多采用铸铁件拼装结构，吸振效果好，传动平稳。小型高炉料车卷扬机机座多采用型钢焊接结构。制造简单，但吸振能力较差。

b　驱动系统

（1）双电机驱动，可靠性大。两台电动机型号和特性相同，同时工作。当其中一台电动机出现故障，另一台可在低速正常载荷或正常速度低载下继续运转工作，保证高炉生产的连续性。

（2）采用直流电动机，用发电机的电动机组控制，具有良好的调速性能，调速范围大，使料车在轨道上以不同速度运动，既可保证高速运行，又可保证平稳启动、制动。有些厂用可控硅整流装置向直流电动机的电枢供电。既省电功率又大，同时体积小。

（3）由于传动力矩大，常采用人字齿轮传动，但大模数人字齿轮加工制造时难以保证足够的精度，再加上安装时的偏差，可能会造成人字齿轮两侧受力不均匀，甚至不能保证啮合。为了保证人字齿的啮合性，各传动轴中只有一根轴的一端，限定了轴向位置。其余各轴，在轴向均可窜动。通常将卷筒轴一端限定轴向移动的。

c　安全系统

为了保证料车卷扬机安全可靠地运行，卷扬机应设有行程断电器、水银离心断电器、钢绳防松装置和事故制动器等。

（1）为了保证料车以规定的速度要求运行，卷扬机装有行程断电器（见图 5-40 中的 8）和水银断电器（见图 5-40 中的 9），它们通过传动机构与卷筒轴相连接。

行程断电器使卷扬机第一次减速在进入卸料曲轨之前 12m 处开始，使料车在卸料曲轨上以低速运行。第二次减速在停车前 3m 开始，在行程终点增强电气动力制动，接通工作制动器，卷扬机就停下来。行程断电器安装在卷筒轴两端，用圆锥齿轮传动。

电气设备控制失灵时，采用水银断电器来控制速度（曲轨上的速度不应超过最大卷扬速度的 40% ~ 50%，直线段轨道上的速度不应超过最大卷扬速度的 120%）。当速度失常时，它自动切断电路。水银断电器的工作原理，如图 5-41 所示。

用透明绝缘材料做成"山"字形连通器，竖直安装在卷筒输出轴上，通过锥齿轮 3、4 传动，绕其竖轴 5 回转。其转速变化反映卷筒转速的变化。在连通器 6 内灌入水银。中心管 7 内，自上口悬挂套装在一起的不同长度的金属套管与心棒，彼此绝缘并通过导线导出；当卷扬机停车时，静止的水银水平面将套管与金属棒之间短路，形成常闭接点。卷扬机工作，连通器旋转时，水银在离心力作用下呈下凹曲面，从而切断相应的接点。当

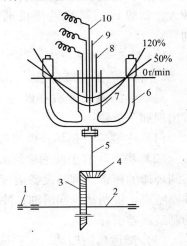

图 5-41　水银离心断电器

卷扬机转数为正常转数的 50% 时接触点 8 的电路断开，以此来控制料车在斜桥卸料曲轨段上的速度。而当转数为正常转数的 120% 时，水银与接触点 9 断开，此时制动器就进行制动，卷扬机就停转，以此来控制料车在斜桥直线段的速度。

（2）钢绳松弛断电器。图 5 - 42 为装于卷筒两侧，图 5 - 43 为装于斜桥中部的 $\phi2000mm$ 绳轮处，工作原理相同。如果由于某种原因，料车下降时被卡住，钢绳松弛，就会压在横梁 1 上，通过杠杆 2，使断电器 3 的常闭接点拉开，卷扬机便停车。

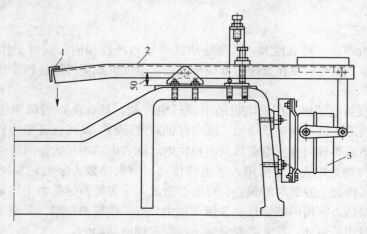

图 5 - 42　钢绳松弛断电器
1—横梁；2—杠杆；3—断电器

（3）事故制动器。事故制动器设置在卷筒上，在上料机正常工作时，事故制动器一直通电，事故制动器打开。当上料机不能正常工作时（如突然停电；电动机过载；卷扬机转速过高及卷筒上钢绳松弛；齿轮传动发生故障需要检修等）事故制动器就立即动作，把卷筒抱住。因为常年不使用，耗电量较大。新设计的料车卷扬机通常已不采用事故制动器。

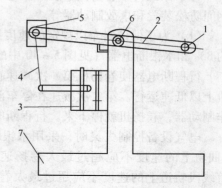

图 5 - 43　钢绳松弛装置
1—横梁；2—杠杆；3—断电器；4—钢绳；
5—配重；6—转轴；7—支架

B　料车卷扬机检修

a　料车卷扬机减速机

料车卷扬机减速机在经过一段时间的使用后，常出现如下故障：

（1）主要零件损坏，即齿轮、轴承、轴等重要零件的损坏。

（2）噪声。有经验的检修人员，可以凭减速机发出的不同音质、音量以及不同长短、不同规律的声音，判断设备运转正常与否，判断故障的部位、故障类型及严重程度。如断续嘶哑声，说明缺少润滑油；冲击声，说明轴承有严重损坏之处；周期性声响，则是齿轮的制造误差引起等。

（3）减速机的振动。产生振动的原因很多，主要原因是减速机安装中与相连接设备的位置精度、减速机座等有关，如减速机的输入输出轴与电机、工作机轴之间的同轴度误差、减速机的刚性不好以及地脚螺钉松动等引起振动。齿轮的制造精度和装配精度与振动也密切相关。

（4）减速机发热。轴承损坏，轴承、齿轮、轴等零件装配不当或更换件不合格，润滑油不合规定、减速机承载能力不足等，均会引起发热。

(5) 漏油。齿轮传动中摩擦生热，油温上升，箱内油压增大，油液变稀，容易渗漏。密封不好，箱体产生变形，结构设计不当等，均会导致漏油。

b 减速器齿轮检修

(1) 齿轮的损坏形式有：

1) 断齿。这主要是由于操作不当引起撞击，产生沉重载荷而造成的。材料疲劳和淬火引起的微小裂纹而逐渐扩大，也是断齿的原因。

2) 齿面接触不良。即齿轮在啮合过程中，齿面不能沿齿长和齿高方向达到规定的良好接触。这种现象将使齿面局部加速磨损或造成事故性破坏。产生原因是两齿轮啮合中心距或两轴平行度超差，以及齿轮制造误差大。

3) 齿面磨损。一种是指经长期正常磨损而超过一定限量，另一种是指非正常磨损造成的损坏；包括黏附磨损、磨料磨损和腐蚀磨损。产生原因是齿部硬度不合要求，负荷过大及润滑油不合要求。

4) 齿面点蚀。即齿面出现斑点，是材料疲劳、齿面粗糙、润滑油不清洁等引起的。

5) 齿面塑性变形。齿面淬火硬度不均匀（或未进行淬火），使软齿面部位发生永久变形，形成凸凹不平的齿面，或造成齿形歪斜。

(2) 齿轮检修。大多数的齿轮损坏后，都不采用修理的方法来修复；而是控制一定的报废标准，超过标准则更换新齿轮。对于未超过报废标准的齿轮，可以用刮刀或油石清除齿面的毛刺，重新换用新润滑油等以达到减缓损伤的目的。更换的标准按减速机的用途和有关技术标准确定。

对损坏的小齿轮都是进行更换。对于圆周速度超过8m/s和斜齿轮磨损的均应成对更换。对于大模数、大型齿轮应修换结合。大模数齿轮的局部断齿，可用气焊进行堆焊，然后经回火再加工成准确的齿形。大型齿轮磨损后，采用变位法修理效果很好，即在修复时，采用高变位传动。小齿轮采用正变位，重新加工新件。大齿轮采用负变位，将大齿轮外圆车去一层，再重新加工出齿形。

齿轮的齿部损坏，除采用变位法修复可以长期使用外，其他的修理方法只能是一种应急的措施，并在使用的头几天要勤加观察，应尽快准备备件，作好更换的准备。

c 减速机滚动轴承检修

滚动轴承的故障现象

(1) 运行中温度过高。轴承的正常工作温度应不高于周围环境温度20℃。最高温度一般不允许超过环境温度35℃（环境温度定为40℃）。当轴承外壳已烫手，说明温度超标，应拆开检查。引起发热的原因是轴承内不清洁、缺油、油脂不合规定、装配不当、超载、轴承损坏等。

(2) 运行中有杂音。杂音可以通过听诊法检查。润滑不良，轴承局部损坏均会产生杂音。

滚动轴承损坏

滚动轴承损坏有疲劳剥落、磨损、烧伤、腐蚀和破裂。产生的原因是：润滑油脂不合规格、肮脏或缺油、间隙不适当、配合过紧或过松、轴承规格选择不当或载荷过大。

滚动轴承的检修

检修工作主要是检查、调整和更换。

（1）滚动轴承的更换标准。轴承是否需要更换，首先要弄清故障的原因、损坏程度、对使用的影响、再根据具体情况确定处理措施。

对于轴承温升过高、杂音大时应及时停机检查处理。

发现轴承破损、严重烧伤变色、内外圈有裂纹等必须更换。

对于大、中型减速机，检修拆装一次很不容易，因此，在它们检修时遇有明显损伤，属可换可不换者，应以更换为好。

（2）滚动轴承的调整。滚动轴承的滚动体和内外圈之间要有一定的间隙。间隙过大容易产生振动和噪声，但间隙过小又容易引起剧烈发热和磨损。两者都将使轴承的寿命缩短。

滚动轴承的间隙分为可调和不可调两种。

间隙不可调整的轴承（如向心球轴承），它的间隙已在制造时给予保证。但因使用条件不同，轴受热膨胀，产生轴向移动，使轴承间隙减小，甚至将滚动体卡死。所以，此类轴承在装配时，一个轴承固定，轴另一端的轴承与端盖间留有轴向间隙。其值一般在 0.25~0.5mm 之间（高温环境除外）。

间隙可调整的轴承（如圆锥滚子轴承）在装配时。不允许在外圈端面留间隙，而是按保证轴承正常运转所需要的间隙直接调整到位，然后加以固定。在检修中调整这类轴承，就能补偿因磨损所引起的间隙增大，使轴承间隙保持正常的需用值。由于此类轴承的轴向间隙与径向间隙存在着正比关系，所以，调整时只调整它们的轴向间隙。好通过调整轴承内外圈的相对位置来达到间隙调整的目的。间隙的数值可查阅有关资料。

调整间隙的方法常见的有垫片调整法、螺钉调整法、内外套调整法等。现以垫片调整法为例说明调整的过程：即先在不加垫片的情况下，拧紧轴承端盖的固定螺钉，直至轴不能转动为止，用塞尺测量端盖与轴承座端面间的距离；此距离值加上间隙值即为所需垫片的厚度。也就是装配加入此组厚度的垫片，轴承便得到所需的轴向间隙。

d　轴的修理

轴的损坏形式有轴径磨损、轴变形弯曲和裂纹。主要的损坏形式是轴径磨损。

当轴径的磨损量小于 0.2mm 时，可用镀铬修复，镀铬后经磨削加工至需要尺寸。也可用喷涂法修复。若轴径磨损严重，可在磨损表面堆焊一层金属后，再按图纸要求进行加工。

轴上若发现裂纹应及时更换。

e　减速机漏油的检修

减速机漏油是一个比较普遍的故障现象。它影响设备的正常润滑，污染环境，影响安全，而且是一大浪费。解决减速机漏油的原则是均压、畅流和堵漏。

均压和畅流

减速机在运行中发热升温，使箱内压力增高，箱内外形成压力差，使飞溅的油液更加容易从密封不严处漏出。所以在减速机上盖的最高处设有通气孔，使箱内外压力一致。畅流是指飞溅在箱壳内壁上的油液要顺畅尽快流回油池，不要在密封处存留，以防渗漏流出。解决办法是加工回油槽。均压和畅流都是在设计有缺陷时采用的改进措施。

堵漏

（1）箱体接合面漏油处理。当箱体经使用而变形后，使上下箱结合面不能密合，可通过刮研加工修复。对于大型箱体，加工难以达到密合要求，可采用比结合面间隙略厚的纸垫加漆密封。若结合面与各孔轴线不在同一平面内，偏差过大时，应先将结合面用刨削修平，再经刮研合格后重新镗孔。

（2）轴端漏油处理。重新更换密封件，使用毛毡，周边要切整齐，且以比槽高出 2mm 为宜。毛毡要在机油中先浸泡 24h 后再用。

（3）壳体若发现裂纹，可用焊补或粘接法修复。

f 装配后的检查修理

各零件经过修复，在将传动系统装配好后，要进行齿轮啮合情况下的齿侧间隙和接触面积两项综合性检查。由于各零件制造误差和装配误差的影响，上述两项指标可能超差。若超差不大，在可能范围内，可以通过刮研、铲、磨来修整齿面。

C 维修注意事项

（1）料车钢绳伸入卷筒后一般采用多个钢绳卡固定。绳卡靠其螺栓的拧紧力把钢绳压扁，卡子之间压紧的方向错开 30° ~ 90°，以使卡子之间钢绳变形不一致，从而使摩擦阻力增大，提高钢绳的有效承载能力；

（2）卷扬机轴承一般都采用自动给油。给油量要求适量，否则轴承会发热，降低设备的使用寿命。

D 料车卷扬机常见故障及处理方法

料车卷扬机常见故障及处理方法见表 5 - 10。

表 5 - 10 料车卷扬机常见故障及处理方法

故 障	故 障 原 因	处 理 方 法
料车卷扬机齿接手连接螺栓经常松动以致剪断	①两台电动机启动不同步，或转速不一致； ②抱闸不同步，或电机转动前抱闸未打开	①调整电机启动时间和转速，使其一致； ②调节抱闸启动时间使其一致，或调整抱闸张开间隙，使其均匀并在 1.5 ~ 2.00mm 范围内
振动大有噪声	①设备在基础上调整安装得不精确，或相连接两轴的同心度偏差大； ②联轴器径向位移大，或连接装配不当； ③转动部分不平衡； ④基础不牢固； ⑤齿轮啮合不好	①重新找正，找水平； ②更换联轴器或重新调整装配； ③检查安装情况，纠正错误； ④加固基础； ⑤重新安装、调整
轴承温度过高	①轴承间隙过小； ②接触不良或轴线不同心； ③润滑剂过多或不足； ④润滑剂的质量不符合要求	①更换轴承，调整间隙； ②重新调整找正； ③减少或增加润滑剂； ④更换合适的润滑剂
轴承异响	①如果出现"嘚嘚"声，则可能是轴承有伤痕，或内外圈破裂； ②如果出现打击声，则滚道面剥离； ③如果出现"咯咯"声，则说明轴承间隙过大； ④如果产生金属声音，则说明润滑剂不足或异物侵入； ⑤如果产生不规则声音，则说明滚动体有伤痕、剥离或保持架磨损、破缺	①更换轴承并注意使用要求； ②更换轴承； ③更换轴承； ④补充润滑剂或清洗更换润滑剂； ⑤更换轴承

故　障	故障原因	处理方法
齿轮声响和振动过大	①装配啮合间隙不当； ②齿轮加工精度不良； ③两轮轴线不平行或两轮与轴不垂直； ④齿轮磨损严重或检修吊装时碰撞，齿轮局部变形，或润滑不良	①调整间隙； ②修理或更换齿轮； ③调整或修理，更换齿轮； ④更换或修理齿轮，改善润滑条件
料车轮啃轨道	①车轮窜动间隙大； ②轨道变形	①调整间隙； ②修理轨道

5.5.5.4　料车上料机的维护

料车上料机的维护工作，主要是在润滑、制动器和钢绳等方面。

上料机的维护人员应按时按要求完成所承担的设备维护项目，确保上料机正常运转，按时对上料机进行检查，做好检查记录。

A　润滑

维护人员应经常检查和保持润滑油的油面高度或压力，当油量减少时，应立即加油。正常情况下，油位应保持在最上标记的位置。对于集中润滑的设备，要经常注意润滑油的温度，若超过允许范围，应采取措施。

润滑油应按期添加和更换。一般情况下，每隔 8 ~ 24h 检查一次油量，不足时应及时加以补充。对于有些润滑部位，由于无法检查其油量多少，只能定期补充。正常情况下，可每隔 6 ~ 12 个月换一次油。对于大、中型的设备，润滑油脏、变质、混有水分，或季节不同也应更换润滑油。

B　工作制动器的维修

工作制动器工作正常，是保证卷扬机安全运行的重要因素。

a　工作制动器的结构与工作原理

工作制动器是一种特殊的短冲程、弹簧上闸、双块式制动器，其工作原理如图 5 - 44 所示。电磁铁线圈 3 断电，在弹簧（压紧弹簧）6 的作用下，制动臂 1 推动制动块（闸瓦）上闸制动；当线圈 3 通电时，铁芯 4 吸拢，通过拉杆 5 压缩弹簧 6，并向两边推开制动臂 1，制动块松闸。

b　工作制动器的调整

工作制动器的调整，通常可分为两步进行，每一步试调时先使连接销轴 14 的中心线保持在铅垂位置，以防止因电磁铁自重使电磁铁和外壳向下弯塌影响调整。

松开压缩弹簧 6，调节螺丝 9，使两块闸瓦 7 与制动轮 8 同心。

按规定的要求调整电磁铁铁芯的磁距，对于 15t 料车卷扬机，磁距通常为 10 ~ 15mm。

通过对螺丝 10、11、12 的调整，使闸瓦 7 在上闸时，与制动轮 8 的接触均匀并保持足够的接触面积（不小于 70%），松闸时，两块闸瓦与制动轮的间隙应对称相等，间隙的大小一般为 1.5 ~ 2mm。

第二步是调整制动力矩的大小。通过调整螺帽 13 来调整压缩弹簧 6 的长短（松紧），弹簧短（紧），制动力矩大，弹簧长（松），制动力矩小，制动力矩的调整，应由小到大

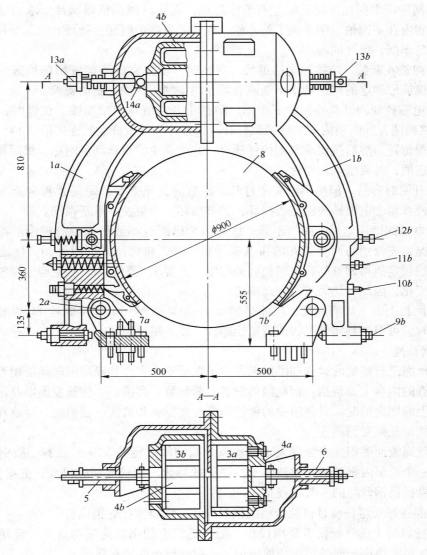

图 5-44 工作制动器结构图

1—制动臂；2—销轴；3—电磁铁线圈；4—铁芯；5—拉杆；6—压缩弹簧；7—闸瓦；8—制动轮；
9—制动臂调整螺丝；10，11，12—间隙调整螺丝；13—调节螺帽；14—连接销轴

逐步试调，并接通电磁铁电源进行开闸试验，通过对电磁铁线圈 3 中电流值的调试，使制动力矩达到规定值。在对制动力矩进行调整时，可能会引起电磁铁磁矩和制动轮与制动瓦间隙的变动，因此，在调整时应相互配合，反复试调，并通过开车试验，使工作制动闸具有足够的制动力矩，并且制动准确平稳。

工作制动闸调整完毕后，将被调整部位的锁紧螺帽锁紧。

c 工作制动闸的检修

工作制动闸在工作过程中，由于频繁松闸与制动，冲击、振动和磨损都比较大，使零部件失去应有的精度或损坏，制动闸在工作中就会出现故障。

（1）闸轮撞击闸瓦，使闸架左右不停摆动，无法将闸调整以满足要求。这主要是闸轮的外圆和内孔不同轴，闸轮成了偏心轮，旋转起来撞击闸瓦。处理方法是更换闸轮，或将闸轮重新车削，保证同轴度。

（2）弹簧 6 断裂，应按原规格更换。更换时，要注意原弹簧背帽的位置。以便新簧上好后能保证原测定的闸距基本不变或者重新测定闸距，满足制动要求。

（3）电磁铁线圈及其外壳向下弯塌，闸打不开，俗称闸架塌腰。检修时，先松开弹簧 6，再将两闸瓦同时向内调，使闸架打开，检查并调整拉杆上的连接销轴 14，使它的轴线保持铅垂位置。然后按要求紧固拉杆螺母，并按规定值重新测定闸距。最后将两闸瓦间隙调到规定值，并要求均匀对称。

（4）开闸时容易，但闸不能完全打开。检修时，先查看磁距是否符合要求。若磁距正常，应检查两个电磁铁线圈是否损坏，如有损坏，应更换后重新调闸。

（5）电磁线圈通电后，闸打不开。这是因为磁距过小或根本没有磁距。检修时，根据具体情况，先分别将两弹簧 6 的压紧螺母松一些，将两闸瓦同时外调，使磁距达到要求，然后按规定值再调整闸瓦与闸轮间的间隙。并要求均匀对称。磁距经过调整后，闸距可能发生变化，因此，仍需进行闸距测定。

（6）闸瓦上部下塌磨闸瓦，可能是螺栓 11 损坏或闸瓦上连接螺栓 11 的槽孔止口损坏。检修时，可根据具体情况，或者更换螺栓，或者更换闸瓦。

C　钢丝绳

对钢丝绳进行定期的检查和维护保养，是保证安全生产和提高钢丝绳使用寿命的重要手段。检查的内容主要包括：钢丝绳的润滑、断丝数、磨损量、伸长变形以及钢丝绳在卷筒和料车上的固定情况。对使用中的钢丝绳要注意除垢和清洗，在搬运，存放和施工操作中也不应使钢丝绳受到损伤。

当钢丝绳表面磨损或腐蚀量大于钢丝绳外圈钢丝直径的 50%，或有一股钢丝全部断裂，或在一个捻距内钢丝的断丝数多于一股钢丝总数，钢丝绳都应报废，更换新钢丝绳。更换上料卷扬机钢丝绳的一般过程是：

（1）准备好规定长度且检验合格的钢丝绳，并按要求扎好钢绳头。

（2）在斜桥上选一处便于换绳操作、能把卷筒上的钢丝绳基本放完，且便于固定料车的位置，将需换钢丝绳的料车的前轴用另一根钢丝绳固定在斜桥上。

（3）放松卷筒一边的旧钢丝绳，从料车上卸下旧钢丝绳的绳头。将新钢丝绳的绳头与旧钢丝绳的绳头用小钢丝绳捆扎在一起，新旧两钢丝绳绳头相距约 200mm 左右。

（4）从卷筒上卸出旧钢丝绳的另一端绳头。将其与地面小卷扬机的钢丝绳的绳头固连在一起。

（5）经检查，各接头连接无误、牢固可靠后，启动地面小卷扬机收旧钢丝绳，从而带动新绳替代旧绳，一直到旧绳的料车端头到达卷筒处，此时新绳的一端也随之到达卷筒处。

（6）将新绳的尾端与料车按要求相连接。

（7）拉紧新绳，并将新绳的卷筒端固定在卷筒上。固定钢丝绳时，要注意考虑钢丝绳的长度。

（8）检查新绳的到位情况，松开料车，试车，调整长度。验收合格后交付使用。

新钢丝绳使用一段时间后要伸长，因此，应及时在卷筒端收绳，保证料车正常工作。

D 上料机的检查

检查运转状况及经常磨损和易于松动的外部零件，尤其是对传动装置、安全装置和重载部位的零部件，要仔细检查。

(1) 各润滑管路是否畅通无泄漏、各润滑点润滑情况是否良好。润滑油量是否足够，油质是否清洁和良好，各轴承温度是否正常（一般应低于60℃），各密封处有无严重漏油现象。

(2) 各地脚螺栓、连接螺栓与螺钉是否齐全，有无松动。

(3) 电动机运转是否正常，有无异常噪声或气味。

(4) 联轴器各连接件有无损坏、丢失、松动。

(5) 工作制动器的动作是否灵敏，可靠，各连接件是否松动，有无异常声音。闸打开后，闸瓦与闸轮间的间隙是否均匀且为1.5~2mm，闸瓦磨损情况是否正常。

(6) 减速机传动声音是否正常。

(7) 卷筒上钢丝绳连接楔子是否牢固可靠，钢丝绳绳头有无甩开松股现象，钢丝绳磨损程度如何，钢丝绳的润滑是否良好。

(8) 各安全装置工作是否正常。

(9) 电气设备运转是否正常，测量仪表、电气显示等是否准确、灵敏、可靠。

(10) 料车车轮对走行是否有刮卡，斜桥轨道有无断裂或变形。

5.5.6 带式上料机的维修

随着高炉的大型化，料车上料已满足不了生产需要，需采用皮带上料。图5-45为带式上料机示意图。

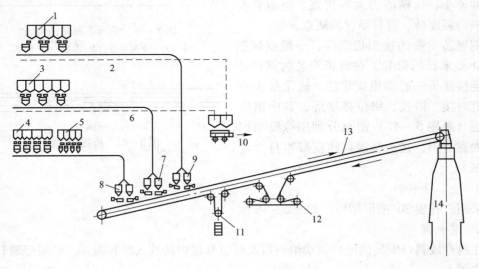

图5-45 带式上料机示意图

1—焦炭料仓；2—碎焦；3—烧结矿料仓；4—矿石料仓；5—辅助原料仓；6—筛下的烧结矿；
7—烧结矿集中斗；8—矿石及辅助原料集中斗；9—焦炭集中斗；10—运走；
11—张紧装置；12—传动装置；13—带式上料机；14—高炉中心线

　　焦炭、矿石等原料,分别运送到料仓中。再根据高炉装料制度的要求,经过自动称量,将各种不同炉料分别装入各自的集中斗里。上料皮带是连续不停地运行的,炉料按照上料程序,由集中斗下部的给料器均匀地分布到皮带上,并运送到高炉炉顶。批量的大小取决于炉顶受料装置的容积。

　　和料车上料机比较,带式上料机具有以下特点:

　　(1) 工艺布置合理。料仓离高炉远,使高炉周围空间自由度大,有利于高炉炉前布置多个出铁口。

　　(2) 上料能力强。满足了高炉大型化以后大批量的上料要求。

　　(3) 上料均匀,对炉料的破碎作用较小。

　　(4) 设备简单、投资较小。

　　(5) 工作可靠、维护方便、动力消耗少、便于自动化操作。

　　但是带式运输机的倾角一般不超过12°,水平长度在300m以上,占地面积大;必需要求冷料,热烧结矿需经冷却后才能运送。严格控制炉料,不允许夹带金属物,以防止造成皮带被刮伤和纵向撕裂的事故。

5.5.6.1　带式上料机组成

　　带式上料机由皮带及上下托辊、装料漏斗、头轮及尾轮、张紧装置、驱动装置、换带装置、换辊装置、皮带清扫除尘装置及机尾、机头检测装置组成。

　　A　皮带

　　采用钢绳芯高强度皮带,国产钢绳芯高强度皮带已有系列标准,如图5-46所示。

　　这种皮带具有寿命长、抗拉力强、受拉时延伸率小、运输能力大等优点。但也具有皮带横向强度低、容易断丝的缺点。

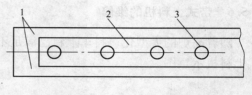

图5-46　钢绳芯胶带结构图
1—上、下覆盖胶;2—芯胶;3—钢芯

　　钢绳芯皮带的接头很重要,一般皮带制成100多米长的带卷,在现场安装时逐段连接。连接接头一般都用硫化法。硫化接头的形式有对接、搭接、错位搭接等,其中错位搭接法(见图5-47)能充分利用橡胶与钢丝绳的黏着力,接头强度可达皮带本身强度的95%以上。

图5-47　搭接错位法

　　B　上、下托辊

　　采用三托辊30°槽形结构,如图5-48所示。

　　C　装料漏斗

　　在料仓放料口安装的电磁振动给料器及分级筛将炉料放入装料漏斗,炉料经装料漏斗流到皮带上。

　　D　头轮及尾轮

　　头轮设置在卸料终端,设置在炉顶受料装置的上方。尾轮通过轴承座支持在基础座上。

E 张紧装置

在皮带回程，利用重锤将皮带张紧。

F 驱动装置

驱动装置多为双卷筒四电机（其中一台备用）的驱动方式（见图5-49）以减少皮带的初拉力。在电机与减速器间安设液力联轴器来保证启动平稳，负荷均匀。如采用可调油量式的液力联轴器，则能调节两卷筒各个电机的负荷，使其平衡。

炉顶环境较差，为了便于维修，带式上料机的传动装置都安装在地面上。

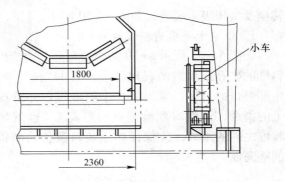

图5-48 换辊小车装置

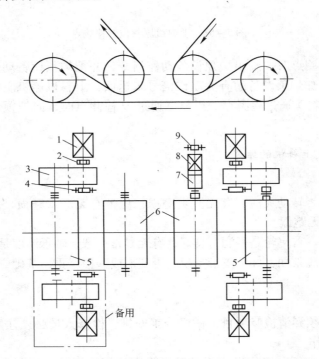

图5-49 皮带式上料机驱动系统示意图

1—电动机；2—液力耦合器；3—减速器；4—制动器；5—驱动滚筒；
6—导向滚筒；7—行星减速机；8—电动机；9—制动器

G 换带装置

在驱动装置中的一个张紧滚筒上设置换带驱动装置。换带时打开主驱动系统的链条接手，然后利用旧皮带，牵引新皮带在换带驱动装置的带动下更新皮带，如图5-49所示。

H 换辊小车机构

通过运动在皮带走廊一侧的换辊小车来换辊，如图5-48所示。

I 皮带清扫除尘装置

在机尾皮带返程段，设置橡胶螺旋清洁滚筒，压缩空气喷嘴、水喷嘴、橡胶刮板、回转刷及负压吸尘装置,如图 5 – 50 所示。

　　J　带式上料机的料位检测

　　如图 5 – 51 所示 A、B 两个检测点分别给出一个料堆的矿石或焦炭的料尾已经通过的判断,解除集中卸料口的封锁,发出下一个料堆可以卸到皮带机上的指令,卸料口到检测点的距离 L,也就是两个料堆之间的距离,应保证炉顶装料设备的准备动作能够完成。

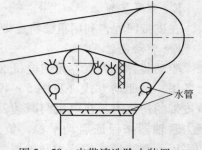

图 5 – 50　皮带清洗除尘装置

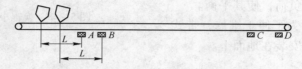

图 5 – 51　上料机原料位置检测点

　　料头到达 C 检测点时,给出炉顶设备动作指令,并把炉顶设备动作信号返回。料头到达 D 检测点时,如炉顶设备的有关动作信号未返回,上料机停机。如炉顶设备的有关动作信号已返回,料头通过检测点。当料尾通过 D 检测点时,向炉顶装料设备发出动作信号。

5.5.6.2　带式上料机的维修

　　A　维护检查

　　(1) 挡托辊是否转动灵活,有无严重磨损;皮带有无严重磨损、划伤、开胶,接头是否完好,皮带有无跑偏。

　　(2) 传动机构、首尾轮是否润滑良好,有无异常声音,轴承温度是否过热。

　　(3) 各紧固件应紧固良好,皮带支架是否变形或磨损严重,基础应牢固。

　　B　检修

　　a　准备

　　(1) 检修前必须弄清检修项目,做好分工安排,检修人员必须注解所检修的部位及结构,做好准备工作。

　　(2) 检修人员必须和岗位操作人员及操作室取得联系后,切断电源,挂上检修牌,方可进行检修。

　　b　内容

　　(1) 检修驱动装置时,认真细心拆卸零件,不能乱堆乱放,要放好并做上标记,以便提高检修速度。

　　(2) 拆卸轴承及联轴器时不要用锤直接敲打,要用顶丝或千斤顶顶出或拉出。

　　(3) 减速机拆卸后,检查各部件磨损情况,轴径椭圆情况及齿轮磨损情况,连接键是否松动。

　　(4) 更换皮带、托辊及清扫器。

　　C　常见故障及处理方法

　　带式上料机常见故障及处理方法见表 5 – 11。

表 5 - 11　带式上料机常见故障及处理方法

故　　障	故 障 原 因	处 理 方 法
皮带表面严重磨损划伤	运输料中有杂物	清除杂物
皮带跑偏	调整不及时，皮带质量或胶接不合格	及时调整，换用高质量皮带
滚筒筒体严重磨损	维护不及时	及时维护
滚筒轴承温度升高，有杂音	加油不及时，油品污染	及时加油
托辊卡死	托辊轴承失效	更换轴承
托辊严重磨损	托辊严重磨损	更换托辊

5.5.7　液压驱动料钟操纵系统的维修

由于液压传动可省去大小钟卷扬机、平衡杆及导向绳轮等部件，炉顶高度和炉顶重量大大减小；运转平稳，易于实现无级调速；自行润滑，有利于设备维护；元件易于标准系列化等优点。因此得到了迅速的发展。

5.5.7.1　液压驱动料钟操纵系统

料钟液压传动的结构形式有扁担梁—平衡杆式如图 5 - 52（a）所示、扁担梁式如图 5 - 52（b）所示、扁担梁—拉杆式如图 5 - 52（c）所示。

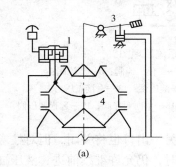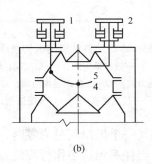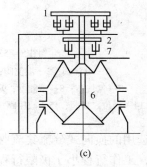

（a）　　　　　　　　　　（b）　　　　　　　　　　（c）

图 5 - 52　大、小钟液压驱动炉顶结构图
1—大钟扁担状横梁；2—小钟扁担状横梁；3—小钟平衡杆；
4，5—大小钟托梁；6—大钟拉杆；7—小钟拉杆

图 5 - 53 是用于某厂 550m³ 高炉的炉顶液压系统。

大钟挂在托梁上，大钟的载荷由托梁两端之拉杆承受。每一拉杆由两个柱塞缸传动。由于大钟液压缸大部分装在煤气封罩内，温度很高，此液压缸采用水冷结构。

装料设备还包括两个 $\phi 250$ 均压阀和两个 $\phi 400$ 放散阀，都由活塞缸传动。由活塞缸通过钢绳将阀打开，靠阀盖自重关闭。动力和控制部分均设在卷扬室内。

系统的回路组成及其特点如下：

（1）同步回路。大钟由 4 个柱塞缸驱动，为使各液压缸运动同步，采用分流集流阀 1 的同步回路。在料钟启闭系统中，液压缸速度的同步误差决定于拉杆或柱塞与导向套的间隙，一般允许的同步误差范围在 4% 左右。同时还要求料钟在上升的终点能严密关闭。虽

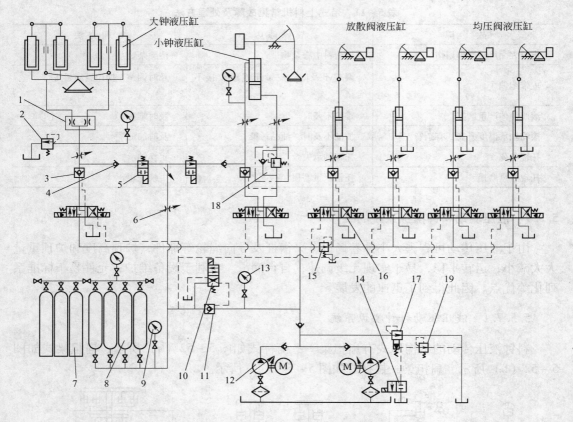

图 5 – 53　550m³ 高炉料钟启闭机构液压系统原理图

1—分流阀；2—溢流阀；3，11—液控单向阀；4—单向阀；5—二位二通阀；6—节流阀；
7—氮气瓶；8—蓄能器；9—压力表；10—二位四通换向阀；12—液压泵；13—电接点压力表；
14—二位二通阀；15—减压阀；16—三位四通换向阀；17—溢流阀；18—单向顺序阀；19—远程调压阀

然所选用的换向式分流集流阀在其一个出口流量为零时，另一出口也将关闭，但对柱塞缸
而言，工作行程小于极限行程，当柱塞到达工作行程终点时，仍允许继续前进，液压缸流
量（即分流集流阀出口的流量）不会为零。只有当料钟关严后，流量才能为零，故换向
式分流集流阀的这一特点对于料钟的动作没有影响。

（2）换向阀锁紧回路。为使各液压缸在不操作时保持活塞位置不变，采用三位四通
换向阀 16 和液控单向阀 3 组成换向阀锁紧回路，换向阀采用"Y"型阀芯，与电磁阀相
配合。当电磁阀处于中位时，电磁阀通电，液压泵卸荷，电磁阀断电，蓄能器与主油路切
断，使电磁阀的阀芯处于无压状态。这样，所有的液压缸全不工作时，压力油几乎没有泄
漏，保证活塞位置不变，而且工作可靠。

（3）补油回路。在大钟关闭后，由液控单向阀 3 锁紧，当料钟上增加炉料后，由于
负载增加，液压缸与液控单向阀之间的油压将增加，油液的压缩将使料钟有所下降，影响
了漏斗与料钟密合程度。为确保料钟对漏斗的压紧力，并补充液压缸的漏油，特设补压回
路。即从蓄能器引出一条通径较小的管道，经过节流阀 6 和单向阀 4 接到大钟的液控单向
阀 3 的出口，使液控单向阀与液压缸之间始终保持蓄能器的油压，将料钟压紧在漏斗口。

大小料钟均设有补压回路。为了避免料钟液压缸回油时与补压回路相干扰，在节流阀6与单向阀4之间再增设两个二位电磁换向阀5。当某料钟关闭时，相应的电磁阀5断电，补压回路接通。料钟开启时，则电磁阀5通电而把蓄能器到液压缸的补油通路切断。

（4）防止因煤气爆炸引起过载的溢流阀安全回路。在大钟液压缸的管路上设有溢流阀2，其调定的开启压力稍高于主溢流阀的调定压力。

（5）小钟液压缸的工作稳定性。为保证小钟对布料器的压紧力，平衡杆采用过平衡设计，由平衡重产生的平衡力矩使空钟关闭，过平衡力矩愈大，关闭时活塞下降的加速度愈大。当其下降速度超过液压站供油量所形成的速度时，液压缸上腔及相应的管道将产生负压，这是不允许的。但过平衡力矩仍必须保持一定的数量。为此，一方面应尽量减小过平衡力矩，另一方面在液压缸下腔的管道上设单向顺序阀18，使小钟关闭时，回油路管道上有一定背压，使活塞稳定下降。

（6）液压缸的缓冲装置。为防止在料钟下降到极限位置时，柱塞撞击液压缸缸底，在柱塞的端部设有缓冲装置。

（7）蓄能器储能和调速回路。系统设置有25L气囊式蓄能器8（4个）和40L氮气瓶7（3个），通过液控单向阀11与系统主油路相连接。液压泵12可向蓄能器随时供油，而蓄能器必须在电磁阀10通电时，才能向系统供油。为降低启动、制动时机构惯性引起的冲击，在任一机构启动和制动时，电磁阀均断电，仅由液压泵供油，因之只能以较小的速度启动和制动。正常速度运行时，电磁阀通电，蓄能器和液压泵共同供油。

（8）分级调压及压力控制回路。料钟液压缸的工作压力为12.5MPa，而均压阀和放散阀液压缸的工作油压为6MPa，故需要分两级调压。设有主溢流阀17，其调定压力为13.75MPa。远程调压阀19的调定压力为15MPa。电磁阀用以控制溢流阀17卸荷，电接点压力表9的调定压力为12.5MPa和15MPa。电接点压力表13的调定压力为8.5MPa和13.75MPa。此二压力表主要用于系统的安全保护，动作情况如下。

当电磁阀14断电，液压泵向主油路供油，换向阀16就可工作。当主油路压力小于12.5MPa时，压力表9的低压接点闭合，液压泵12向系统和蓄能器8供油，当主油路压力大于12.5MPa时，压力表9的低压接点断开，使电磁阀通电，主溢流阀17卸荷，液压泵空载运转。若此时油压还继续上升到13.75MPa时，压力表13的高压接点闭合报警，表明压力表或电磁铁失灵。同时，主溢流阀17打开。当油压再继续上升到15MPa时，压力表9的高压接点闭合，使电动机停止运转。此时表明溢流阀与油箱的通道未打开，或溢流阀17的先导阀失灵，则远程调压阀19动作，代替溢流阀17的先导阀，使溢流阀17溢流。当油压下降到8.5MPa以下时，压力表13的低压接点闭合，发出低压警报，表明系统有大量漏油现象，工作人员应及时检查，并排除故障。

为实现电动机空载启动，在电动机启动时，先使电磁阀通电，溢流阀17卸荷。经延时继电器，待电动机达到额定转速后再使电磁阀断电，这时液压泵12才开始向系统供油。

均压阀和放散阀油缸要求的油压为6MPa，由调定压力为6MPa的减压阀15供给低压油。

（9）油箱内有蛇形管，通水冷却，采用160目铜网滤油器。在管道的最高处设有排气塞。

各液压缸动作的连锁由电气控制。各重要元件都设有备用回路。

5.5.7.2　液压驱动料钟操纵系统维修

A　均压或放散电磁阀卡

如卡在关位时，用专用工具顶电磁铁一端顶杆，保证上料。如顶电磁铁无效，就立即通知卷扬司机停用该阀，采用一个阀均压或放散，以满足上料，然后更换故障阀。如卡在开位时，用专用工具顶电磁阀无电磁铁一端顶杆，复位后即可正常上料，如顶无效，则应关闭该阀"P"口和"O"口截止阀，松开该电磁阀4个与底板连接的螺栓，让其向外泄油，此时均压或放散阀自行关闭，暂时满足上料，再同卷扬司机联系更换电磁换向阀。

B　均压和放散阀油缸漏油

均压或放散阀油缸向外泄油时，一般可以通过油箱液位指示计上的油位标记来判断。如果是油缸本体外泄应该更换油缸；如果是油缸"A"、"B"油口接头密封坏，应暂停该均压或放散油缸，待处理好接头密封后再用。

C　大、小钟电磁阀卡

首先要同卷扬司机配合好，用专用工具顶其卡住的电磁铁推杆，以保证上料。如顶无效，则应倒换系统满足上料要求，再更换或处理该电磁阀。

D　大钟或小钟油缸及管路大量漏油

发现漏油应立即同卷扬司机联系好，停止上料。如果是油缸部位漏油，应换油缸或密封件。处理时应将相应的大钟或小钟置于开位，使该油路压力为零。如果是管路漏油，应设法将管路油流回油箱（可使背压为零），然后进行焊补或更换密封件。

E　蓄能器液位控制系统浮筒不能正常工作

同卷扬司机联系好，油泵系统改手动打压。保证正常上料，同时应调整该泵电磁溢流阀的压力，关闭蓄能器出口截止阀，更换浮筒。其步骤是：

（1）关连通器上、下截止阀，慢松短管活接头，将连通器内油泄完，开始放油时有压力，防止伤人。

（2）卸掉短管，取出旧浮筒。

（3）放进新浮筒，恢复短管。

（4）先慢开上截止阀，再慢开下截止阀，浮筒上升时不应超过卸荷液位。

（5）恢复自动系统，观察其浮筒工作是否正常。

F　电磁溢流阀17不能正常工作

先倒换泵保证正常上料，再检查该阀故障情况，如电磁阀线圈烧坏，应更换电磁铁。如阀本体故障则应换阀。换阀时先将阀顶杆压回零。调压必须在工作泵打压，控制阀台上无动作时，关闭蓄能器出口截止阀，迅速调至合格值，然后打开蓄能器出口截止阀。

G　蓄能器出口液控单向阀恢复自动后打不开

首先应手动打压，使液控管充满压力油，再恢复自动，该阀即可打开。

H　油箱上透明液位计液位的确定

以泵打压至卸荷时瞬间液位为标记。

I 炉顶液压系统的压力调定

一般以"打压"至卸荷位压力为准。在卸荷位压力不足时，用空压机打气来调节压力到规定值。

J 更换电接点压力表的操作

先切断该电源，以防更换时报警。更换完后调整指针位置时应确保指针所示压力值准确，试用时先送上电源，再作人为报警试验。

K 炉顶液压系统出现高液位或低液位报警

当出现高液位报警时，如压力与液位相符，开、关大钟或小钟使液位下降，达正常位置为止。再检查该泵电磁阀有无故障，如不正常就要倒换备用泵，保证正常上料，然后处理故障。如压力与液位不符，应考虑电接点压力表故障。

当出现低液位报警时，如压力与液位相符，应检查电磁溢流阀及电气控制系统。如压力与液位不相符，应考虑浮筒故障和电接点压力表指针故障，倒换系统，保证正常上料后再处理浮筒或电接点压力表。

L 料钟开或关时有撞击声

如开时有撞击声，应调整背压阀（增值）或开位单向节流阀；如关时有撞击声应调整关位单向节流阀和电气极限位置。

M 当两个均压或放散阀不同步

此时可采取增加后开阀的背压或降低先开阀背压来调整。但应注意：背压过大会导致均压或放散速度慢以致打不开；背压过小会导致系统不平稳，管路振动大。

N 均匀或放散电磁阀大量漏油

先确定漏油部位，再关掉该阀"P"口截止阀，然后联系停用该阀，最后再关"O"、"A"、"B"口相应截止阀。做完这些工作后再决定更换电磁阀或密封件。

O 更换液压泵时应注意的几点

（1）更换油泵时要注意找正、找平，尤其要找好泵同电机的同轴度，其误差不能超过0.2mm。

（2）试车前应开启进口截止阀，并从泵泄油口向里灌满油，以排除泵芯所存空气。

（3）试转时应先利用工作泵卸荷机会点动试车，点动试车没有问题再带负荷试车。

P 均压或放散电磁阀线圈烧后引起电控跳闸

同卷扬司机配合好，先送电源，再一个一个手动进行判断，确认后换电磁铁。如果两个都烧了，则应边手顶一阀保证上料，边更换另一阀电磁铁，然后倒换另一电磁铁。

Q 大、小钟液压工作系统与备用系统的倒换

先同卷扬司机联系好，利用上料空隙时间，关闭工作系统液控单向阀的控制油截止阀；打开备用系统液控单向阀的控制油截止阀，再告诉卷扬司机倒换系统。

R 蓄能器出口处跑油

在蓄能器出口处跑油时，应先关闭出口处截止阀，改手动打压保上料，关闭两罐间的气管截止阀，再放完油罐里的油，然后处理跑油处密封件或焊补管道。

5.5.7.3 炉顶液压系统常见故障及处理方法

炉顶液压系统常见故障及处理方法见表5-12。

表 5 – 12　炉顶液压系统常见故障及处理方法

故　　障	故　障　原　因	处　理　方　法
正常工作时，大、小钟主油路出口处压力表指示为零	这种情况多半是大、小钟补油路电磁阀卡塞，阀芯复不了位	手顶复位或换电磁阀
大钟或小钟液压油缸运行不同步，产生抖动或爬行	①油缸安装不良，对中性不好，或者横梁不水平； ②管路进入气体； ③料钟拉杆密封胶圈压得过紧	①重新找正，找水平，严格执行安装标准； ②卸下油缸的排气孔，排除气体； ③调整压紧螺栓，既保证密封，又要求运行阻力不大
油箱冒气	冒气只能是蓄能器油位下降到低位时油泵不能自动打压所致，而且低位报警失灵	马上使油泵打压，如果该泵系统有故障，应立即倒换泵打压。若仍不能打压，应改自动为手动打压，保证高炉正常上料。关蓄能器出口截止阀，再处理电气或液压故障
液压系统油温高	①环境温度高； ②溢流阀调定压力过低，溢流时间长	①采用循环冷却水对油箱进行降温； ②适当提高溢流阀压力，缩短溢流时间
大、小钟溢流阀不动作	①总阀密封件泄漏； ②阀本身有毛病	首先倒换控制系统，保正常上料，然后再对分析的原因进行处理： ①更换密封件； ②更换阀或阀中的先导部分，但在处理之前先关闭回油截止阀
小钟开位信号不来	①电气故障； ②液压系统故障； ③大钟上面压满了料，托住小钟	①处理电气故障； ②首先倒换系统，再边检查，边处理； ③在确认液压系统无故障后，由卷扬司机手动操作处理

5.5.8　无料钟炉顶设备的维护和检修

5.5.8.1　无料钟炉顶设备的维护

主要是润滑、密封和紧固等方面。维护和操作人员应按时按规定进行检查和维护。检查的内容有：

(1) 受料漏斗的油缸有无泄漏，销轴是否窜位或严重磨损，轴承有无卡阻，车轮转动是否灵活，衬板有无严重磨损。

(2) 上、下密封阀和料流调节阀的油缸有无渗漏，销轴有无窜位或严重磨损，操作杆有无窜动或弯曲，轴承有无卡阻，填料是否漏气，阀体与胶圈有无损伤或渗漏。

(3) 眼镜阀的密封有无渗漏，各部螺栓是否齐全且无松动，各焊点有无炸裂，各运动部件是否转动灵活。

(4) 行星减速机的散热孔有无堵塞，密封有无渗漏，润滑是否良好，油温是否正常（应不大于 65℃），各部螺栓是否齐全无松动。

（5）气密箱的各接口处有无漏气，声音是否正常，各部螺栓是否齐全无松动。

（6）均压阀和球阀的密封、润滑油路有无泄漏，各部螺栓是否齐全无松动，各运动部件运动是否灵活。

（7）布料溜槽的衬板是承受从中心喉管下来的料流冲击和摩擦的易损件。特别是正对喉管下方的三块衬板磨损最为严重。因此，必须每56~70d检查一次，如果发现这三块衬板有较严重的磨损，那就要在下一次检查周期内，把备用溜槽换上去。

5.5.8.2　无料钟炉顶设备的检修

（1）无料钟炉顶装料设备主要易损零部件的寿命与更换所需时间见表5-13。

表5-13　主要易损零部件的寿命与更换所需时间

零部件名称	平均寿命/a	更换时间/h
上密封阀	1.5	2
下密封阀	1.0	2
密封阀胶圈	0.6~0.8	2
叉形管	1.0	4
中心喉管	1.0	4
布料溜槽	2~3	2~3
料仓衬板	2	6~8
料流调节阀	3	4

（2）检修拆卸步骤。从表5-13可知，由于易损零部件的寿命大多数都在一年以上，而且更换均在八小时以内完成，因此，更换易损零部件的工作可在高炉计划休风时间完成；无料钟炉顶装料设备的检修拆卸和部件更换可利用炉顶专用起重机进行。其步骤如图5-54所示。

1）拆掉上密封阀处的法兰螺栓，将受料漏斗1移开或吊走。

2）拆掉下密封阀处的法兰螺栓，把左右两个料仓2沿着轨道移向两侧。

3）拆掉叉形管3与气密箱4之间的连接螺栓，吊走叉形管。

4）利用吊装工具把旋转溜槽5抬起一定倾角，将检修小车从人孔移入炉内，然后卸下溜槽销钉，溜槽即由小车运出炉外。

5）拆掉气密箱4底部法兰上的螺栓，把气密箱整体吊走，以进行内部检修和更换。

对各有关零部件进行检修或更换后，可按照拆卸时的步骤进行安装。

5.5.9　开铁口机及其维修

炉前设备主要有：打开出铁口的开口机、堵住出铁口的泥炮、堵住渣口的堵渣机、桥式吊车。有的高炉还有摆动溜嘴、换风口机。还有的采用了渣子粒化装置，即所谓的1NBA等等。本章主要讲述开口机、泥炮、堵渣机。

5.5.9.1　开铁口机的维修

设在高炉炉缸一定部位的铁口，是用于排放铁水的孔道。在孔道内砌筑耐火砖，并填

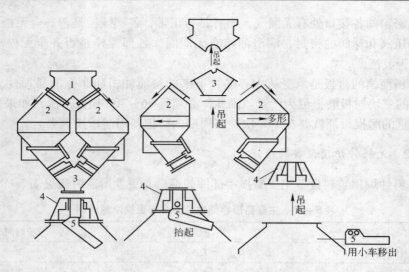

图 5 – 54   无料钟炉顶料设备的解体过程示意图
1—受料漏斗；2—料仓；3—叉形管；4—气密箱；5—旋转溜槽

充耐火泥封住出口。在铁口内部有与炉料及渣铁水接触的熔融状态结壳。结壳外是呈喇叭状的填充耐火泥。在其周围为干固的旧堵泥套和渣壳及被侵蚀的炉衬砖等，如图 5 – 55 所示。打穿铁口出铁时要求孔道按一定倾角开钻，放出渣铁后能在炉底保留部分铁水俗称死铁层，目的是保持炉底温度，防止炉底结壳不断扩大而影响出铁量。

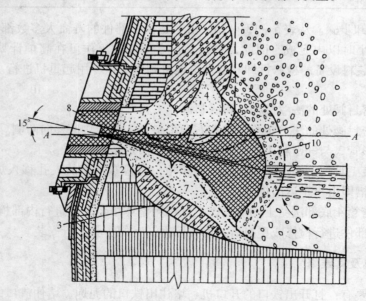

图 5 – 55   出铁口内堵口泥的分布状况
1，2—砌砖；3—渣壳；4—旧堵泥口；5—堵口时挤入的新堵口泥；6—堵口泥最多可能位置；
7—出铁后被侵蚀的边缘线；8—出铁泥套；9—炉缸中焦炭；10—开穿前出铁口孔道

开口机按动作原理可分为钻孔式开口机和冲钻式开口机，但不管何种开口机，都应满足下列条件：

（1）开孔的钻头应在出铁口中开出具有一定倾斜角度的直线孔道，其孔道孔径应小于100mm。

（2）在开铁口时，不应破坏覆盖在铁口区域炉缸内壁上的耐火泥。

（3）开铁口的一切工序都应机械化，并能进行远距离操纵，保证操作工人的安全。

（4）开口机尺寸应尽可能小，并在开完铁口后远离铁口。

5.5.9.2　钻孔式开口机的维修

A　结构特点

这种开口机在我国已沿用了几十年，虽已改进为各种形式，但变化不很大。它主要由三部分组成，如图5-56所示。

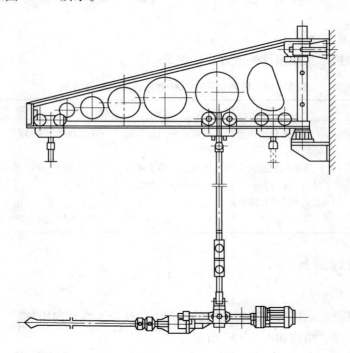

图5-56　"一重"设计的钻孔机总图

a　回转机构

回转机构由电动机、回转小车、主梁、立柱组成。工作时电动机驱动回转小车，拉动主梁围绕固定在炉皮上的立柱，沿着弧形轨道运动。

b　移送机构

移送机构主要包括电动机、减速机、小卷筒、导向滑轮、牵引钢绳、走行小车和吊挂装置。吊挂长短可以调整，用来改变开口机的角度。

c　钻孔机构

钻孔机构主要由电动机、减速机、对轮、钻杆及钻头组成。钻杆和钻头是空心的，以便通风冷却，排除钻削粉尘。这种开口机经常要更换左旋和右旋钻杆、钻头，以改变旋向，弥补孔眼钻偏。

钻孔式开口机的特点：

（1）结构简单、操作容易，但它只能旋转不能冲击。

（2）钻头钻进轨迹为曲线，铁口通道呈不规则孔道，给开口带来较大阻力。

（3）人工送进、退出捅口，劳动强度大，具有较大危险性。

B　检修

（1）平时检修比较多的是开口机钻杆减速机容易灌铁，主要原因有两种：一种是风压低于炉内压力时容易灌铁；另一种是操作工提前关风所致。灌铁后只有更换减速机。

（2）传动中钢绳容易磨损。特别是卷筒磨损有坑槽时，钢绳更换更频繁。因此，提高卷筒的耐磨性，保持卷筒接触钢绳面的完整是减少钢绳磨损的有效途径。

（3）各焊点开焊、补焊，要求打坡口，清除旧焊缝。焊缝要连续均匀，高度为0.5mm。

C　常见故障及处理方法

钻孔式开铁口机常见故障及处理方法见表5－14。

表5－14　钻孔式开铁口机常见故障及处理方法

故　　障	故　障　原　因	处　理　方　法
弧形轨小车走到某一段后卡轨，行车困难	①弧形轨道产生局部变形，增加小车运动阻力； ②弧形轨道曲率半径不规范，即曲率半径与小车的回转半径局部不吻合。多发生在更换的新轨道上； ③电气故障	①处理局部变形； ②处理轨道或调整小车轮子左右间隙； ③由电气专业人员解决有关问题

5.5.9.3　冲钻式开铁口机

A　结构和工作原理

这种开铁口机是在钻机钻头旋转钻削的基础上，使钻头在轴向附加一定的冲击力，这样可以加快钻进速度。结构如图5－57所示。

开铁口时，移动小车12使开口机移向出铁口，并使安全钩脱钩，然后开动升降机构10，放松钢绳11，将轨道4放下，直到锁钩5钩在环套9上，再使压紧气缸6动作，将轨道通过锁钩5固定在出铁口上。这时钻杆已对准出铁口，开动钻孔机构风动马达，使钻杆旋转，同时开动送进机构风动电机3使钻杆沿轨道4向前运动。当钻头接近铁口时，开动冲击机构，开口机一面旋转，一面冲击，直至打开出铁口。

当铁口打开后应立即使送进机构反转（当钻头阻塞时，可利用冲击机构反向冲击拔出钻杆），使钻头迅速退离铁口。然后开动升降机构使开口机升起，并挂在安全钩上，同小车12将开口机移离铁口。

a　横向移动机构

钻机主梁上的移动小车，在横移轨道上移动将冲钻带到铁口正上方位置。移动小车通过其专用卷扬系统拖动。

b　钻机升降机构

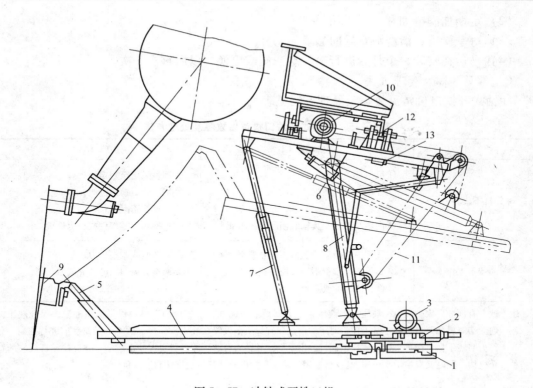

图 5 – 57　冲钻式开铁口机

1—钻孔机构；2—送进小车；3—风动马达；4—轨道；5—锁钩；6—压紧气缸；7—调节连杆；
8—吊杆；9—环套；10—升降卷扬机；11—钢绳；12—移动小车；13—安全钩气缸

在主梁上的升降卷扬系统施放钢绳 11，通过吊杆 8 的下降，将钻机本体下降到工作位置，通过调节杆 7 的调整，使冲钻机轨道 4 与理论钻孔轴线平行，同时使钻杆与理论钻孔轴线同轴。

c　锁紧机构

在钻机下降至终点位置时，锁钩 5 落入设在铁口上方的环套中。抵消冲钻时钻机产生的反作用力。

d　压紧机构

压紧气缸 6 推动撑杆，支撑住吊杆 8，防止正在作业时机体向上弹跳。

e　送进机构

通过送进风动马达 3 运转，将钻机沿轨道 4 移向出铁口。

f　钻孔机构

通过钻孔风动马达运转，带动钻杆回转进行钻削。

g　冲击机构

打开通气阀门，将压缩空气通入钻机配气系统推动冲击锤头撞击钻杆挡块，使钻杆产生冲击运动，加快钻削速度。

B　维护

（1）保证金属软管不与其他部位相碰，发现漏气及时更换。

（2）定期加润滑油和润滑干油。

（3）每季检查、清洗活塞导向套及活塞杆。

（4）马达在安装一个月后进行第一次清洗或更换，以后每季一次。

C　常见故障及处理方法

冲钻式开铁口机常见故障及处理方法见表 5 – 15。

表 5 – 15　冲钻式开铁口机常见故障及处理方法

故　障	故　障　原　因	处　理　方　法
钻杆不旋转	①风压低于规定值； ②控制阀缺油或损坏； ③管路泄漏； ④内斜花键套及其轴磨损严重或卡死	①调整风压至规定值； ②加油或更换控制阀； ③处理管路泄漏； ④更换相应零部件或相应处理
振动器不工作	①气体中有杂质或压力不符合要求； ②相关阀门位置不当或损坏； ③振打器缺油或杂物卡死	①除杂质或调整压力； ②调整有关阀门的位置或换阀门； ③注入清洁油或取出杂物

注：现在有部分厂家炉前设一液压站，液压系统为高炉液压泥炮、堵渣机和开口机提供压力油源，保证液压泥炮、堵渣机和开口机的正常工作。对于炉前液压开口机由设置在液压操作台上的 4 个操作手柄进行控制，分别为回转手柄，送进手柄，转钎手柄，冲击手柄。其钻头有液压冲击器实现冲击运动，并有使钻杆旋转的钻孔机构。同时又有使钻孔机构送进/后退用的移送机构以及使开口机旋转和摆钎机构。

5.5.10　堵铁口机的检修和维护

高炉在出铁完毕至下一次出铁之前，出铁口必须堵住。堵塞出铁口的办法是用泥炮将一种特制的炮泥推入出铁口内，炉内高温将炮泥烧结固状而实现堵住出铁口的目的。下次出铁时再用开孔机将出铁口打开。

泥炮的类型有气动、电动和液压传动泥炮。

由于液压泥炮具有：

（1）有强大的打泥压力，打泥致密，能适应高炉高压操作，压紧机构具有稳定的压紧力，不易漏泥。

（2）体积小，重量轻，不妨碍其他炉前设备工作；为机械化更换风口、弯管创造了条件。

（3）工作平稳、可靠。由于采用液压传动，机件可自行润滑，且调速方便。

（4）结构简单，易于维修。由于去除了大量机械传动零部件，大大减轻了机件的维修量。

所以目前广泛采用液压泥炮。

在设置泥炮时应满足下列要求：

（1）有足够的一次吐泥量。除填充被铁渣水冲大了的铁口通道外，还必须保证有足够的炮泥挤入铁口内。在炉内压力的作用下，这些炮泥扩张成蘑菇状贴于炉缸内壁上，起修补炉衬的作用。

（2）有一定的吐泥速度。吐泥过快，使炮泥挤入炉内焦炭中，形不成蘑菇状补层，失去修补前墙的作用。吐泥过慢，容易使炮泥在进入铁口通道过程中失去塑性，增加堵泥阻力，炉缸前墙也得不到修补。

（3）有足够的吐泥压力。为克服铁口通道的摩擦阻力、炮泥内摩擦阻力、炉内焦炭阻力等。

（4）操作安全可靠，可以远距离控制。由于高炉大型化并采用了高压操作，出铁后炉内喷出大量的渣铁水，所以要求堵口机一次堵口成功，并能远距离控制堵口机各个机构的运转。

（5）炮嘴运动轨迹准确。经调试后，炮嘴一次对准出铁口。

图 5 - 58 为 2380kN 矮式泥炮液压传动系统图。

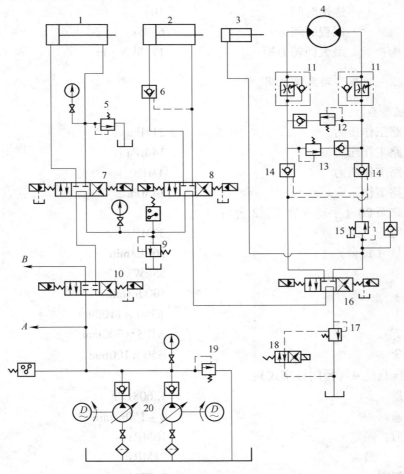

图 5 - 58　2380kN 矮式泥炮液压传动系统

1—打泥缸；2—压炮缸；3—开锁缸；4—回转液压马达；5，9，12，13，17，19—溢流阀；6，14—液控单向阀；
7，8，10，16—电液换向阀；11—单向可调节流阀；15—单向顺序阀；18—二位四通换向阀；20—柱塞泵

5.5.10.1　设备传动简介

泥炮由打泥、压炮、锁炮和回转机构四部分组成。其中打泥、压炮、开锁（锁炮是当回转机构转到打泥位置时，由弹簧力带动锚钩自动挂钩，将回转机构锁紧）均是液压缸传动，而回转机构则是液压马达通过齿轮传动。

工艺参数如下：

打泥机构：	泥缸容积	0.25m³
	泥缸直径	540mm
	最大推力	2380kN
	炮身倾角	19°
	炮嘴出口直径	150mm
	炮嘴吐泥速度	0.2m/s
压炮机构：	最大压炮力	210kN
	送炮时间	10s
	回程时间	6.85s
回转机构：	最大回转力矩	17.5kN·m

5.5.10.2　液压传动系统说明

A　系统参数

打泥回路工作压力	21MPa
压炮回路工作压力	14MPa
开锁回路工作压力	4MPa
回转回路工作压力	14MPa
轴向柱塞泵20（手动变量式，2台）：	
额定压力	32MPa
额定流量（每台）	160L/min
传动功率	55kW
转速	1000r/min
打泥缸1	$\phi380 \times 1100$mm
压炮缸2	$\phi125 \times 700$mm
开锁缸3	$\phi50 \times 100$mm
回转液压马达4（径向柱塞式）：	
单位流量	1.608L/r
额定转速	0～150r/min
工作压力：额定	16MPa
最大	22MPa
扭矩：额定	3.75kN·m
最大	5.16kN·m
溢流阀5的预调压力	8MPa
溢流阀12、13的预调压力	15MPa
溢流阀17的预调压力	0.5MPa

B　系统工作原理

系统各回路的工作压力，由有关溢流阀或顺序阀调定（其预调压力见前）。工作泵20提供的压力油除供给本图所示泥炮使用以外，还从A出口供给其他一台同样的泥炮使用；

还从 B 出口供给本高炉的堵渣机等应用。本系统的特性是在同一时间内，只容许一个用油点工作（这与生产工艺是符合的）。因此，当一个系统或一个系统内一个用油点工作时，必须把其他系统或同系统内其余用油点的换向阀一律置于"O"位。

系统工作时，电液换向阀 10 的右端接电处于右阀位，打泥缸 1 的打泥压力，由溢流阀 19 调定，压炮缸 2 和回转马达 4 的工作压力由溢流阀 9 调定。在压炮回路中，设有液控单向阀 6，防止泥炮在打泥时，压炮缸活塞后退，压不住铁口泥套，引起跑泥。

在打泥完毕回转机构返回运动之前，必须先把锁炮锚钩打开，回转液压马达 4 方能启动，因此，在回路中设有单向顺序阀 15，其作用是：当电液换向阀 16 处于右阀位时，先向开锁缸 3 进油，打开锚钩。当锚钩完全打开，活塞停止前进，回路压力上升，达到 4MPa 时，顺序阀 15 打开，液压马达 4 才开始进油，进行回转运动。液压马达的回转速度有单向可调节流阀 11 进行回油调节；液压马达在停止时，由于惯性作用在排油侧所产生的冲击压力，由溢流阀 12 或 13 进行溢流限制，所溢出的油液通过单向阀向进油侧进行补充。液压马达在停止后，由两个液控单向阀 14 进行锁紧。

在一次打泥工作循环结束后，各有关电液换向阀 7、8、16 均恢复到中间"O"位。此时，如果其他系统未工作，换向阀 10 仍处于右阀位，则泵的排油通过各换向阀卸荷运转。

5.5.10.3 液压泥炮维护

A 工作油的维护使用

a 工作油的性质

泥炮液压系统采用纯三磷酸酯作为工作油。这种油不易燃烧，即使燃烧也能立即扑灭，不会发生大的火灾。但对一般矿物油液压系统中使用的零件、材料不能适用，它对非金属材料的影响尤为显著。一般矿物油用的密封圈、垫圈和涂料用于本工作液压系统中在短时期内会膨胀、变形和溶解。此油具有毒性，使用时要特别注意对皮肤和眼睛的危害。

b 工作油的检验

每 6 个月应对工作油进行一次检验。检验工作油应从油箱、油管途中和执行装置三个部位取样，以确定部分更换或全部更换工作油。

c 工作油的使用

（1）注油时必须经滤油器向油箱注油。

（2）排除的回收油必须经制造厂净化后才可使用。

（3）油箱要经常保持正常油位，防止液压泵把空气吸入到系统中引起工作油的劣化和其他故障。

（4）泥炮长期不使用时，为防止工作油在管内滞留时间过长，应每 3 个月使其工作油在管内强行循环一次。

B 泥炮主体设备维护

（1）泥炮使用六个月后应清洗一次油箱，更换新油，以后每隔一年清洗一次，并更换新油。在清洗油箱的同时应清洗或更换滤油器的滤芯，正常使用时如滤油器警报装置发出信号，应及时更换滤芯。

（2）泥炮使用一个月后应将泥炮炮体和液压站的各处螺栓全部拧紧一次，以后隔三个月检查拧紧一次。

（3）当泥炮出现故障需要检修时，用备件将炮身或油缸整体换下，运至机修车间进行检修。不管油缸密封件是否损坏，一般在六个月左右将油缸换下，检查或更换密封圈，更换备件时注意各接头的洁净。

（4）炮身安装完毕后要注意检查两极限位置，压下炮后达到规定倾角，停炮后应水平。

（5）炮身上的各润滑点应每周注两次润滑油。

（6）每天检查工作油缸平稳与泄漏。

（7）每天检查系统各阀及油路是否泄漏。

（8）每天检查炮身泥饼有无倒泥现象，如严重倒泥及时更换。

（9）每天检查炮嘴，发现两端烧坏，及时更换炮嘴帽或炮嘴。

5.5.10.4　液压泥炮常见故障及处理方法

为了尽早发现故障，应首先对以下项目进行初步检查和处理：

（1）泥炮液压系统是否按操作规程进行。

（2）电动机旋转方向是否正确。

（3）液压泵工作是否正常。

（4）油箱油量是否适当。

（5）截止阀开闭是否正确。

（6）油路是否有泄漏。

液压泥炮常见故障及处理方法见表5－16。

表5－16　液压泥炮常见故障及处理方法

故　障	故障原因	处理方法
油缸不动作（或转速太慢）	①安全阀故障；②单向阀故障；③换向阀故障；④油缸内漏	更换、检查、修理、调整
打泥时动作太慢	①油缸内漏；②流量阀故障	①更换修理；②清洗修理流量阀
泥缸跑泥严重	活塞与缸体间隙过大	更换泥炮活塞，缩小间隙
泥炮嘴对不上铁口	悬挂拉杆调节螺母角度不正确	调整其相应角度

5.5.11　热风炉的检修和维护

现代高炉采用蓄热式热风炉对冷空气加热，加热后的热风被送到高炉热风围管，通过风口鼓入高炉进行冶炼。提高送入高炉的热风温度是减低焦比，提高产量的有效措施之一。

5.5.11.1 热风炉的工作原理

蓄热式热风炉的工作原理是先使煤气和助燃空气在燃烧室燃烧，燃烧生成的高温烟气进入蓄热室将格子砖加热，然后停止燃烧（燃烧期），再使风机送来的冷风通过蓄热室，将格子砖的热量带走，冷风被加热，通过热风围管送入高炉内（送风期）。由于热风炉是燃烧和送风交替工作的，为了保证向高炉内连续不断地供给热风，每一座高炉至少配置两座热风炉，现在高炉基本上有三座热风炉。对于 $2000m^3$ 以上的高炉，为使设备不过于庞大，可设四座热风炉，其中一座依靠高炉回收的煤气对蓄热室加热，一至两座处于保温阶段，一座向高炉送风。四台设备轮流交替上述过程进行作业。

在正常生产情况下，热风炉经常处于燃烧期、送风期和焖炉期三种工作状态。前两种工作状态是基本的，当热风炉从燃烧期转换为送风期或从送风期转换为燃烧期时均应经过焖炉过程。

热风炉的燃烧期和送风期的正常工作和转换，是靠阀门的开闭来实现的。这些阀门主要有：

（1）煤气管路和煤气燃烧系统的煤气切断阀、煤气调节阀、煤气隔离阀，助燃空气调节阀。

（2）烟道系统的烟道阀、废气阀。

（3）冷风管路中的冷风阀、放风阀。

（4）热风管路中的热风阀。

（5）混风管路中的混风调节阀、混风隔离阀。热风炉在不同工作状态时，各种阀门所处的开闭状态如图 5 - 59 所示。

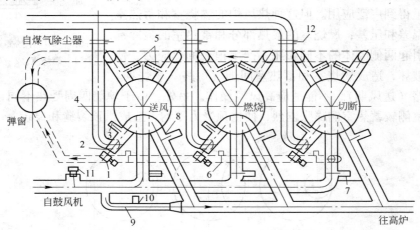

图 5 - 59 热风炉不同工作状态时各阀所处位置示意图

1—助燃空气送风机；2—燃烧器；3—燃烧器隔离阀；4—煤气调节阀；5—烟道阀；6—废气阀；7—冷风阀；
8—热风阀；9—混风管道上的混风调节阀；10—混风隔离阀；11—放风阀；12—煤气切断阀

热风炉在燃烧期时，事先在燃烧器里和空气混合好的煤气在燃烧室内燃烧，燃烧的气体上升到热风炉拱顶下面的空间，再沿蓄热室的格子砖通道下降，将格子砖加热，最后进入烟道。

燃烧期打开的阀门有煤气切断阀、煤气调节阀、热风炉的隔离阀。打开上述 3 个阀，煤气便可进入燃烧室燃烧。此时废气要排入烟道，因此还要打开烟道阀。由于热风炉内废气压力较高，烟道阀不易打开，为此在打开烟道阀之前先打开废气阀（又称旁通阀），降低炉内压力后再打开烟道阀。

格子砖加热结束后，热风炉转入送风期，上述燃烧期打开的阀门都关闭，燃烧器停止工作，此时打开的阀门有：冷风阀、热风阀。冷风进入热风炉后，自下而上通过蓄热室格子砖通道而被加热，然后沿热风管道进入高炉。为了使热风保持一定温度，在热风炉开始送风时，风温较高时要兑入适量的冷风，所以送风期还要打开混风阀。另外，在冷风管道中还有放风阀，把用不了的冷空气放入大气中。

燃烧期和送风期转换期间焖炉时，热风炉的所有阀门都关闭。

5.5.11.2　热风炉的形式

根据燃烧室和蓄热室布置方式不同，可分为内燃式、外燃式和顶燃式三类。

A　内燃式

内燃式热风炉是把燃烧室和蓄热室砌在同一个炉体内，燃烧室是煤气燃烧的空间，而蓄热室由格子砖砌成用来进行热交换的场所。图 5 - 60 是这种炉子的结构形式。

内燃式热风炉的燃烧室根据断面形状不同，可分为圆形、眼睛形和复合形（靠蓄热室部分为圆形，而靠炉壳部分为椭圆形）三种。其中复合形蓄热室的有效面积利用较好，气流分布均匀，多被大型高炉采用如图 5 - 61 所示。

内燃式热风炉占地少、投资较低，热效率高，过去很长一段时间里得到广泛应用。但这种热风炉的燃烧室和蓄热室之间存在温差和压差，燃烧室的最热部分和蓄热室的最冷部分紧贴，引起两侧砌体的不同膨胀，产生很大的热应力，使隔墙发生破坏，造成燃烧室和蓄热室间烟气短路（燃烧期）

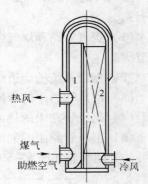

图 5 - 60　内燃式热风炉
1—燃烧室；2—蓄热室

和冷风短路（送风期），不能适应高风温操作。另外，由于炉墙四周受热不同，垂直膨胀时，燃烧室侧较蓄热室侧膨胀剧烈，使拱顶受力不均，造成拱顶裂缝和掉砖。

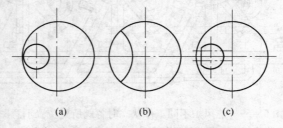

图 5 - 61　内燃式热风炉燃烧室的形状
(a) 圆形；(b) 眼睛形；(c) 复合形

B　外燃式

燃烧室与蓄热室分别砌筑在两个壳体内，且用顶部通道将两壳体连接起来的热风炉称为外燃式热风炉，如图 5 - 62 所示。外燃式热风炉的燃烧室和蓄热室的砌墙受热均匀，结构的热稳定性好，寿命长。

图 5-62 (a) 为马琴式外燃热风护。蓄热室 2 的上端有一段倒锥形、锥体上部接一段直筒部分，直径和燃烧室 1 直径相同，两室用水平通道相连接。马琴式外燃热风炉进入格砖上部的气流分布均匀，热工性能好，基本消除了由于送风压力造成的炉顶不均匀膨胀。同时采用合理的高架燃烧室来克服燃烧室和蓄热室的温差而产生的不均匀膨胀，所以结构稳定性好，砖型简单，制造和施工质量容易得到保证。

图 5-62 (b) 为新日铁式外燃热风炉。这种形式的热风炉采用一个圆柱体连接两个等径的半球顶。它既保留了气流分布均匀的长处，又具有受力均匀，施工方便，联络管两端的砌砖较容易的优点，而且钢材用量少。

C 顶燃式

顶燃式热风炉结构见图 5-63。它不设专门的燃烧室，而是将煤气直接引入拱顶空间燃烧，不会产生燃烧室隔墙倾斜倒塌或开裂问题。为了在短暂的时间和有限的空间里保证煤气和空气很好混合和完全燃烧，采用四个短焰燃烧器，直接在热风炉拱顶下燃烧，火焰成涡流状流动。

顶燃式与外燃式热风炉相比，具有投资费用和维护费用较低，能更有效地利用热风炉空间的优点，而且热风炉构造简单、结构稳定，蓄热室内气流分布均匀，可满足大型化、高风温、高风压的要求，可以预料它是发展的方向。

顶燃式热风炉的燃烧器、燃烧阀、热风阀等都设在炉顶平台上，因而操作、维修要求实现机械化、自动化。水冷阀门位置高，相应冷却水供水压力也要提高。

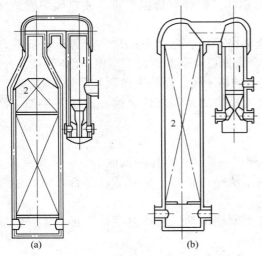

图 5-62 外燃式热风炉结构示意图
(a) 马琴式；(b) 新日铁式

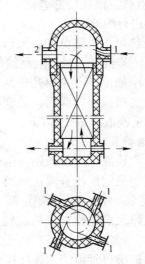

图 5-63 顶燃式热风炉的结构形式
1—燃烧口；2—热风出口

图 5-64 为顶燃式热风炉的布置图。四座顶燃热风炉采用矩形平面布置，结构稳定性和抗震性能都较好，四座热风炉热风出口到热风总管距离一样，热风总管比一列式布置的管道要短，相应可提高热风温度 20~30℃。

5.5.11.3 热风炉本体检修和维护

A 检修

热风炉本体设备比较简单，也不易损坏，日常检修也较简单，主要是考虑对热风炉的

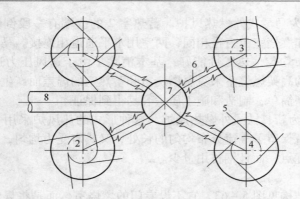

图 5 - 64　顶燃式热风炉布置图

1~4—顶燃式热风炉；5—燃烧口；6—热风出口管；7—热风总管；8—热风输出口

大修。

（1）大修周期。热风炉大修周期在 20 年以上，大修间隔期间内可根据热风炉的具体情况进行一两次中修。

（2）大中修依据：

1）热风炉燃烧率降低 25% 以上，严重影响热风的温度、进风量，热风炉各部位耐火衬砖、炉子、支柱等严重损坏，炉壳裂缝漏风等使生产不能安全进行。

2）蓄热室格孔局部老化、堵塞、拱顶局部损坏，燃烧室烧损严重，或热风炉燃烧率显著降低进行中修。

（3）热风炉大修范围。大修主要是更换全部格子砖、燃烧室拱顶、炉箅子及支柱和部分大墙。若整个大墙不能继续使用时，可结合大修更换全部砖衬。更换全部阀门。

（4）中修范围。主要是更换蓄热室三分之一的格子砖、燃烧室拱顶和部分大墙。

（5）更换损坏的阀门，处理法兰处跑风；风机换油及零部件更换；液压站换油，清理油箱，更换液压系统零部件。

B　维护

（1）点检路线：液压站→助燃风机→各种阀门→热风炉本体→其他

（2）每班定期检查液压站有无漏油，备用系统是否正常，油泵运转是否正常，油箱油质、油温、油位是否在规定范围内。

（3）每班定期检查风机运转是否良好，有无剧烈振动，轴承温度是否正常，并做好记录。

（4）进出口管道法兰连接螺栓紧固，防止产生振动。

（5）每班定期检查各种阀门使用情况。

1）热风阀行程是否正常，水温有无变化，阀杆有无跑风现象，卷扬机运转是否正常，润滑是否良好。

2）冷风阀开关是否灵活，有无跑风现象，是否内漏。

3）燃烧阀开关是否灵活，有无回风现象。

4）其他阀门开关是否灵活，有无跑风现象，润滑是否灵活。

（6）每班定期检查热风炉本体有无泄漏烧红现象。

（7）在风机启动时，必须检查吸风口和风机部分有无障碍物，油位是否正常。

（8）换炉操作时，需先开风机放散，避免风量变化而缩短风机叶轮寿命。

（9）对所有设备，平台要定期清扫，确保设备清洁，同时对各润滑点也要定期加油。

（10）煤气系统发现问题及时联系处理。

5.5.11.4 煤气调节阀

热风炉的煤气管道、烟道、冷风管道、热风管道和混风管道中采用的各种阀类，虽说数量很多，但按类别分，不外乎两大类：一类是调节阀；另一类是切断阀。调节阀用来调节气体管路中的气体流量。有煤气流量调节阀、混风调节阀。其特点是调节灵敏、准确，便于自动控制。一般都做成碟阀式。切断阀用来切断管路中的气流，起隔离作用，所以必须具有较好的密封性能。各种管道中切断阀工作条件不一样。煤气管道中的切断阀由于阀体两边的压差较小；密封性能容易保证，故结构比较简单。冷风管道中的切断阀阀体两边有较大压差，烟道和热风管道中的切断阀不但有较大压差，还处于一定的温度条件下工作。尤其是热风阀总是在高温条件下工作。由于工作条件不同，各种管道中的切断阀的结构也各不相同。切断阀大多数做成闸板阀的形式，只有少数起隔离作用的阀做成角型盘式阀和球形阀。

以煤气调节阀为例说明阀类的维护、常见故障及处理方法等知识。

A　结构

煤气调节阀是用来调节管路中煤气的流量，这种阀要求调节灵敏、准确，便于自动控制，对密封的严密性要求不高，结构比较简单。一般采用碟形阀，结构如图 5-65 所示，它由阀体、阀板和驱动装置组成。

碟阀的阀体材料常采用铸钢或铸铁，低温工作的大型碟阀的阀体也有采用钢板焊接的。

碟阀的阀板采用铸钢、铸铁材料用焊接方法来制造。它有圆形和椭圆形两种。采用圆形阀板的碟阀，它的调节角度为 0~90°；采用椭圆形阀板的碟阀，它的调节角度为 0~75°。椭圆形阀板比圆形阀板关的严密且调节性能好，阀板的转角在 0~60° 与阀口的开启面积成正比关系变化，在此范围内它的调节性能较好。而圆形阀板在 20°~60° 范围才能有很好的调节性能。碟阀阀板的转角在 60° 或 70° 以后就不起调节作用了。阀口的允许最大通径只占阀的名义通径面积的 80% 左右，因为翻板与转轴阻挡了阀口通径。可见碟阀的缺点是管路通径的利用率较低，使气体通过时的压力损失较大。

碟阀的传动装置常用的有手动、电动和液压传动形式。

手动传动在有些中小型高炉上做主传动用，操作时为了防止阀板在停位后自行转动，常采用带自锁的蜗杆蜗轮减速器传动，这样阀板在操作停位后不会自行移动。在大中型高炉上碟阀的手动传动都附设在电动传动装置上，当电动传动发生故障时，手动可以作为一种辅助的操作手段。手动传动常见的形式有手动杠杆操作和手摇轮操作两种形式，手动杠杆由定位销来固定，手摇轮则靠减速器来自锁。

图 5-65 所示的 $\phi1000$ 碟阀的传动。由电动机、减速器、曲柄-连杆-曲柄组成。在工作中它能自动调节阀板的位置，阀板的调节开度为 0°~70°，开闭一次需时 100s，工作温度低于 500℃，工作压力低于 0.05MPa。

B　煤气调节阀的维护

煤气调节阀的维护，主要是润滑、紧固和密封等方面。

煤气调节阀在工作过程中，应按规定要求进行维护，防止地脚螺栓和各连接螺栓松动，保证轴承和减速箱的润滑良好；随时检查密封处的密封情况，如有泄漏及时处理；检

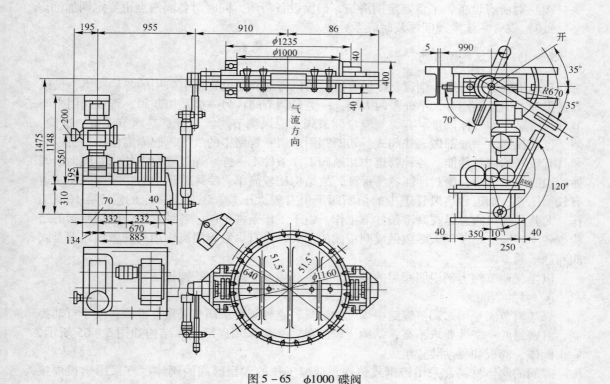

图 5 – 65 φ1000 碟阀

查电动机工作是否正常；有无异味和杂音，工作电流是否正常；检查碟板开关是否灵活，能否开足与关严。发现问题及时处理。

对于长期开启着的阀门，在密封面上可能粘有污物。关闭时。可先将阀门轻轻地关上，再开启少许，这样可利用高速流动的介质将污物冲掉，然后再关紧。

备用阀门应放在室内干燥处，用蜡纸板将接口处密封，以免污物进入。

阀门在运输和存放期间，应处于关闭状态。长期存放时，应定时试车，以免使用时阀门运转不灵活。阀门的连接试车时间不得超过 10min。

C 煤气调节阀的常见故障及处理方法

煤气调节阀的常见故障及处理方法见表 5 – 17。

表 5 – 17 煤气调节阀的常见故障以及处理方法

故　障	故　障　原　因	处　理　方　法
电动机不能启动	①电源不通； ②操作回路不同	①接通电源； ②排除回路故障
电机过热	①连续试车时间过长； ②电动装置和阀门选配不当； ③电机两相运转	①停止试车，待电机冷却； ②核算配套情况； ③检查电机供电回路
输出轴旋向和操作旋向相反	电机电源相序不对	将电动机电源三相火线任意两相对换

故　　障	故 障 原 因	处 理 方 法
阀杆断	①材质不好； ②轴有缺陷； ③有刮卡现象	①改用适当材料； ②更换； ③检查处理
轴承损坏	①长期被煤气腐蚀； ②润滑不良	①更换； ②更换、加强润滑
填料室泄漏	①填料室内装入整根填料； ②阀杆有椭圆度、划痕或凹坑等缺陷； ③填料磨损	①用正确方法填装填料； ②修整或更换阀杆； ③压紧压盖或换填料
阀板转动不灵活	①填料盖压得过紧； ②阀板有刮卡现象； ③轴承损坏	①重新适当压紧压盖； ②检查处理； ③更换轴承

D　煤气调节阀的检修

一般情况下，在热风炉的小修中就应更换煤气调节阀。

（1）阀门检修的一般程序：

1）用压缩空气吹扫阀门外表面。

2）检查并记录下阀门上的标志。

3）将阀门全部拆卸。

4）用煤油清洗零件。

5）检查零件的缺陷：试验检查阀体强度；检查阀座与阀体及关闭件与密封圈的配合情况，并进行严密性试验；检查阀杆及阀杆衬套的螺纹磨损情况；检验关闭件及阀体的密封圈；检查阀盖表面，消除毛刺；检验法兰的接合面。

6）修理损坏的零件。

7）更换不能修复的零件。

8）重新组装阀门。

9）对阀门进行压力试验。

10）阀门涂漆并按原记录做标志。

（2）阀门的强度试验和严密性试验。一般在阀件试压检查台上进行。试验时，压力应逐渐提高至试验压力。在规定的持续时间内，压力应保持不变，无渗漏现象发生。对于公称通径大于 400mm 的阀体，压力持续时间应多于 4min。

（3）阀门的修理：

1）阀体与阀盖的修理。首先应检查阀体与阀盖的强度。合格后，检验阀体的严密性，有缺陷的地方可以用电弧焊修补。修补前，应将有缺陷的金属全部铲除，焊接后进行修整，对于经过焊接的结合面应进行切削加工，甚至研磨。但应注意，不能使用气焊熔化有缺陷的金属。

2）填料室的修理。对于大型阀门的填料，其断面最好采用方形的，也可以采用圆形的。压入前应预先切成填料圈，如图 5 – 66 所示。接头必须平整，无空隙和无突起现象。增加或更换填料时，应将填料圈分层压入，各层填料圈的接合缝应相互错开 120°，并应在每层填料之间加少许银色石墨。

拧紧填料压盖螺栓时，应成 180° 对称均匀分几次拧紧，不能使盖倾斜。在压盖与盖座之间应留有供压紧用的间隙，如图 5 – 67 所示。对于公称通径大于 100mm 的阀门，其间隙为 30 ~ 40mm。压盖压入填料室的深度 h 不能小于填料室高度的 10%，也不能大于 20%。

填料既应保证密封良好，也须保证阀杆转动灵活，在压紧填料时，应同时转动阀杆，以便检查填料紧固阀杆的程度。

阀门的填料室如在工作时有轻微泄露，可在关闭阀门后紧一紧压盖螺母。如果填料室严重泄漏或发生穿孔现象，则应将填料全部更换。

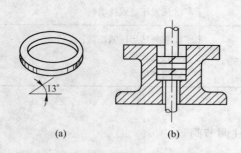

图 5 – 66　填料圈的制作及安装
（a）填料圈的切成；（b）填料圈的安放方法

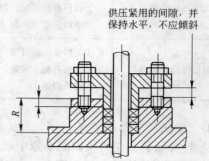

图 5 – 67　填料的压盖位置

（4）煤气调节阀的使用限度，是当胶圈被侵蚀出深度大于 2mm 的坑时，整体更换或换胶圈。

（5）检修后的煤气调节阀应达到动作灵活，连接螺栓紧固，填料均匀，接口严密不漏，阀与阀座接触间隙不大于 0.05mm，试压合格。

5.5.12　转炉倾动机械及其维修

转炉倾动机械的作用是转动炉体，以使转炉完成兑铁水、取样、出渣、修炉等操作。

5.5.12.1　倾动机械的要求和类型

A　对倾动机构的要求

（1）能使炉体连续正反转 360°，并能平稳而准确地停止在任意角度位置上，以满足工艺操作的要求。

（2）一般应具有两种以上的转速，转炉在出钢倒渣，人工取样时，要平稳缓慢地倾动，避免钢、渣猛烈摇晃甚至溅出炉口。转炉在空炉和刚从垂直位置摇下时要用高速倾动，以减少辅助时间，在接近预定停止位置时，采用低速，以便停准停稳。慢速一般为 0.1 ~ 0.3r/min，快速为 0.7 ~ 1.5r/min。小型转炉采用一种转速，一般为 0.8 ~ 1r/min。

（3）应安全可靠，避免传动机构的任何环节发生故障，即使某一部分环节发生故障，也要具有备用能力，能继续进行工作直到本炉冶炼结束。此外，还应与氧枪、烟罩升降机构等保持一定的联锁关系，以免误操作而发生事故。

（4）倾动机构对载荷的变化和结构的变形而引起耳轴轴线偏移时，仍能保持各传动齿轮的正常啮合，同时，还应具有减缓动载荷和冲击载荷的性能。

（5）结构紧凑，占地面积小，效率高，投资少，维修方便。

B 倾动机构的类型

倾动机构的配置形式有落地式、半悬挂式、全悬挂式和液压式四种类型。

a 落地式

如图 5 - 68 所示，落地式倾动机构是转炉采用最早的一种配置形式，除末级大齿轮装在耳轴上外，其余全部安装在地基上，大齿轮与安装在地基上传动装置的小齿轮相啮合。

这种倾动机构的特点是结构简单，便于制造、安装和维修。但是当托圈挠曲严重而引起耳轴轴线产生较大偏差时，影响大小齿轮的正常啮合。另外，还没有满意地解决由于启动、制动引起的动载荷的缓冲问题。

b 半悬挂式

如图 5 - 69 所示，半悬挂式倾动机械是在落地式基础上发展起来的，它的特点是把末级大、小齿轮通过减速器箱体悬挂在转炉耳轴上，其他传动部件仍安装在地基上，所以叫半悬挂式。悬挂减速器的小齿轮通过万向联轴器或齿式联轴器与主减速器连接。当托圈变形使耳轴偏移时，不影响大、小齿轮间正常啮合。其重量和占地面积比落地式有所减少，但占地面积仍然比较大，它适用于中型转炉。

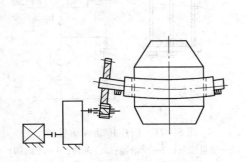

图 5 - 68 落地式倾动机构

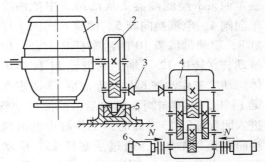

图 5 - 69 半悬挂式倾动机械图
1—转炉；2—悬挂减速器；3—万向联轴器；
4—减速器；5—制动装置；6—电动机

c 全悬挂式

如图 5 - 70 所示，全悬挂式倾动机械是将整个传动机械全部悬挂在耳轴的外伸端上，末级大齿轮悬挂在耳轴上，电动机、制动器、一级减速器都悬挂在大齿轮的箱体上。为了减少传动机械的尺寸和重量，使工作安全可靠，目前大型悬挂式倾动机械均采用多点啮合柔性支撑传动，即末级传动是由数个（4 个、6 个或 8 个）各自带有传动结构的小齿轮驱动同一个末级大齿轮，整个悬挂减速用两端铰接的两根立杆通过曲柄与水平扭力杆连接而支撑在基础上。

全悬挂式倾动机械的特点是：结构紧凑、重量轻、占地面积小、运转安全可靠、工作性能好。多点啮合由于采用两套以上传动装置，当其中 1 ~ 2 套损

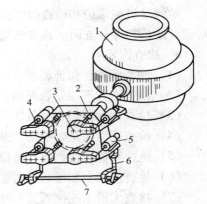

图 5 - 70 全悬挂式倾动机械
1—转炉；2—齿炉箱；3—三级减速器；
4—联轴器；5—电动机；6—连杆；7—缓冲抗扭轴

坏时，仍可维持操作，安全性好。由于整套传动装置都悬挂在耳轴上，托圈的扭曲变形不会影响齿轮的正常啮合。柔性抗扭缓冲装置的采用，传动平稳，有效地降低机械的动载荷和冲击力。但是全悬挂机械进一步增加了耳轴轴承的负担，啮合点增加，结构复杂，加工和调整要求也较高，新建大、中型转炉采用悬挂式的比较多。

　　d　液压传动的倾动机械

　　目前一些转炉已采用液压传动的倾动机械。

　　液压传动的突出特点是：

　　（1）适于低速、重载的场合，不怕过载和阻塞。

　　（2）可以无级调速，结构简单、重量轻、体积小。因此转炉倾动机械使用液压传动是大有前途的。液压传动的主要缺点是加工精度要求高，加工不精确时容易引起漏油。

　　图5-71为一种液压倾动转炉的原理图：变量油泵1经滤油器2从油箱3中把油液经单向阀4、电液换向阀5、油管6送入工作油缸8，驱动带齿条10的活塞杆9上升，齿条推动装在转炉12耳轴上的齿轮11使转炉炉体倾动。工作油缸8与回程油缸13固定在横梁14上。当换向阀5换向后，油液经油管7进入回程油缸13（此时，工作缸中的油液经换向阀流回油箱），通过活塞杆15、活动横梁16，将活塞杆9下拉，使转炉恢复原位。

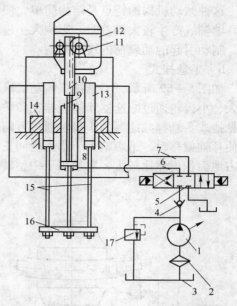

图5-71　液压传动倾动机械
1—变量油泵；2—滤油器；3—油箱；4—单向阀；
5—电液换向阀；6，7—油管；8—工作油缸；
9，15—活塞杆；10—齿条；11—齿轮；12—转炉；
13—回程油缸；14—横梁；16—活动横梁；17—溢流阀

5.5.12.2　倾动机械的维修

A　维护和检查

　　炉倾动机械维护和检查的工作内容主要是对运动摩擦副、连接件、润滑系统均检查和对设备的清扫等几方面。其方法概括地说，就是听、看、测、摸。

　　a　检查内容

　　（1）润滑管路，保证畅通。

　　（2）检查密封部位是否漏油。

　　（3）检查制动器是否有效。

　　（4）检查钢滑块是否松动、跌落。

　　（5）抗扭装置连接螺丝、基础螺丝要检查其是否松动。

　　（6）检查托圈上制动块是否脱落松动？检查炉子在倾动中炉体与托圈有否相对位移。

　　（7）检查大轴承连接螺丝和基础螺丝有否松动。

　　（8）检查轴承运转是否有异声。

　　（9）耳轴与托圈的连接螺丝是否折断、松动。

　　（10）炉口有无结渣，炉子倾动时会不会发生意外或碰撞烟罩。

（11）检查各种仪表、开关及联锁装置是否有效，例如转炉"0"位（吹炼位）及其与氧枪升降的联锁，包括氧枪升降中自动停供氧点装置正常动作等。

（12）炉体倾动时检查电流表显示值，是否在合适范围内。

b 注意事项

（1）轴承如有异声，必须停炉检查和排除，否则会导致炉体转动不平稳，炉内钢水晃动，造成冶炼及安全上的不良后果。

（2）当倾动速度不正常、倾动电流显示过大、转速不平稳等时都需停炉检查，以消除设备、冶炼及安全上的隐患。

（3）炉子制动时如有叩头现象，会造成设备损坏、转速不平稳等不良后果，必须停炉检查，消除。

（4）连锁装置、限位装置及各种仪表、开关必须灵敏、有效，如失灵会造成设备、生产等安全事故，危及生产及人身。

B 倾动机械常见故障及处理办法

倾动机械常见故障及处理办法见表5－18。

表5－18 倾动机械常见故障及处理办法

故 障	故障原因	处理方法
炉体点头振动	①传动部件磨损，造成累计间隙过大； ②支承装置松动； ③止动装置或缓冲装置失灵	①更换调整磨损部件； ②处理松动部件； ③检修或更换损坏部件
炉体滑动	①装置制动器失灵； ②齿轮掉齿	①调整或检修制动器； ②更换或修补齿轮
炉体喘动	①倾动机构局部齿轮掉齿； ②传动机构轴承损坏	①补修或更换； ②更换新轴承
倾动机构失灵	①局部轴断； ②键松动	①更换新轴； ②检修处理

C 倾动机械的检修

以某厂50t转炉的半悬挂倾动机构的定期检修为例，说明倾动机械的检修。

a 检修前的准备工作

（1）根据检修计划，参加检修的每个人员要明确自己承担的任务，并了解与自己任务有关的其他人员的工作任务，以便工作中互相配合、协助，共同完成任务。为此，检修人员必须熟悉与检修有关的图纸、技术资料，检修的标准、进度安排。根据对设备日常维护的记录和目前运转的情况，分析要检修部位的故障原因，做到心里有数。此部分检修的负责人（如班组长）应组织检修人员进行讨论，做到统一思想，明确施工方案。

（2）准备需用的备品、备件及有关材料、检修工具，并运到现场。

（3）清理现场，安排布置好必要的设施。把与检修无关或阻碍施工的某些辅助设备及栏杆等设施暂时移开，需要用到的起重设备、加热设备、清洗设备等，则要安置在适当的位置。尤其要把使用汽油、煤油等易燃品位置的周围打扫干净，并防止与明火接触。在危险地区要用明显的标志表示。

（4）办理好与检修有关的手续。如在要害部位施工，需动火（电焊、气焊、加热等）时，必须办好动火证。

b　拆卸和装配顺序

因为拆卸倾动机械前必须先拆除炉体及其支承系统，所以现场一般安排倾动机械和炉体及支撑系统同时检修，其拆卸顺序为：

（1）先停止供给各种能源介质，如断电、断气、断水等。

（2）待转炉冷却（按规定的方法进行冷却）。

（3）拆除护体（可用专用的升降台车，先将炉体支撑起来，后拆除炉体与托圈的连接装置，再将炉体下降，运走）。

（4）拆除托圈及悬挂大人字齿轮，同时将周围的辅助设施拆除。

（5）拆电机：拆电机与减速器连接的联轴器及卸电机地脚螺栓螺帽后，吊走电机。注意收好垫片并作记号，以保证重装时，垫片位置正确。

（6）拆卸制动器。

（7）拆除减速器上的稀油润滑管道。

（8）拆卸减速器盖与座的连接螺栓，吊去减速器盖。

（9）吊出减速器内的各传动轴。吊前应作好各对齿轮啮合间隙的测定工作并作记录，吊时从高速轴到低速轴逐一进行。

（10）拆卸齿接手及小人字齿轮，拆除附属的干油润滑系统的各润滑点的元件。

拆卸过程要和检查工作结合进行，如检查轴承和齿轮的磨损情况、间隙的测定等。

拆卸工作完成之后，就要清洗和进一步检查，并根据磨损件的情况作出修复、更换或继续使用的决定。

装配工作按照与拆卸顺序相反的步骤进行。

c　磨损件的更换标准

磨损件的磨损程度达到下述程度时就要更换：

（1）制动器闸轮表面磨损3mm或有大于2mm的沟槽。

（2）制动器闸皮（瓦）磨损量超过原厚度的1/3。

（3）主减速器齿轮点蚀剥落面积超过齿面面积的30%或深度超过齿厚的10%；齿面磨损量超过原齿厚的15%；断齿；齿面、齿根产生裂纹。

（4）主减速器滚动轴承（不可调型）磨损，径向间隙大于0.3mm。

（5）齿形联轴器齿厚磨损量超过原齿厚的25%，或断齿、裂纹。

d　检修质量要求

（1）悬挂减速器的要求：

1）悬挂大齿轮应与耳轴轴肩靠紧，只允许有局部间隙。

2）固定耳轴和大齿轮的切向键应进行研磨，与键槽工作面是接触面积大于70%，其配合的过盈量应符合设计要求。

3）耳轴大齿轮安装后，其端面摆动量不得超过2mm。

4）悬挂减速器铜瓦与耳轴应研刮，顶间隙为 $2D/1000$，D 为耳轴直径；单边侧间隙为顶间隙的 3/4；上瓦的接触角为 90°～110°，接触面长度为全长的 80%；在每 25mm×25mm 面积上接触点数的 2～3 点。

5）悬挂减速器铜瓦内外表面应同轴，外表面与减速器镗孔应严密接触，上瓦接触面积不得小于 70%，下瓦不小于 50%，铜瓦凸肩与镗孔端面轴向间隙不得大于 0.2mm。

6）悬挂减速器齿轮座啮合良好，其接触面积和侧间隙应符合图纸要求。

7）悬挂小齿轮与弧形齿轮联轴器的切向键连接应符合图纸规定，键与键槽工作面的接触面积应大于 70%，其配合的过盈量应符合图纸要求。

8）悬挂减速器箱体的接合面应紧密接触，局部间隙不大于 0.05mm，稀油润滑不应有渗漏现象。

9）悬挂减速器下部球铰支座安装牢固，其中心线应与耳轴中心线位于同一垂直面内，偏差不大于 0.5mm，水平度偏差不大于 0.15/1000。

10）球形轴套与轴、球形轴套与球形钢瓦的配合均须符合图纸规定，前者不许松动，后者间隙为 0.15～0.26mm，接触面积不少于 70%。

（2）减速器的检修质量要求：

1）减速器内部的传动部分，如各轴的轴承间隙及齿轮啮合情况、润滑等的检修质量，应符合有关的标准。

2）减速器安装的水平度极限偏差为 1/1000。

3）减速器输出轴（低速轴）与悬挂小齿轮轴线径向位移，倾斜和端面间隙等均应符合图纸规定的要求。

4）减速器输入轴（高速轴）与电机轴的轴线的径向位移和倾斜应符合图纸规定的要求。

5）减速器稀油站与倾动系统干油站的检修质量应符合图纸技术的参数的要求。

e 试车、调整、记录及验收

（1）认真执行操作牌制度，即设备检修时落实停机、停电工作收取岗位操作牌，设备检修完毕后，试车前检修人员必须交出操作牌。试车操作必须由专人指挥。

（2）试车前检修人员应检查各部位零部件的连接情况，确认良好。才能由专人出试车指令，由操作工启动设备。

（3）试车过程中，检修人员不得离开检修现场，并且必须有两人以上进行观察设备动作情况和安全监护，发现问题，立即发出指令。

（4）检修人员在处理或调整试车中有问题的部位时，应取回操作牌。才能进行工作。

（5）检修和试车工作中，应由专人负责做好原始资料的记录和收集汇总。

（6）运转前的验收及各项检查工作应和操作工一起完成。

（7）凡在检修过程中改进设备方面的措施，须经设备管理部门的专业技术人员确认验收。

（8）检修后的设备，经单机试车、联动试车后，由操作人员和检修人员检查各部位情况、各项技术性能，确认符合技术规范，双方进行交接手续并签字后才能交付使用。

5.5.13　供氧系统设备维修

5.5.13.1　设备维护和检查

检查前要关掉电源，并挂上禁止合闸牌，进行氧枪系统检查。进入氧枪卷扬系统检修地点时，检测煤气浓度，确认安全进入现场。

A　检查内容

a　氧枪

（1）枪头是否有粘钢、漏水。

（2）喷头孔是否变形，从而性能恶化。

（3）枪身是否粘钢、漏水。

（4）枪身要平直，弯曲率≤1.5‰。

（5）检查开氧、关氧位置是否基本正确。

（6）在氧枪切断氧气时用听声音来判断是否漏气。

（7）检查各种仪表（包括氧气压力及流量，氧枪冷却水流量、压力、温度）是否显示读数且确认正确，以及各种联锁是否完好。

b　升降小车

（1）零部件是否完整齐全。

（2）车轮、导向轮转动灵活，无明显磨损。

（3）检查氧枪升降用钢丝绳是否完好。

（4）对氧枪进行上升、下降、刹车等动作试车，检查氧枪提升设备是否完好。

（5）检查氧枪上升、下降的速度是否符合设计要求。

（6）氧枪下降至机械限位位置对检查标尺上枪位指示是否与新炉子所测量的氧枪零位相符（新炉子需测量和校正氧枪零位）。

（7）检查上、下电气限位是否失灵、限位位置是否正确。

c　升降轨道

（1）轨道表面有无粘钢。

（2）轨道无明显的变形和移位，导轨误差≤5mm。

d　滑轮

（1）转动是否灵活，轮缘有无破损。

（2）润滑是否良好。

（3）绳槽无明显磨损。

e　弹性联轴器

（1）半联轴器连接是否牢固，可靠，有无轴向窜动。

（2）胶圈是否完整，磨损是否超标。

（3）螺栓是否齐全，无松动。

（4）两半轴器之间的距离为 2～3mm，周围间隙均匀一致，其偏差不超过 0.2mm。

f　轴承座

（1）卷筒支撑轴承座连接螺丝要紧固可靠。

（2）润滑油量是否充足。

g 车轮轴承

（1）行走大车轮轴承油量是否充足。

（2）配合牢固，间隙合理，无严重磨损。

h 减速机

（1）各部连接螺丝是否齐全、牢固。

（2）壳完整无裂纹。

（3）油量是否充足，无泄漏现象。

（4）齿轮啮合正常，无胶合、点蚀。

（5）当环境温度 <25℃ 时，轴承温度不应超过 70℃。

i 卷筒

（1）卷筒表面是否有裂纹。

（2）表面磨损不得超过壁厚 1/5。

（3）卷筒轴不得断裂。

j 制动器

（1）制动轮装配是否牢固，表面光滑，表面磨损不超过制动轮厚的 30%。

（2）制动器结构完整，零部件齐全，各零件无严重磨损，制动闸皮磨损不超过原厚度 30%，闸皮铆钉擦伤深度 2mm 时应更换并磨光。

（3）抱闸电气线路无故障及破损。

k 电动机

（1）电动机表面清洁，密封良好不得有杂物进入。

（2）各部件连接螺丝是否齐全、紧固。

（3）接线盒完好无损，引入线绝缘无损坏及脱落现象。

（4）轴承油量是否充足，运转良好，轴承工作温度 <70℃。

（5）检查集电环表面，要平整光滑无凹纹、黑斑，炭刷压力均匀，导电接触吻合良好，运行时无放电打火现象。

（6）检查电刷磨损情况，磨损不得超过原长的 2/3，电刷工作面压力为 150~250g/cm²。

（7）检查电机是否运行正常，无转速降低，无激烈振动，运行电流不超过额定电流，发热不超过额定温升。

l 横移车

（1）检查轮缘与轨道，之间不得有严重啃轨现象。

（2）轨道表面不得有油污。

m 极限开关

（1）结构完整，零部件齐全。

（2）连接可靠，接点架无严重磨损，触点各系统闭合顺序正常。

（3）电气接线正确，牢固，绝缘良好。

n　氧枪操作控制器

（1）结构完整，焊接牢固。

（2）操作灵活，位置准确。

o　高压水切断阀

（1）机构完整，转动灵活，连接可靠，无泄漏现象。

（2）电气联锁准确可靠。

p　氧气切断阀

（1）结构完整，转动灵活，无泄漏现象。

（2）电气接线正确，无脱落现象。

（3）电气联锁，准确可靠。

q　氧气调节阀

（1）结构完整，连接可靠。

（2）电气导线接线正确，无脱落现象。

B　注意事项

（1）检查供氧系统设备每班接班时进行，以确保班中安全生产。

（2）氧枪本体要求炉炉观察、检查，确保氧枪炉炉正常。如果在班中某一炉次由于未检查而在供氧吹炼中发生氧枪漏气、漏水都会对正常生产带来不良后果，也可能造成设备损坏或人身安全事故。

（3）发现供氧系统设备故障，应立即进行处理。班中来不及修好应交班继续修理，并作好交班记录。

5.5.13.2　供氧系统设备常见故障及处理方法

供氧系统设备常见故障及处理方法见表 5 – 19。

表 5 – 19　氧枪常见故障及处理方法

部　位	故障现象	故障原因	故障消除方法
枪　体	喷头损坏	①操作不当； ②达到寿命	换枪
	焊口漏水	①焊接质量差； ②冷却效果差	①补焊； ②调整冷却水流量
	挂渣挂钢	①钢液喷溅； ②操作不当	①改善操作； ②打渣、处理挂钢
	法兰泄漏	①密封损坏； ②螺栓松动； ③法兰变形	①更换密封垫； ②紧固螺栓； ③更换法兰
	氧枪与枪孔不准确	①枪体本身移位； ②枪体变形	①重新调整； ②更换新枪

部　位	故障现象	故障原因	故障消除方法
升降机构	接手螺栓松动	①螺栓损坏； ②缺少防松装置	①更换螺栓； ②增加防松装置
	枪体下滑	①制动器失灵； ②挂渣、挂钢过重	①调整制动器； ②处理钢渣
	定位不准	极限错位	调整极限
	钢丝绳损坏快	①润滑不良； ②滑轮轴承损坏； ③钢丝绳平衡器失灵	①改善润滑； ②更换新轴承； ③调整平衡器系统
	氧枪升降缓慢	①电机有接地现象； ②电气接点，接触不实； ③升降系统制动器过紧； ④升降小车，车轮卡轨； ⑤枪身粘渣、刮刀损坏	①找电工检查处理； ②找电工检查处理； ③调整制动器； ④处理； ⑤清渣、检查刮刀
横移结构	定位不准	定位装置失灵	重新调整
	车轮啃轨	①车轮不正，对角线超差； ②有车轮与轨面未接触； ③有的车转动不灵活	①找正，调整对角线； ②调整车轮； ③清洗检查轴承
供氧系统	漏　氧	①连接法兰的螺栓松动； ②法兰垫损坏； ③截至阀门旋杆密封不严； ④氧气软管破损； ⑤氧气焊口撞裂	①紧固连接螺栓； ②更换新垫； ③更换填料； ④立即更换； ⑤焊接处理
供水系统	降　低	①供水泵压力不足； ②管路有漏水现象； ③喷头漏水（开焊、烧穿）； ④给水阀门、阀芯掉； ⑤喷头烧漏、枪漏	①钳工检查处理； ②检查补焊； ③补焊或更换新枪； ④及时更换新阀门； ⑤立即更换新枪
仪　表	不准确	①仪表本身发生问题； ②仪表管路发生问题	①找仪表维修人员处理； ②找仪表维修人员处理

5.5.14　结晶器的维护

5.5.14.1　结晶器的日常维护

（1）每浇完一次钢，或每次浇钢之前，必须详细检查结晶器。先用压缩空气或清水将结晶器壁冲洗干净，再用灯光检查在钢液面 100mm 以下是否有伤痕，并用手摸检查是否有渣点、毛刺等，若发现有缺陷，随即处理；如有伤痕可用金刚砂布磨光。

（2）对组合式结晶器应检查结晶器铜板接缝的四角，如有挂渣、结瘤，应及时处理。接缝的配合间隙，不得超过 0.3mm。间隙内应无钢渣，如有残渣无法清除，可将结晶器张开，清理接缝处。若断面调宽时，应注意清除结晶器开口处积存的大量污垢，打开口后，甩喷水或压缩空气仔细清理内壁，因为任何残留的污垢都会导致接缝的配合间隙增大或渗入软铜组织内。

（3）检查结晶器铜板及组合后的形状和尺寸：

1）宽面铜板是否变形，可用平尺和手电筒进行透光检查。

2）宽面铜板的弧面是否变形，要用专用弧形板检查。

3）结晶器下口及上口尺寸的公差是否在允许的范围内。

4）在结晶器内腔取一定高度，用笔做上记号。在这高度内（水平）取几个等分点，用千分尺测量相应高度上内外弧铜板间的距离（即板坯的厚度）。钢液面以上部分可不测量；下口部分是允许磨损的，也可不测量。测量的标准是：相邻两等分点的厚度。最大误差应小于规定值（如某板坯结晶器误差小于 1mm），不相邻的任何两点的距离最大不能超过规定值（如某板坯结晶器不允许超过 1.5mm）。若超过规定值必须进行修理或更换。

5）检查窄面铜板的磨损和变形程度，方法是用平尺靠紧表面，测量其磨损和变形量。若超过规定值则要进行修理或更换。

（4）检查结晶器本身及与台架连接（配合）处密封有否漏水，如有泄漏应及时修补密封件或更换。

（5）检查结晶器在振动台架上的锁紧是否可靠，用液压锁紧的，应观察液压缸有无泄漏。

5.5.14.2 结晶器的常见故障

（1）锁紧失灵。主要原因有液压故障、定位弹簧损坏及轴断裂。处理方法：根据现场情况分析，若是液压系统的流量和压力降低，按照液压系统的故障分析进行处理；若弹簧或轴损坏，则应及时进行更换。

（2）结晶器漏水。若铜板密封处滴漏，连接螺栓处漏水，则应根据具体情况采取更换密封处的填料或均匀拧紧螺栓等方法解决，若发现有较大漏水现象不能用以上方法解决时，就要及时更换。

（3）结晶器铜板表面有较浅的划伤（深度小于或等于 1mm），可用砂布打磨使其平滑。若划伤较深，则要拆卸检修，进行加工处理。

（4）结晶器不振动。其主要原因有电气故障、调整振幅的连接销轴脱落、连接键被剪断、连接偏心轴的接手损坏等。处理办法是，根据查明的原因或由电工处理，或补装销轴，重新配键、修复，或更换接手。

（5）结晶器振动对纵向和横向误差超过标准值，其主要原因是各铰接部位轴承或销轴磨损。处理方法是调整轴承间隙或更换。

（6）振动频率有误差，主要原因是电气故障，由电工处理。

5.5.14.3 可调组合式结晶器的检修和调整

A 检修前的准备工作

（1）根据检修计划，参加检修的每个人员要明确自己承担的任务，并了解与自己任务有关的其他人员的工作任务，以便工作中互相配合、协助，共同完成任务。为此，检修人员必须熟悉与检修有关的图纸、技术资料，检修的标准、进度安排。根据对设备日常维护的记录和目前运转的情况，分析要检修部位的故障原因，做到心里有数。

（2）准备需用的备品、备件及有关材料、检修工具，并运到现场。

（3）清理现场，安排布置好必要的设施。把与检修无关或阻碍施工的某些辅助设备及栏杆等设施暂时移开，需要用到的起重设备、加热设备、清洗设备等，则要安置在适当的位置。尤其要把使用汽油、煤油等易燃品位置的周围打扫干净，并防止与明火接触。在危险地区要用明显的标志表示。

（4）办理好与检修有关的手续。如在要害部位施工，需动火（电焊、气焊、加热等）时，必须办好动火证。

B 结晶器的整体拆装顺序

（1）用吊具将装在结晶器上面的保护罩吊走，放在合适的位置。

（2）将振动架上用以固定结晶器的锁紧装置（液压装置）松开。

（3）用吊具（桥式起重机）将结晶器吊起，通往检修间进行分解检修和组装。

（4）将检修和组装后符合要求的或新的结晶器安装在振动台架上，经检查合格后锁紧。装上保护罩。

C 结晶器的分解步骤

（1）清理结晶器表面的残钢、积灰等。

（2）拆卸通冷却水的金属软管。

（3）拆卸夹紧窄面铜板的四根拉杆。

（4）拆卸更换框架与外框架的连接螺栓。

（5）吊出更换框架和铜板连接件。

（6）拆卸更换框架与铜板的连接螺钉。

分解后对各部分，尤其是结合面、连接件要进行清洗、检查及修整工作。

D 分解后的检查，修整和组装

a 分解后的检查及修理

（1）检查更换框架的水槽和铜板的水槽，要做到槽内无水垢、铁屑和其他异物。检查铜板螺丝孔是否损坏，若损坏必须及时修理。

（2）用专用的曲面样板检查宽面铜板的曲面（一块内弧形，一块外弧形）和窄面铜板两侧面的弧形（一侧内弧、一侧外弧），若变形超过一定值（因磨损造成的间隙误差大于1mm，表面有大于1mm深度的凹坑和刀痕），则要修整加工。

（3）结晶器的铜板，一般可修复4~5次，每次可修掉2mm左右。铜板的有效厚度不能小于一定值（30mm），否则报废。

（4）用钢丝刷或金刚砂布清理更换框架和外框架装配的高度控制平面（该平面距顶面基准面60mm）。同时检查更换框架和外框架的对中槽。

（5）检查出水口排气槽是否完好，并要清除外框架水箱内的杂物。

（6）检查清洗窄面铜板调整机构。摩擦面润滑应良好，手动调整时，应轻便灵活。无阻滞现象和异常响声。

（7）检查更换框架与外框架水密封的贴合面，用0号砂布修磨该平面，使达到表面粗糙度要求。

（8）检查和修理各连接件的连接螺纹孔。

b　铜板与更换框架的组装

（1）将密封材料（如硅胶条）。压入更换框架与铜板结合面上的密封槽内。接口应按45°角对接。等粘胶干固后选取平整的铜垫片垫好。与铜板连接起来。此项工作应使两者定位准确，长短螺栓不可换错。

（2）组装后进行水压密封试验。对于宽面铜板，组装后可直接单体试压，窄面铜板则应与水道及螺旋调整机构组装一起后进行试压。试水压力一般为 0.9~1MPa，时间为10min。应无泄漏现象，否则应重新组装。

（3）组装试压合格的钢板组装件中，钢板需要修整加工的，应加工铜板的弧形面。可用仿形刨床加工，一次粗刨，一次细刨，然后用砂布对加工面进行磨光，用曲线样板检查时，其局部间隙不得大于 0.6mm。

c　整体组装

（1）检查外框架有关尺寸及表面状况，如外框架与更换框架相贴合的表面及密封槽，更换框架在外框架上的定位表面及其尺寸；外框架在振动台架上的定位面及与振动台架的水密封贴合表面等均应符合规定的要求，方可组装，否则进行修整。

（2）将宽面铜板更换框架组装件，分别与外框架装配，拧紧固定侧螺栓。

（3）窄面铜板调节装置的固定支架与宽面铜板更换框架装配在一起。

（4）水道与软管组装时，内弧进水，外弧出水，不能搞错。

（5）装定距块支架及定距块：先检查修整定距块支架的定位部位的尺寸、公差及调整螺丝等使之符合要求，按规定选好定距块，再将选好的定距块装入定距块支架，并装上压板；最后将装好的定距块支架放入调节装置的固定支架与窄面铜板之间。

（6）调整窄面铜板的位置，并测量有关的参数，如上下口的开口度（用相应规格的内径千分尺，由两人进行测量）、倒锥度（用倒锥尺测量）、矩形度（用 200mm 直角尺测量），使其符合工艺要求。

（7）调整好的结晶器除要满足有关参数的要求外，各定距块都要顶紧受力，各调整螺丝使之处于带劲状态。宽边铜板夹紧后要复查上述参数测量值，并测量接缝间隙，一般应小于 0.3mm。

（8）进行整体水压密封试验，应无泄漏现象。

最后，经验收后吊往规定的台架上存放待用。

E　结晶器在组装和安装中的调整和检查要点

（1）宽面铜板和窄面铜板修整加工后的尺寸、（厚度）有变动，就会影响其对中（即与弧形连铸机的弧度中心重合）和宽度。因此对铜板的位置应该进行调整。

1）宽面铜板的调整。固定侧铜板的弧度的中心应与连铸机弧度中心重合。连铸机弧度中心是装配基准，不可随意变动。当固定侧的铜板加工刨去 2mm 时，则组装时就应该用垫板调整，使其向内弧方向平行移动 2mm，这样就能保证铜板弧度中心不变。

2）窄面铜板的调整。窄面铜板经过刨削加工后，结晶器的宽度就增加了，为了保证板坯宽度的规格尺寸（规格尺寸是由螺旋调节装置中的固定支架与窄面铜板之间的定距块来保证的）可用垫片来调整，即用相应厚度的垫片垫在结晶器窄面铜板与更换框架之间。

（2）安装时的调整和检查。结晶器整体组装后，再安装到振动机构的台架上。结晶器与下面一段支撑导向装置的位置准确度关系到结晶器的正常工作，应引起重视，为此，应事先在对准台上进行调整检查。对准台是一个大型的检验工具，相当于一台固定的振动台架与下段支撑导向装置支撑台的标准组合件，组装后的结晶器和下面一样的支撑导向装置一定要在对准台上对准调整合格后，才能安装到振动台架上去。应调整下列尺寸及位置：

1）调整结晶器的切线使之与对准台基准线重合（即对中）。

2）调整下面一段支撑导向装置的支撑轴，使之与基准线对准。

3）调整下面一段支撑导向装置的下辊（外弧辊）使之与基准线对准。

4）对准后用样板检查结晶器和下面一段支撑导向装置的弧线。

5）调整结晶器下口和下面一段支撑导向装置上口的开口度。

6）调整下面一段支撑导向装置侧面板与结晶器窄面钢板的开口度。

以上尺寸及位置调整检查合格后再安装。

（3）安装之前，还应检查鞍座上的密封圈是否完好。安装后，经水压试验应无泄漏。

5.6 其他冶金机械设备维修实务

5.6.1 风机的维修

风机是转炉烟气净化系统的关键设备，是烟气抽引装置。

用于"未燃法"回收烟气的除尘风机，其通常工作条件是：进入的介质温度为 $35 \sim 65℃$，含尘量为 $100 \sim 150mg/m^3$，含 CO 约为 60%，气体的相对湿度为 100%，并含有一定量的水滴。

为适应上述特点，风机应按如下原则选择：

（1）要求在调节抽风量时，其压力变化不大，同时当风机在小风量运转时不喘震。

（2）具有良好的密封和防爆性能。

（3）叶轮和外壳具有较高的抗磨性和一定的耐腐蚀性。

（4）机壳上设有水冲洗和其他清灰装置。

（5）具有较好的抗震性。

目前国内氧气转炉烟气净化及回收系统采用的风机有如下类型：

（1）D 型煤气鼓风机，用于"双文一塔"全湿法净化回收系统。

（2）8 - 18 型空气鼓风机，用于干湿结合法净化系统。

（3）锅炉引风机，用于燃烧法净化系统。

5.6.1.1 风机检修

A 风机检修周期

转炉风机检修周期均按转炉炉龄和转炉大修周期来确定。一般每个炉役期间都要对风机全面检查一次，消除缺陷，以确保下一炉役风机可靠的运行。在转炉大修期间风机亦应进行大修，全面恢复风机各部性能和设计要求的各项参数。

B　风机检修内容

在炉役性检修中，检修内容有更换或检修各部磨损件，检查转子组磨损情况，清除叶轮积灰，找平衡。如转子组确认使用寿命达不到下期炉役时，应更换新的转子组。在检查径向轴瓦及推力瓦接触情况时，如超出规范技术条件要求时应重新研刮或更换新瓦。必要时应检查整体机组的同心度及水平度，超标时应重新调整。

C　风机拆卸

拆机前准备工作：

（1）准备必需的专用工具、量具、清查好更换的备品备件。

（2）作好安全防护工作，如排出剩余煤气等。

（3）准备好铜质或木质锤头和垫块，在检修过程中不准用铁器锤击各部机件。

拆机工序：

（1）首先将机上各辅助机件，如温度计、测振仪、测位仪等拆除完，并妥善保护好。

（2）拆卸齿形接手保护罩，轴承密封罩，以及各部管路系统。

（3）拆卸齿形接手连接螺丝，并分离齿形接手。

（4）拆卸机壳大盖螺丝，并用顶丝顶起上盖，然后用吊车起吊，在起吊过程中，应平稳垂直上下吊起，以防撞击叶轮。

（5）起吊大盖后应放置到可靠位置，严防滑移和碰击。

（6）对于机壳与轴承座分离型风机，应再拆下前后轴承座上盖螺丝，再拆下上盖和轴瓦。

（7）在上述工序完成并确认无阻碍物后再用吊车起吊转子组，在起吊过程中应防止转子撞击和滑脱，保持水平状态，最后放置到专用的支架。

（8）清除机壳内脏物后用塑料布将机体盖好，以防落入脏物。

D　风机叶轮组的检修

风机叶轮组的检修顺序是：

（1）轮盘和轮盖有裂纹现象时，应进行焊补或更换。

（2）用 0.04mm 塞尺检查轮盘和轮盖与叶片之间的间隙，如塞尺能够塞到铆钉处时应进行修理、更换铆钉或调整叶片。

（3）更换铆钉调整叶片的方法是首先用砂布打磨，露出铆钉头，找准中心位置钻除铆钉凹头部分，冲出铆钉，取下叶片，进行校正除锈，然后重新进行组装。

（4）叶轮组装方法是把叶片装入轮盘和轮盖中间，用螺栓固定把紧，进行钻孔、铰孔，把原孔径加大 0.5mm。铆钉杆应平直光滑，稍紧密装入孔内，其间隙不大于 0.01mm。采用冷铆法，凸出部分用锉刀或砂轮打磨达到与轮盘相平为止。组装完毕后，转子组应重新作静、动平衡。

（5）凡叶片磨损、腐蚀到比原厚度小 1mm 时，应重新更换叶片。

（6）转子组只有单个铆钉脱落时，孔径不需加大即可进行铆接。

（7）主轴轴颈磨损，其椭圆度和圆锥度不大于 0.10 ~ 0.20mm 时，轴颈上的轻微划痕可以用浸油细砂布打磨，表面粗糙度 R_a 不大于 1.6μm。

（8）轴颈表面碰伤，划痕严重，其深度大于 0.5 ~ 1.0mm，面积大于 5mm² 时，可进行车削轴颈、重新换轴瓦或更换新轴。

（9）轴瓦接触处轴颈有轻微片状腐蚀时，可采用锉削法修理，并用浸油细砂布磨光。

E 滑动轴承检修

滑动轴承的检修包括：

（1）检查轴瓦时应将轴瓦浸入煤油中 30min 左右后取出擦干，再检查合金层有无裂纹、夹层、脱壳等现象。

（2）如轴衬合金与轴衬脱壳，其面积大于该半个轴衬面的 20%，或轴衬表面磨损、擦伤、剥落和熔化等大于轴衬接触面积的 25% 时，应重新浇铸轴衬合金；在低于上述范围时准许补焊处理。

（3）轴衬磨损很深时，对于有瓦口垫片的可进行撤垫调整处理，如无垫片的则需重新浇注。

F 油冷却器的修理

油冷却器的修理包括：

（1）冷却器芯子因腐蚀严重而个别油管产生泄漏时，应拆下进行修理。用水压试验法来确定泄漏部位，有裂纹的管子应进行更换。如果数量很少亦可用锥台式管堵死。但堵塞管子的总数不得超过管子总数的 10%。

（2）如果铜管端部漏水，可用胀管器进行修理。按照铜管内径车制几个圆锥形胀杆，将其插到铜管内，边敲击、边转动，直至将其胀牢为止。

（3）更换冷却器芯子全部铜管时，应在靠近管板处将管子切断，然后用直径等于管子外径的芯棒顶出。胀管时应除掉管板孔内的蚀斑和油垢，胀管后管子末端露出管板表面的尺寸不应大于管子直径的 25%。

（4）检修后必须进行耐压试验，试验压力为工作压力的 1.5 倍，承压时间不得少于 15min，不准出现滴漏水珠现象。

G 转子组的组装

转子组的组装顺序为：

（1）转子组的所有装配尺寸必须严格按照图纸要求进行。

（2）主轴装配时必须认真检查轴颈和叶轮与轴配合部位的椭圆度和锥度公差，轴颈部位椭圆度和锥度公差应在 0.01mm 范围内；装叶轮部位椭圆度和锥度公差全长均不准超过 0.02mm。

（3）主轴两端轴颈的同心度偏差不准超过 0.05mm。

（4）用热装法装配部件时，应采用热机油加热，其油温最高不准超过 150℃。

（5）转子组装配后，叶轮外径的径向偏心度不允许超过 0.1mm。

（6）组装转子组时，应按图纸要求，严格留出各部膨胀间隙。

（7）组装后的转子组必须按图纸要求检查各部偏心度，在确认达到标准后，应进行动平衡试验，其平衡度必须达到各类转子组的图纸要求，否则应重新找动平衡。

H 风机试运转

检修完或安装后风机必须进行试运转，其要求如下：

（1）试车前应按有关规程进行全面检查和调整，在确认无误后，方可进行试车。

（2）在单机试车开车时，应先将进口管道阀门微开，出口管道基本全开，并通过耦合器调整转数，使鼓风机在低负荷状态下启动。然后逐步调整到额定工作点。一般连续运转时间不应少于 8h。

（3）试车过程中，风机运行必须平稳；不应有其他异常响声。

5.6.1.2　风机常见故障及处理方法

风机常见故障及处理方法见表 5 - 20。

表 5 - 20　风机常见故障及其处理方法

故障现象	原因分析	处理办法
风量不足	①机前、机后系统阻力超过额定值； ②耦合器出现故障致使风机转数不足	①找出增大阻损原因，检修处理； ②处理耦合器故障
风压不足	①系统阻力变动； ②介质比重小于规定值； ③耦合器效率下降、风机丢转数	①查明原因，恢复设计要求； ②核定介质比重； ③处理耦合器缺陷
电机超载	①风压过低，致使风量过大； ②介质比重大于规定值； ③机壳内部有磨碰现象	①调整系统参数； ②控制介质温度，防止水分过大； ③找出缺陷进行处理
机体振动	①电机、耦合器、风机同心度超差； ②风机转子不平衡； ③风机主轴弯曲； ④机壳和转子摩擦； ⑤负荷急剧变化或处于喘震区	①检查同心度，重新调整； ②重新找平衡； ③检查处理； ④检查处理； ⑤重新调整工作状态
轴承出油温升高	①润滑油不纯，有杂质； ②润滑点进油量不足； ③轴承进油温度高； ④轴瓦和主轴间隙小	①更换润滑油； ②检查过滤器、管路是否堵塞； ③检查冷却器、增强冷却效果； ④重新研刮
油路压力低	①油泵失效； ②单向阀或安全阀漏油； ③管路或冷却器漏油	①更换润滑油泵； ②检查、处理； ③检查、处理

5.6.2　除尘设备维修

从高炉炉顶排除的煤气一般含 $w(CO_2) = 15\% \sim 20\%$，$w(CO) = 20\% \sim 26\%$。焦炭等燃料的热量，约有三分之一通过高炉煤气排除。因此，将高炉煤气作为钢铁厂能源的一个部分加以充分利用。但从炉顶排除的粗煤气中含有 $10 \sim 40g/m^3$ 的粉尘，必须把它除去，否则煤气就不能很好地利用。

一般经过除尘后的煤气含尘量应降至 $5 \sim 10mg/m^3$，温度应低于 40℃。

煤气经除尘后为了便于输送，出口压力一般不应低于 8000 ~ 10000Pa，对于小高炉也不应低于 5000Pa。

5.6.2.1　煤气除尘设备分类

A　按除尘方法分

（1）干式除尘设备。如惯性重力除尘器、旋风式除尘器和袋式除尘器。

（2）湿式除尘设备。如洗涤器和文氏管洗涤器等。

（3）电除尘设备。如管式电除尘器和板式电除尘器。电除尘有干式和湿式之分。

B 按除尘后煤气所能达到的净化程度分

（1）粗除尘设备。如重力除尘器、旋风式除尘器等。除尘后的煤气含尘量在 1～6g/m³ 的范围内。

（2）半精除尘设备。如各种形式的洗涤塔、一级文氏管等。除尘后的煤气含尘量在 0.05～1g/m³ 的范围内。

（3）精除尘设备。如电除尘设备、袋式除尘器、二级文氏管等。除尘后的煤气含尘量在 0.002～0.1g/m³ 的范围内。

5.6.2.2 重力除尘器

A 结构和工作原理

高炉煤气自上升管道、下降管道通入重力除尘器顶部管道。带灰尘的煤气，在炉喉压力作用下沿垂直管自上而下冲入重力除尘器内腔底后回转向上，由顶部侧出管排出通入下一级除尘设备。在炉气自下折回向上的过程中，由于管径的变化，煤气流速降低，较大粒度的灰尘沉降到容器底部失去动能，较细的灰尘被回升气体夹带出除尘器。重力除尘器的结构形式可分为管直形或扩张形分为两种形式，如图 5-72（a）、（b）所示。带扩张形的煤气进入管里的速度因管径增大而减慢，使灰尘能有一定时间由于惯性力和重力而沉降。直形管内灰尘粒相对于煤气的相对速度虽然不如扩张管大，然而在管端部的速度较大，出管口时有较大的惯性力，因此除尘率不一定比扩张形的差。

重力除尘器可以除去颗粒大于 30μm 的大颗粒灰尘，除尘效率可达 80%～85%，出口煤气含尘量为 2～10g/m³。

除尘器中心管垂直导入荒煤气，这样可减少灰尘降落时受反向气流的阻碍，中心导管可以是直筒状或是直边倾角为 5°～6.5°的喇叭管状。除尘的直径必须保证煤

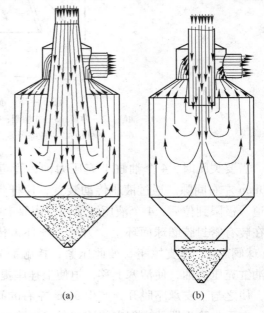

(a)　　　　　　　(b)

图 5-72 重力除尘器

气在除尘器内的流速不超过 0.6～1m/s，流速应小于灰尘的沉降速度，以免灰尘被气流重新吹起带走。除尘器直筒部分高度取决于煤气在除尘器内的停留时间，一般应保证在 12～15s。中心导管下口以下的高度，取决于积灰体积，一般应能满足 3 天的贮灰量。为了便于清灰、除尘器底部做成锥形，其倾角≥50°。

在重力除尘器喇叭管的顶部安装煤气遮断阀（切断阀），它的作用是在高炉休风时，迅速将高炉和煤气管道系统隔开。要求密封性可靠。

遮断阀原采用是锥形盘式遮断阀。随着高炉的大型化，现代化，遮断阀也发生了变

化，现在有采用球阀的，如图 5 - 73 所示。

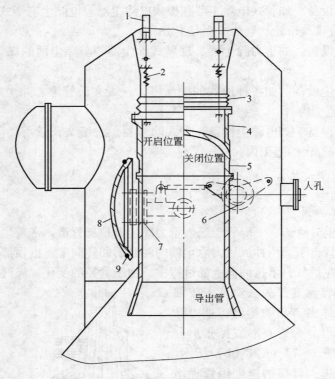

图 5 - 73　φ3000 球阀
1—油缸；2—弹簧；3—伸缩圈；4—可移动上挂座；5—下支座；
6—连杆机构；7—压缩弹簧；8—球阀芯；9—密封胶圈

　　需要关闭时，4 个油缸 1 充压力油，管道伸缩圈 3 被压缩，上挂座 4 被提起，形成 130mm 左右间隙。通过液压传动装置，连杆带动球阀芯 8 转动，直到球面对准煤气下降管道。极限到位后，4 个液压缸泄油，依靠上挂座的重量和压缩弹簧 2，使得上挂座紧紧压在装有密封胶圈球面环上，力通过球环再传给与之相连的压缩弹簧 7 上，这样上挂座 4、球阀芯 8、下支撑座 5 彼此压紧，接触面软硬密封。当需要打开球阀时，只需要给 4 个油缸充压力油，使活塞上移，迫使上挂座提起，形成间隙，并且阀芯 8 在弹簧 7 的作用下，使之与下支承座脱开，产生 5mm 左右的间隙。此时，阀芯就可自由移动。

　　在重力除尘器的底部安装清灰阀，当除尘器里积有一定量的瓦斯灰后就打开该阀，把灰放掉。

　　图 5 - 74 为 φ350 清灰阀的结构。为了使转动盖板阀关闭严密，支持盖板座的顶杆采用球形体，转动灵活，以便于对中。为了延长阀盖的寿命，在阀盖上装有耐磨板，承受瓦斯灰的磨损。依靠配重使阀板紧紧地盖在阀座上。需要打开时，利用电动卷扬带动钢绳，拉开阀盏。两条"搅龙"打开，不停地把瓦斯灰送出去。

　　目前也有采用球阀的，但球阀也有一个缺点，就是粉末容易进入接触面里，造成旋转不灵，这有待于改进。

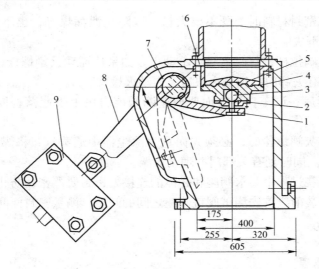

图 5 - 74 φ350 清灰阀

1—臂杆；2—压盖；3—顶杆；4—阀盖；5—保护板；
6—阀座；7—转轴；8—配重杆；9—配重

B 重力除尘器的检修

a 准备

（1）熟悉切断阀、卸灰阀的构造和工作原理。

（2）安排检修进度，确定责任人。

（3）制定换、修零件明细表。

（4）准备需更换的备件和检修工具。

（5）接到高炉停煤气指令，并待高炉炉顶放散阀打开。

（6）放尽重力除尘器内积灰。

（7）关闭重力除尘器遮断阀。

（8）应用净煤气总管盲板阀切断与外界联系。

（9）打开净煤气总管放散阀，并通入氮气吹扫。

b 检修

（1）重力除尘器遮断阀：

1）检查遮断阀拉杆，不允许有弯曲。

2）检查密封情况，不许泄漏煤气。

3）遮断阀卷扬的安装位置应使钢绳卷筒与上部钢绳滑轮对正。

4）遮断阀卷扬的卷筒两侧加高部分应焊接牢固，防止在提升过程中钢丝绳脱槽。加固部分应焊接牢固。

（2）重力除尘器卸灰阀：

1）检查卸灰阀阀盖，阀座磨损损毁情况，开关是否灵活，关闭后是否跑煤气。

2）检查卸灰阀其他部位。

3）拆卸卸灰阀螺栓时，必须先向重力除尘器中通蒸汽或氮气。

c 检修注意事项

（1）遮断阀在压密封材料时，既不要大松，以防止泄漏煤气，也不要过于紧，防止遮断阀拉杆卡孔放不下去。

（2）在维护遮断阀拉杆密封时，尽量不动火，如果确需动火割螺栓，必须先通蒸汽，将煤气赶净，同时到有关部门办理动火票后，再动火检修。

（3）在检修完毕后，试车，一方面要使遮断阀能自由上下起落，同时通入蒸汽后，密封部位不泄漏。

（4）检查拆卸卸灰阀螺栓时，必须先向重力除尘器中通蒸汽，将煤气赶净，检测煤气浓度后，才可进行。同时到有关部门办理动火票。

（5）卸灰阀在安装过程中要求阀座和壳体的连接处密封要严密，防止漏煤气。

（6）卸灰阀在安装前应首先测试阀盖阀座之间的间隙，测量密封面间隙≤0.03mm。

5.6.2.3　文氏管

A　结构和工作原理

在高压高炉的煤气除尘系统上，文氏管可作为精除尘设备，它的工作原理是利用高炉炉顶煤气所具有的一定压力，通过文氏管喉口时形成高速气流，水被高速煤气流雾化，使水和煤气中的尘粒凝聚在一起，在扩张段因高速气流顿时减速，使尘粒在脱水器内与水分离沉降至集灰槽中。

文氏管按喉口有无溢流水膜可分为溢流文氏管和无溢流文氏管两类，按喉口有无调节装置又可分为可调文氏管和定径文氏管两种。目前高炉煤气除尘系统中采用的文氏管有图5-75所示的四种形式。

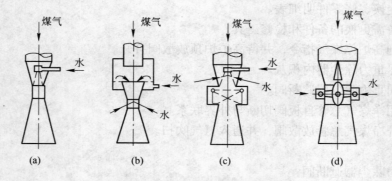

图5-75　四种形式文氏管简图
(a) 无溢流文氏管；(b) 溢流文氏管；(c) 叶板式可调文氏管；(d) 椭圆板可调文氏管

图5-75中无溢流和溢流文氏管均属不可调文氏管。无溢流文氏管常用在煤气洗涤后，一般采用内喷水嘴方式除尘，另作为半精除尘和精除尘用；溢流文氏管一般放在重力除尘器后面，作为半精除尘使用，多用于清洗高温的未饱和的脏煤气。可调文氏管多用于清洗常温已饱和的半净煤气，安装在溢流文氏管或洗涤塔后作为精除尘使用。

B　文氏管维护检查

a　防爆膜

（1）无破损裂纹和泄漏现象，无堵塞现象。

（2）配重和销轴无缺陷转动灵活。

b 一、二文结构

（1）有无过热现象。

（2）有无裂纹和漏水现象。

c 一文喷头

（1）压力流量是否正常。

（2）溢流水量充足。

d 二文捅针

（1）有无不动作现象。

（2）有无弯曲，缺陷现象。

（3）气压不低于规定值，气动系统动作灵活，气柜及管路无漏气。

e 二文翻板

（1）联杆长度调节胀套无松动现象。

（2）润滑油充足不变质。

（3）轴承座紧固无松动现象。

（4）轴承润滑良好，无破裂，密封良好。

C 文氏管常见故障及处理方法

文氏管常见故障及处理方法见表5-21。

表5-21 文氏管常见故障及处理方法

故障现象	产生原因	处理方法
供水水压低	①水管泄漏或喷头掉； ②水泵泄漏； ③仪表误差大	①检修； ②检修或启用备用泵； ③检修
供水流量低	①喷头堵塞； ②仪表误差大	①清理疏通； ②检修
二文捅针不动作	①供气压力低； ②气管堵塞； ③捅针弯； ④活塞杆结垢	①调整； ②更换； ③更换； ④清理干净
翻板液压站电机不转	①电源缺陷； ②电机损坏； ③液压泵故障，电机堵塞	①检查处理； ②更换电机； ③处理泵故障
翻板不能正常动作	①翻板结垢卡阻； ②连杆胀套螺钉松动； ③连杆开裂； ④伺服液压站故障； ⑤计控掉电	①清理干净后拉动； ②拧紧螺钉； ③修复； ④修复液压站； ⑤计控处理

5.6.2.4　布袋除尘器

A　结构和工作原理

工作原理如图 5-76 所示。布袋除尘器是一种干式除尘器。含尘煤气通过滤袋，煤气中的尘粒附着在织孔和袋壁上，并逐渐形成灰膜，当煤气通过布袋和灰膜时得到净化。随着过滤的不断进行，灰膜增厚，阻力增加，达到一定数值时要进行反吹，抖落大部分灰膜使阻力降低，恢复正常的过滤。反吹是利用自身的净煤气进行的。为保持煤气净化过程的连续性和工艺上的要求，一个除尘系统要设置多个（4~10 个）箱体，反吹时分箱体轮流进行。反吹后的灰尘落到箱体下部的灰斗中，经卸、输灰装置排出外运。

含尘气体由进口管 13 进入中箱体 11，其中装有若干排滤袋 10。含尘气体由袋外进入袋内，粉尘被阻留在滤袋外表面。已净化的气体经过文氏管 7 进入上箱体 1，最后由排气管 18 排出。滤袋通过钢丝框架 9 固定在文氏管上。

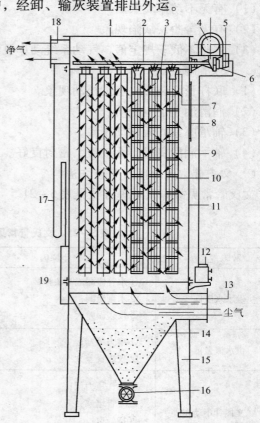

图 5-76　脉冲袋式除尘器

1—上箱体；2—喷吹管；3—花板；4—空气包；5—排气阀；
6—脉冲阀；7—文氏管；8—检修孔；9—框架；
10—滤袋；11—中箱体；12—控制仪；13—进口管；
14—灰斗；15—支架；16—卸灰阀；
17—压力计；18—排气管；19—下箱体

每排滤袋上部均装有一根喷吹管 2，喷吹管上有 6.4mm 的喷射孔与每条滤袋相对应。喷吹管前装有与压缩空气包 4 相连的脉冲阀 6，控制仪 12 不停地发出短促的脉冲信号，通过控制阀有序地控制各脉冲阀使之开启。当脉冲阀开启（只需 0.1~0.12s）时，与该脉冲阀相连的喷吹管与气包相通，高压空气从喷射孔以极高的速度喷出。在高速气流周围形成一个比自己的体积大 5~7 倍的诱导气流，一起经文氏管注入滤袋，使滤袋急剧膨胀引起冲击振动。同时在瞬间内产生由内向外的逆向气流，使粘在袋外及吸入滤袋内的粉尘被吹扫下来。吹扫下来的粉尘落入下箱体 19 及灰斗 14，最后经卸灰阀 16 排出。

布袋材质有两种：一种是我国自行研制的无碱玻璃纤维滤袋，广泛应用在中小型高炉（目前规格有 $\phi230$、$\phi250$、$\phi300$ 三种）；另一种是合成纤维滤袋（太钢 3 号炉采用这种，又称尼龙针刺毡，简称 BDC）。玻璃纤维滤料可耐高温（280~300℃），使用寿命一般在 1.5 年以上，价格便宜，其缺点是抗折性较差。合成纤维滤料的特点是过滤风速高，是玻璃纤维的 2 倍左右，抗折性好，但耐温低，一般为 204℃，瞬间可达 270℃ 而且价格较高，是玻璃纤维滤袋的 3~4 倍，所以目前仅在大型高炉使用。

除尘效率高煤气质量好是布袋除尘的特点之一。据测定，正常运行时除尘效率均在99.8%以上，净煤气含尘在 $10mg/m^3$ 以下（一般在 $6mg/m^3$ 以下），而且比较稳定。

关于反吹压差值是根据滤材和反吹技术确定的，目前中小高炉在采用玻璃纤维滤袋间歇反吹的条件下，一般为 $5\sim7kPa$。大型高炉在采用合成纤维滤袋连续反吹的条件下，一般为 $2.5kPa$。当然，反吹压差值也可根据生产运行实践作调整。

过滤负荷是表示每平方米滤袋的有效面积每小时通过的煤气量（一般是指标态下的），是设计中的主要参数之一。

B　布袋除尘器检修

a　准备

（1）熟悉布袋除尘器的构造和工作原理。

（2）安排检修进度，确定责任人。

（3）制定换、修零件明细表。

（4）准备需更换的备件和检修工具。

（5）关闭煤气公管或打开高炉放散阀，开启该箱体的放散阀。

（6）关闭净煤气支管上的蝶阀、眼镜阀。

（7）用氮气赶尽煤气。

（8）压缩空气赶尽氮气并经过对系统内气体分析，确认对人体无影响的情况下，操作人员戴好个人防护用具后，方能操作检修。

b　检修内容

（1）检查各阀门开关是否灵活可靠，是否漏煤气。

（2）各管道是否漏气，特别是煤气管道是否跑煤气。

（3）各布袋是否有损坏，布袋绑扎是否牢固可靠。

（4）箱体格板是否变形，是否有漏洞。

（5）人孔、防煤孔是否跑煤气。

c　更换布袋

（1）按"停用箱体操作"程序，停用相应箱体。

（2）当停用箱体温度≤50℃后，打开箱体上下人孔以及中间灰斗放散阀。

（3）关闭该箱体所有氮气阀门，并断开氮气连接管。

（4）可靠切断该箱体所有设备的电源。

（5）在箱体下人孔处装抽风机，使上箱体保持负压。

（6）经 CO、CO_2 测定合格，人员方可进入该箱体。

（7）卸反吹管，分段抽出袋笼及破损布袋。

（8）清理上箱体内积灰。

（9）装新布袋、袋笼、装反吹管。

（10）检查箱体内是否有人和异物，确认后封人孔。

（11）打开该箱体所有氮气包阀，该箱体所有设备送上电源。

C　布袋除尘器维护

（1）定期巡查上下球阀的工作情况，检查上下球阀及各设备的工作是否正常，下灰是否畅通，如球阀开启不到位，应及时处理，保证收下的粉尘及时排出。

（2）定期巡查上下球阀、煤气清灰系统及周围环境空气中 CO 的含量，如果发现超标，应及时处理，防止煤气中毒。

（3）严格控制进入除尘器的煤气温度，除尘器正常使用温度 180~200℃，最高温度小于 280℃，到达最高温度时，应通知高炉系统采取降温措施，使煤气温度控制在正常温度范围内，确保过滤材料的正常使用。

（4）除尘器进入正常运行中，应注意除尘器的设备阻力，该设备的阻力（包括进出管道）应保持在 2000~3000Pa 正常范围内。如低于正常范围，可延长清灰周期，以防止过度清灰而影响除尘效率；当高于正常范围时，应检查煤气总量是否增加、清灰压力是否正常，脉冲阀是否失灵，如上述工况正常，仍超高时，可缩短清灰周期，调高喷吹压力（最高不超过 0.4MPa）把滤袋表面的粉尘清扫下来，保持设备阻力在正常范围之内。

（5）需对除尘器箱体内滤袋调换时，应把该箱体内的粉尘排干净，并按除尘器的维护管理的操作顺序操作后，方能打开除尘器检修孔，调换滤袋时。先确定破损滤袋后，取出框架和破损滤袋，清理干净孔板上的积灰，再细心将新滤袋慢慢放入孔内，将袋口胀圈折成月亮弯形放入孔板口，然后松开，袋空口凹槽胀圈就镶在孔板上，使滤袋与孔板严密胀紧后再把框架插入滤袋。滤袋调换过程中，严禁杂物掉入筒内造成损坏上下球阀。滤袋调换结束要检查检修孔的密封条是否完好，如有损坏应及时更换，然后扭紧检修孔上的螺栓，且做好气密性试验，确定无泄漏才能投入使用。

（6）应定期校验温控、压力显示的一次仪表。

（7）要定期打开储气罐下的排污阀，清除器内的油水、污泥，保障脉冲喷吹系统的正常工作。

（8）每年对系统外露部分（结构件）进行油漆，防止大气腐蚀。对保温部分的箱体管道，应根据使用情况确定除锈油漆，确保设备的长期安全使用。

（9）除尘器顶部的泄爆膜损坏时，应按泄爆压力 0.145MPa 配置，才能正常使用。

（10）操作人员应定期检查煤气管道的严密，防止在使用过程中局部泄漏有害气体，引起人身、设备事故。

D　布袋除尘器常见故障及处理方法

布袋除尘器常见故障及处理方法见表 5-22。

表 5-22　布袋除尘器常见故障及处理方法

故　障	故障原因	处理方法
除尘器阻力过高	①喷吹气体的压力过低； ②清灰周期过长； ③清灰装置和控制仪故障； ④灰斗积存大量粉尘	①提高喷吹气体的压力，并保持稳定； ②调整清灰程序控制器，使周期缩短； ③找出故障原因及时排除； ④查明原因，及时排除
除尘器阻力过低	①喷吹过于频繁； ②滤袋严重破损	①调整清灰程序控制器，延长清灰周期； ②更换破损滤袋
排放浓度高于异常值	①滤袋破损； ②滤袋脱落或未装好； ③设备阻力过高，形成针状穿透； ④滤袋材质较差	①检查并更换破损滤袋； ②检查并重新装好滤袋； ③找出原因及时更换； ④更换滤袋材质

故　障	故障原因	处理方法
脉冲阀常开	①电磁阀不能关闭； ②小阀盖的节流孔完全堵塞	①检查或更换电磁阀； ②清除节流孔中的杂物
脉冲阀常闭	①控制仪无信号，输出或输入线中断； ②电磁阀失效或排气孔堵塞； ③膜片上有砂眼或破口	①检修控制仪，接通输出或输入线； ②检修或更换电磁阀； ③更换膜片
脉冲阀喷吹无力或不能常开	①膜片上节流孔过大或膜片上有砂眼； ②电磁阀排气孔或小阀盖节流孔部分堵塞	①更换膜片； ②疏通排气孔或节流孔
电磁阀不动作或漏气	①接触不良或线圈短路； ②阀内有脏物； ③弹簧或橡胶件失去作用或损坏	①调整线圈； ②清洗铁芯； ③调整弹簧或橡胶件

5.6.2.5　电除尘器

A　电除尘器工作原理

电除尘器是利用电晕放电，使含尘气体中的粉尘带电而通过静电作用进行分离的装置。常见电除尘器有三种形式：管式电除尘、套管式电除尘及板式电除尘。

图 5 – 77 是平板式静电除尘的原理，中间为高压放电极，在这个放电极上受到数万伏电压时，放电极与集尘极之间达到火花放电前引起电晕放电，空气绝缘被破坏，使电极间通过的气体发生电离。电晕放电发生后，正负离子中与放电极符号相反的正离子在放电极失去电荷，负离子则黏附于气体分子或粉尘上，由于静电场的作用，被捕集至集尘极板上。干式电除尘器电极板上的粉尘到达适当厚度时，捶击极板使尘粒落下而捕集到灰斗里。湿式电除尘器是让水膜沿集尘极流下，去除到达电极上的粉尘。归纳起来，电除尘的工作过程为：

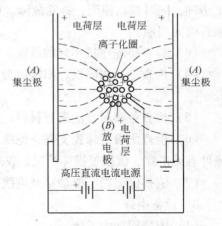

图 5 – 77　平板式静电除尘器的原理

（1）粉尘被气态的离子或电子加以电荷。

（2）带电的粉尘在电场的作用下使其移向集尘电极。

（3）带电灰尘颗粒的放电。

（4）灰尘颗粒从电极上除去。

B　电除尘器维护

a　日常维护

（1）振打电机、卸灰、输灰装置的润滑。

（2）除尘风机轴承润滑。

（3）及时处理灰斗集灰、棚灰现象。

（4）保持各人孔门、卸灰系统严密不漏风。每班对设备巡视 1～2 次，每小时记录一次各电场二次电压、电流和风机电机电流、轴承温度。

b　定期维护（每周或半月）

（1）检查设备箱体是否漏风，如有漏风，及时堵漏。

（2）检查设备各部位灰斗仓壁振动器是否完好。

（3）检查设备所有传动及减速器、润滑部位有无不正常的声响或气味，如有及时处理。

c　停机维护

（1）擦净设备各绝缘瓷支柱、绝缘套管、电瓷转轴、聚四氟乙烯板、保温箱、瓷轴箱积灰。

（2）清理干净电场内气流分布板、极板、极线上的积灰。

（3）检查极板下撞击杆是否灵活、极板是否松动，如有问题，及时处理。

（4）检查电场内各振打锤头是否对准，中心轴承是否有明显的磨损和变形，如有问题，及时处理。

C　电除尘器检修

a　设备小修（进入电除尘器检修必须通知电工）

（1）每3~4个月进行一次。

（2）检查极板、极线、分布板积灰情况。如果积灰厚度为1mm以上，则需要进行人工清理，同时找出原因，排除故障。如果振打正常而积灰较厚，则需延长振打时间或缩短振打时间周期。

（3）检查整理连接不好的极线、极板、剪掉断线。

（4）检查电场内阴极、阳极、分布板、槽形板及各振打系统的紧固螺栓有无松动之处。

（5）检查各密封处的密封材料，损坏更换。

（6）检查阴极绝缘瓷支柱、绝缘套管、电瓷转轴、聚四氟乙烯板、电缆终端盒等绝缘件有无击穿、破裂等损坏情况，发现及时更换。

（7）清扫保温箱、瓷轴箱及进线箱内的积灰。

b　设备中修

（1）中修周期为1年。

（2）修整或校正变形的收尘板。

（3）修整变形的阳极悬挂梁和撞击杆。

（4）检查调整板距。

（5）修理或更换破损的外部保温层。

c　设备大修

（1）大修周期为3年一次。

（2）更换损坏严重的振打轴、振打锤等部件。

（3）全面检查和调整同极间距和异极间距。

（4）更换损坏或性能明显变劣的零部件。

5.6.3 钢丝绳的维修

5.6.3.1 钢丝绳的保养

延长钢丝绳寿命的方法是使用钢丝绳麻心脂（Q/SY1152—65）来润滑钢丝绳。将麻芯脂加热到 80~100℃，将需要润滑的钢丝绳洗净盘好，浸入其中泡至饱和，这样能使润滑脂浸透到绳芯内。当钢丝绳在工作时，油脂将从绳芯中渗溢到钢丝绳的缝隙中，以减少钢丝间的磨损，同时绳外层也有了润滑脂，减轻了与卷筒或滑轮之间的磨损。这种方法虽然麻烦，但对保养钢丝绳却非常有效。使用这种方法对钢丝绳进行润滑保养时，可备用两套钢丝绳，一套在用，一套可从容地清洗、浸泡，这样就不会影响生产。用这种方法润滑钢丝绳，外观洁净，很容易检查钢丝绳有无磨损和断丝。

如果采用向卷筒上抹润滑脂的方法，应选用规定的合格润滑脂。也有用油壶向钢丝绳上浇淋稀油的。这些方法，外观上看起来油脂很多，但只能解决一时的外层润滑，却解决不了钢丝与钢丝之间的润滑。因此，钢丝绳寿命都很短，磨损严重时，两三个月就要更换一次绳，又因外层油脂很多，对查看钢丝绳的磨损和断丝不利。

经常吊运高温物件时应用金属芯钢丝绳。钢丝绳要尽量不与煤粉、矿渣、沙子、酸、碱等物接触，一旦粘上这些东西应及时清除干净。

5.6.3.2 钢丝绳的维护

钢丝绳的安全使用寿命，在很大程度上决定于维护的好坏，因此正确使用和维护钢丝绳是项重要的工作。一般应做到：

（1）钢丝绳是成盘包装出厂，打开原卷钢丝绳时，要按正确方法进行，不得造成扭曲或打结。

（2）钢丝绳切断时，应有防止绳股散开的措施。

（3）安装钢丝绳时，不应在不洁净的地方拖拉，也不应绕在其他物体上，应防止划、磨、碾压和过度弯曲。

（4）钢丝绳应保持良好的润滑状态。每月至少要润滑 2 次。先用钢丝刷子刷去钢丝绳上的污物并用煤油清洗，然后将加热到 80℃以上的润滑油蘸浸钢丝绳，使润滑油浸到绳芯里。润滑时应特别注意不易看到和不易接近的部位，如平衡滑轮处的钢丝绳。

（5）对日常使用的钢丝绳每天都应进行检查，包括对端部的固定连接，平衡滑轮处的检查，并作出安全性的判断。

（6）领取钢丝绳时，必须检查该钢丝绳的合格证，以保证机械性能、规格与原设计规定的钢丝绳一致。

（7）对钢丝绳应防止损坏、腐蚀，或其他物理原因、化学原因造成的性能降低。

5.6.3.3 钢丝绳的报废

A　钢丝绳报废标准及判定

钢丝绳的报废标准，应依据 GB5972—86《起重机械用钢丝检验和报废实用规范》进行判定。有关项目包括断丝的性质和数量；绳端断丝；断丝的局部聚集程度；断丝的增长率；绳股的折断情况；由于绳芯损坏而引起的绳径减小的情况；弹性降低的程度；外部及内部磨损情况；外部及内部腐蚀情况；变形情况；由于热或电弧造成的损坏情况。

（1）断丝的性质和数量。6 股和 8 股钢丝绳，断丝主要发生在外表面。而多层绳股的钢丝绳（典型的多股结构）的断丝，则大多数发生在内部，是"不可见"的断裂。表 5-23 考虑了这些因素，它适用于各种结构的钢丝绳。

填充钢丝不能看作承载钢丝，因此要从检验数中扣除。多层股钢丝绳仅考虑可见的外层。带钢芯的钢丝绳，其绳芯作内部绳股对待，不予考虑。

当吊运熔化的赤热金属、酸溶液、爆炸物、易燃物及有毒物品时，表 5-23 中断丝数应相应减少一半。

（2）绳端断丝。当绳端或其附近出现断丝时，即使数量很少，也表明该部位应力很高，可能是由于绳端固定装置不正确造成的，应查明损坏原因。如果绳长允许，应将断丝的部位切去，再重新合理安装。

（3）断丝的局部聚集程度。如果断丝紧靠一起形成局部聚集，则钢丝绳应报废。如果这种断丝聚集在小于 6d 的绳长范围内，或者集中在任一支绳股里，那么，即使断丝数比表列的数值小，钢丝绳也应予报废。

（4）断丝的增长率。在某些使用场合，疲劳是引起钢丝绳损坏的主要原因，断丝则是在使用一个时期以后才开始出现的，但断丝数逐渐增加，其时间间隔越来越短。在此情况下，为了判定断丝的增长率，应仔细检查并记录断丝增长情况，并与报废极限值作出比较以得到关于钢丝绳劣化趋向的规律，根据此劣化趋向的规律来确定钢丝绳报废的日期。

（5）绳股折断。如果出现整根绳股的断裂，则钢丝绳应报废。

（6）由于绳芯损坏而引起的绳径减小。当钢丝绳的纤维芯或钢丝（或多层绳股的内部绳股）断裂而造成绳径显著减小时，钢丝绳应报废。

对微小的损坏，特别是当所有各绳股中应力处于良好平衡时，用通常的检验方法可能显示不鲜明。然而，这种损坏会引起钢丝绳的强度大大降低。所以，对发现的任何内部细微损坏均应进行检验，予以查明。一经认定损坏，则该钢丝绳就应报废。

（7）弹性降低。在某些情况下（通常与工作环境有关），钢丝绳的弹性会显著减小。

表 5-23　断丝数 （GB5972—1982）

外层绳股承载钢丝数 n	钢丝绳结构的典型例子	起重机械中钢丝绳必须报废时与疲劳有关的可见断丝数							
		机构工作级别				机构工作级别			
		M_1、M_2				M_3、M_4、M_5、M_6、M_7、M_8			
		交捻		顺捻		交捻		顺捻	
		长度范围				长度范围			
		6d	30d	6d	30d	6d	30d	6d	30d
<50	6×7、7×7	2	4	1	2	4	8	2	4
51~71	6×12	3	6	2	3	6	12	3	6
76~100	18×7（12 外股）	4	8	2	4	8	15	4	8
101~120	6×19、7×19、6X（19）、6W（19）、34×7（17 外股）	5	10	2	5	10	19	5	10
121~140		6	11	3	6	11	22	6	11

外层绳股承载钢丝数 n	钢丝绳结构的典型例子	起重机械中钢丝绳必须报废时与疲劳有关的可见断丝数							
		机构工作级别 M₁、M₂				机构工作级别 M₃、M₄、M₅、M₆、M₇、M₈			
		交捻		顺捻		交捻		顺捻	
		长度范围				长度范围			
		$6d$	$30d$	$6d$	$30d$	$6d$	$30d$	$6d$	$30d$
$141\sim160$	6×24、6X（24）、6W（24）、8×19、8X（10）、8W（19）	6	13	3	6	13	26	6	13
$161\sim180$	6×30	7	14	4	7	14	29	7	14
$181\sim200$	6X（31）、8T（25）	8	16	4	8	16	32	8	16
$201\sim220$	6W（35）、6XW（36）	8	18	4	9	18	38	9	18
$221\sim240$	6×37	10	19	5	10	19	38	10	19
$241\sim260$		10	21	5	10	21	42	10	19
$261\sim280$		11	22	6	11	22	45	11	22
$281\sim300$		12	24	6	12	24	48	12	24
>300	6×61	$0.04n$	$0.08n$	$0.02n$	$0.04n$	$0.08n$	$0.16n$	$0.04n$	$0.08n$

若继续使用，是不安全的。钢丝绳的弹性减小是较难发觉的，弹性降低一般伴随有如下现象：

1）绳径减小。

2）钢丝绳节距伸长。

3）由于各部分相互压紧，钢丝之间和绳股之间空隙减小。

4）绳股凹处出现细微的褐色粉末。

5）虽未发现断丝，但钢丝绳明显地不易弯曲。同时，其直径的减小也比单纯由于磨损引起的直径减小要快得多。这种情况会导致在动载作用下钢丝绳突然断裂，故应立即报废。

（8）外部及内部磨损程度。产生磨损的原因有如下两种情况：

1）内部磨损及压坑。这种情况是由于绳内各绳股之间和钢丝之间的摩擦引起的，特别是当钢丝绳经受弯曲时。

2）外部磨损。钢丝绳外层绳股表面的磨损，是由于它在压力作用下与滑轮和卷筒的绳槽接触摩擦造成的。在吊载加速和减速运动时，钢丝绳与滑轮的接触部位的磨损尤为明显，并表现为外表面钢丝磨成平面状。润滑不足或不正确，以及接触部存在污垢或沙粒都会加剧磨损。

磨损使钢丝绳截面积减小，因而强度降低。当外层钢丝磨损达到其直径的40%时，或者当钢丝绳直径相对于公称直径减小7%或更多时，钢丝绳应报废。

（9）外部及内部腐蚀。在海洋或工业污染的大气中特别容易发生腐蚀，不仅减少了钢丝绳的金属面积从而降低了破断强度，而且还将引起表面粗糙，并开始出现裂纹以致加速疲劳。严重的腐蚀，还会引起钢丝绳弹性的降低。

1）外部腐蚀。外部钢丝的腐蚀可用肉眼观察。当表面出现深坑，钢丝相当松弛时应报废。

2）内部腐蚀。内部腐蚀比外部腐蚀较难发现。但下列现象可供识别：

①钢丝绳直径的变化。钢丝绳在绕过滑轮的弯曲部位的直径通常变小。但静止段的钢丝绳常由于外层绳股生锈而引起直径增加。

②钢丝绳的外层绳股间的空隙减小，还经常伴随出现外层绳股之间的断丝。

如果有内部腐蚀的迹象，则应对钢丝绳进行内部检验。若确认有严重的内部腐蚀，则钢丝绳应立即报废。

（10）变形。钢丝绳失去正常形状产生可见的畸形称为变形。在变形部位可能导致钢丝绳内部应力分布不均匀。

钢丝绳变形从外观上可分下述几种：

1）波浪形。这种变形是钢丝绳的纵向轴线成螺旋线形状，不一定导致降低强度，但变形严重会造成运行中产生跳动，发生不规则的传动，时间长了会引起磨损及断丝。出现波浪形时，在钢丝绳长度不超过 $25d$ 的范围内，若 $d_1 \geq 4/3d$（d 为钢丝绳公称直径；d_1 是钢丝绳变形后包络面的直径），则钢丝绳应报废。

2）笼形畸变。这种变形出现在具有钢芯的钢丝绳上，多在外层绳股发生脱节或者变得比内部绳股长的时候发生，出现笼形畸变的钢丝绳应立即报废。

3）绳股挤出。这种状况通常伴随笼形畸变产生。绳股被挤出说明钢丝绳不平衡。这种钢丝绳应予报废。

4）钢丝挤出。这种变形是一部分钢丝或钢丝束在钢丝绳背着滑轮槽的一侧拱起形成环状。常因冲击载荷引起。此种变形严重的钢丝绳应报废。

5）绳径局部增大。钢丝绳直径有可能发生局部增大，并波及相当长度。绳径增大常与绳芯畸变有关（如在特殊环境中），纤维芯因受潮而膨胀，其结果会造成外层绳股定位不准而产生不平衡。绳径局部严重增大的钢丝绳应报废。

6）扭结。这是指成环状的钢丝绳，在不可能绕其轴线转动的情况下被拉紧而造成的一种变形。其结果是出现节距不均，引起不正常的磨损；严重时，钢丝绳将产生扭曲，以致只留下极小一部分钢丝绳强度。严重扭结的钢丝绳应立即报废。

7）绳径局部减小。这种状态常与绳芯的折断有关。应特别仔细检验靠近接头的绳端部位有无此种变形。绳径局部减小严重的钢丝绳应报废。

8）局部被压扁。这是由于机械事故造成的。严重压扁的钢丝绳应报废。

9）弯折。这是钢丝绳在外界影响下引起的角度变形。这种变形的钢丝绳应立即报废。

（11）由于热或电弧的作用而引起的损坏。钢丝绳经受了特殊热力的作用，其外表出现可识别的颜色时，应予报废。

B 更换钢丝绳的方法

桥式起重机使用的钢丝绳报废后，要更换新钢丝绳。下面介绍一种简便的更换方法：

（1）把新钢丝绳（连同缠绕钢丝绳的绳盘）运到桥式起重机下面，放到能使绳盘转动的支架上。

（2）把吊钩落下，将它平稳、牢靠地放在已准备好的支架（或平坦的地面）上，使滑轮垂直向上。

（3）把卷筒上的钢丝绳继续放完，并使压板停在便于伸扳手的位置。

（4）用扳手松开旧钢丝绳一端的压板，并将此绳端放到地面。

（5）用直径1～2mm铁丝扎好新旧两条钢丝绳的绳头（绑扎长度为钢丝绳直径的两倍），然后把新旧绳头对在一起，再用直径1mm左右的细铁丝对接的两个绳头之间穿绕三次，最后用细铁丝把接处平整地缠紧，以免通过滑轮时受阻，这时新旧钢丝绳已成为1根。

（6）开动起升机构，用旧绳带新绳，将旧绳卷到卷筒上，当新旧绳接头处卷到卷筒上时停车，松开接头，把新绳暂时绑在小车合适的地方，然后开车把旧绳全部放至地面。

（7）用另外的提物绳子，把新绳另一端提到卷筒处，然后把新绳两端用压板分别固定在卷筒上。

（8）开动起升机构，缠绕新钢丝绳，起升吊钩，全部更换工作结束。缠绕新钢丝绳时，小车上要有人观察缠绕情况，观察人员必须特别注意安全。

用这种方法更换钢丝绳，既省人力、时间、新钢丝绳又不扭结，不粘砂粒，而且安全可靠。

5.6.4 减速器的使用和维护

5.6.4.1 减速器在使用中常出现的问题及处理

（1）接触精度不够。新装的一对齿轮，啮合没有达到图样中规定的接触长度和高度，此时，如果在节圆附近已形成1条或2条以上均匀的接触线，即认为是可以的，待载重饱合后，会逐渐达到规定的接触精度。

（2）产生连续的噪声。噪声往往是由于齿顶与齿根相互挤磨而引起的声音，将齿顶的尖角用细锉到钝即可。

（3）产生不均匀的噪声。主要原因是斜齿的齿斜角（螺旋角）不对或箱体两侧的对应孔距不同，使齿的接触偏在齿端部，这种情况一般不好再修复应报废。有时是因组装时箱体孔中落进了脏物，垫在滚动轴承的外圈上或用圆锥滚子轴承时锥面未顶紧，也会产生这种噪声，只要认真检查清除后，噪声即可消失。

（4）产生断续而清脆的撞击声。产生这种情况主要是啮合的某齿面上有疤或粘有脏物，应用细锉或油石锉磨掉即可消除。

（5）发热。减速器箱体发热（特别是各轴承处），如果温度超过周围空气温度40℃，绝对值超过80℃时应停止使用，检查轴承是否损坏，齿轮或轴承是否缺乏润滑油脂，负载持续时间是否太长，旋转是否有卡住等情况。有时是因顶圆锥滚子轴承的调整螺钉旋得太紧，致使锥面间没有游隙而造成。选用圆锥滚子轴承的减速器的端盖上都设有调整螺钉，在安装和使用中应注意调整。调整方法是先把调整螺钉拧紧，再往回旋转，旋转的角度应根据螺纹螺距而定，螺距为2mm时可旋回30℃，螺距为1mm时可旋回60℃，即使调整螺钉在轴向上移动0.1～0.2mm为宜，调好后再用止动垫片固定好。

（6）振动。检查与主动轴、被动轴和连接的部件（如电动机、卷筒组、车轮组等）的轴线是否同心，是否松动；检查底座或支架的刚度是否足够，对出现的问题进行调整、修复、加固后即可消除。

(7) 减速器漏油。减速器箱体的开合面及通、闷盖与箱体连接处漏油，采用涂密封胶的措施比较有效。打开后重涂时，原涂层可剥离或用醋酸乙酯和汽油各 50% 混合液清洗，清除干净后再重涂。若箱体变形，则在不影响孔径的条件下，刮平开合面，再涂密封胶。

5.6.4.2　减速器的维护和安全检验要点

(1) 经常检查地脚螺栓，不得有松动、脱落和折断。

(2) 每天检查减速器箱体，特别是轴承处的发热不能超过允许温升。如果温度超过周围空气温度 40℃ 时，检查轴承是否损坏，是否缺少润滑脂，负荷时间是否过长，有无卡住现象等。

(3) 检查润滑部位。初期使用时，每季度换一次润滑油，以后根据润滑油的清洁程度半年至一年换一次。减速器要灌注适量的润滑油，油量过多会产生泄漏、增加阻力，还会产生油的温升；油面低于油标最小刻度又要及时补充油液，未设油标的油面以达到齿轮直径的 1/3 为度。

(4) 听齿轮啮合声响。正常状态下其响声均匀轻快，噪声不超过 85dB（A）。噪声超高或有异常撞击声时，要开箱检查轴和齿轮有无损坏。

(5) 用磁力或超声波探伤仪检查减速箱轴，发现裂纹应及时更换。

(6) 壳体不得有变形、开裂现象。

5.6.5　起重机常见机械故障的维修

5.6.5.1　主梁下挠

桥式起重机的主梁结构必须具有足够的强度、刚度及稳定性，这是保证各运行机构正常工作的首要条件。因此，一般在桥式起重机主梁的设计、制造中规定要有一定的上拱度。其目的是减少桥式起重机在额定的负载作用下所产生的下挠度，使小车轨道有最小的倾斜度，从而减少小车在运行时的附加阻力和自动滑移。一般上拱度为跨度的 1/1000。而桥式起重机在使用一段时间后，主梁上的上拱度逐渐减小。随着使用时间的不断延长，主梁就由上拱度逐渐过渡到下挠。所谓下挠，就是主梁的向下弯曲程度。主梁产生下挠有两种情况：一种是弹性变形，一种是永久变形。前者要及时进行修复，后者就不仅是下挠修复问题了，而是要立即进行加固修复。其允许挠度值参考表 5-24 和表 5-25。

表 5-24　新双梁桥式起重机的允许挠度　　　　　　　（mm）

国家名称	新双梁桥式起重机的允许挠度 (f)
中国	$\leqslant L_k/700$
前苏联	$\leqslant L_k/700$
日本	$\leqslant L_k/800$
英国	$\leqslant L_k/900$
美国	$0.0125 \sim 0.015 in/ft$ 跨度

表 5 – 25　双梁桥式起重机应修的挠度　　　　　（mm）

跨度 L_k/m	10. 5	13. 5	16. 5	19. 5	22. 5	25. 5	28. 5	31. 5
满载 $1.5L_k$/1000	15. 75	20. 25	24. 75	29. 25	33. 75	38. 25	42. 75	47. 25

我国还规定：单梁桥式起重机主梁的允许挠度 $f \leqslant L_k/500$mm；手动单梁桥式起重机主梁的允许挠度 $f \leqslant L_k/400$mm。

A　主梁产生下挠的原因

（1）制造时下料不准，焊接不当。按规定腹板下料的形状应与主梁的拱度要求一致。而不能把腹板下成直料，再靠烘烤或焊接来使主梁产生上拱形状，这种工艺加工，其方法虽简单，但在使用时很快会使上拱消失而产生下挠。

（2）高温对主梁的影响。一般设计桥式起重机时是按常温情况下考虑的。因此经常在高温情况下工作的桥式起重机，要降低金属材料的屈服点和产生温度应力。从而使主梁产生下挠。

（3）维修和使用不合理。主梁上面，一般不允许气割和气焊，因为这对主梁影响很大。另外，使用上的不合理，如不按操作技术规程操作，随意改变桥式起重机的工作类型、拉拽重物、拔地脚螺钉、超负荷使用等都会出现主梁下挠的情况。

B　主梁下挠对桥式起重机使用性能的影响

（1）对大车的影响。主梁下挠将会使大车运行机构的传动轴支架随结构一起下移，使传动轴的同心度、齿轮联轴器的连接状况变坏，增大阻力，严重时就会发生切轴现象。

（2）对小车的影响。很明显，主梁的下挠直接影响小车启动、运行、制动的控制。小车由两端往中间运行时会产生下滑的现象，再由中间往两端运行时又会产生爬坡的现象。而且小车不能准确地停在轨道的任一位置上。这样对于装配、浇注等要求准确而重要的工作就无法进行。

（3）对金属结构的影响。当主梁产生严重下挠，已经永远变形时，箱形的主梁下盖板和腹板下缘的拉应力已达到屈服点，有的甚至会在下盖板和腹板上出现裂纹。这时如不加固修复，继续工作，将使变形越来越大，疲劳裂纹逐步发展扩大，以致使主梁破坏。

C　主梁下挠的修复

一般修复主梁下挠有三种方法：火焰矫正法、预应力法、电焊法。其中火焰矫正法是对金属的变形部位进行加热，利用金属加热后所具有的压缩塑性变形性质，达到矫正金属变形的目的。预应力法是在两端焊上两个支承座，穿上拉筋，然后再旋转拉筋上的螺母，使拉筋受拉而使主梁产生上拱。电焊法是采用多台电焊机，用大电流，在两根主梁下部从两侧往中间焊接槽钢或角钢，利用加热、冷却的原理迫使主梁上拱。

以上三种方法各有其特点。火焰矫正法的特点是：可以矫正桥架结构等各种各样的复杂变形，而且灵活性很强。但它在矫正主梁下挠时，需要将桥式起重机落到地面上，或立桅杆才能进行修复，这样，不仅修复工期较长，而且也影响其他工作的正常进行。预应力法的特点是：方法简单易行，上拱量容易检查、测量和控制。但它有局限性，即较复杂的桥架变形不易矫正。电焊法的特点是：对焊接工艺要求较严，焊接电流和焊接速度要基本一致。但这种方法修理的质量不容易保证，而且焊接过程中也不容易及时测量，所以这种方法一般不常用。

5.6.5.2　小车行走不平和打滑

A　小车行走不平

小车行走不平，也叫三条腿，即一个车轮悬空或轮压很小，使小车运行时，车体振动。产生这种现象的原因有：小车本身和轨道两方面的问题。

（1）小车本身的问题。小车的四个车轮中，有一个车轮直径过小，造成小车行走不平；小车架自身的形状不符合技术要求，使用时间长使小车变形；车轮的安装位置不符合技术要求；小车车体对角线上的两个车轮直径误差过大，使小车运行时"三条腿"。

（2）轨道的问题。小车运行的轨道不平，局部有凹陷或波浪形。这使小车运行到凹陷或波浪形时，小车车轮便有一个悬空或轮压很小，从而出现了小车"三条腿"行走的现象。另外，小车轨道接头的上下、左右有偏差。一般这个偏差规定在1mm以内。如果超出所规定的范围也会出现小车行走不平的情况。再有，如果小车本身就存在行走不平的因素，轨道也存在着不平的因素，那么小车行走则更加不平。

B　打滑

小车车轮有时打滑，不能正常运行，这种情况危害很大，尤其是在大型、精密设备吊运和安装的工作，甚至无法保证顺利进行。那么，小车车轮打滑是由什么原因产生的呢？原因很多，其主要原因是：

（1）启动小车时过猛，或轨道上有油污、冰霜等。

（2）同一截面内两轨道的标高差过大或车轮出现椭圆现象，都能使小车车轮打滑。

（3）轮压不等，当某一主动轮与轨道之间有间隙，在启动时一轮已前进，而另一轮则在原地空转，即小车车轮打滑；两主动轮的轮压基本相等，但比较小，所以摩擦力也小，因此，启动时也会造成车轮打滑；主动轮和轨道之间虽没有间隙，两主动轮的轮压却相差很大，或两主动轮和轨道的接触面相差很大时，在启动的瞬间会造成车轮打滑。

C　检查及修理的方法

检查、修理小车行走不平和打滑的方法很多，一般可利用车轮高低不平的检查，轮压不等的检查，来查出其问题的所在处。再根据不同的情况，采取不同的修理措施，即小车轨道的局部修理，小车不在同一水平线上的修理，以便及时排除小车行走不平或打滑的故障。

a　小车行走不平和打滑的检查方法

（1）车轮高低不平的检查。这种检查有两种方法。一种是合面高低不平的检查；一种是局部车轮高低不平的检查。前一种的检查方法是将小车慢速移动，观察其轮子的滚动面与轨道面之间是否有间隙。检查时，可用塞尺插入车轮踏面与轨道之间进行测量。后一种的检查方法是在有间隙的地方，用塞尺测轮踏面与轨道之间间隙的大小。然后再根据间隙大小选用不同厚度的钢板垫在走轮与轨道之间，将小车慢慢移动，使同一轨道上另一车轮，压在钢板上。如果移动前进的走轮与轨道之间无间隙时，则说明加垫铁的这段轨道较低，若有间隙时，则说明这段轨道没问题，不用垫高。

（2）轮压不等的检查。这种检查有两种情况，一种是：小车移动时，一车轮打滑，另一车轮不打滑。这种情况很容易判断出打滑的一边轮压较小。另一种情况是：两主动轮同时打滑。这种情况就很难直接判断出哪一个车轮的轮压小。此时，可以在打滑地段，用两根直径相等的铅丝放在轨道表面上，将小车开到铅丝处并压过去，然后取出铅丝用卡尺测量其厚度。显然，厚的说明轮压小，薄的说明轮压大。还有一种方法：在任一根轨道上打滑地段均匀地撒上细砂子，再把小车开到此处，往返几次，如果还在打滑，则说明这个主动轮没问题，而是另外一条轨道上的主动轮轮压小。

b 小车行走不平和打滑的修理

（1）小车不在同一水平线上的修理。这方面的问题，无论毛病出在哪一个车轮上，修理时，都尽量不修主动轮，而修被动轮。因为两个主动轮的轴一般是同心的，所以动主动轮就影响轴的同心度，给修理带来新的麻烦。因此，要以主动轮为基准去移动被动轮。

对小车不在同一水平线上，即不等高的限度有规定：主动轮必须与轨道接触，从动轮允许有不等高现象存在，但车轮与轨道的间隙最大不超过1mm，连续长度不许超过1m。

（2）小车轨道的局部修理。这种修理主要是对轨道的相对标高和直线性进行修理。首先应确定修理的地段和修理的缺陷。然后铲除修理部位上轨道的焊缝或压板来进行调整和修理。调整时要注意轨道与上盖板之间应采用点固焊焊牢。轨道上有小部分凹陷时，应在轨道下边加力顶直的办法来恢复平直。在加力时，为了防止轨道变形，需要在弯曲部分附近加临时压板压紧后再顶。轨道在极短的距离内有凹陷现象时，要想调平是很困难的，所以应采用补焊的办法来找平。

5.6.5.3 大车啃道

桥式起重机的大车走轮啃道，是目前桥式起重机普遍存在的问题。一般讲，桥式起重机在正常工作时，大车的轮缘与轨道侧面应保持一定的间隙。若大车在运行中其轮缘与轨道侧面没有间隙，则就会产生挤压和摩擦等现象。严重时，大车轨道侧面上有一条明显的磨损痕，甚至表面带有毛刺，轮缘内侧有明显的一块块光亮的斑痕。桥式起重机行走时，发出磨损的切削声，开车或停车时，车身有摇摆现象。以上这些现象称为大车啃道。

在正常情况下中级工作类型的桥式起重机，一般大车车轮使用的寿命在十年左右，而经常啃道的大车车轮的使用寿命仅为正常工作的大车车轮的五分之一。所以，检查和排除大车啃道故障，对保证人身与设备的安全、桥式起重机的正常运行、延长桥式起重机的使用寿命、提高生产效率，具有很大的意义。产生大车啃道的原因很多，其主要原因如下。

A 车轮的加工不符合技术要求

在分别驱动时，车轮加工不符合要求就会引起两端车轮运转速度的差别，以致使整个车体倾斜而造成车轮啃道。

B 车轮歪斜

这种情况，是大车车轮啃道的主要原因。一般是由于车轮装配质量不好，精度有偏差和使用过程中车架变形等所致。再有车轮踏面中心线不平行于轨道中心线，由于车轮是一个刚性结构，它的行走方向永远向着踏面中心线的方向。所以，当车轮沿轨道走一定距离后，轮缘便与轨道侧面摩擦而产生啃道。

C 主动车轮的直径不等

由于车轮直径不等，而使两个主动轮的线速度不等，或其中一个车轮的传动系统有卡住现象，使车体扭斜形成啃道。产生两个主动轮直径不等的原因有两个：首先是加工精度不好，造成两主动轮直径尺寸不相等。其次是车轮表面淬火硬度不均，使用一段时间后，两主动轮的磨损不均匀，使车轮直径不等。

D 轨道方面的问题

轨道由于安装调整、保养不好，或基础不匀而下沉，这些都容易使车轮产生啃道的现象。

E 传动系统的啮合间隙不等

传动系统的啮合间隙不等是由于使用过程中不均匀的磨损，使减速器齿轮、联轴节齿轮的啮合间隙不匀，在起步或停车时有先后，使车体扭斜而啃道。

桥式起重机的大车车轮啃道的修理方法并不复杂，只要搞清楚原因即可排除。例如车轮安装不合技术要求，发生水平方向倾斜或桥式起重机与轨道跨距不符，发生啃道现象。对此可采取调整车轮，使其符合技术要求或调整桥式起重机和轨道的跨距，使二者均符合技术标准。若两端齿轮减速器和齿轮联轴器磨损不匀，一侧较大，启动、制动时两端不同步，车身扭摆。可检查传动系统的各部分零件，更换损坏件，消除过大的磨损间隙。

5.6.5.4 制动器不灵

在生产实践中，桥式起重机常常因制动器失灵而发生溜钩现象。即桥式起重机手柄已扳回零位停止升或降时，重物仍下滑，而且下滑的距离很大，超过规定的允许值（一般允许值为 $v/100$，其中 v 为额定起升速度）。更严重的是重物有时一直溜到地面，当然这种情况是相当危险的。而还有一种情况是制动器张不开，使得起升机构升降受阻，不能吊运额定起重量。

A 制动器抱不紧

a 原因

（1）制动器工作频繁，使用时间较长，其销轴、销孔、制动瓦衬等磨损严重。致使制动时制动臂及其瓦块产生位置变化，导致制动力矩发生脉动变化。主弹簧调整不当，制动力矩变小，从而导致溜钩。

（2）主弹簧材质差或热处理不合要求，弹簧已疲劳、失效、从而导致溜钩。

（3）制动器的制动轮外圆与孔中心线不同心，径向跳动超过技术标准。

（4）制动器的制动瓦衬与制动轮间隙不均，单面接触、制动力矩减小。

（5）长行程制动器的重锤下面增加了支持物，使制动力矩减小。

b 排除制动器抱不紧、溜钩等故障的措施

（1）磨损严重的制动器闸架及松闸器，应及时更换，排除卡塞物。

（2）制动器的制动轮工作表面或制动瓦衬，要常用煤油或汽油清洗干净，去掉油污。

（3）制动器的制动轮外圆与孔的中心线不同心时，要修整制动轮或更换制动轮。

（4）调节相应顶丝和副弹簧，以使制动瓦与制动轮间隙均匀。

（5）制动器的安装精度差时，必须重新安装。排除增加的支持物，使之增加制动力矩。

B 制动器张不开

a 原因

（1）电磁铁线圈短路，磁铁不吸合，制动器打不开，电动机运转声音发闷。

（2）制动推杆弯曲，不与动磁铁相接触，所以，动磁铁闭合时，推不开制动臂。

（3）制动器传动机件有卡死、不转动之处，不触及推杆。所以制动器打不开。

b 排除制动器张不开故障的方法

（1）更换线圈或接通接线。

（2）更换推杆或将原推杆调直。

（3）消除卡死部位故障，使转动灵活。

思 考 题

5-1 滚动轴承的润滑方式有哪些?

5-2 轧钢机主联轴节润滑的方法有哪些?

5-3 简述轧钢机油膜轴承润滑系统的组成。

5-4 工艺润滑对钢板热轧过程的影响有哪些?

5-5 简述轧钢机底座与机架安装的步骤。

5-6 简述推钢机点检线路。

5-7 简述出钢机维修的主要内容。

5-8 简述料车卷扬机常见故障及处理方法。

5-9 带式上料机的维修包括哪些内容?

5-10 简要介绍开口机的检修内容。

5-11 热风炉的检修和维护要点。

5-12 重力除尘器工作原理是什么，如何检修?

5-13 转炉倾动机械维修内容。

5-14 风机的维修有哪些主要内容?

5-15 如何对钢丝绳进行维护维修?

5-16 减速器的维护维修要点。

6 备件管理与零件检测

6.1 备件管理

6.1.1 概述

设备的备件管理是企业管理的重要组成部分，是指备件的生产、订货、供应、储备的组织与管理，是设备维修的物质基础，是保证设备正常运转的重要因素。只有及时按质按量地组织好设备的备件供应，才能降低备件消耗，减少产品的成本投入，提高设备的运转率，使企业获得最佳的经济效益。

6.1.1.1 备件的传统分类方法

设备的备件成千上万，种类繁多，而一个备件可以有若干个管理名称和专业名称，专业名称反映备件使用的实质属性，管理名称则反映备件在计划、供应、储备、消耗等过程中外部属性关系。可见对备件进行合理分类是十分必要的。

（1）按专业分类备件可分为机械、电气、仪表三大类。

（2）按备件类别可分为机械零件、配套零件。机械零件指构成某一型号设备的专用机械构件，如齿轮、轴瓦、连杆等；配套零件指标准化的通用于各种设备的由专业厂家生产的零件，如滚动轴承、液压元件、电器元件、密封件等。

（3）按备件来源可分为自制备件、外购备件。自制备件是企业自己设计、测绘、制造的备件；外购备件是企业对外订货采购的备件。

（4）按使用特性可分为常备件、非常备件。常备件指常使用的、设备停工损失大的，价格低的件；非常备件指使用频率低、停工损失小和单价昂贵的件。

（5）按备件的状态可分为新品、旧品、修复品。

（6）按备件的加工特征可分为加工件、非加工件、毛坯件、铸件、锻件、结构件、维修件等。

（7）按使用目的可分为生产备件、操作备件、维修备件、大修件、定修件、储备件等。

（8）按备件是否具有通用性可分为通用件、专业件、共用件、标准件、非标准件、异形件等。

6.1.1.2 备件的属性分类方法

备件的属性分类是以备件的寿命为基础的一种综合性管理分类，它对简化管理，抓住重点，节约资金有较大影响，是与设备维修管理概念相一致的一种分类法。备件的属性分类一般分为以下几种。

A　事故件

以生产保险为目的，必须库存的零部件，其使用寿命至少在一年以上；在正常操作情况下不会损坏和磨损，一旦发生事故，可构成设备停机并带来生产重大损失；发生事故后零部件修复和再制造需很长时间，供应期半年以上。

B　计划件

可根据更换计划实行计划供应的零部件；与生产、运行大致成比例地产生磨损、消耗或性能劣化的零部件，大致可预测更换期。

C　常用件

属一般可实行常规或定期的库存补充来满足维修、生产需要的零部件；是与生产、运行大致成一定比例产生磨损、消耗或性能劣化的零部件，且更换、报废周期在6个月以内或可修复使用但寿命仍在6个月以内。

D　准计划件

基本上仍可按更换计划实行供应的零部件；在属性上难于划入事故件、计划件、常用件，更换周期难于预测，停产损失较小的零部件。

6.1.2　备件管理工作的内容

备件管理工作的内容大致包括以下几个方面。

6.1.2.1　制定备件的原则

每一种设备都由许多零件组成，每一种零件都有备件，既不可能，也没有必要，哪些零件应有备件，备件数量多少，应制定备件原则，以满足维修需要，减少库存资金。通常确定备件的原则如下：

（1）各类配套件，如滚动轴承、皮带、链条、皮碗、油封、液压元件、电气元件等。

（2）设备说明书中所列易损件。

（3）传递主要负载而自身又较薄弱的零件，如小齿轮、联轴节等。

（4）经常摩擦而损耗较大的零件，如摩擦片、滑动轴承等。

（5）保持设备主要精度的重要运动零件，如主轴、高精度齿轮等。

（6）受冲击负荷或反复承载的零件，如曲轴等。

（7）制造工序多、工艺复杂、加工困难、生产周期长、需要外单位协作或制作的复杂件。

（8）非操作原因而故障频率高的零件。

（9）在高温高压及有腐蚀性介质环境下工作，易造成变形、腐蚀、破裂、疲劳的零件。

（10）生产流水线上的设备和生产中的关键（重点）设备，应储备更充足的备件。

6.1.2.2　技术管理工作

备件的技术管理工作包括3个方面的内容：

（1）基础资料的收集、积累、整理、统计、汇总。

（2）备件图册的收集、积累、测绘、整理、复制、核对等。

（3）制定储备定额。储备定额是指为保证生产和设备维修，按照经济合理的原则，在收集各类有关资料，并经过计算和实际统计的基础上所制定的备件储备数量、库存资金和储备时间等标准限额。具体在制定过程中要考虑备件的使用寿命、供应周期和消耗量等，如果储备量过高，将过多占压资金；过低又可能延误维修。所以在制定过程中对每种备件都应有储备的最高线与最低线。在备件的整理过程中，要兼顾各个方面，边制定边整理，对所有备件逐个分类，挂签上架，并在备件卡上标明备件名称、型号、定额等。

6.1.2.3　计划管理工作

备件的计划管理工作是指由提出备件订购和制造计划，直至入库为止的这一段时期全部内容，其中包括使用计划、预期使用计划、请购计划、备件外购和自制计划、领用计划等。

由于备件的供应不能仅靠库存来保证，而订购备件一般要经过购前管理期、订购制造期、购货管理期3个阶段，长者可达两年，同时又受购入额度、财力的限制，加之维修要求的不断变化，所以必须有一个能总括这些情况变化的计划来平衡。预期使用计划就是将点检定修制与备件工作结合起来，将使用与储备结合起来的计划。

而备件外购和自制计划的编制依据是备件储备定额和设备修理计划。修理计划可由设备管理人员与维修人员提出，每月一次，报备件库库工，经与库存数及定额核对后定出备件计划。对于外购件，由备件管理人员审核签署后，由有关人员购置，而对于自加工件在低于低线时，由库工提出计划，报管理人员，管理人员将有关的图样等技术资料配齐，同计划一起下达到钳工或车工，在规定时间内完成。

6.1.2.4　质量管理工作

不管是外购件还是自制件，都必须有可靠的质量，才能为维修提供可靠的保证。为了确保备件的质量，应遵循如下原则：

（1）备件的供应应实行定点制造和定点购置的方法，不可轻易变更供应点。

（2）对于结构复杂、加工困难、精度较高的备件应从设备制造厂订购。

（3）容易制造、工艺简易的一般机件，可在本单位加工。

（4）委托其他机械厂加工时，要审核加工单位的设备条件、工艺能力、技术水平等，确保加工质量。

另外，在备件入库前，由专职技术人员负责质量验收，合格后方可与库工一同办理入库手续。

6.1.2.5　备件库管理工作

备件的库房管理是指从备件入库到发出这一阶段的库存控制和管理工作。具体工作如以下几方面。

A　备件入库

（1）入库前必须逐件进行验收与核对。入库备件必须符合申请计划和生产计划规定的数量、品种、规格；要查验入库零件的合格证，并做适当的质量抽验；备件入库必须由入库人填写入库单，并经保管员检查。

（2）备件入库上架时要做好涂油、防锈保养工作。

（3）备件入库要及时登记，挂上标签（或卡片），并分类存放。

B 备件保管

（1）入库备件要由库房管理人员保存好、维护好，做到不丢失、不损坏、不变形变质、账目清楚、码放整齐。

（2）定期涂油、保管、检查。

（3）定期进行盘点，随时向有关人员反映备件动态，包括达到最低储备定额和领用情况，备件处理等方面的情况。

C 备件发放

（1）发放备件须凭领料票据，对不同的备件，厂内外要拟定相应的领用办法和审批手续。

（2）领用备件要办理相应的财务手续。

（3）备件发出后要及时登记和消账、减卡。

（4）有回收利用价值的备件，要以旧换新，并制定相应的管理办法。

D 备件处理

（1）由于设备外调、改造、报废或其他客观原因所造成的已不需要的备件要及时按要求加以处理。

（2）备件因图样、工艺技术错误或保管不善而造成的备件废品，要查明原因，提出防范措施和处理意见，报主管领导审批。

（3）报废或调出备件，必须按要求办理手续。

6.1.2.6 经济管理工作

备件的经济管理工作包括备件库存资金的核定，出入库账目的管理、备件成本的审定、备件消耗统计、备件各项经济指标的统计分析等。每月汇总后定期报告，为企业经济成本核算提供可靠依据。

6.1.2.7 机旁备件的管理

机旁备件是减少日常备件领用业务，提高工作效率的有效手段；是点检组织应急维修的物质基础；是与目前生产维修管理技术水平相适应的必然产物，因此存放机旁备件也是确保设备正常运转及时修复故障的重要措施。

机旁备件的范围一般是该点检专业属内最常用的易损易耗的维修资材，循环使用的循环品；损坏几率较高、装机量较多、处于重要地位的事故件；检修工程剩余下来的新品或待修品；不入库的修复件；以及请购时即要求直付现场的备件。故机旁备件品种十分庞杂，但它作为维修的物资铺垫又处于十分重要的地位。因此点检作业长应在管理上进行全面规划。

机旁备件存放的场地一般均较分散，可按各厂、各车间现场情况及不同性质、划定专区存放。有些大的修复件或专用事故件应直接存放在机旁，但必须以不影响生产作业道路的畅通和厂容厂貌的整洁为原则。部分长期不用者应送入地区备件库或总备件库存放。对常用的一些零星小件（如密封、软管、接头、三角带等）及精密仪表，电气件应制作专用的货架或箱柜存放。

　　存放的地址要统一登记。机旁备件定期或不定期逐渐消耗，可用简单的台账进行实物管理，为简化管理，对其中维修备件来说，其日常变动量可不必经常在财务库存账上反映，但在每年清查或年终盘点时，应更正为账物相符。机旁备件总量，像库存总量一样应控制在一定限度以内。

6.2　零件检测

6.2.1　零件检测方法和检测误差

6.2.1.1　检测方法

　　机械检测方法是指为实现测量所使用的原理及设备，通常可把检测方法分为以下几类。

　　A　接触测量和非接触测量

　　接触测量是指测量时，仪器的测头与工件表面直接接触。由于有接触变形的影响，将会给测量结果带来误差。非接触测量是指测量时，仪器的敏感元件与工件表面不直接接触，因而没有接触变形的影响。一般利用声、光、电、热、磁等物理量关系使敏感元件与工件产生联系。

　　B　绝对测量与相对测量

　　绝对测量是指能直接从计量器具的读数装置读出被测量整个量值的测量。如用千分尺测量轴的直径等。相对测量又称比较测量。先用标准器具调整计量器具的零位，测量时由仪器的读数装置读出被测量相对于标准器具的偏差，被测量的整个量值等于所示的偏差与标准量的代数和。例如用量块调整比较仪进行相对测量。

　　C　直接测量与间接测量

　　直接测量是用预先标定好的测量仪表，对某一未知量直接进行测量，得到测量结果。直接测量的优点是简单而迅速，所以工程上广泛应用。间接测量是对几个与被测物理量有确切函数关系的物理量进行直接测量，然后把所得的数据代入关系式中进行计算，从而求出被测物理量。间接测量方法比较复杂，一般在直接测量很不方便或无法进行时，才采用间接测量。

　　D　静态测量与动态测量

　　这两种测量方法是根据被测物理量的性质来划分的。静态测量用于测量那些不随时间变化或变化很缓慢的物理量；动态测量用于测量那些随时间快速变化的物理量。静态与动态是相对的，可以把静态测量看做是动态测量的一种特殊形式。动态测量的误差分析比静态测量要复杂。

　　E　离线测量与在线测量

　　离线测量又称被动测量，是在零件加工完成后进行的测量，其作用仅限于发现并剔除废品。在线测量又称主动测量，是在工件加工过程中进行的测量。它可直接用来控制零件的加工过程，决定是否需要继续加工或调整机床，能及时防止废品的产生。

6.2.1.2 检测误差

A 误差的定义

被测物理量所具有的客观存在的量值称为真值，由检测装置测得的结果称为测量值，测量值与真值之差称为绝对误差。绝对误差与被测量的真值之比称为相对误差。

B 误差的来源

测量误差产生的原因可以归纳为5个方面。

a 基准件误差

如量块和标准线纹尺等长度基准的制造或检定误差，会带入测量值中。一般基准件误差占测量误差的 $1/5 \sim 1/3$。

b 测量装置误差

测量装置误差包括仪器的原理误差，制造、调整误差，仪器附件及附属工具的误差，被测件与仪器的相互位置的安置误差，接触测量中测力及测力变化引起的误差等。

c 方法误差

由于测量方法不完善而引起的误差，如经验公式、函数类型选择的近似性引入的误差，尺寸对准方式引起地对准误差，在拟定测量方法时由于知识不足或研究不充分而引起的误差等。

d 环境误差

环境条件不符合标准而引起的误差，如温度、湿度、气压、振动等。在几何量测量中，温度是主要因素。测量时的标准温度定为20℃，精密工件、刀具和量具的测量需要在计量室中进行。一般车间没有控制温度的条件，应使量仪与工件等温后测量。

e 人员误差

由于测量者受分辨能力的限制、固有习惯引起的读数误差以及精神因素产生的一时疏忽等引起的误差。

总之，产生测量误差的因素是多种多样的，在分析误差时，应找出产生误差的主要原因，并采取相应的措施，以保证测量精度。

C 误差按特征的分类

根据测量误差的特征，可将误差分为三类：系统误差，随机误差和粗大误差。

a 系统误差

在同一条件下，多次测量同一量值时，绝对值和符号保持不变或在条件改变时按一定规律变化的误差称为系统误差。例如，由于标准量的不准确、仪器刻度的不准确而引起的误差。因为系统误差有规律性，所以应尽可能通过分析和试验的方法加以消除，或通过引入修正值的方法加以修正。

b 随机误差

在相同条件下，多次测量同一量值时，绝对值和符号以不可预定的方式变化的误差称为随机误差。例如，仪表中传动件的间隙和摩擦、连接件的变形等因素引起的误差。

应当指出，在任何一次测量中，系统误差和随机误差一般都是同时存在的。

c 粗大误差

这种误差主要是由于测量人员的粗心大意、操作错误、记录和运算错误或外界条件的突然变化等原因产生的。粗大误差的产生使测量结果有明显的歪曲，凡经证实含有粗大误差的数据应从测量数据中剔除。

D　精度

测量结果与真值接近的程度称为精度。它可分为：精密度。表示测量结果中随机误差的大小程度，即在一定条件下进行多次重复测量时，所得结果彼此之间的符合程度；准确度。反映测量结果中系统误差的大小程度；精确度。反映系统误差与随机误差的综合，即测量结果与真值的一致程度。

6.2.2　零件的几何量误差检测

6.2.2.1　零件的几何量误差

A　概述

任何机械设备都是由许多零件和部件装配而成的，而零件又都是由若干个实际表面所形成的几何实体。因此，零件的几何量误差，对单一表面而言，是决定表面轮廓大小的尺寸误差和表面的形状误差，而零件上各表面之间及各部件和整机上的有关表面之间，还有相互位置误差（如不垂直，不平行，不同轴，不对称等）和相互关联的尺寸误差（如两孔之间的中心距离等）。

B　形位误差及其检测原则

a　形位误差

构成机械零件的几何要素有轴线、平面、圆柱面、曲面等，当对其本身的形状进行测量时，机械零件的几何要素称作被测实际要素。形状误差是被测实际要素对其理想要素的变动量，而理想要素的位置应符合最小条件。如果被测实际要素与其理想要素相比较能完全重合，表明形状误差为零；如果被测实际要素与其理想要素产生了偏离，表明有形状误差，偏离量即表示实际要素对其理想要素的变动量。

构成机械零件的几何要素中，有的要素对其他要素有方位要求，这类有功能关系要求的要素称为关联要素；而用来确定被测要素方位的要素，称为基准要素。理想的基准要素简称基准，关联实际要素对其理想要素的变动量称为位置误差。在位置误差中根据误差的特性可分为定向误差、定位误差和跳动误差。

b　形位误差的检测原则

国家标准中归纳总结并规定了五种形位误差的检测原则。分别是：

（1）与理想要素比较原则。是指将被测要素与理想要素进行比较，从而测出实际要素的误差值，误差值可用直接方法或间接方法得出。理想要素多用模拟法获得，如用刀口刃边或光束模拟理想直线，用精密平板模拟理想平面等。这一原则应用极为广泛。

（2）测量坐标值原则。利用坐标测量仪器如工具显微镜、坐标测量机等，测出被测实际要素有关的一系列坐标值，再对测得的数据进行处理，以求得形位误差值。

（3）测量特征参数原则。通过测量被测实际要素上具有代表性的参数来表征形位误差。如用两点法、三点法测量圆度误差时用此原则。

（4）测量跳动原则。主要是用于测量跳动（包括圆跳动和全跳动）。跳动是按其检测方式来定义的，有其独有的特征。它是在被测实际要素绕基准轴线回转过程中，沿给定方向（径向、端面、斜向）测量它对其基准点（或线）的变动量。

（5）控制实效边界原则。该原则用于被测实际要素采用最大实体要求的场合，它是用综合量规模拟实效边界，检测被测实际要素是否超过实效边界，以判断合格与否。

C　测量器具的选择原则

测量零件上的某一个尺寸，可选择不同的测量器具。为了保证被测零件的质量，提高测量精度，应综合考虑测量器具的技术指标和经济指标，具体有如下两点：按被测工件的外形、部位、尺寸的大小及被测参数特性来选择测量器具；按被测工件的公差来选择测量器具。

6.2.2.2　零件尺寸误差的测量

A　轴径的检测

轴径的实际尺寸通常用普通计量器具（如卡尺、千分尺）进行测量。轴的实际尺寸和形状误差的综合结果则用光滑极限量规检验，适合于大批量生产。高精度的轴径常用机械式测微仪、电动式测微仪或光学仪器进行比较测量。

B　孔径的检测

孔的实际尺寸通常用通用量仪（如内径千分尺）测量，孔的实际尺寸和形状误差的综合结果则用光滑极限量规检验，适合于大批量生产。在深孔或精密测量的场合则用内径百分表或卧式测长仪测量。

下面以用内径百分表测量孔径为例讲述孔径的测量方法。

a　内径百分表的结构

内径百分表的结构如图6－1所示，可换固定测头2根据被测孔选择（仪器配备有一套不同尺寸的可换测头），用螺纹旋入套筒内并借用螺母固定在需要位置。活动测头1装在套筒另一端导孔内。活动测头的移动使杠杆8绕其固定轴转动，推动传动杆5传至百分表7的测杆，使百分表指针偏转显示工件偏差值。活动测头两侧的定位护桥9起找正直径位置的作用。装上测头后，即与定位护桥连成一个整体，测量时护桥在弹簧10的作用下，对称地压靠在被测孔壁上，以保证测头轴线处于被测孔的直径位置上。

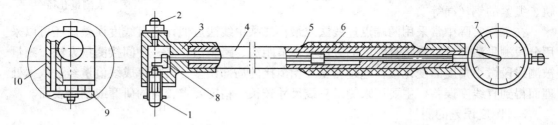

图6－1　内径百分表结构

1—活动测头；2—可换测头；3—量脚；4—手把；5—传动杆；6—隔热手柄；
7—百分表；8—杠杆；9—定位护桥；10—弹簧

b　仪器的使用方法

表的安装

在测量前先将百分表安装到表架上，使百分表测量杆压下，指针转1～2圈，这时百分表的测量杆与传动杆接触，经杠杆向下顶压活动测量头。

选测头

根据被测孔径基本尺寸的大小，选择合适的可换固定测头安装到表架上。

调零

利用标准量具（标准环、量块等）调整内径百分表的零点。方法是手拿着隔热手柄，将内径百分表的两测头放入等于被测孔径基本尺寸的标准量具中，观察百分表指针的左右摆动情况，可在垂直和水平两个方向上摆动内径百分表找最小值，反复摆动几次，并相应的转动表盘，将百分表刻度盘零点调至此最小值位置。

测量

将调整好的内径百分表测量头倾斜地插入被测孔中，沿被测孔的轴线方向测几个截面，每个截面要在相互垂直的两个部位各测一次。测量时轻轻摆动表架，找出示值变化的最小值，此点的示值为被测孔直径的实际偏差，如图 6－2 所示。根据测量结果和被测孔的公差要求，判断被测孔是否合格。

复零

测量完毕，应对内径百分表的零点进行复查，如果误差大，要重新调零和测量。

C　角度的测量

角度是一个重要的几何参数，角度的测量有相对测量、绝对测量和间接测量等多种方法。相对测量是利用定值角度量具与被测角度比较，用涂色法或光隙法估算被测角度的偏差；绝对测量是将被测角度与仪器的标准角度直接比较，从仪器上直接读出被测角度的数值；间接测量的特点是测量与被测角有关的线值尺寸，通过三角函数计算出被测角度值，在生产实际中，这种方法应用很广泛。

D　直线度误差的测量

直线度是应用最广泛的形状误差项目，检测的方法很多。直线度误差是指直线对理想直线的变动量，而理想直线的位置应符合最小条件。因此检测时多用实物或非实物标准当做理想直线，如较短的被测线段用平尺、刀口尺、液面等；较长的线段用光轴、标准导轨、绷紧的钢丝绳等。

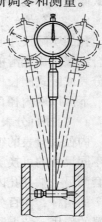

图 6－2　内径百分
表测量孔径

在工程实际中常采用两端点连线法或最小二乘中线法近似评定直线度误差。还可以采用分段测量法。分段测量直线度的方法又称节距法、跨距法，是一种间接测量方法，测量被测线段微小角度的变化量，通过测量互相衔接的局部误差，再换算成线值量经过数据处理而得到直线度误差。主要用来测量直线尺寸较长、精度要求较高的研磨或刮研表面。

E　圆度误差的测量

圆度是孔、轴类零件常用的形状误差检测项目，用于轴颈、支撑孔以及其他有严格配合要求或使用功能要求的地方。

圆度误差是实际被测圆轮廓对所选定的基准圆圆心的最大半径差。其公差带是在同一正截面上半径差为公差值的两同心圆之间的区域。评定圆度误差的方法，有最小包容区法、最小二乘圆法、最小外接圆法、最大内切圆法四种。最小外接圆法和最大内切圆法评定的圆度误差值，比按最小包容区法评定的结果明显偏大，故较高精度的圆度测量很少应用。

圆度误差的测量通常采用圆度仪测量法、极坐标测量法、直角坐标测量法等。

圆度仪是测量圆度误差的专用高精度仪器。仪器最主要的特点是有一个高精度的旋转轴系,与被测实际圆比较的理想圆,就是由这个轴系产生的。理想圆的半径,就是测量时仪器上的传感器测头与被测实际圆的接触点到旋转轴系的轴线之间的距离。高精度圆度仪的旋转精度可达 $0.05\mu m$ 左右。圆度仪因轴系旋转方式的不同有转轴式、转台式两种结构形式。

极坐标测量法适用于一般精度及较低精度的圆度测量;可用具有精密回转轴系的通用光学仪器进行,如光学分度台、光学分度头等。直角坐标测量法是将被测件放置在有坐标装置仪器的工作台上,调整其轴线与仪器工作台面垂直并基本上同轴,按事先在被测圆周上确定的测点进行测量,得出每个测点的直角坐标值,再评定圆度误差。直角坐标法计算繁琐,最好是在带有计算机的三坐标测量机及其他仪器上测量。

F 同轴度误差的测量

同轴度误差属于定位误差。定位误差是被测实际要素相对于其理想要素的位置变动量。被测要素的理想要素的位置由基准和理论正确尺寸确定。

同轴度误差是指被测实际轴线对其基准轴线的变动量。在同轴度测量中,若被测要素的理想轴线与基准轴线同轴,则起定位作用的理论正确尺寸为零。

测量同轴度误差时,首先要确定被测的实际轴线位置,然后与基准轴线(即理想轴线)作位置上的比较,从而求得同轴度误差值。这种符合定义的测量方法较麻烦,有时甚至不能实现。因此,同轴度误差的测量主要采用测量坐标值和测量特征参数的检测原则。在大量生产条件下,当被测要素按最大实体原则要求时,可用同轴度量规进行检验。

孔的同轴度误差,通常用心轴打表法测量;大型箱体零件孔系的同轴度误差,可以用光轴法测量;小型零件的同轴度误差,可用圆度仪测量;如被测零件的圆度误差较小时,常以径向圆跳动的检测替代同轴度检测。

G 跳动误差的测量

跳动和其他形位项目不同,它在被测件上没有具体的几何特征,而是按测量方式来定义的。跳动误差的测量只限于被测件上的回转表面和回转端面上,如圆柱面、圆锥面、回转曲面和与回转轴心垂直的端面等。测量跳动所用的设备比较简单,可在一些通用检测仪器上测量,操作简便,测量效率高。还可在一定条件下替代其他一些较难测的形位项目的检测,如圆度、圆柱度、同轴度等,故在生产中被广泛应用。

跳动误差是被测表面绕基准轴线回转时,测头与被测面作法向接触时的指示仪表上最大示值与最小示值的差值。跳动误差的测量一般包括径向圆跳动与径向全跳动,端面圆跳动与端面全跳动,斜向圆跳动三种。

H 公制普通螺纹精度的测量

对于公制普通螺纹,主要是保证可旋合性,故国家标准只规定有中径公差,测量时可用螺纹量规综合测量。螺纹量规分为通端螺纹量规和止端螺纹量规。

综合测量时,被检螺纹合格的标志是通端量规能顺利地与被检螺纹在全长上旋合,而止端量规不能完全旋合或不能旋入。

测量内螺纹用螺纹塞规,测量外螺纹用螺纹环规。在实际的螺纹测量中,国家标准中规定:操作者在制造螺纹的过程中,应使用新的或磨损较小的通端螺纹量规和磨损较多或接近磨损极限的止端螺纹量规；验收螺纹时，应使用磨损较多或接近磨损极限的通端螺纹量规和新的或磨损较少的止端螺纹量规。

对高精度螺纹的测量，综合测量不能满足测量精度的要求，而要进行单项测量。实际生产中在分析与调整螺纹加工工艺时，也需要采用单项测量。单项测量一般包括中径、螺距、牙型半角测量。

I　表面粗糙度的测量

表面粗糙度的测量方法主要有比较法、光切法、光波干涉法、针触法、激光测量法等。其中比较法是车间常用的方法，把被测零件的表面与粗糙度样板进行比较，从而确定零件表面粗糙度。比较法多凭肉眼观察，一般用于评定中等以下的粗糙度值，也可借助放大镜、显微镜或专用的粗糙度比较显微镜进行比较。

J　圆柱齿轮精度的测量

齿轮误差的测量可分为单项测量和综合测量。单项测量就是对被测齿轮单个误差项目进行测量，它除用于成品测量外，还常用于工艺过程检查，找出产生误差的原因，以便对工艺过程进行调整，或改进加工方法。综合测量就是被测齿轮在接近于使用状态与标准元件相啮合，测量在各单项误差相互作用下的综合误差。它能连续反映整个齿轮各啮合点上的误差，能够比较全面地评定齿轮的精度。

齿轮检测的项目繁多，主要误差项目有：齿距误差、齿圈径向跳动误差、公法线长度变动、基节偏差、齿厚偏差、公法线平均长度偏差等。

6.2.3　无损检测

零件无损检测是利用声、光、电、热、磁、射线等与被测零件的相互作用，在不损伤内外部结构和实用性能的情况下，探测、确定零件内部缺陷的位置、大小、形状和种类的方法。

零件无损探伤以经济、安全、可靠而被越来越多的应用到生产实际中。

无损检测的常用方法有超声波探伤、射线照相探伤、电磁（涡流）探伤、磁粉探伤等几种。

6.2.3.1　超声波探伤

频率大于 20kHz 的声波叫超声波。用于无损检测的超声波频率多为 $1 \sim 5MHz$。高频超声波的波长短，不易产生绕射，碰到杂质或分界面就会产生明显的反射，而且方向性好，在液体和固体中衰减小，穿透本领大，因此超声波探伤成为无损检测的重要手段。

超声波探伤方法多种多样，最常用的是脉冲反射法。而脉冲反射法根据波形不同又可分为纵波探伤法、横波探伤法以及表面波探伤法。

A　纵波探伤法

测试前，先将探头插入探伤仪的连接插座上。探伤仪面板上有一个荧光屏，通过荧光屏可知工件中是否存在缺陷，以及缺陷的大小和位置。检测时探头放于被测工件上，并在工件上来回移动。探头发出的超声波脉冲，射入被检工件内，如工件中没有缺陷，则超声波传到工件底部时产生反射，在荧光屏上只出现始脉冲和底脉冲。如工件某部位存在缺陷，一部分声脉冲碰到缺陷后立即产生反射，另一部分继续传播到工件底面产生反射，在荧光屏上除出现始脉冲和底脉冲外，还出现缺陷脉冲。通过缺陷脉冲在荧光屏上的位置可确定缺陷在工件中的位置。亦可通过缺陷脉冲幅度的高低来判别缺陷当量的大小。如缺陷面积大，则缺陷脉冲的幅度就高，通过移动探头还可确定缺陷大致长度。

　　B　横波探伤法

用斜探头进行探伤的方法称横波探伤法。超声波的一个显著特点是：超声波波束中心线与缺陷截面积垂直时，探测灵敏度最高，但如遇到斜向缺陷时，用直探头探测虽然可探测出缺陷存在，但并不能真实反映缺陷大小。如用斜探头探测，则探伤效果更好。因此在实际应用中，应根据不同的缺陷性质、取向，采用不同的探头进行探伤。有些工件的缺陷性质、取向事先不能确定，为了保证探伤质量，应采用几种不同探头进行多次探测。

　　C　表面波探伤法

表面波探伤主要是检测工件表面附近是否存在缺陷。当超声波的入射角超过一定值后，折射角几乎达到 90°，这时固体表面受到超声波能量引起的交替变化的表面张力作用，质点在介质表面的平衡位置附近作椭圆轨迹振动，这种振动称为表面波。当工件表面存在缺陷时，表面波被反射回探头，可以在荧光屏上显示出来。

超声波探伤主要用于检测板材、管材、锻件、铸件和焊缝等材料中的缺陷（如裂缝、气孔、夹渣、热裂、冷裂、缩孔、未焊透、未熔合等）、测定材料的厚度、检测材料的晶粒、对材料使用寿命评价提供相关技术数据等。超声波探伤因具有检测灵敏度高、速度快、成本低等优点，因而得到普遍的重视，并在生产实践中得到广泛的应用。

超声波探伤不适用于探测奥氏体钢等粗晶材料及形状复杂或表面粗糙的工件。

6.2.3.2　射线照相探伤

射线照相探伤是利用射线对各种物质的穿透能力来检测物质内部缺陷的一种方法。其实质是根据被检零件与内部缺陷介质对射线能量衰减程度的不同，而引起射线透过工件后的强度差异，在感光材料上获得缺陷投影所产生的潜影，经过处理后获得缺陷的图像，从而对照标准来评定零件的内部质量。

射线照相探伤适用于探测体积型缺陷如气孔、夹渣、缩孔、疏松等。一般能确定缺陷平面投影的位置、大小和种类。如发现焊缝中的未焊透、气孔、夹渣等缺陷；发现铸件中的缩孔、夹渣、气孔、疏松、热裂等缺陷。

射线照相探伤不适用于检测锻件和型材中的缺陷。

6.2.3.3　电磁（涡流）探伤

导体的涡流与被测对象材料的导电、导磁性能有关，如电导率、磁导率，也就和被测对象的温度、硬度、材质、裂纹或其他缺陷等有关。因此可以根据检测到的涡流，得到工件有无缺陷和缺陷尺寸的信息，从而反映出工件的缺陷情况。

电磁（涡流）探伤适用于探测导电材料，如铁磁性或非铁磁性的材料，如石墨制品等。能发现裂纹、折叠、凹坑、夹杂、疏松等表面和近表面缺陷。通常能确定缺陷的位置和相对尺寸，但难以判定缺陷的种类。

电磁（涡流）探伤不适用于探测非导电材料的缺陷。

6.2.3.4　磁粉探伤

把铁磁性材料磁化后，利用缺陷部位产生的漏磁场吸附磁粉的现象，进行探伤。磁粉探伤是一种较为原始的无损检测方法，适用于探测铁磁性材料的缺陷，包括锻件、焊缝、型材、铸件等，能发现表面和近表面的裂纹、折叠、夹层、夹杂、气孔等缺陷。一般能确定缺陷的位置、大小和形状，但难以确定缺陷的深度。

磁粉探伤不适用于探测非铁磁性材料，如奥氏体钢、铜、铝等的缺陷。

6.2.3.5　渗透探伤

渗透探伤是利用液体对材料表面的渗透特性，用黄绿色的荧光渗透液或红色的着色渗透液，对材料表面的缺陷进行良好的渗透。当显像液涂洒在工件表面上时，残留在缺陷内的渗透液又会被吸出来，形成放大的缺陷图像痕迹，从而用肉眼检查出工件表面的开口缺陷。渗透探伤与其他无损检测方法相比，具有设备和探伤材料简单的优点。在机械修理中，用这种方法检测零件表面裂纹由来已久，至今仍不失为一种通用的方法。

渗透探伤适用于探测金属材料和致密性非金属材料的缺陷。能发现表面开口的裂纹、折叠、疏松、针孔等。通常能确定缺陷的位置、大小和形状，但难以确定缺陷的深度。

渗透探伤不适用于探测疏松的多孔性材料的缺陷。

无损检测的应用比较广泛，可用于测定表面层的厚度、进行质量评定和寿命评定、材料和机器的定量检测、组合件内部结构和组成情况的检查等多个方面。

实训项目

一、基本实训

1. 用普通计量器具、仪器测量轴、孔的直径。
2. 公制普通螺纹精度的测量。

二、选做实训

1. 直线度误差测量。
2. 表面粗糙度的测量。

思　考　题

6-1　为什么说设备的备件管理是企业管理的重要组成部分？

6-2　备件管理工作的内容大致包括哪几个方面？

6-3　机械零件常用的检测方法有几种，各有何特点？

6-4　什么叫检测误差，测量误差的主要来源有哪些？

6-5　测量孔径时，为什么要在轴线方向上测量几个截面，且每个截面还要在相互垂直的两个部位上各测一次？

6-6　无损探伤的方法有几种，各有何特点，适用什么场合？

参 考 文 献

[1] 胡邦喜. 设备润滑基础 [M]. 北京：冶金工业出版社，2002.

[2] 设备润滑基础编写组. 设备润滑基础 [M]. 北京：冶金工业出版社，1987.

[3] 杨祖孝. 机械维护修理与安装 [M]. 北京：冶金工业出版社，2000.

[4] 姜秀华. 机械设备修理工艺 [M]. 北京：机械工业出版社，2002.

[5] 李新和. 机械设备维护工程学 [M]. 北京：机械工业出版社，1999.

[6] 陈冠国. 机械设备维护 [M]. 北京：机械工业出版社，1999.

[7] 谷士强. 冶金机械安装与维护 [M]. 北京：冶金工业出版社，2002.

[8] [苏] H. B. 莫洛德克，A. C. 津金. 机械零件的修复 [M]. 冶金工业部冶金设备研究院译. 北京：冶金工业出版社，1994.

[9] 陈瑞阳，毛智勇. 机械工程检测技术 [M]. 北京：高等教育出版社，2002.

[10] 蔺文友. 冶金机械安装基础知识问答 [M]. 北京：冶金工业出版社，1997.

[11] 赵兴仁，黄学锋，何思源. 机械设备安装工艺学 [M]. 重庆：科学技术文献出版社重庆分社，1985.

[12] 姚若浩. 金属压力加工中的摩擦与润滑 [M]. 北京：冶金工业出版社，1990.

[13] 丁树模. 液压传动 [M]. 北京：机械工业出版社，2001.

[14] [日] 松永正久，津谷裕子. 固体润滑手册 [M]. 范煜等译. 北京：冶金工业出版社，1986.

[15] 中国农业大学设备工程系. 机械维修工程与技术 [M]. 北京：中国农业科技出版社，1997.

[16] 袁建路. 轧钢设备维护与检修 [M]. 北京：冶金工业出版社，2006.

[17] 李士军. 机械维护修理与安装 [M]. 北京：化学工业出版社，2004.

[18] 张树海. 机械安装与维护 [M]. 北京：冶金工业出版社，2004.

[19] 时彦林. 冶金设备维护与检修 [M]. 北京：冶金工业出版社，2008.

冶金工业出版社部分图书推荐

书　名	作　者	定价(元)
轧钢设备维护与检修	袁建路　等编	28.00
板带冷轧生产	张景进　主编	42.00
高速线材生产	袁志学　等编	39.00
热连轧带钢生产	张景进　主编	35.00
自动检测和过程控制（第4版）（国规教材）	刘玉长　主编	50.00
轧制工程学（本科教材）	康永林　主编	32.00
材料成形工艺学（本科教材）	齐克敏　等编	69.00
加热炉（第3版）（本科教材）	蔡乔方　主编	32.00
金属塑性成形力学（本科教材）	王　平　等编	26.00
金属压力加工概论（第2版）（本科教材）	李生智　主编	29.00
材料成形实验技术（本科教材）	胡灶福　等编	16.00
冶金热工基础（本科教材）	朱光俊　主编	30.00
塑性加工金属学（本科教材）	王占学　主编	25.00
轧钢机械（第3版）（本科教材）	邹学祥　主编	49.00
炼铁设备及车间设计（第2版）（国规教材）	万　新　主编	29.00
炼钢设备及车间设计（第2版）（国规教材）	王令福　主编	25.00
冶金过程检测与控制（第2版）（职业技术学院教材）	郭爱民　主编	30.00
有色金属轧制（高职高专规划教材）	白星良　主编	29.00
有色金属挤压与拉拔（高职高专规划教材）	白星良　主编	32.00
机电一体化技术基础与产品设计（本科教材）	刘　杰　等编	38.00
机械优化设计方法（第3版）（本科教材）	陈立周　主编	29.00
金属塑性加工学——轧制理论与工艺（第2版）（本科教材）	王廷溥　等编	39.80
塑性变形与轧制原理（高职高专规划教材）	袁志学　等编	27.00
通用机械设备（第2版）（职业技术学院教材）	张庭祥　主编	26.00
冶金技术概论（职业技术学院教材）	王庆义　主编	26.00
机械安装与维护（职业技术学院教材）	张树海　主编	22.00
金属压力加工理论基础（职业技术学院教材）	段小勇　主编	37.00
参数检测与自动控制（职业技术学院教材）	李登超　主编	39.00
有色金属压力加工（职业技术学院教材）	白星良　主编	33.00
黑色金属压力加工实训（职业技术学院教材）	袁建路　主编	22.00
轧钢车间机械设备（职业技术学院教材）	潘慧勤　主编	32.00
轧钢工艺润滑原理技术与应用	孙建林　著	29.00
中厚板生产	张景进　主编	29.00
中型型钢生产	袁志学　等编	28.00